普通高等学校机械类一流本科专业建设创新教材

机 械 制 图

(第四版)

主　编　吴艳萍　程莲萍
副主编　缪　丽　李世芸

科 学 出 版 社
北 京

内 容 简 介

本书根据教育部“工程图学”课程教学指导委员会新修订的普通高等院校“工程图学”课程教学基本要求和近年来国家质量技术监督局发布的《技术制图》、《机械制图》国家标准，并结合作者多年的教学研究和探索编写而成。

本书的编写坚持理论以应用为目的，内容的选择及结构体系力求体现应用型特色，兼顾时代的发展需要。本书内容采用目前最新的国家标准。全书共10章，主要内容有：制图的基本知识；正投影法基础；点、直线、平面的投影以及平面与平面立体相交；基本曲面立体的投影；组合体；轴测图；机件常用的表达方法；标准件、齿轮和弹簧；零件图；装配图。书后附有国家标准摘录及常用材料和热处理。

本书适用于普通高等学校机械类和近机械类各专业的制图课程教学，也可作为其他类型院校相关专业的教材，亦可供有关工程技术人员参考使用。

与本书配套的《机械制图习题集（第四版）》由科学出版社同期出版。

图书在版编目(CIP)数据

机械制图/吴艳萍，程莲萍主编. —4版. —北京：科学出版社，2022.8
普通高等学校机械类一流本科专业建设创新教材
ISBN 978-7-03-072877-7

Ⅰ.①机… Ⅱ.①吴… ②程… Ⅲ.①机械制图-高等学校-教材
Ⅳ.①TH126

中国版本图书馆CIP数据核字（2022）第145047号

责任编辑：邓 静 朱晓颖/责任校对：王 瑞
责任印制：霍 兵/封面设计：迷底书装

科学出版社 出版
北京东黄城根北街16号
邮政编码：100717
http://www.sciencep.com
天津文林印务有限公司 印刷
科学出版社发行 各地新华书店经销
*
2013年6月第 一 版 开本：787×1092 1/16
2022年8月第 四 版 印张：17 1/4
2022年8月第十三次印刷 字数：441 000

定价：59.80元
（如有印装质量问题，我社负责调换）

前　言

本书是在2019年第三版的基础上，按照教育部“工程图学”课程教学指导委员会新修订的普通高等院校“工程图学”课程教学基本要求和近年来国家质量技术监督局发布的《技术制图》、《机械制图》国家标准，相关师生的使用反馈意见修订而成的。

为更好地满足“工程制图”课程的最新教学要求，第四版保持了第三版的主要特点，并做了以下修订。

（1）采用双色印刷，以突出知识重点，提高教材的可读性和美观性。

（2）第8章增加了齿轮与齿条、锥齿轮、蜗杆与蜗轮的内容，满足机械类教学的要求。

（3）全书采用“机械制图”及“技术制图”的最新国家标准及与制图有关的其他标准。

（4）对于学生不容易看懂的平面二维图，增加了动画显示的三维实体，包括基本体展示动画，组合体、剖视图形成动画，螺纹紧固件连接的拆装动画，零件模型展示动画，装配体原理和拆装动画等难点内容，学生可以通过手机扫描书中二维码观看。

本书坚持理论以应用为目的，注重培养学生阅读和绘制工程图的能力，教学内容的选择及结构体系完全适应应用型本科教学的需要，力求体现应用型本科的教学特色。为适应不同专业的教学需要，不仅在教学内容的选择上有一定的伸缩性，而且所选图例尽量涵盖相关专业内容，以满足各专业不同类型教学的要求。

本书具有以下特点。

（1）内容优化，实用性强。对内容进行了分析优化，在内容的编排及图例的选取上，与学时要求相匹配。

（2）深入浅出，概念准确，论述严谨，图例精美。95%以上的插图都用计算机按制图标准绘制，插图的质量较高，对学生学习绘制机械图样起到了示范作用。

（3）内容体系方面有所改进。在投影基础部分贯彻了以立体为主线的内容体系，从而使点、线、面以体为载体，增强了感性认识，节省了教学学时。

（4）将投影图与视图概念区分使用，彻底解决了在教学中前后“视图”概念不一致的问题，避免了“三视图”对工程图样的片面影响。

（5）图例双色印刷，重点突出。

（6）立体化配套数字资源丰富实用。配备的PPT课件，免费提供给任课教师使用。配备的动画显示的三维实体，可以更好地培养学生从平面到空间、从空间到平面的思维方式；并且学生通过图物对照，更容易找出二者的对应关系，有利于培养学生的读图和画图能力。

本书由吴艳萍、程莲萍任主编，缪丽、李世芸任副主编。参加本书修订工作的编者有李莎（第1章）、吴艳萍（绪论、第2、3、4、6、9、10章）、李世芸（第5章）、顾红（第7章）、程莲萍（第8章、附录）、缪丽（第8章新增部分）。

本书全部双色的套色工作由吴艳萍完成。

与本书配套的PPT课件的制作者有：吴艳萍（绪论），程莲萍（第1～5章，第7章），缪丽（第6章，第8～10章）。

三维实体动画的制作者有：缪丽和吴艳萍（第1～5章）、缪丽（第7～10章）。

与本书配套的《机械制图习题集（第四版）》也做了相应的修订，同期出版，可供选用。

在本书的修订和出版过程中，得到了昆明理工大学教务处、昆明理工大学机电工程学院以及作者所在工程制图教研室全体教师的大力支持和帮助，得到了“工程制图”基础课教学团队建设项目的资助，在此一并表示衷心的感谢。

由于作者水平有限，书中难免存在不足和遗漏之处，恳请广大读者、各位专家不吝赐教。

作　者

2022年4月于昆明

目　录

绪　论

1. 本课程的性质、内容和任务

在现代工业生产和科学技术中，无论是制造各种机械设备、电气设备、仪器仪表，或加工各种电子元器件，还是建筑房屋和进行水利工程施工等，都离不开工程图样。所以，图样是表达设计意图、进行技术交流和指导生产的重要工具，是生产中重要的技术文件。因此，图样常被誉为“工程界的技术语言”或“工程师的语言”。作为一名工程技术人员，必须能够阅读和绘制工程图样。

机械制图是一门研究如何运用正投影的基本理论和方法绘制与阅读机械图样的课程，其内容包括画法几何、制图基础和机械图三部分。画法几何部分介绍用正投影法图示和图解空间几何问题的基本理论与方法；制图基础部分介绍制图基本知识以及用正投影图表达物体内外形状及大小的基本绘图方法和根据投影图想象出物体内外形状的读图方法；机械图部分培养绘制和阅读机械图样的基本能力。

本课程的主要任务如下：

(1) 学习正投影法的基本理论及其应用；

(2) 培养图解空间几何问题的能力；

(3) 培养和发展空间想象能力、空间逻辑思维能力和创新思维能力；

(4) 培养绘制和阅读工程图样的基本能力；

(5) 培养实践的观点、科学的思考方法以及认真细致的工作作风；

(6) 培养良好的工程意识。

2. 本课程的学习方法

本课程是一门既有系统理论又有实践，而且实践性很强的课程。学习本课程要坚持理论联系实际的学风，认真学习投影理论，在理解基本理论的基础上，由浅入深地通过一系列的绘图和读图实践，不断地由物画图、由图想物，分析和想象空间形体与图纸上图形之间的对应关系，逐步提高空间想象能力和空间逻辑思维能力，从而掌握正投影的基本作图方法及其应用。做习题和作业时，读者应在掌握有关基本概念的基础上，按照正确的方法和步骤作图，养成正确使用绘图工具和仪器的习惯，遵守机械制图国家标准（以下简称“国标”）的有关规定。制图作业应做到：投影正确、视图选择与配置恰当、图线分明、尺寸齐全、字体工整、图面整洁美观。

工程图样在生产和施工中起着很重要的作用，绘图和读图的差错都会给生产带来损失。因此，在做习题和作业时，应培养认真负责的工作态度和严谨细致的工作作风。

培养和发展想象力是本课程的核心任务，它属于开发智力的范畴，而非智力因素。良好的意志品质，稳定的情绪，浓厚而持久的学习兴趣，知难而进、坚忍不拔的性格和积极进取的精神，在本课程的学习中同样起着关键的作用。

3. 工程图学的发展历程

从历史发展的规律来看，工程图和其他学科一样，也是从人类的生产实践中产生和发展起来的。

在文字出现前的很长一段时期内，人们是用图来满足表达的基本需要。随着文字的出现，图画才渐渐摆脱其早期用途的约束而与工程活动联系起来。例如，在建造金字塔、战车、建筑物等完美的工程项目和制造日常简单而有用的器械时，人们已用图样作为表达设计思想的工具。

从大量的史料来看，早期的工程图样比较多的是和建筑工程联系在一起的，然后才反映到器械制造等其他方面。

春秋战国时代的《周礼·考工记》、宋代的《营造法式》和《新仪象法要》，以及明朝的《天工开物》等著作反映了我国古代劳动人民对工程图样及其相关几何知识的掌握已达到了非常高的水平。

1798年，法国学者蒙日的《画法几何》问世，他全面总结了前人的经验，用几何学的原理，提供了在二维平面上图示三维空间形体和图解空间几何问题的方法，从而奠定了工程制图的基础。于是，工程图样在各技术领域中广泛使用，在推动现代工程技术和人类文明中发挥了重要作用。

200多年来，画法几何没有大的变化，在绘图工具方面却有不断地发展。人类在实践中创造了各种绘图工具，从三角板、圆规、丁字尺、一字尺到机械式绘图机，这些绘图工具至今仍在广泛应用着。毋庸置疑，这种手工方式的绘图是一项劳累、烦琐、枯燥和极费时的工作，而且画出的图的精度也低。直到近30年，计算机软硬件技术和外部设备的研制成功与不断发展，使制图技术产生显著变化，以致对画法几何的前景产生重大影响。计算机图形学（computer graphics，CG）和计算机辅助设计（computer aided design，CAD）技术大大改变了设计方式。初期，CAD是用计算机绘图代替手工绘制二维图形，用绘图机输出图形。但近10年来三维设计迅猛发展，该技术试图从设计开始就从三维入手，直接产生三维实体，然后赋予三维实体各种属性（如材料、力学特性等），再赋予加工信息，最后直接到数控的加工中心。这样，用画法几何绘制的二维图形就变得不那么重要了。

现在，更先进的设计制造技术——虚拟设计（virtual design）、虚拟制造（virtual manufacturing）也正在迅速发展。这种技术借助计算机网络和图形技术、多媒体技术、各种传感技术和其他与设计制造有关的技术，超越时间、空间的界限，将各种有关的信息迅速整理、传送，在虚拟的多维环境中实现交互设计制造，大大减少了各种浪费，降低了设计和制造成本，缩短了设计周期，提高了设计制造的速度和质量。

另外，还有一种不仅用于设计，也应用于各种感觉表现的技术——虚拟现实（virtual reality）技术，它借助多媒体技术和各种仿真传感技术将各种实体、场景活生生地表现出来，并使用户的各种感官受到刺激，进行自由交互。操作者在虚拟现实的场景中漫游或运动，可达到以假乱真的效果。这种技术也还处于探索和发展初期，但它的应用前景难以估量——结合计算机网络技术，它将从根本上改变人类的思维、生活和生产方式。

目前，我国的工程制图处在手工绘图与计算机绘图并存的时期。在发展比较快的地区，计算机绘图代替手工绘图已比较普遍，不少设计单位已经全部实现计算机出图。但三维设计才刚刚开始，由于自主产权的软件比较少，虚拟设计制造也才刚刚开始研究。工程技术方向的学生应该有志气赶超世界先进水平，立志攀高峰，攻坚克难，为把我国建设成现代化强国做出贡献。

第1章 制图的基本知识

1.1 制图的基本规定

机械图样是设计和制造机械过程中的重要技术资料，是工程界技术交流的语言。为了便于生产和技术交流，对图样的画法、尺寸注法、所用代号等均需做统一的规定，使绘图和读图都有共同的准则，这些统一规定由国家制定并颁布实施。用于机械图样的国家标准有“技术制图”和“机械制图”。

对于标准编号，如GB/T 4457.4—2002，其中“GB/T”为推荐性国家标准代号，一般简称“国标”，“G”、“B”、“T”分别表示“国”、“标”、“推”字汉语拼音的第一个字母，“4457.4”表示该标准的顺序号，“2002”表示该标准的批准年号。

本节主要介绍国家标准中制图的图纸幅面、比例、字体、图线、尺寸标注。

1.1.1 图纸幅面（GB/T 14689—2008）和标题栏（GB/T 10609.1—2008）

1. 图纸幅面

为了便于图样的绘制、使用和管理，机件的图样均应画在具有一定格式和幅面的图纸上。GB/T 14689—2008规定绘制图样时，应优先采用表1-1中规定的基本幅面，必要时可由基本幅面沿短边成整数倍加长，加长幅面尺寸参见图1-1或国标的有关规定。

表1-1 图纸基本幅面尺寸及图框尺寸

（mm）

幅面代号	幅面尺寸 $B\times L$	留边宽度		
		a	c	e
A0	841×1189	25	10	20
A1	594×841			
A2	420×594			10
A3	297×420		5	
A4	210×297			

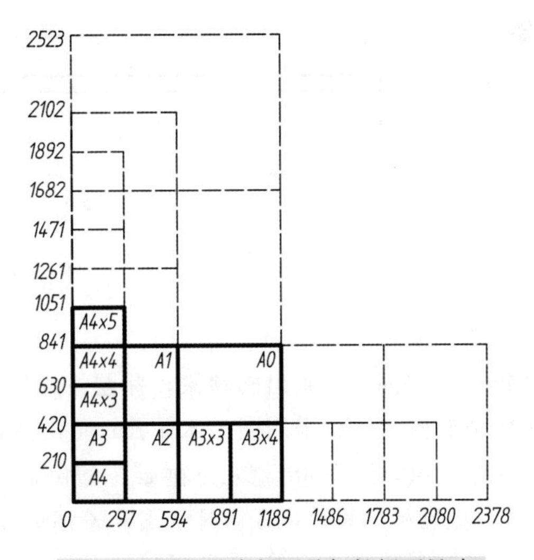

图1-1 图纸基本幅面及加长幅面尺寸

2. 图框格式

在图样上必须用粗实线画出图框，其格式分为留装订边和不留装订边两种，如图 1-2 和图 1-3所示。图框的尺寸按表 1-1 确定。

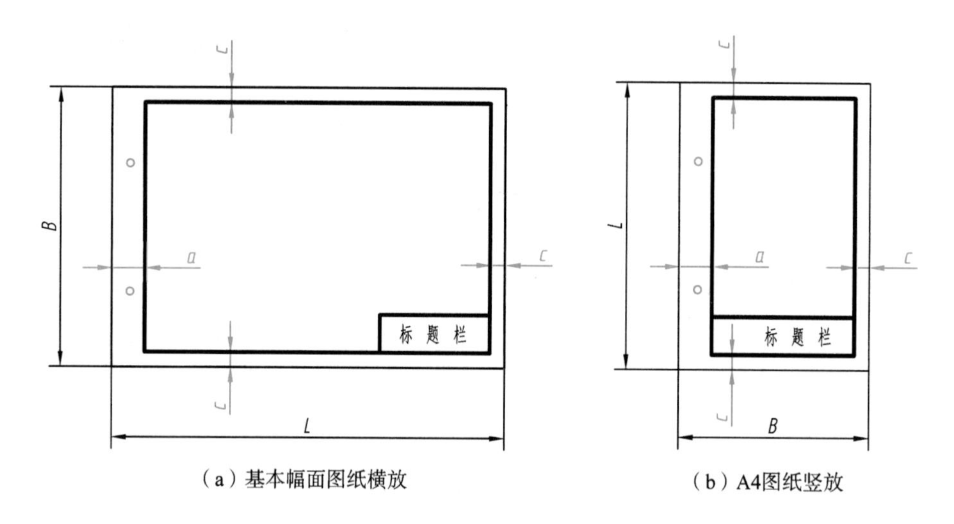

（a）基本幅面图纸横放　（b）A4图纸竖放

图 1-2　留装订边的图框格式

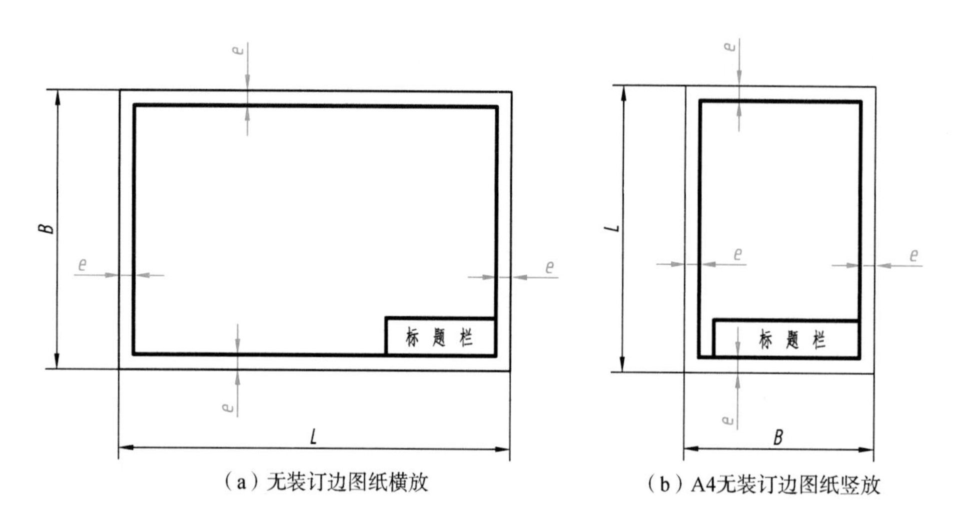

（a）无装订边图纸横放　（b）A4无装订边图纸竖放

图 1-3　不留装订边的图框格式

3. 标题栏和看图方向

每张图样都必须画出标题栏，标题栏的格式和尺寸应遵照 GB/T 10609.1—2008 的规定。在制图作业中，建议采用图 1-4 所示的简化格式。

GB/T 14689—2008 规定，标题栏的位置一般应按如下两种方式配置。

1）标题栏中的文字方向为绘图和看图的方向

如果留有装订边，A4 图纸竖放，其他基本幅面图纸横放时，标题栏中的文字方向为绘图和看图的方向，标题栏位置绘制在图框的右下角且与图框线重合，如图 1-2 所示。如果不留装订边，标题栏的位置如图 1-3 所示。

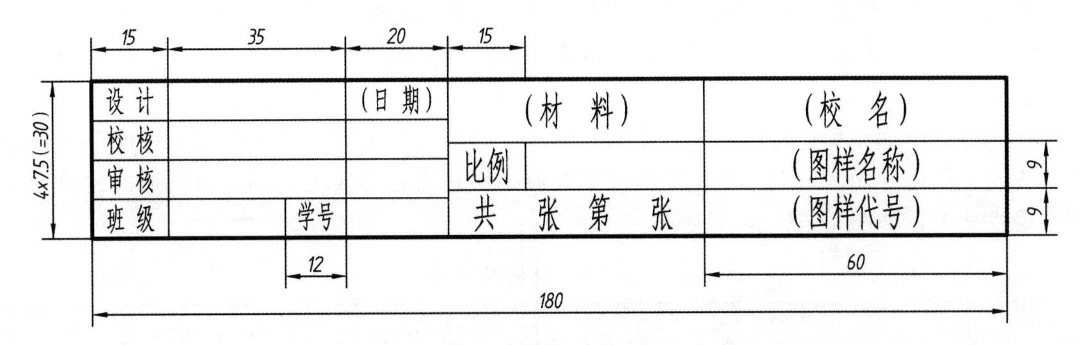

图 1-4　制图作业的标题栏

2）按方向符号指示的方向看图

当 A4 图纸横放，其他基本幅面图纸竖放，或使用预先印制的图纸时，标题栏应位于图框右上角，此时，为明确绘图与看图时图纸的方向，应在对中符号处加画方向符号，即令方向符号位于图纸下边后看图，如图 1-5 所示。

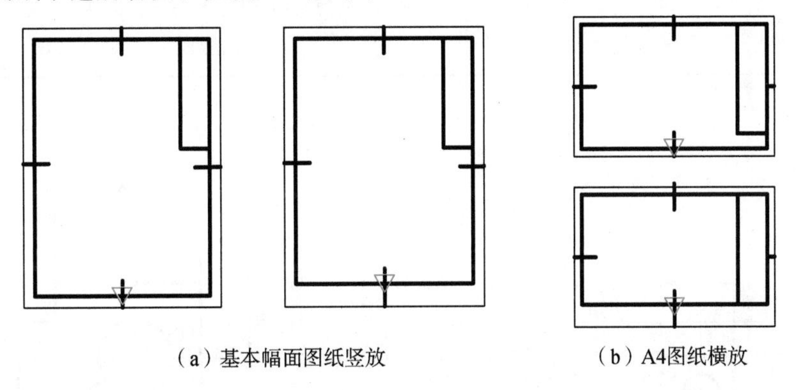

(a) 基本幅面图纸竖放　　(b) A4图纸横放

图 1-5　看图方向与标题栏的方位

4. 附加符号

1）对中符号

为了图样复制和缩微摄影时定位方便，对于基本幅面以及含部分加长幅面的各号图纸，均应在图纸各边的中点处分别画出对中符号。

对中符号用粗实线绘制，线宽不小于 0.5mm，长度为从纸边界开始至伸入图框内约 5mm。对中符号的位置误差应不大于 0.5mm。当对中符号处在标题栏范围内时，伸入标题栏部分可省略不画，如图 1-5 和图 1-6 所示。

2）方向符号

方向符号是用细实线绘制的等边三角形，绘制在图纸下边对中符号处，其大小和所处的位置如图 1-5 和图 1-6 所示。

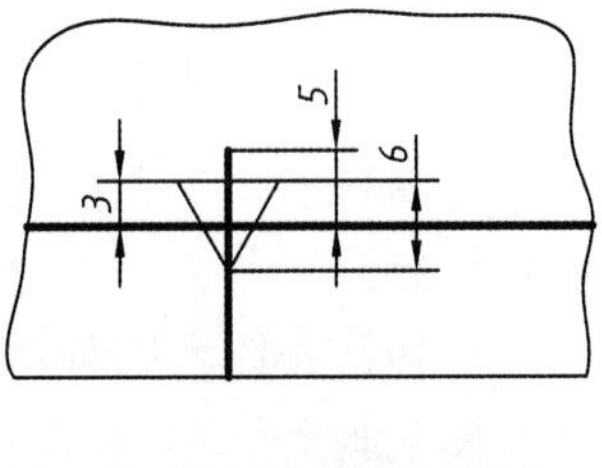

图 1-6　方向符号、对中符号的画法和位置

1.1.2　比例（GB/T 14690—1993）

比例是指图中图形与其实物相应要素的线性尺寸之比，用符号“：”表示，如 1：2。

绘制图样时，应从表 1-2“优先选择系列”中选取适当的绘图比例。必要时，允许从表 1-2“允许选择系列”中选取。为了从图样上直接反映出实物的大小，绘图时应尽量采用原值比例。

比例一般应标注在标题栏中的“比例”栏内；必要时，也可标注在视图名称的下方或右侧。无论采用何种比例，图中所标注的尺寸数值必须是实物的实际大小，与图形的比例及作图准确性无关，如图 1-7 所示。

表 1-2　比例系列

种类	定义	优先选择系列	允许选择系列
原值比例	比值为 1 的比例	1∶1	—
放大比例	比值大于 1 的比例	5∶1　2∶1　5×10^n∶1 2×10^n∶1　1×10^n∶1	4∶1　2.5∶1 4×10^n∶1　2.5×10^n∶1
缩小比例	比值小于 1 的比例	1∶2　1∶5　1∶10 1∶2×10^n　1∶5×10^n　1∶1×10^n	1∶1.5　1∶2.5　1∶3 1∶4　1∶6　1∶1.5×10^n 1∶2.5×10^n　1∶3×10^n 1∶4×10^n　1∶6×10^n

注：n 为整数。

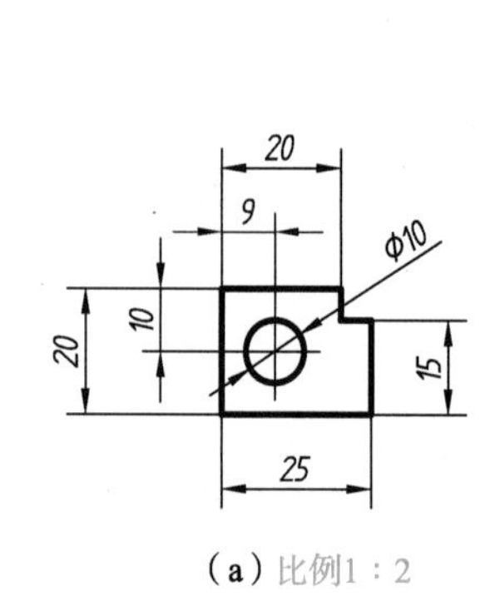

（a）比例1∶2

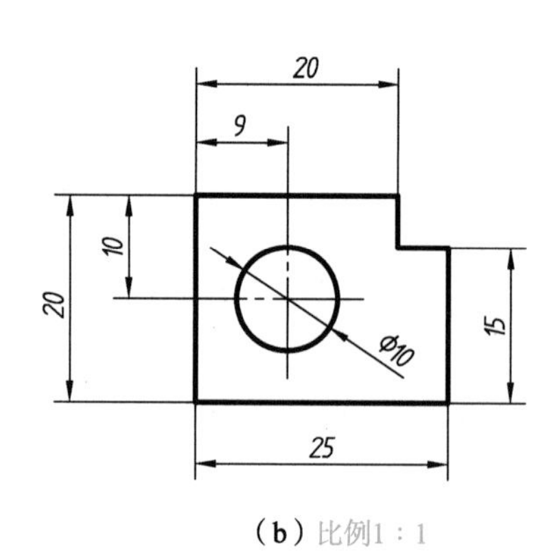

（b）比例1∶1

图 1-7　用不同比例画出的同一机件的图形

1.1.3　字体（GB/T 14691—1993）

在图样上除了表示机件形状的图形，还要用文字和数字来说明机件的大小、技术要求与其他内容。

在图样和技术文件中书写汉字、数字、字母必须做到：字体工整、笔画清楚、排列整齐、间隔均匀。字体的号数用 h 表示，即字体的高度，分别为 20mm、14mm、10mm、7mm、5mm、3.5mm、2.5mm、1.8mm，大于 20 的按$\sqrt{2}$比例递增。

汉字应采用长仿宋体，字体高度不应小于 3.5mm，字体宽度一般为字体高度的 2/3。书写长仿宋字的要领是：横平竖直，注意起落，结构匀称，填满方格。

数字和字母分直体和斜体两种，常用斜体。斜体字字头向右倾斜，与水平线约呈 75°。数字和字母的笔画宽度约为字体高度的 1/10。

汉字、数字和字母示例如表 1-3 所示。

表 1-3　字体

字体		示例
长仿宋体汉字	10 号	字体工整 笔画清楚
	7 号	横平竖直 注意起落 结构均匀
	5 号	徒手绘图尺规绘图计算机绘图都是必备的绘图技能
	3.5 号	图样是工程技术人员表达设计意图和交流技术思想的语言和工具
拉丁字母	大写斜体	*ABCDEFGHIJKLMNOPQRSTUVWXYZ*
	小写斜体	*abcdefghijklmnopqrstuvwxyz*
阿拉伯数字	斜体	*0123456789*
	直体	0123456789
罗马数字	斜体	*I II III IV V VI VII VIII IX X*
	直体	I II III IV V VI VII VIII IX X
字体的应用		$\phi 20^{+0.010}_{-0.023}$　M24-6h　R15 220 V　380 kPa　700 r/min $\phi 25\frac{H6}{m5}$　$\frac{II}{2:1}$　$\sqrt{Ra\ 0.8}$

1.1.4 图线及画法（GB/T 17450—1998，GB/T 4457.4—2002）

国家标准中规定，在机械图样中有九种线型，图线采用粗、细两种线宽，它们之间的比例为 2∶1。粗线的线宽 d 应按图的大小和复杂程度在 0.5～2mm 选择，优先选用 0.5mm、0.7mm。图线宽度可分为 0.13mm、0.18mm、0.25mm、0.35mm、0.5mm、0.7mm、1mm、1.4mm、2mm。机械图样中图线的代码、名称、线型、宽度以及一般应用，如表 1-4 和图 1-8 所示。

表 1-4　图线

名称		线型	线宽	在图上的一般应用
实线	粗实线	d	d	(1) 可见轮廓线 (2) 螺纹牙顶线、螺纹长度终止线 (3) 齿轮的齿顶圆和齿顶线
	细实线		d/2	(1) 可见过渡线 (2) 尺寸线及尺寸界线 (3) 剖面线 (4) 重合断面的轮廓线 (5) 引出线 (6) 螺纹牙底线和齿轮的齿根线
	波浪线		d/2	(1) 断裂处的边界线 (2) 视图与剖视图的分界线
	双折线	7d 24d 30°	d/2	(1) 断裂处的边界线 (2) 视图与剖视图的分界线
虚线	细虚线	12d 3d	d/2	不可见轮廓线
	粗虚线		d	允许表面处理的表示线
点画线	细点画线	24d 6d	d/2	(1) 轴线、对称线和中心线 (2) 齿轮的分度圆和分度线 (3) 孔系分布的中心线 (4) 剖切线
	粗点画线		d	限定范围表示线
双点画线	细双点画线	24d 9d	d/2	(1) 相邻辅助零件的轮廓线 (2) 极限位置的轮廓线 (3) 假想投影轮廓线 (4) 中断线 (5) 轨迹线

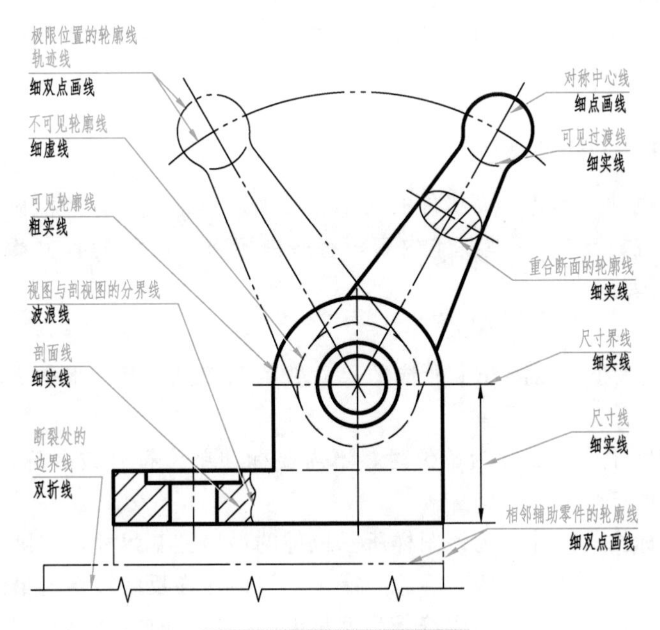

图 1-8 图线的应用示例

如图 1-9 所示，绘制图线时，通常应遵守以下方面。

(1) 在同一图样中，同类图线的宽度应基本一致。虚线、点画线及双点画线所画长度和间隔应各自大致相等。

(2) 两条平行线，包括剖面线之间的距离应不小于粗实线的两倍宽度，其最小距离不得小于 0.7mm。

(3) 绘制圆的对称中心线时，圆心应为线段的交点。点画线与双点画线的首、末两端应是画而不是点。

(4) 在较小的图形上绘制细点画线、细双点画线有困难时，可用细实线代替。

(5) 轴线、对称中心线、双折线和作为中断线的细双点画线，应超出轮廓线 2～5mm。

(6) 细点画线、细虚线和其他图线相交时，都应在画处相交，不应在空隙或点处相交。

(7) 当细虚线处于粗实线的延长线上时，粗实线应画到分界点，而细虚线应留有间隔。当细虚线圆弧和细虚线直线相切时，细虚线圆弧的线段应画到切点为止，而细虚线直线须留有间隔。

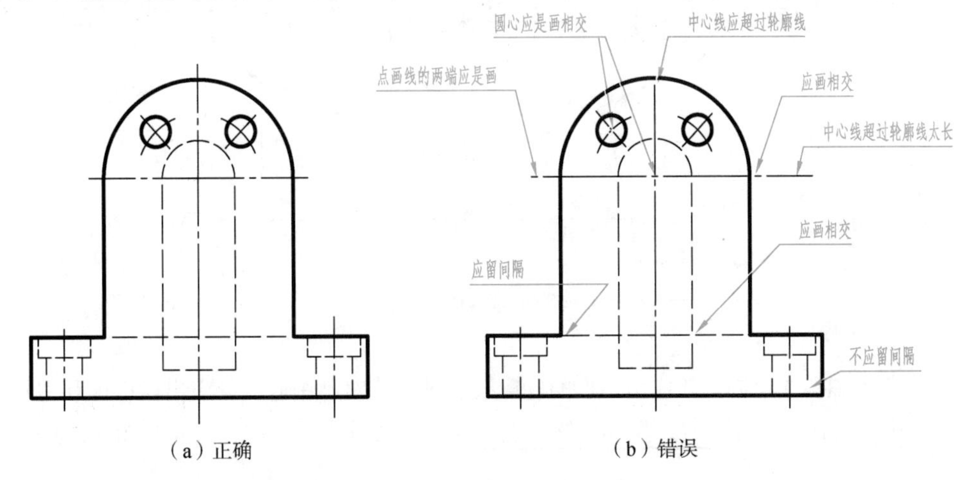

图 1-9 图线的画法

图线重合时的绘制顺序为：可见轮廓线→不可见轮廓线→各种用途的细实线→轴线和对称中心线→细双点画线。

1.1.5 尺寸标注（GB/T 4458.4—2003）

图形只能表达机件的形状，而机件的大小还必须通过标注尺寸才能确定。下面介绍国标《机械制图　尺寸注法》中的一些基本内容，有些内容将在后面的有关章节中讲述，其他有关内容可查阅相关国标。

1. 基本规则

（1）机件的真实大小应以图样上所注的尺寸数值为依据，与图形的大小及绘图的准确度无关。

（2）图样中的尺寸，以 mm 为单位时，不需要标注单位符号或名称，如采用其他单位，则应注明相应的单位符号。

（3）图样中所标注的尺寸，为该图样所示机件的最后完工尺寸，否则应另加说明。

（4）对机件的每一尺寸，一般只标注一次，并应标注在反映该结构最清晰的图形上。

（5）标注尺寸时，应尽可能使用符号和缩写词。常用的符号和缩写词如表 1-5 所示。

表 1-5　常用的符号和缩写词

名称	直径 半径	球直径 球半径	厚度	均布	45° 倒角	正方形	深度	沉孔或 锪平	埋头孔	弧长
符号或 缩写词	ϕ R	Sϕ SR	t	EQS	C	□	↧	⌴	⌵	⌒

2. 尺寸组成

一个完整的尺寸一般应包括尺寸界线、尺寸线、尺寸线终端及尺寸数字，如图 1-10 所示。

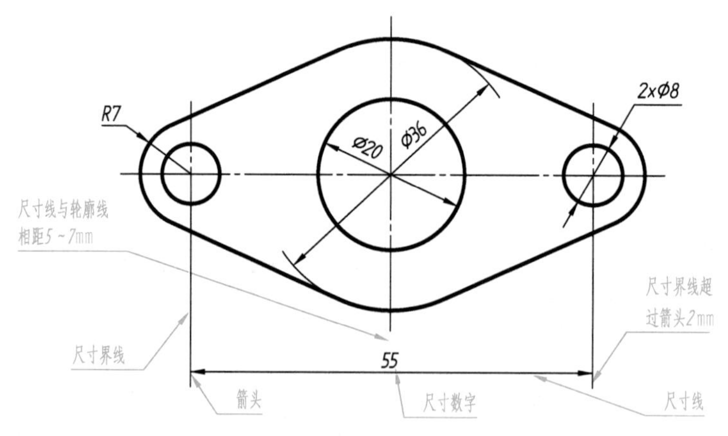

图 1-10　尺寸的组成及标注示例

1）尺寸界线

尺寸界线用细实线绘制，并应由图形的轮廓线、轴线或对称中心线处引出，也可利用轮廓线、轴线或对称中心线作为尺寸界线。尺寸界线一般应与尺寸线垂直，并超出尺寸线 2mm 左右。

2）尺寸线

尺寸线用细实线绘制。尺寸线不能用其他图线代替，一般也不得与其他图线重合或画在其延长线上。标注线性尺寸时，尺寸线应与所标注的线段平行。当有几条相互平行的尺寸线时，应小尺寸在里、大尺寸在外，避免尺寸线与尺寸界线相交。

3）尺寸线终端

尺寸线的终端可以为箭头或斜线，如图 1-11 所示。箭头适用于各种类型的图样。机械图样中一般采用箭头作为尺寸线的终端。

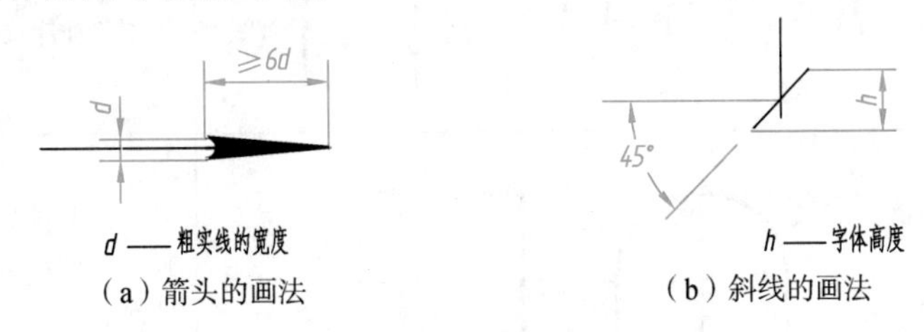

（a）箭头的画法　（b）斜线的画法

图 1-11　尺寸线终端的两种形式

4）尺寸数字

线性尺寸数字的方向以规定的看图方向为准，一般应注写在尺寸线的上方，也允许注写在尺寸线的中断处。当尺寸线水平时，尺寸数字写在尺寸线的上方，字头朝上；当尺寸线铅垂时，尺寸数字写在尺寸线的左方，字头朝左；当尺寸线倾斜时，尺寸数字写在尺寸线上方，且与尺寸线平行，如表 1-6 所示。

3. 尺寸注法示例

表 1-6 中列出了国标规定的一些尺寸注法。

表 1-6　尺寸注法示例

项目	示例	说明
线性尺寸的数字方向	30° 16 16 16 16 16 16 (a)　12 12 (b)	在不致引起误解时，线性尺寸的数字应按图（a）所示的方向填写，并应尽量避免在图示 30°范围内标注尺寸；当无法避免时可按图（b）标注
	Ø13 24 (a)　22 15 13 (b)	线性尺寸的数字一般注写在尺寸线的上方，如图（a）所示；对于非水平方向的尺寸，其数字可水平地注写在尺寸线的中断处，如图（b）所示
	轮廓线应断开 Ø8　剖面线应断开 Ø15 Ø7 中心线应断开	尺寸数字不可被任何图线所通过，当不可避免时，必须把该图线断开

续表

项目	示例	说明
直径与半径	Φ13　Φ20　Φ12　Φ10	对于圆及大于半圆的圆弧，应标注直径，在标注尺寸时，应在尺寸数字前加注符号“ϕ”
	R10　R8　R8 正确　错误	对于半圆及小于半圆的圆弧，应标注半径，在标注尺寸时，应在尺寸数字前加注符号“R”；半径尺寸应标注在投影的圆弧处，且尺寸线或尺寸线的延长线应通过圆心
	R32　SR20 (a)　(b)	当圆弧的半径过大或图纸范围内无法标注圆心位置时，可按图（a）的形式标注；若圆心不需要标注，可按图（b）的形式标注
球面	SΦ20　SR11	标注球面的直径或半径时，应在符号“ϕ”或“R”前再加注符号“S”
角度	68°　17°　56°　6°　67°　34° (a)　(b)	角度尺寸的尺寸界线应沿径向引出，尺寸线画成圆弧，圆心是角的顶点；尺寸数字一律水平书写，一般注在尺寸线的中断处，必要时也可按图（b）的形式标注
弦长与弧长	19　⌒22　⌒24 弦长注法　弧长注法　弧度较大时的弧长注法	标注弦长和弧长时，尺寸界线应平行于弦的垂直平分线；当弧度较大时，尺寸界线可沿径向引出；标注弧长时，尺寸线用圆弧，并应在尺寸数字左方加注符号“⌒”

续表

项目	示例	说明
狭小部位	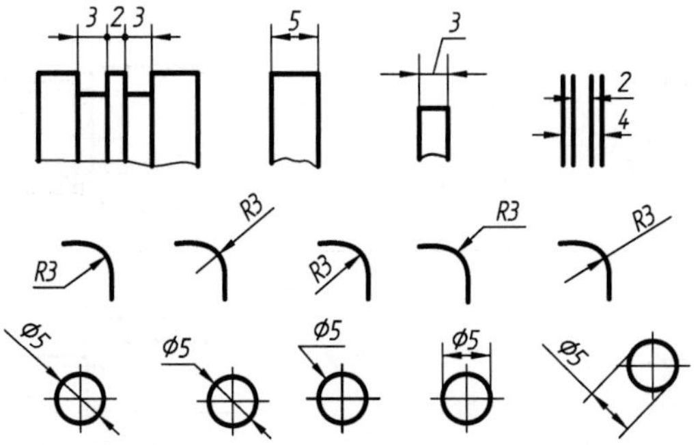 3 2 3　5　3　2 4 R3　R3　R3　R3　R3 Ø5　Ø5　Ø5　Ø5　Ø5	如上排例图所示，没有足够位置时，箭头可画在外面，或用小圆点代替两个箭头，尺寸数字也可写在外面或引出标注；圆和圆弧的小尺寸，可按下两排例图标注
对称零件	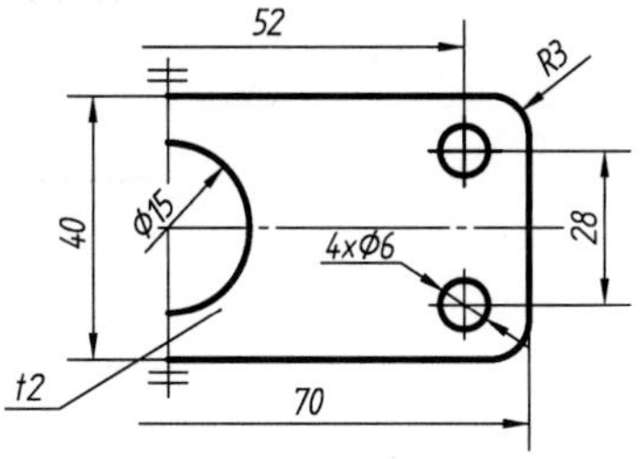 52　R3　40　Ø15　4×Ø6　28　t2　70	当对称零件的图形画出一半或多于一半时，尺寸线应略超过对称中心线或断裂线，此时仅在尺寸线的一端画出箭头，如图上尺寸 52 和 70；当零件为薄板时，可在厚度尺寸数字前加注符号“t”
正方形结构	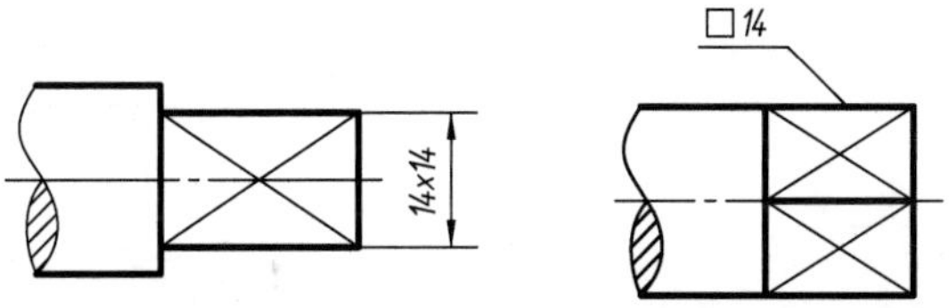 14×14　□14	剖面为正方形时，可在边长尺寸数字前加注符号“□”，或用“14×14”代替“□14”；图中相交的两细实线是平面符号

表 1-7 中列出了国标规定的一些常见简化注法。

表 1-7　常见简化注法

类型	简化注法	简化前注法或说明
成组要素的注法	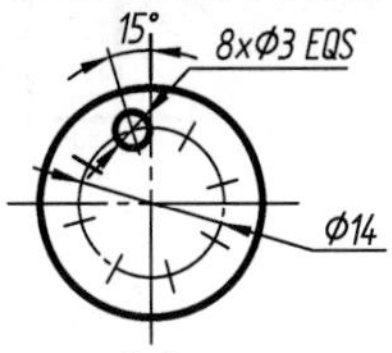 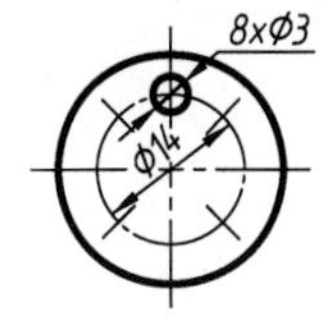 15°　8×Ø3 EQS　Ø14　(a) 8×Ø3　Ø14　(b)	均匀分布的成组要素如孔等的尺寸，按图（a）所示的方法标注；当成组要素的定位和分布情况在图形中已明确时，可不标注其角度，并省略“EQS”，如图（b）所示
	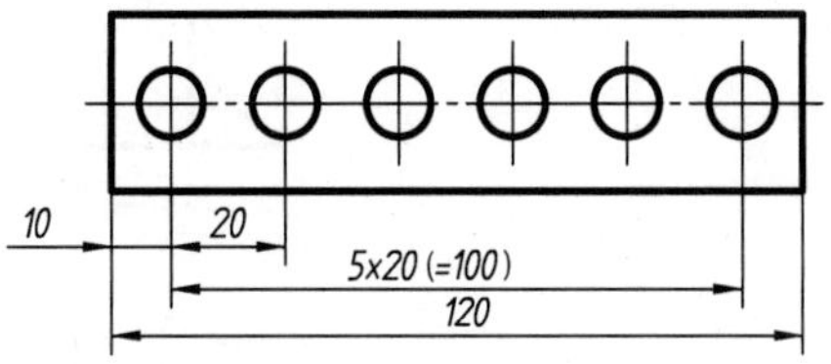 10　20　5×20 (=100)　120	间隔相等的链式尺寸，可采用图示方法标注
	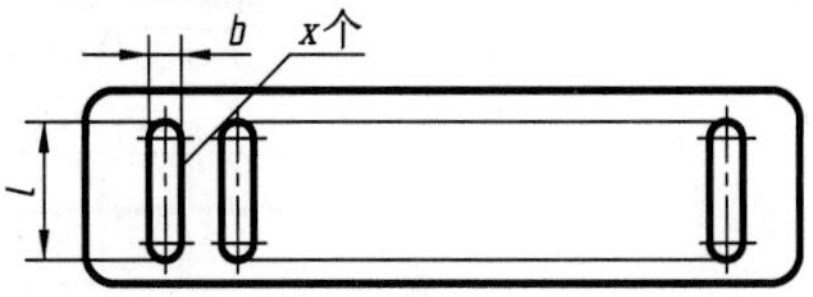 b　x个　l	在同一图形中，对于相同尺寸的孔、槽等成组要素，可仅在一个要素上注出其尺寸和数量

续表

类型	简化注法	简化前注法或说明
越程槽尺寸注法	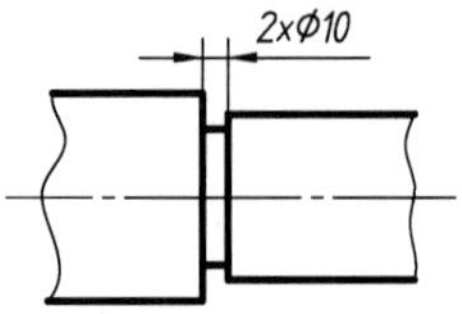 2xΦ10	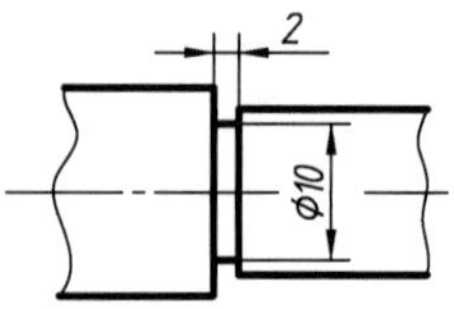 2 Φ10
	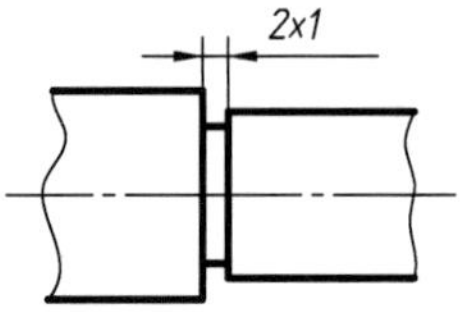 2x1	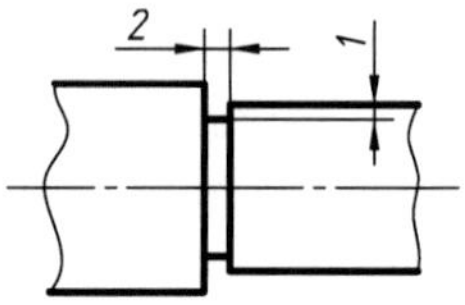 2 1
倒角注法	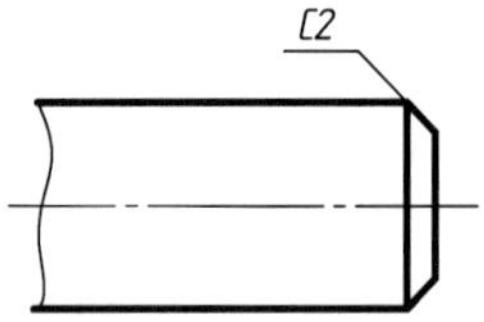 C2	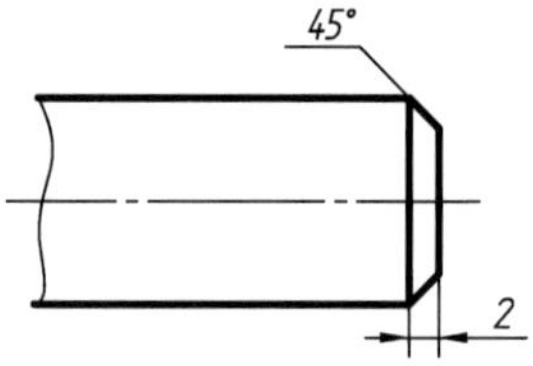 45° 2
孔的旁注法	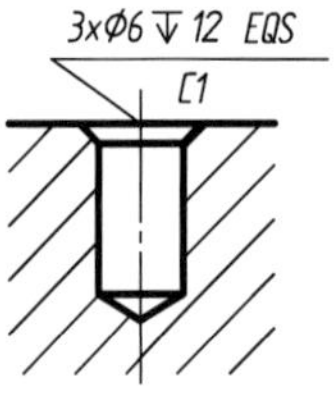 3xΦ6↧12 EQS C1 或 3xΦ6↧12 EQS C1 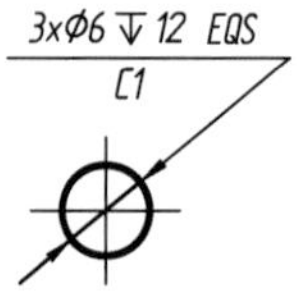	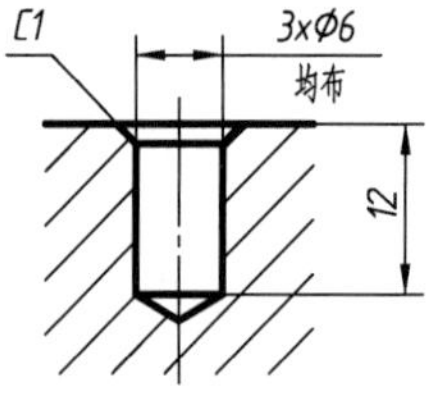 C1 3xΦ6 均布 12
	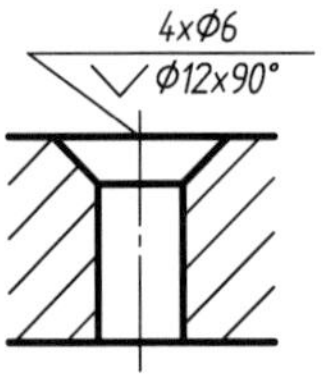 4xΦ6 ⌵Φ12x90° 或 4xΦ6 ⌵Φ12x90° 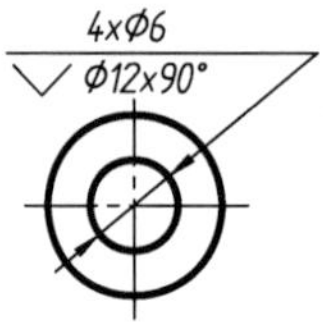	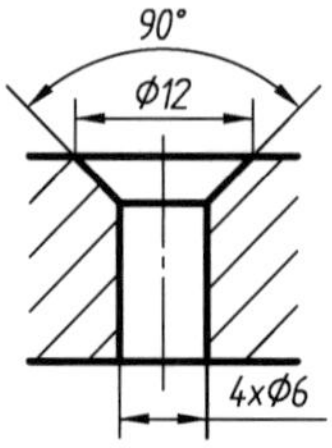 90° Φ12 4xΦ6
	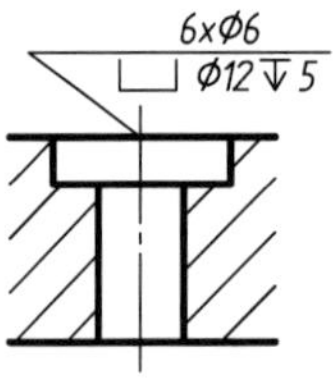 6xΦ6 ⌴Φ12↧5 或 6xΦ6 ⌴Φ12↧5 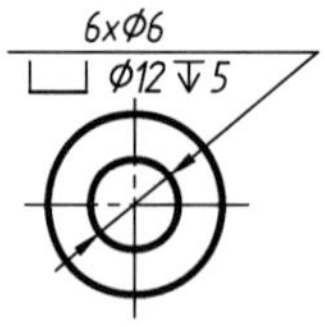	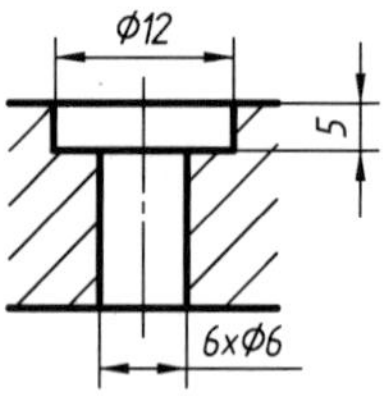 Φ12 5 6xΦ6
	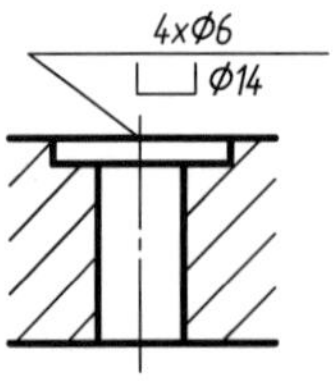 4xΦ6 ⌴Φ14 或 4xΦ6 ⌴Φ14 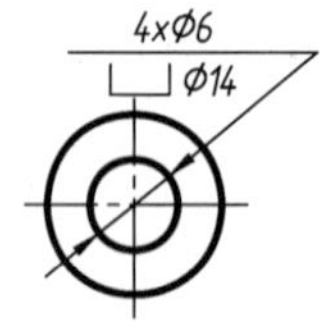	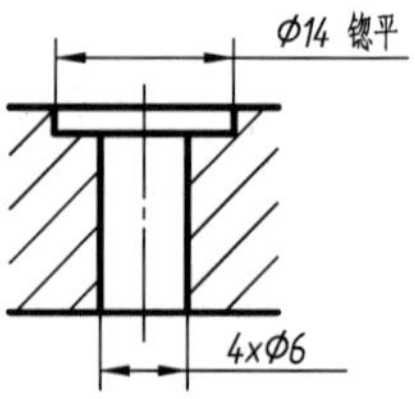 Φ14 锪平 4xΦ6

续表

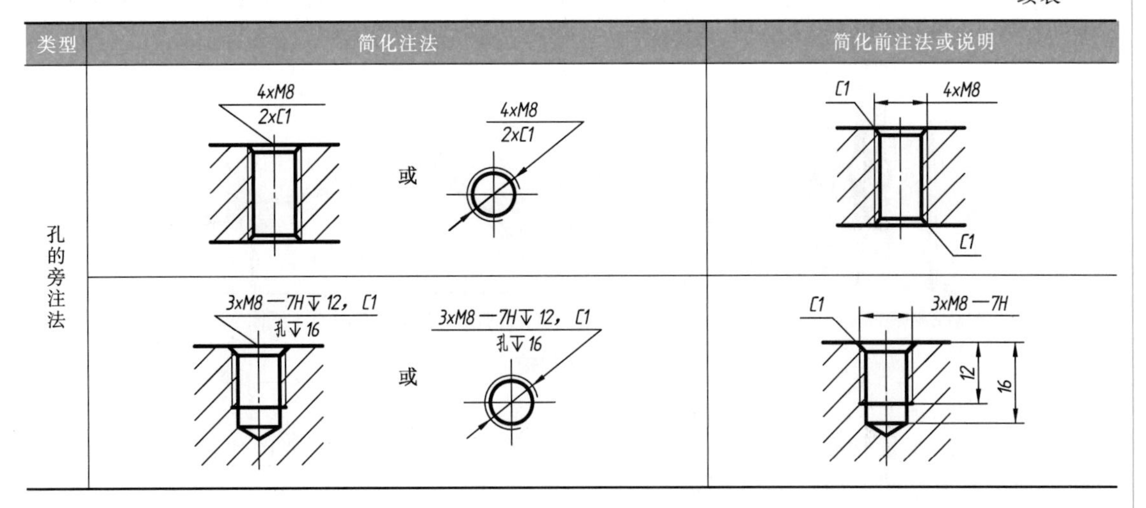

类型	简化注法	简化前注法或说明
孔的旁注法	4xM8 2xC1　或　4xM8 2xC1	C1　4xM8　C1
	3xM8—7H↧12，C1 孔↧16　或　3xM8—7H↧12，C1 孔↧16	C1　3xM8—7H　12　16

1.2　常用绘图工具及其使用方法

正确使用手工绘图工具和仪器是保证手工绘图质量与加快绘图速度的一个重要方面。常用的手工绘图工具和仪器有图板、丁字尺、三角板、圆规、分规、比例尺、曲线板、铅笔等。现将常用的手工绘图工具和仪器的使用方法简介如下。

1. 图板、丁字尺和三角板

图板是画图时铺放图纸的垫板。图板的左边是导向边。

丁字尺是画水平线的长尺。画图时，应使尺头紧靠图板左侧的导向边。水平线必须自左向右画，如图 1-12（a）所示。

三角板除直接用来画直线外，也可配合丁字尺画铅垂线，三角板的直角边紧靠着丁字尺，自下而上画线，如图 1-12（b）所示。三角板还可配合丁字尺画与水平线呈 15°倍角的倾斜线，如图 1-12（c）所示。

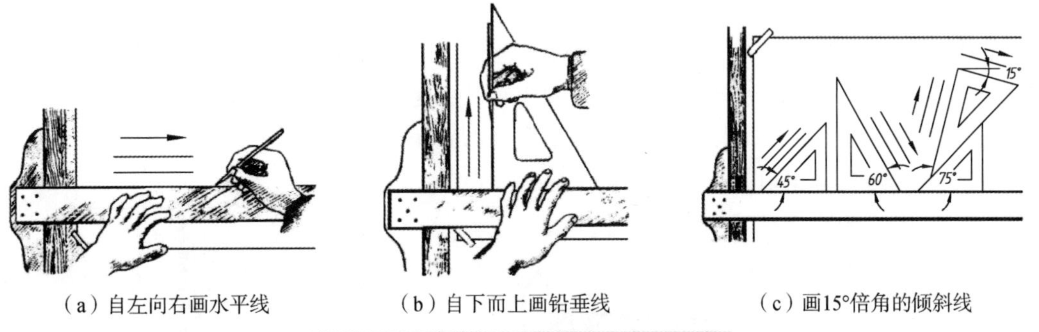

（a）自左向右画水平线　（b）自下而上画铅垂线　（c）画15°倍角的倾斜线

图 1-12　用图板、丁字尺和三角板画线

2. 圆规和分规

圆规是画圆及圆弧的工具，也可当作分规来量取长度和等分线段。使用前应先调整针脚，使针脚带阶梯的一端向下，并使针尖略长于铅芯，如图 1-13（a）所示；画大圆时要接上延伸杆，使圆规的两脚均垂直于纸面，如图 1-13（b）所示。

分规是用来正确量取线段和分割线段的工具。为了准确度量尺寸，分规的两个针尖应调整得一样长，并使两针尖合拢时能成为一点。用分规分割线段时，将分规的两针尖调整到所需距离，然后使分规两针尖沿线段交替做圆心顺序摆动行进，如图 1-14 所示。

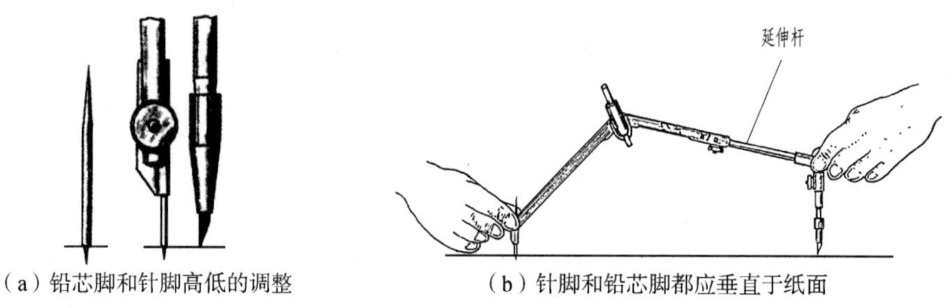

（a）铅芯脚和针脚高低的调整　（b）针脚和铅芯脚都应垂直于纸面

图 1-13　圆规的用法

3. 比例尺

比例尺仅用于量取不同比例的尺寸。绘图时，不必计算，按所需要的比例，在比例尺上直接量取长度来画图，如图 1-15 所示。

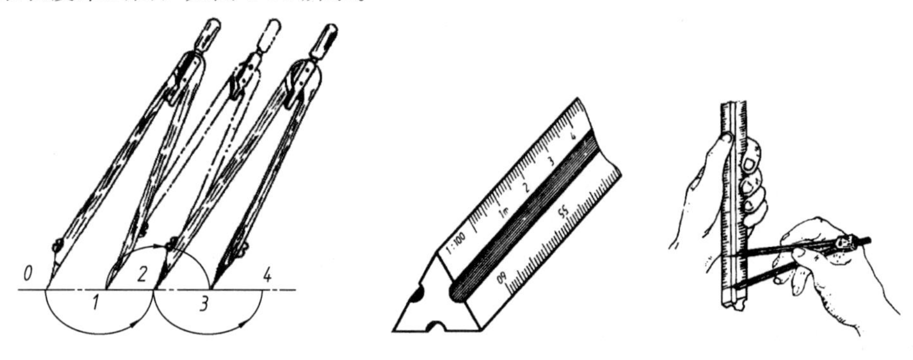

图 1-14　用分规等分线段　　图 1-15　比例尺及其用法

4. 曲线板

曲线板用来描绘各种非圆曲线。用曲线板描绘曲线时，首先要把求出的各点徒手轻轻地勾描出来，然后根据曲线的曲率变化，选择曲线板上合适部分，至少吻合 3 点或 4 点，如图 1-16所示，前一段重复前次所描，中间一段是本次描，后一段留待下次描，以此类推。

5. 铅笔

铅笔用于绘图线及写字。铅笔铅芯有软硬之分，B 表示软铅，H 表示硬铅，HB 表示中软铅。画细线用 H 或 2H 铅笔，画粗线用 HB 或 B 铅笔；圆规所用铅芯一般要比画相应图线的铅笔软一些；写字用 HB 或 H 的铅笔。画粗线的铅笔芯一般磨成铲形，其余磨成锥形，如图 1-17 所示。圆规所用铅芯一般磨成锥形。

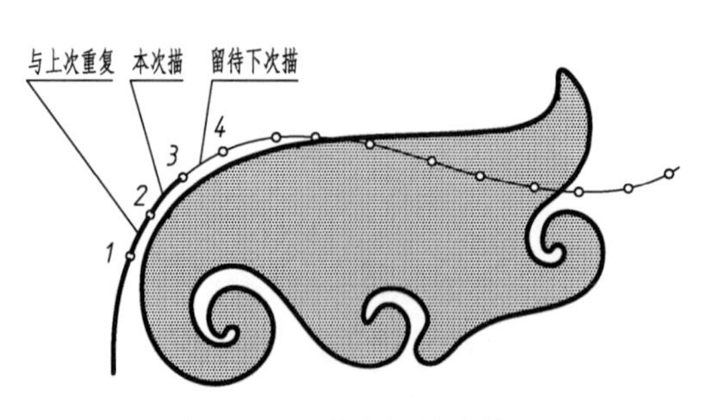

图 1-16　用曲线板描绘曲线

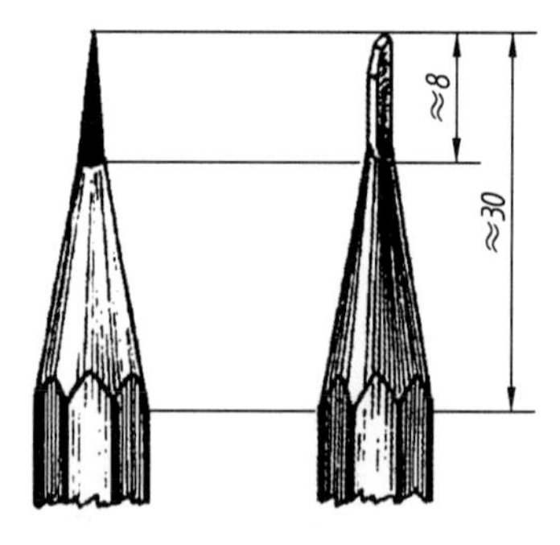

图 1-17　铅笔的削法

1.3 几 何 作 图

1.3.1 等分直线段

将 AB 直线段 n 等分，作图方法如图 1-18 所示。

（a）已知直线段AB

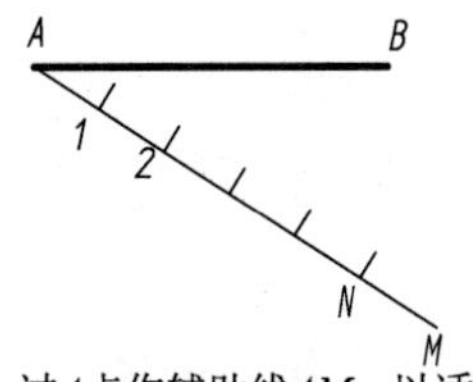

（b）过A点作辅助线AM，以适当长为单位，在AM上量取n等份，得1、2、…、N点

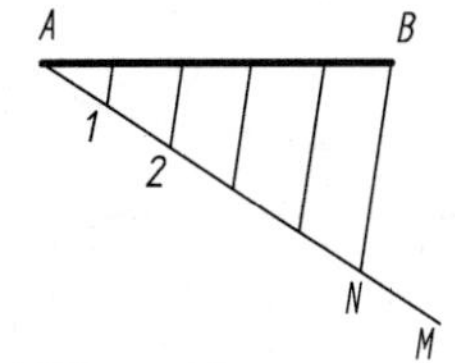

（c）连接NB，过1、2、…、n–1点作NB的平行线与AB相交，即可将AB分为n等份

图 1-18　等分线段为 n 等份

1.3.2 正多边形的画法

1. 正六边形

正六边形的作图步骤如图 1-19 所示。

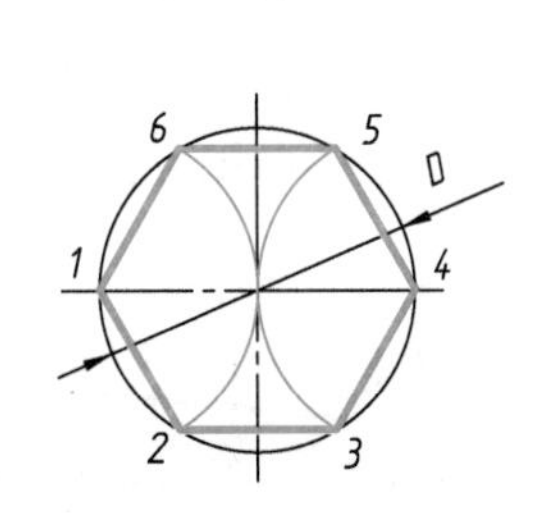

（a）已知对角线D，作正六边形的方法一：取D/2为正六边形的边长，在外接圆上作六个顶点，依次连接各顶点即为所作正六边形

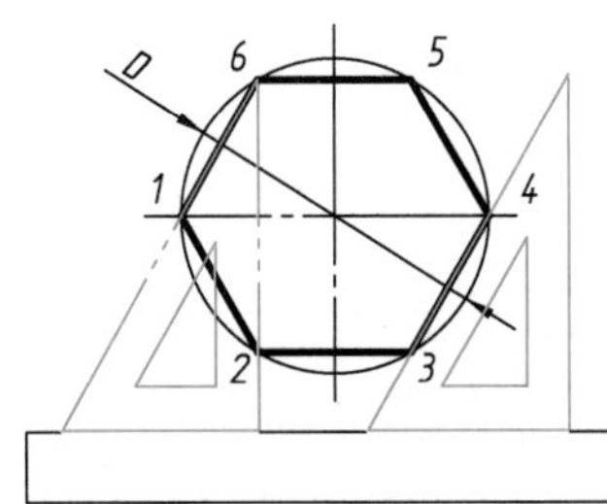

（b）已知对角线D，作正六边形的方法二：以对角线为直径作圆，再用30°角和60°角三角板与丁字尺配合，即可作出正六边形

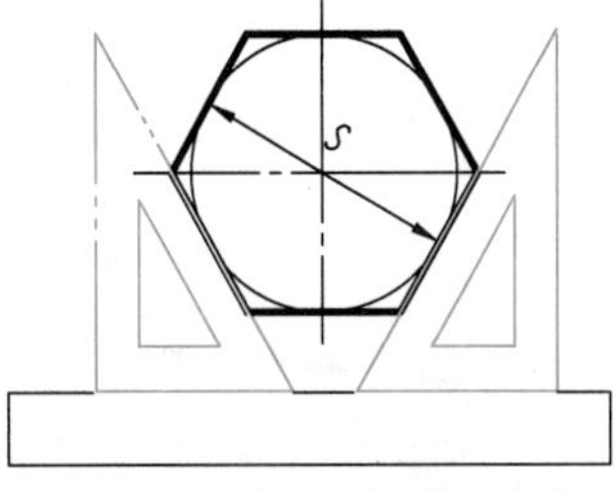

（c）已知对边距离S作正六边形：以对边距离为直径作圆，用丁字尺与30°角和60°角三角板配合，即可作出正六边形

图 1-19　正六边形的做法

2. 正五边形

已知正五边形外接圆，作正五边形，作图步骤如图 1-20 所示。

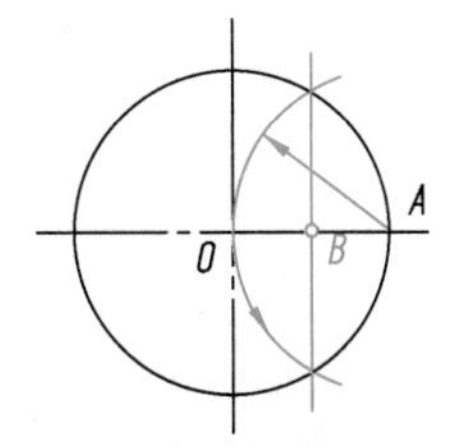

（a）作半径的中点B

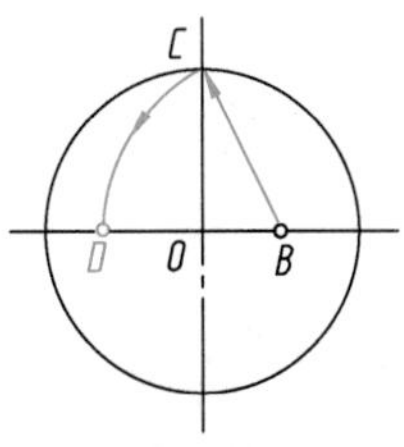

（b）以B为圆心、BC为半径画弧得D点

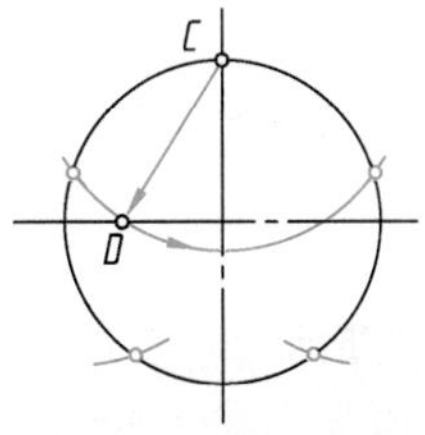

（c）CD即为五边形的边长，等分圆周得五个顶点

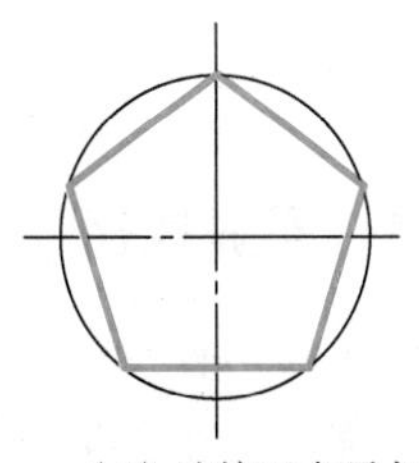

（d）连接五个顶点即为正五边形

图 1-20　正五边形的做法

1.3.3 斜度与锥度

斜度是指一直线或平面对另一直线或平面的倾斜程度，其大小是它们之间夹角的正切值。在图样中，斜度通常以 1∶n 的形式标注，并在 1∶n 之前加注符号“∠”，符号的方向与倾斜方向一致。图 1-21 为斜度 1∶6 的作图步骤及标注。

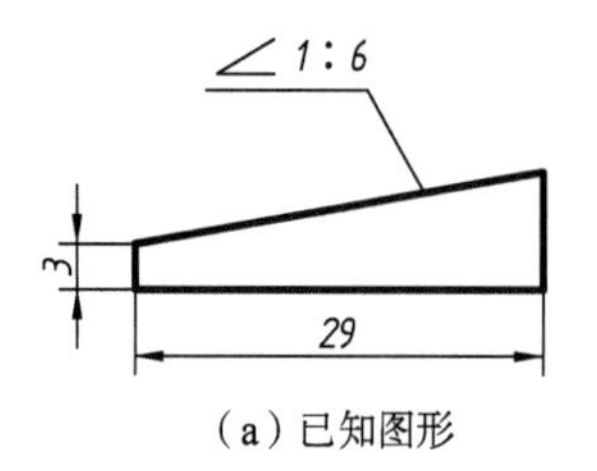

(a) 已知图形

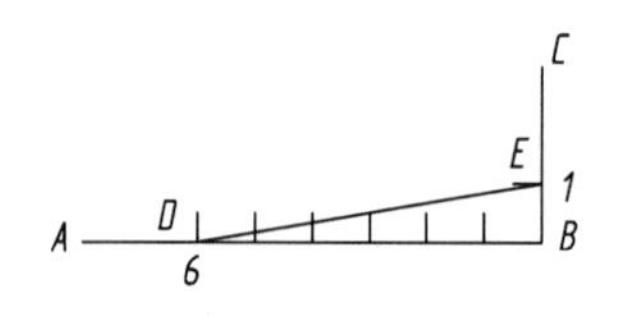

(b) 在AB上取6个单位得D点，在BC上取1个单位得E点，连接DE得1∶6斜度线

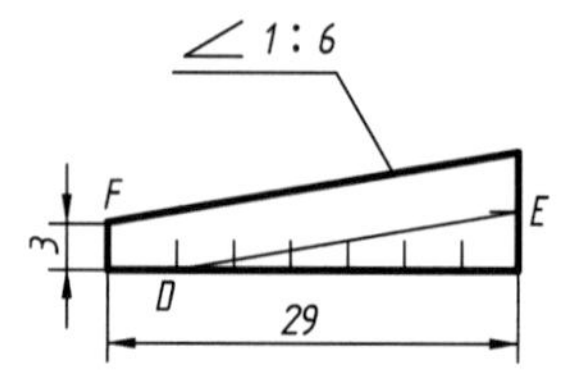

(c) 按尺寸定出F点，过F作DE的平行线，完成作图

图 1-21 斜度的作图步骤与标注

锥度是指正圆锥体的底圆直径与圆锥高度之比。如果是锥台，则为上、下两底圆直径差与锥台高度的比值。在图样中常以 1∶n 的形式标注，并在 1∶n 前加注符号“◁”，注在与引出线相连的基准线上，符号所示的方向与锥度方向一致。图 1-22 为锥度 1∶5 的作图步骤及标注。

斜度和锥度符号按图 1-23、图 1-24 绘制，图中 h 为字体的高度，符号的线宽为 $h/10$。

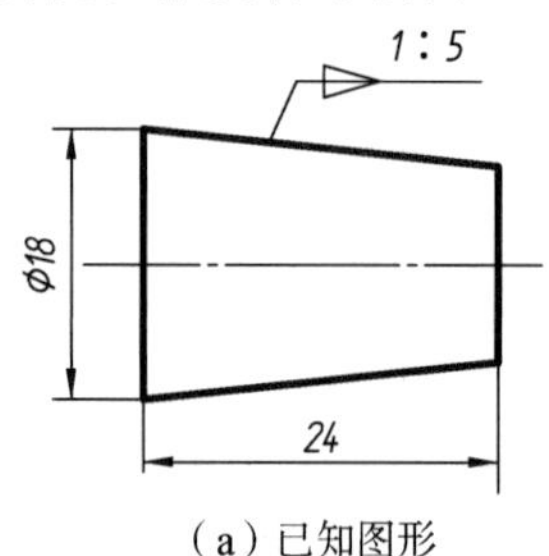

(a) 已知图形

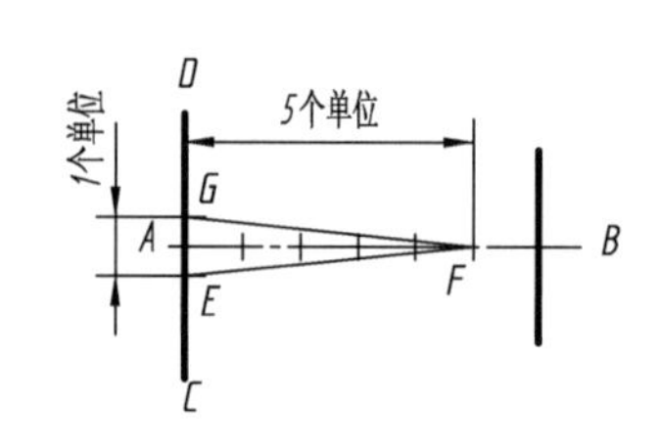

(b) 按尺寸画出已知部分，在AB上取5个单位，在CD上取1个单位，得两条1∶5的斜度线EF、FG

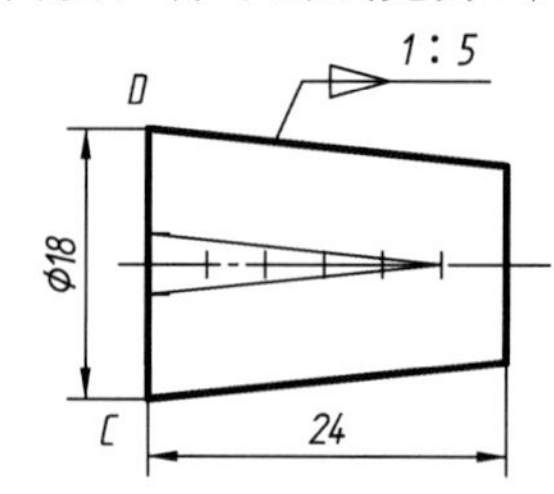

(c) 过C、D作EF、FG的平行线，即完成作图

图 1-22 锥度的作图步骤与标注

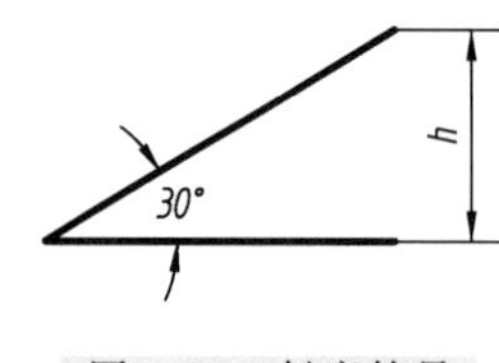

图 1-23 斜度符号

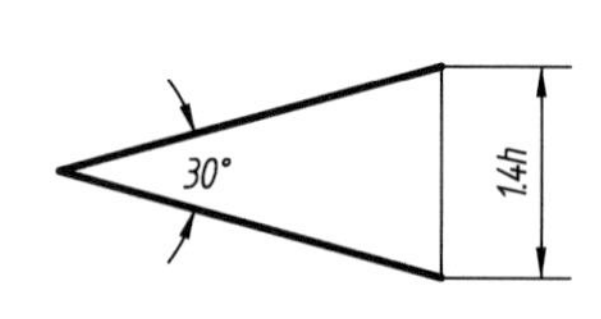

图 1-24 锥度符号

1.3.4 圆弧连接

用已知半径的圆弧光滑连接已知线段，即直线或圆弧，称为圆弧连接。这种起连接作用的圆弧称为连接圆弧。圆弧连接在机件轮廓图中经常可见，如图 1-25 所示为扳手的轮廓图。

1. 圆弧连接的基本几何原理

(1) 圆弧与直线相切。连接圆弧的圆心轨迹是一条直线，该直线与已知直线平行，且距离为连接圆弧的半径 R；由圆心向已知直线作垂线，其垂足即为切点，如图 1-26 (a) 所示。

(2) 圆弧与圆弧外切。连接圆弧的圆心轨迹为已知圆弧的同心圆，该圆的半径为两圆半

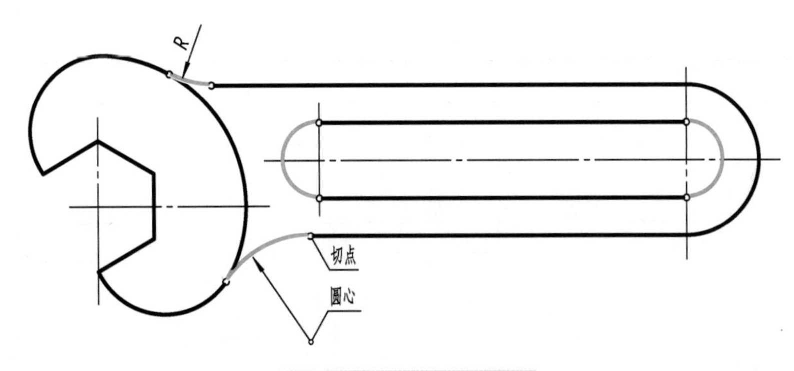

图 1-25　圆弧连接示例

径之和，即 R_1+R；两圆心连线与已知圆弧的交点即为切点，如图 1-26（b）所示。

（3）圆弧与圆弧内切。连接圆弧的圆心轨迹为已知圆弧的同心圆，该圆的半径为两圆半径之差，即 R_1-R；两圆心连线的延长线与已知圆弧的交点即为切点，如图 1-26（c）所示。

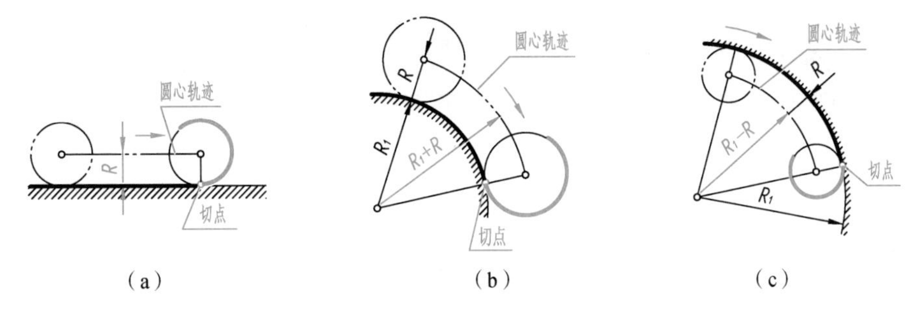

图 1-26　圆弧连接的基本轨迹

2. 圆弧连接的作图举例

表 1-8 列举了常见圆弧连接的作图方法和步骤。

表 1-8　常见的圆弧连接作图

连接要求		作图方法和步骤		
		求圆心 O	求切点 K_1、K_2	画连接圆弧
连接相交两直线	两直线倾斜	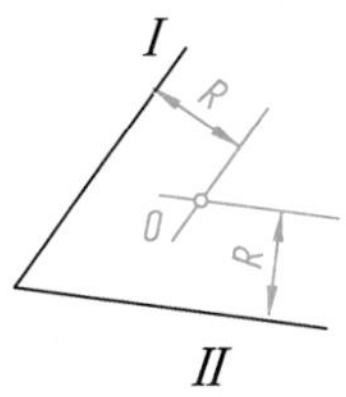	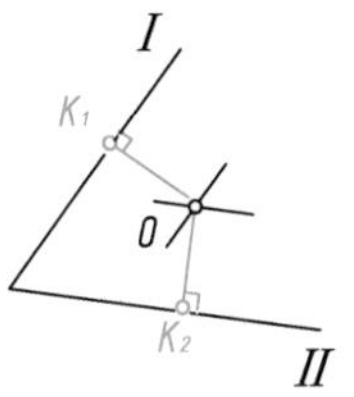	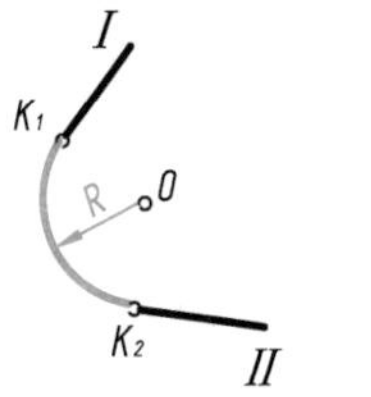
	两直线垂直	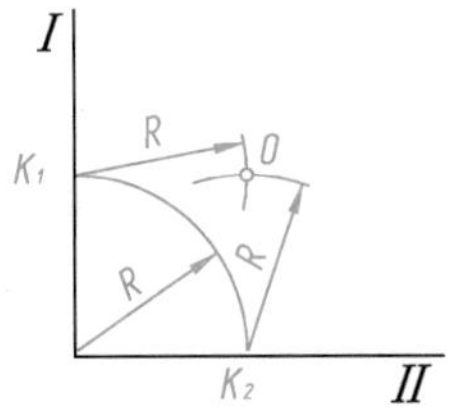	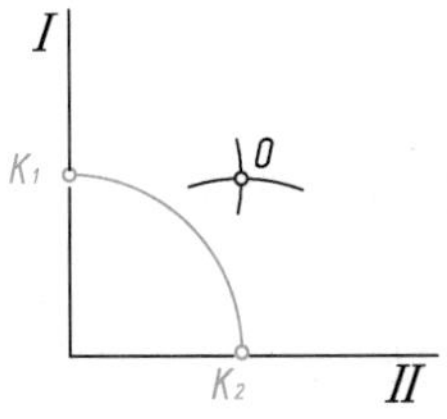	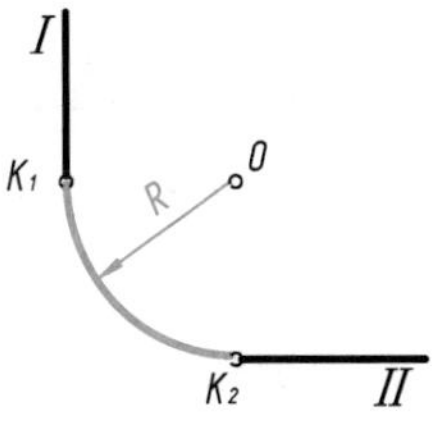

续表

连接要求		作图方法和步骤		
		求圆心 O	求切点 K_1、K_2	画连接圆弧
连接一直线和一圆弧		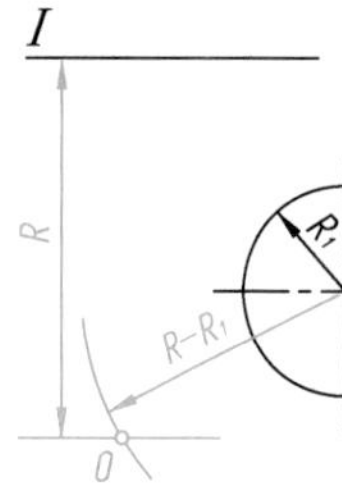	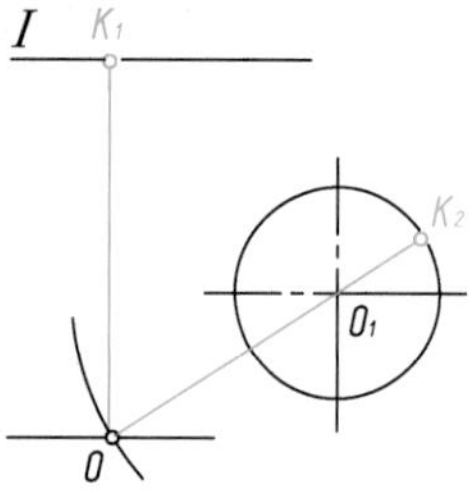	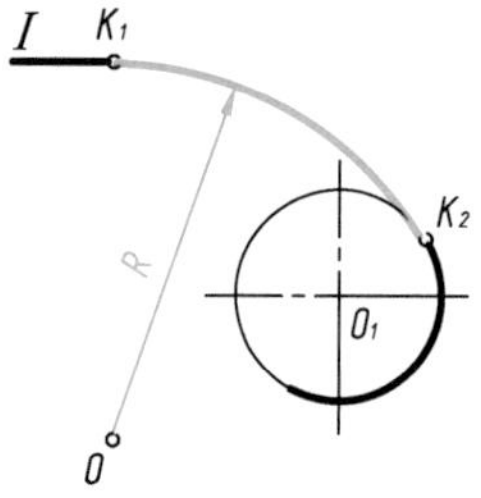
连接两圆弧	外切	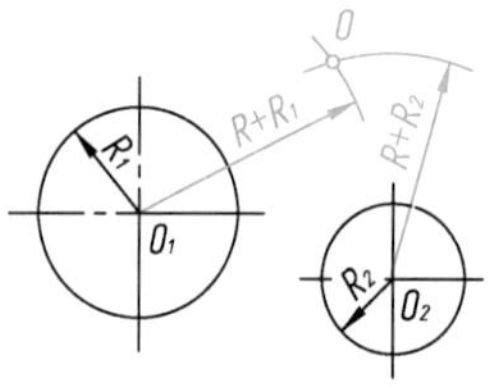	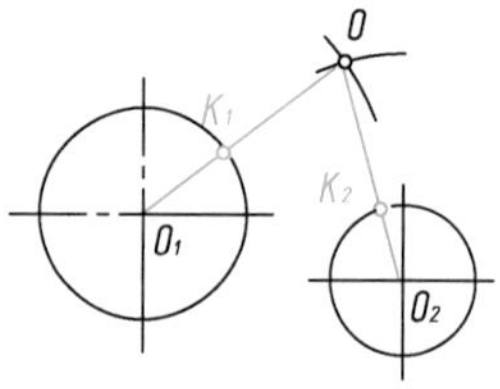	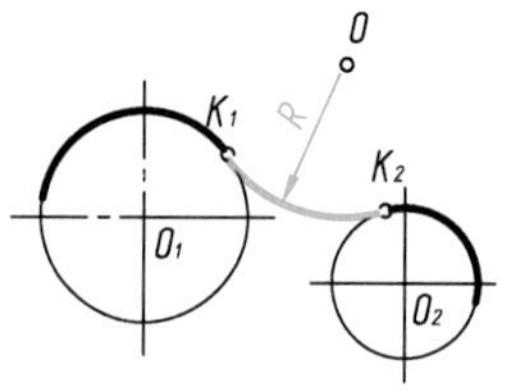
	内切	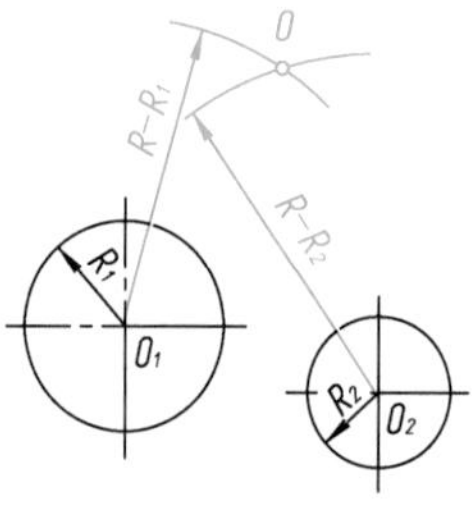	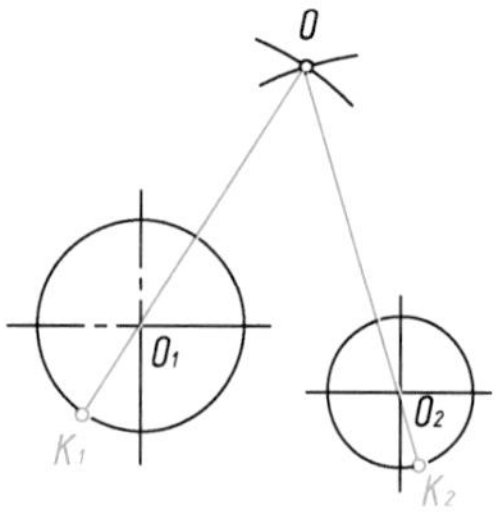	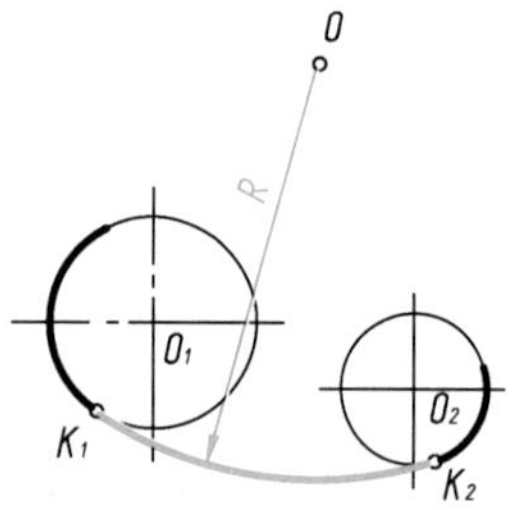
	内外切	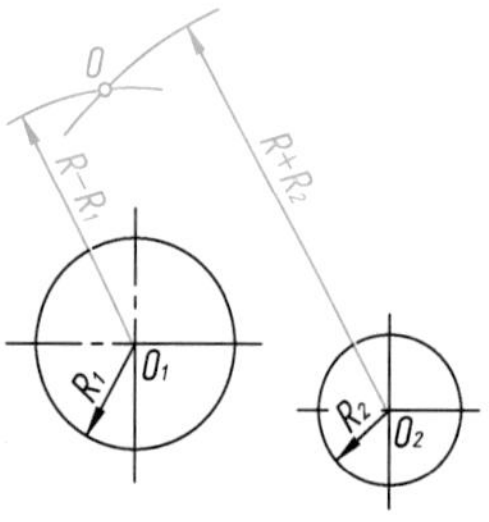	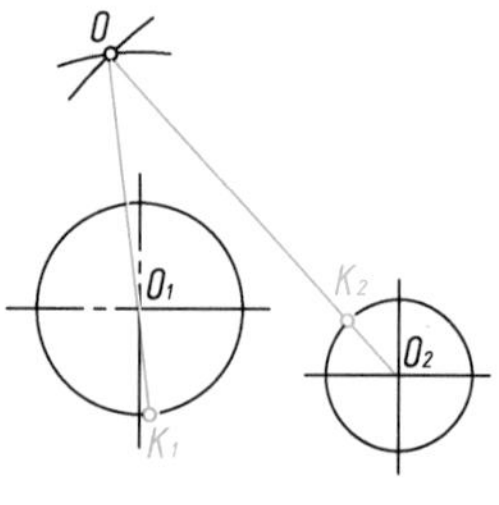	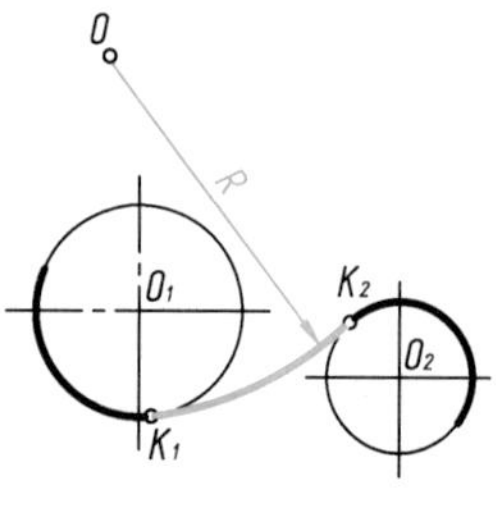

1.3.5 椭圆的画法

绘图时，除了直线和圆弧，也会遇到一些非圆曲线。其中，常见的有椭圆、渐开线、阿基米德螺线、摆线等。这里仅介绍已知椭圆的长轴和短轴，作椭圆的一种近似画法，如图 1-27 所示。

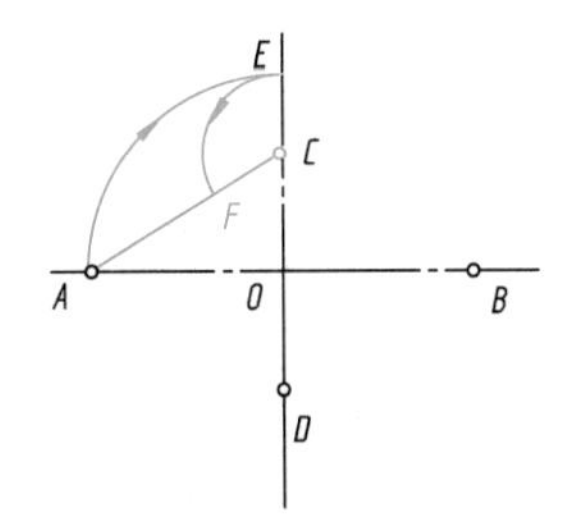

（a）画出长轴AB和短轴CD；连接AC，并在AC上截取CF，使其等于AO与CO之差

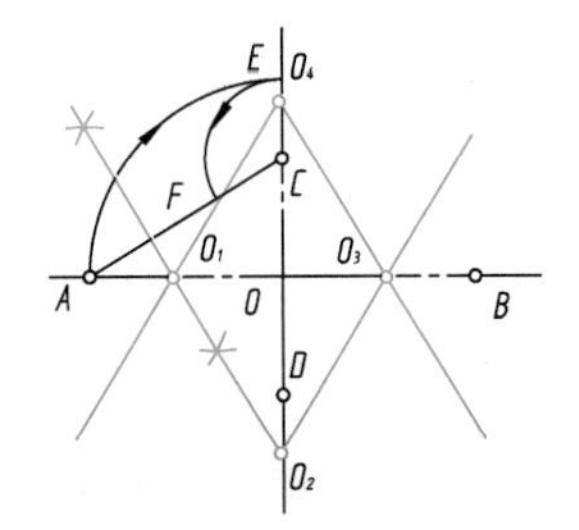

（b）作AF的垂直平分线，与长、短轴分别交于O_1、O_2点，再以O为对称中心，找出O_1、O_2的对称点O_3、O_4

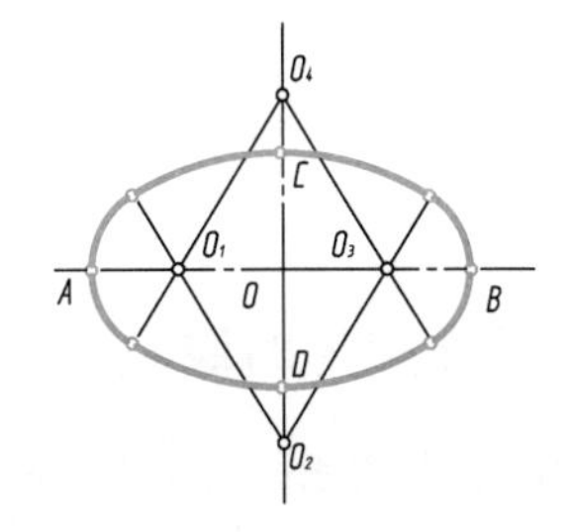

（c）分别以O_1、O_3为圆心，O_1A为半径画弧，再以O_2、O_4为圆心，O_2C为半径画弧，使所画四弧的连接点分别位于O_2O_1、O_2O_3、O_4O_1、O_4O_3的延长线上，即得近似椭圆

图 1-27　椭圆的近似画法

1.4　平面图形的分析和画图步骤

平面图形由许多线段连接而成，这些线段之间的相对位置和连接关系靠给定的尺寸确定。在画图时，只有通过分析尺寸和线段间的关系才能确定画图步骤；在标注尺寸时，也只有通过分析线段间的关系才能正确地标注。

1.4.1　平面图形的尺寸分析

平面图形中的尺寸按其作用，可分为定形尺寸和定位尺寸两大类。要理解这两类尺寸的意义，首先对“尺寸基准”应有一个了解。

1. 尺寸基准

图形中标注尺寸的起始点称为尺寸基准。对平面图形而言，有水平和垂直两个方向的基准，相当于坐标系中的两坐标轴 x 和 y。平面图形中常以对称图形的中心线、轴线、较大圆的中心线或较长直线作为基准。对于圆及圆弧，其尺寸基准是圆心，如图 1-28 所示。

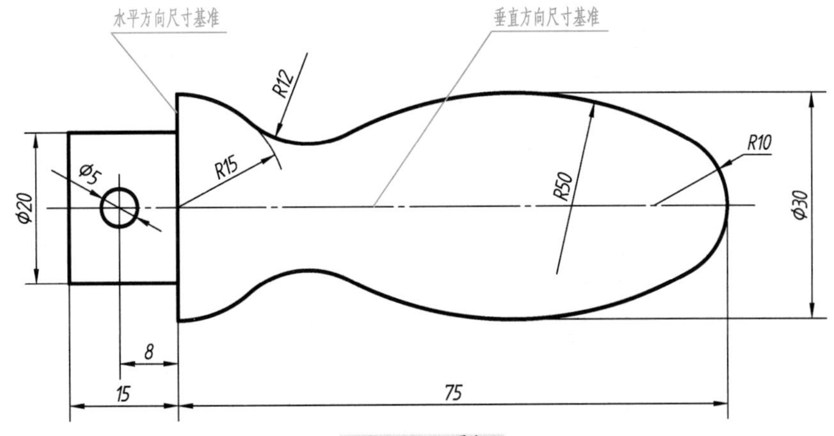

图 1-28　手柄

2. 定形尺寸

确定平面图形中直线段的长度、圆和圆弧的直径或半径、角度大小等的尺寸称为定形尺寸。例如，图 1-28 中的尺寸 $\phi 20$、$\phi 5$、$R15$、$R12$、$R10$、$R50$ 及 15 均为定形尺寸。

3. 定位尺寸

确定线段在平面图形中所处位置的尺寸称为定位尺寸。例如，图 1-28 中确定 $\phi5$ 小圆位置的尺寸 8 是定位尺寸。

1.4.2 平面图形的线段分析

平面图形中的线段，根据所标注的尺寸，可以分为已知线段、中间线段和连接线段三类。

1. 已知线段

若图形具有完整的定形尺寸和定位尺寸，作图时，完全可以根据这些尺寸画出的线段称为已知线段，如图 1-28 中所示的四条直线段、$\phi5$ 圆、$R15$ 和 $R10$ 圆弧。

2. 中间线段

若图形只有定形尺寸，而定位尺寸不全，作图时，需要根据与相邻线段的连接关系画出的线段称为中间线段，如图 1-28 中所示的 $R50$ 圆弧。

3. 连接线段

若图形只有定形尺寸，而没有定位尺寸，作图时，需要根据与相邻线段的连接关系画出的线段称为连接线段，如图 1-28 中所示的 $R12$ 圆弧。

1.4.3 平面图形的画图步骤

（1）对平面图形进行尺寸分析和线段分析。

（2）画基准线、定位线，如图 1-29（a）所示。

（3）画已知线段，如图 1-29（b）所示。

（4）画中间线段，如图 1-29（c）所示。

（5）画连接线段，如图 1-29（d）所示。

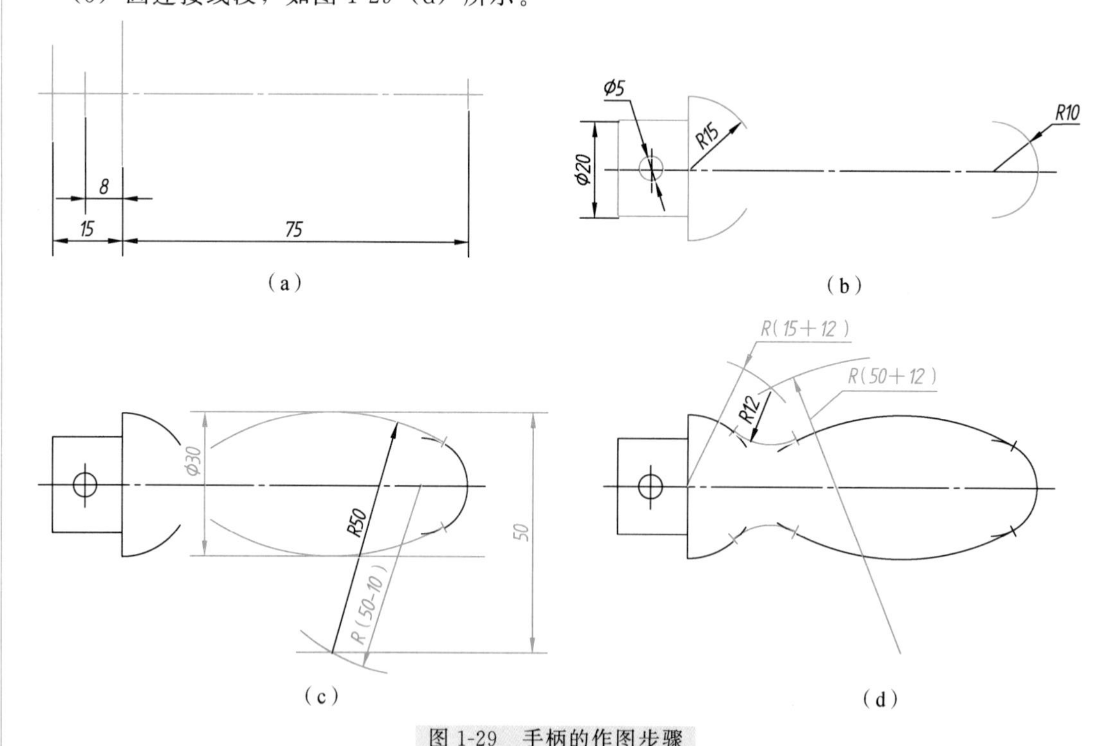

图 1-29 手柄的作图步骤

1.4.4　平面图形的尺寸标注

1. 标注平面图形尺寸必须满足的要求

（1）完整——尺寸必须注写齐全，不重复，不遗漏。

（2）正确——尺寸标注要按国标规定进行，尺寸数字不能写错和出现矛盾。

（3）清晰——尺寸的位置要安排在图形的明显处，标注要清楚，布局整齐、美观，便于阅读。

2. 平面图形标注尺寸的步骤

图 1-30 为几种常见平面图形的尺寸标注示例。

（1）分析图形，选择尺寸基准，确定已知线段、中间线段和连接线段。

（2）注出已知线段的定形尺寸和定位尺寸。

（3）注出中间线段的定形尺寸和部分定位尺寸。

（4）注出连接线段的定形尺寸。

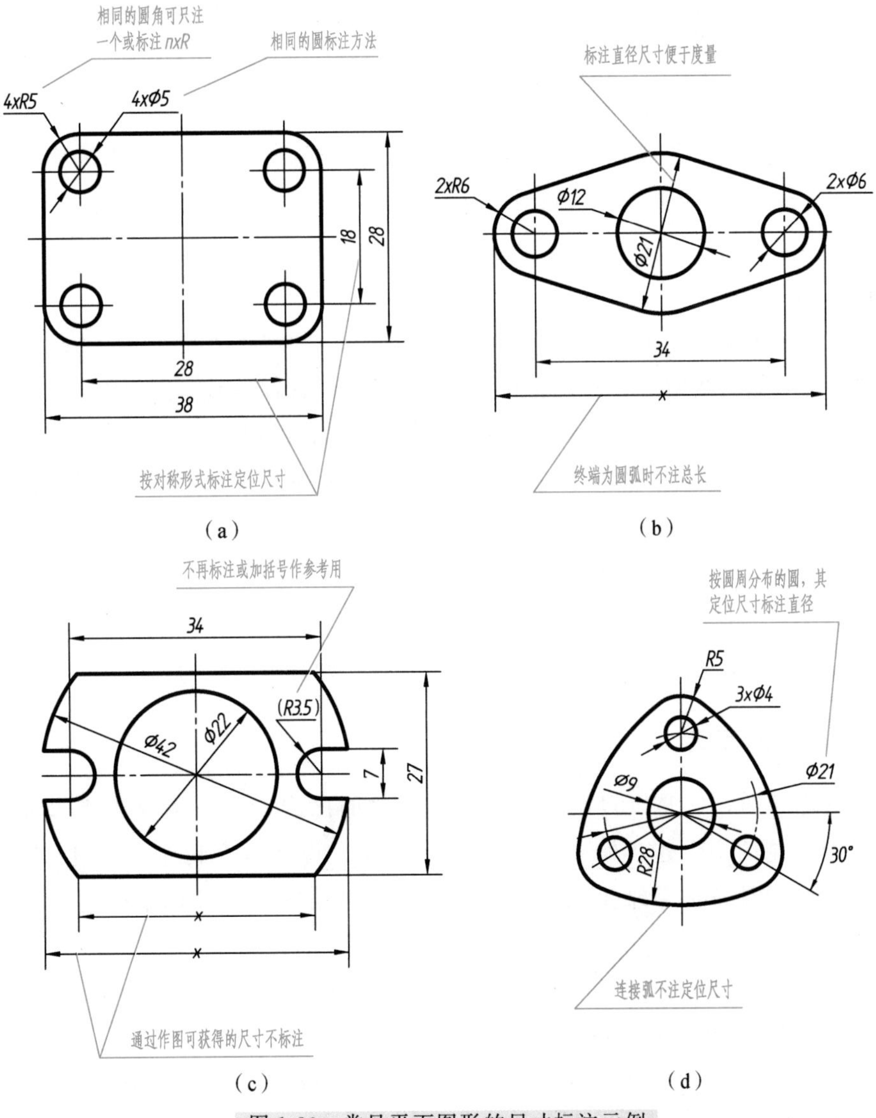

图 1-30　常见平面图形的尺寸标注示例

1.5 绘图的方法和步骤

为了提高图样质量和绘图速度，除了正确使用绘图工具和仪器，还必须掌握正确的绘图程序和方法，有时在工作中也需要徒手绘制草图。目前，仪器绘图、计算机绘图、徒手绘图已成为三种主要的绘图手段。

1.5.1 仪器绘图的方法和步骤

1. 绘图前的准备工作

(1) 将铅笔和铅芯修磨好，并将图板、丁字尺、三角板等绘图工具擦拭干净，在丁字尺及三角板的活动范围内不应放置其他工具。

(2) 按绘制图形的大小及复杂程度选择绘图比例和图纸幅面。

(3) 固定图纸。一般按对角线方向顺次固定，使图纸平整。当图纸较小时，应将图纸布置在图板的左下方，但要使图板的底边与图纸下边的距离大于丁字尺的宽度。

2. 画底稿

画底稿一般用 H 或 2H 铅笔。底稿上，各种线型均暂不分粗细，底稿线应尽量细、轻、准。先画图框、标题栏，再画图形。画图形时，先画轴线或对称中心线，再画主要轮廓线，最后画细部。

3. 加深图线

在加深前，应仔细校核图形是否有画错、漏画的图线，并及时修正错误，擦去多余图线。

加深时，应该做到线型正确、粗细分明、均匀光滑、深浅一致、图面整洁。

尽可能将同一类型、同样粗细的图线一起加深。先加深圆和圆弧，再加深直线，从图的上方开始按顺序向下加深水平线，自左向右加深垂直线；最后加深其余的图线。

4. 画箭头、注尺寸

先画尺寸界线、尺寸线、箭头，再填写尺寸数字。

5. 填写标题栏和其他必要的说明

全面检查，把前面疏漏的工作补做好。填写标题栏和其他必要的说明，完成图样。

1.5.2 徒手绘图的方法

徒手图也称草图，它是以目测估计图形与实物的比例，按一定画法要求徒手或部分使用绘图仪器绘制的图。这种图主要用于现场测绘、设计方案讨论或技术交流。因此，工程技术人员必须具备徒手绘图的能力。由于计算机绘图的普及，草图的应用也越来越广泛。

画草图的要求：①画线要稳，图线要清晰；②目测尺寸要准，各部分比例匀称；③绘图速度要快；④标注尺寸无误，字体工整。

徒手绘图一般选用 HB 或 B、2B 的铅笔，也常在印有浅色方格的纸上画图。

要画好草图，必须掌握徒手绘制各种线条的基本手法。

1. 握笔的方法

手握笔的位置要比用仪器绘图时高些，以便运笔和观察目标。笔杆与纸面呈 45°～60°，手握笔要自然放松，不可攥得太死。

2. 直线的画法

画直线时，手腕小指轻压纸面，眼睛要注意终点方向，慢慢移动手腕和手臂。画短线时手腕运笔，画长线则以手臂动作。

画水平线时，为了便于运笔，可将图纸微微左倾，自左向右画线，如图 1-31（a）所示；画铅垂线时，应由上向下运笔画线，如图 1-31（b）所示；斜线一般不太好画，故画图时可以转动图纸，使所画的斜线正好处于顺手方向，如图 1-31（c）所示。

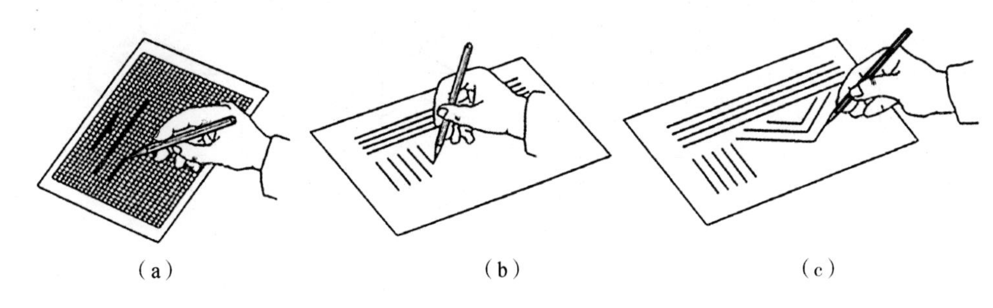

图 1-31 直线的徒手画法

3. 常用角度的斜线画法

画 45°、30°、60°等常用角度的斜线时，可根据两直角边的关系，在两直角边上定出端点后，连成直线，如图 1-32 所示。

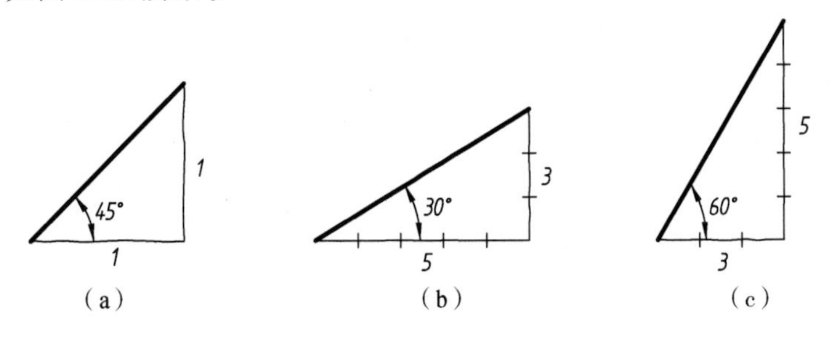

图 1-32 角度线的徒手画法

4. 圆的画法

画直径较小的圆时，先在中心线上按半径目测定出四点，然后徒手将各点连成圆。当画直径较大的圆时，除中心线外，可过圆心增画两条 45°的斜线，在斜线上再按半径目测定出四点，然后过这八点画圆，如图 1-33 所示。

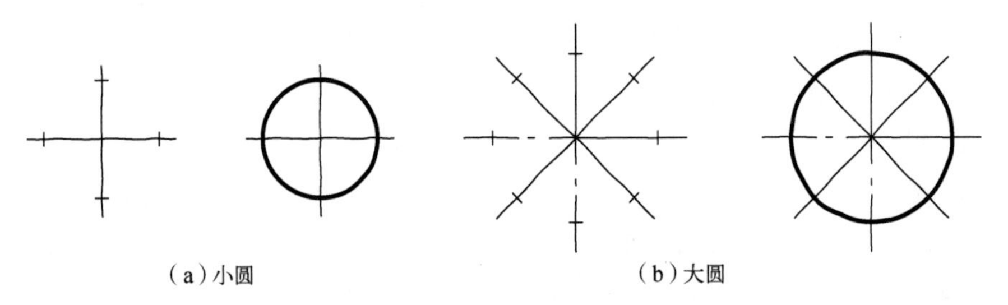

图 1-33 圆的徒手画法

5. 圆角、圆弧连接及椭圆的画法

圆角、圆弧连接及椭圆绘制，可以尽量利用圆弧与正方形、菱形相切的特点进行画图，如图 1-34 所示。

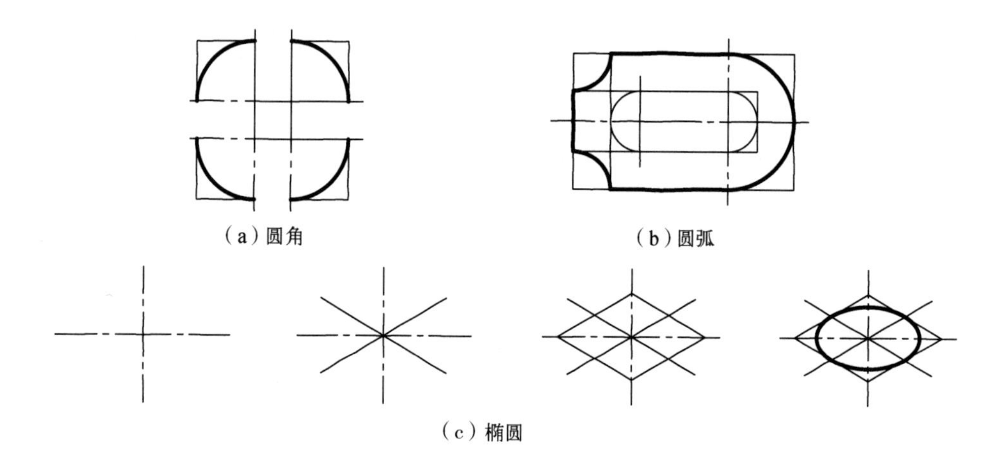
(a) 圆角
(b) 圆弧
(c) 椭圆

图 1-34 圆角、圆弧连接及椭圆的徒手画法

第2章 正投影法基础

2.1 投影法概述

在灯光或日光的照射下，在墙壁或地面上会出现物体的影子。投影法与这种自然现象相类似。投射线通过物体，向选定的面投射，并在该面上得到图形的方法称为投影法。根据投影法所得到的图形，称为投影。投影法中，得到投影的面称为投影面。

2.1.1 投影法的分类

投影法分为两类：中心投影法和平行投影法。

1. 中心投影法

如图 2-1 所示，△*ABC* 在平面 *P* 和 *S* 点之间，自 *S* 分别向 *A*、*B*、*C* 引直线并延长之，使它与平面 *P* 交于 *a*、*b*、*c*。平面 *P* 即为投影面，*S* 称为投射中心，*SA*、*SB*、*SC* 称为投射线，△*abc* 即是空间△*ABC* 在平面 *P* 上的投影。这种投射线汇交于一点的投影法称为中心投影法。

2. 平行投影法

如图 2-2 所示，投射线 *Aa*、*Bb*、*Cc* 按给定的投射方向互相平行，分别与投影面 *P* 交出点 *A*、*B*、*C* 的投影 *a*、*b*、*c*，△*abc* 是△*ABC* 在投影面 *P* 上的投影。这种投射线都互相平行的投影法称为平行投影法，所得的投影称为平行投影。

平行投影法分为正投影法和斜投影法：图 2-2（a）是投射方向垂直于投影面的正投影法，所得的投影称为正投影；图 2-2（b）是投射方向倾斜于投影面的斜投影法，所得的投影称为斜投影。

工程图样主要用正投影，以下将“正投影”简称为“投影”。

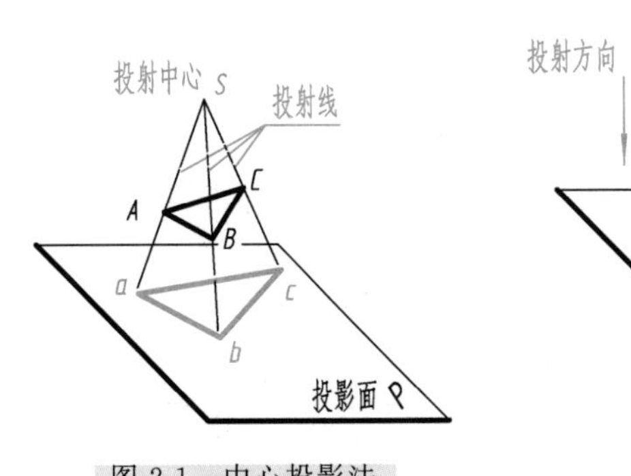

图 2-1 中心投影法

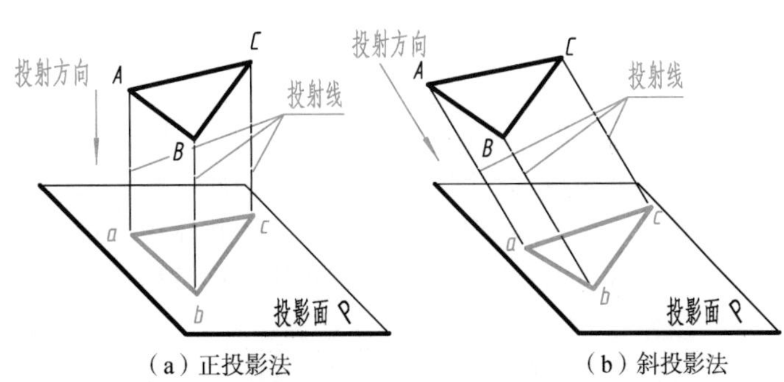

（a）正投影法

（b）斜投影法

图 2-2 平行投影法

2.1.2 平面与直线的投影特点

在正投影法中，平面与直线的投影有以下三个特点。

（1）实形性。如图 2-3（a）所示，物体上与投影面平行的平面 P 的投影 p 反映其实形，与投影面平行的直线 AB 的投影 ab 反映其实长。

（2）积聚性。如图 2-3（b）所示，物体上与投影面垂直的平面 Q 的投影 q 积聚为一直线，与投影面垂直的直线 CD 的投影 cd 积聚为一点。

（3）类似性。如图 2-3（c）所示，物体上倾斜于投影面的平面 R 的投影 r 成为缩小的类似形，倾斜于投影面的直线 EF 的投影 ef 比实长短。

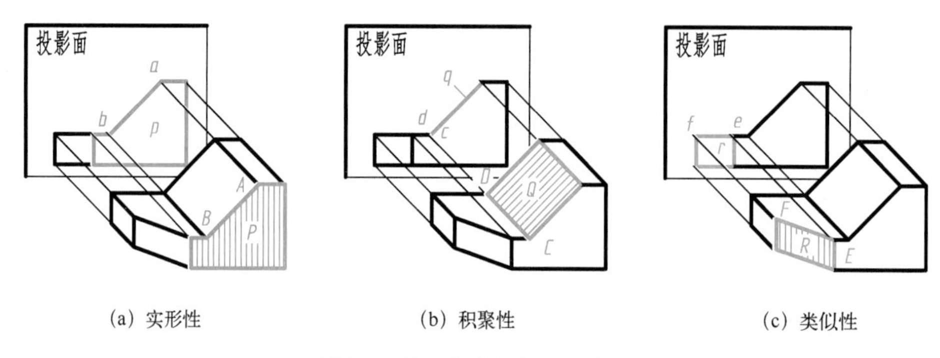

(a) 实形性　　(b) 积聚性　　(c) 类似性

图 2-3　平面与直线的投影特点

物体的形状是由其表面的形状决定的，因此，绘制物体的投影就是绘制物体表面的投影，也就是绘制表面上所有轮廓线的投影。从上述平面与直线的投影特点可以看出：画物体的投影时，为了使投影反映物体表面的真实形状，并使画图简便，应该使物体上尽可能多的平面和直线平行或垂直于投影面。

2.2　三面投影的形成及其对应关系

2.2.1 三面投影的形成过程

1. 三投影面体系的建立

图 2-4 表示形状不同的物体，但它们在同一投影面上的投影却是相同的，这说明仅有一面投影是不能准确地表达物体的形状的。因此，经常把物体放在三个互相垂直的投影面所组成的投影面体系中，这样就可以准确地反映物体的形状。

三个互相垂直的投影面所组成的投影面体系称为三投影面体系，如图 2-5 所示。

三个投影面分别为：

正立投影面，简称正面，用 V 表示；

水平投影面，简称水平面，用 H 表示；

侧立投影面，简称侧面，用 W 表示。

两投影面之间的交线称为投影轴，它们分别是：

OX 轴，简称 *X* 轴，是 *V* 面与 *H* 面的交线，它表示长度方向；

OY 轴，简称 *Y* 轴，是 *H* 面与 *W* 面的交线，它表示宽度方向；

OZ 轴，简称 *Z* 轴，是 *V* 面与 *W* 面的交线，它表示高度方向。

三根投影轴互相垂直，其交点 *O* 称为原点。

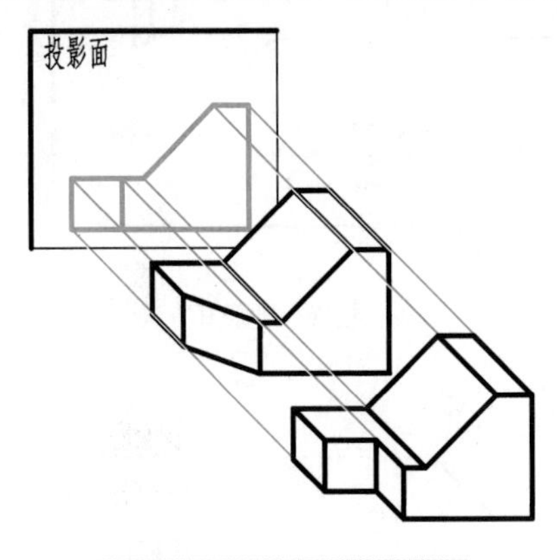

图 2-4　物体的单面投影

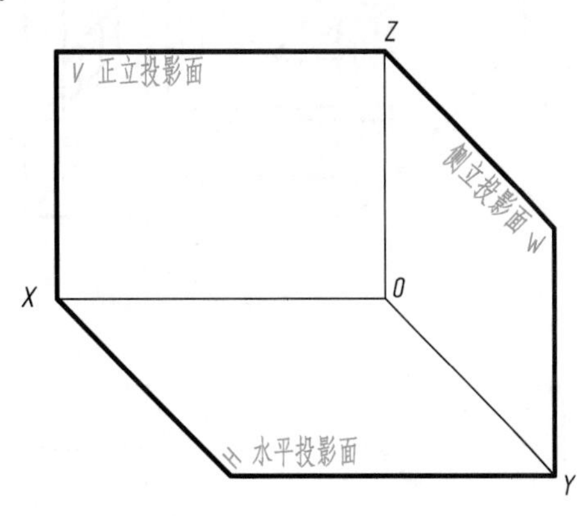

图 2-5　三投影面体系

2. 物体在三投影面体系中的投影

将物体按一定方位放置于三投影面体系中，按正投影法向三个投影面作正投影，物体在 *V* 面上得到的投影称为正面投影，在 *H* 面上得到的投影称为水平投影，在 *W* 面上得到的投影称为侧面投影，如图 2-6（a）所示。

3. 三投影面的展开

为了使三个投影能画在一张图纸上，国家标准规定正面保持不动，将水平面绕 *OX* 轴向下旋转 90°，将侧立投影面绕 *OZ* 轴向右旋转 90°，如图 2-6（b）所示，这样就得到在同一平面上的三个投影，如图 2-6（c）所示。由于投影面的大小与投影无关，因此不必画出投影面的边框线；三个投影之间的距离可根据具体情况确定，这样就得到了物体的三面投影，如图 2-6（d）所示。

2.2.2　三面投影之间的对应关系

1. 三面投影的位置关系

以正面投影为准，水平投影在它的正下方，侧面投影在它的正右方。

2. 三面投影间的“三等关系”

从三面投影的形成过程可以看出，正面投影反映物体的长度和高度，水平投影反映物体的长度和宽度，侧面投影反映物体的高度和宽度。因此，如图 2-6（d）所示，三面投影之间存在下述关系：

正面投影与水平投影——长对正；

正面投影与侧面投影——高平齐；

水平投影与侧面投影——宽相等。

应当指出，无论是整个物体或物体的局部，其三面投影都符合“长对正、高平齐、宽相等”的“三等”规律，如图 2-6 中所示物体左端缺口的三面投影，也同样符合这一规律。

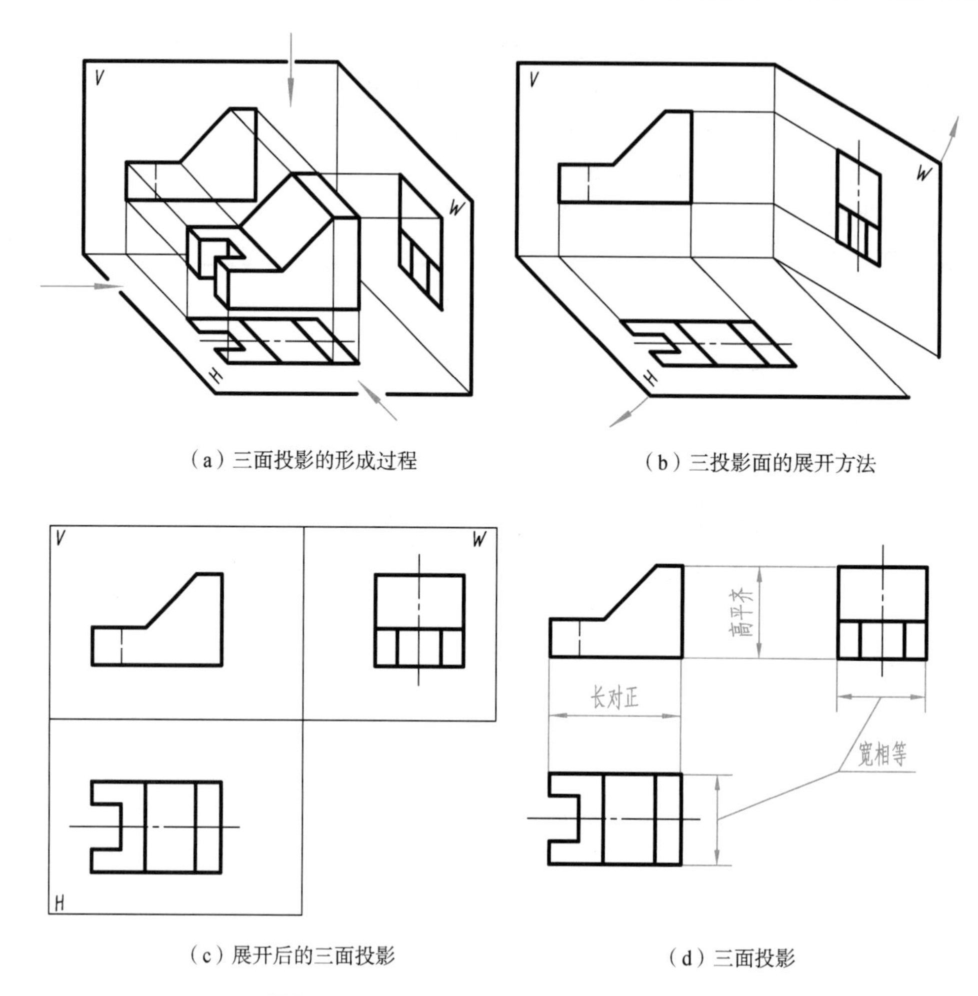

（a）三面投影的形成过程

（b）三投影面的展开方法

（c）展开后的三面投影

（d）三面投影

图 2-6 三面投影的形成及其“三等”关系

3. 三面投影与物体的方位关系

方位关系指的是以绘图或看图者面对正面来看物体的上、下、左、右、前、后六个方位在三面投影中的对应关系，如图 2-7 所示。

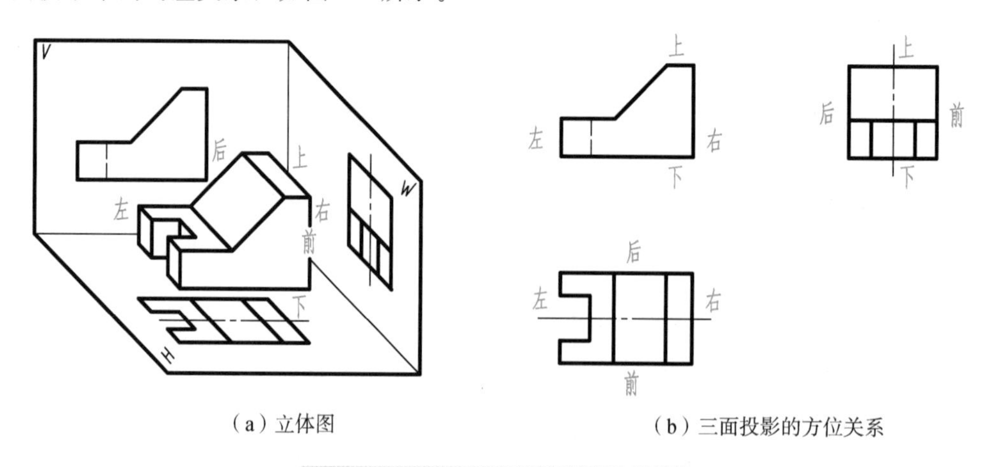

（a）立体图

（b）三面投影的方位关系

图 2-7 三面投影和物体的方位关系

正面投影——反映物体的上、下和左、右方位；

水平投影——反映物体的左、右和前、后方位；

侧面投影——反映物体的上、下和前、后方位。

由图 2-7 可知，水平投影和侧面投影靠近正面投影的一边表示物体的后面，远离正面投影的一边表示物体的前面。

下面举例说明物体三面投影的画法。

【例 2-1】　画出图 2-8（a）所示物体的三面投影。

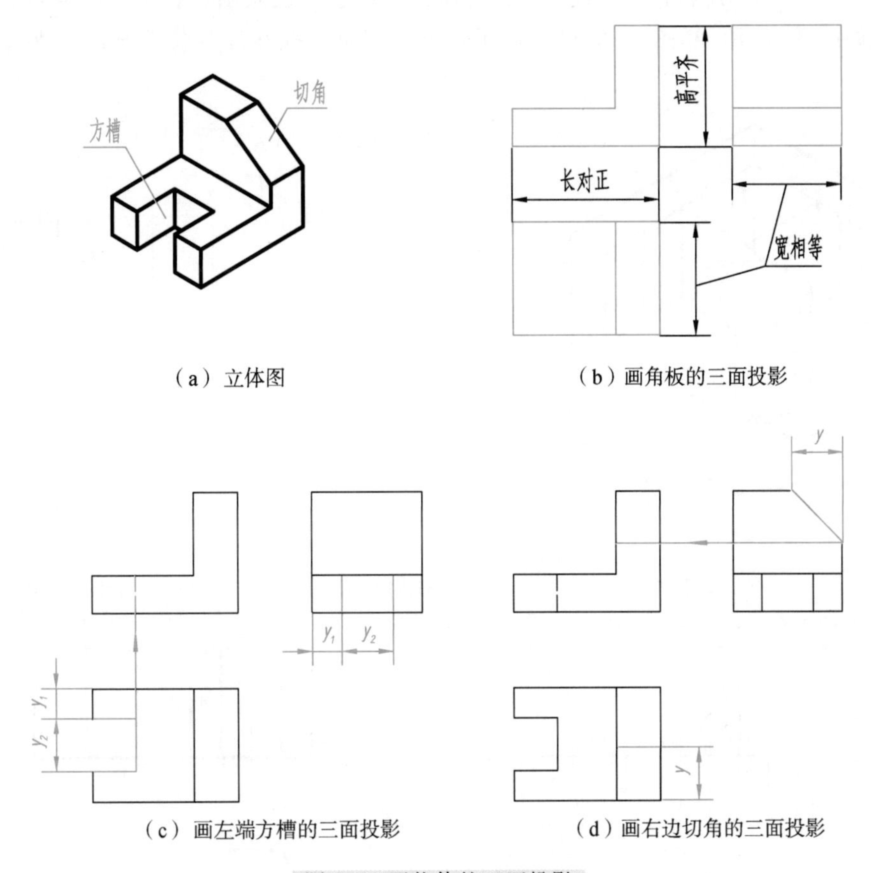

（a）立体图　（b）画角板的三面投影

（c）画左端方槽的三面投影　（d）画右边切角的三面投影

图 2-8　画物体的三面投影

分析：这个物体是在角板的左端中部开了一个方槽，右边切去一角后形成的。

作图：

（1）画角板的三面投影。应先画反映角板形状特征的正面投影，再按三面投影的投影规律画出水平投影和侧面投影，如图 2-8（b）所示。

（2）画左端方槽的三面投影。由于构成方槽的三个平面的水平投影都积聚成直线，反映了方槽的形状特征，所以应先画出其水平投影，再画正面投影和侧面投影，如图 2-8（c）所示。

（3）画右边切角的投影。由于被切角后形成的平面垂直于侧面，所以应先画出其侧面投影，根据侧面投影画水平投影时，要注意量取尺寸的起点和方向，如图 2-8（d）所示。

（4）进行加深。在绘制物体的三面投影时，应三个投影同时画，以保证投影关系和减少漏线。

2.3 基本平面立体的投影

立体分为平面立体和曲面立体两类。表面由平面围成的立体，称为平面立体。基本的平面立体是棱柱和棱锥（棱台）。棱柱和棱锥是由棱面与底面围成的，相邻两棱面的交线称为棱线，底面和棱面的交线就是底面的边。

利用直线与平面的投影特点和三面投影的投影规律，就能画出基本平面立体的三面投影。图 2-9 和图 2-10 分别表示六棱柱和四棱锥的三面投影及其画法。画图步骤如下。

（1）如图 2-9（b）和图 2-10（b）所示，先用细点画线在适当位置画出三面投影的对称中心线。

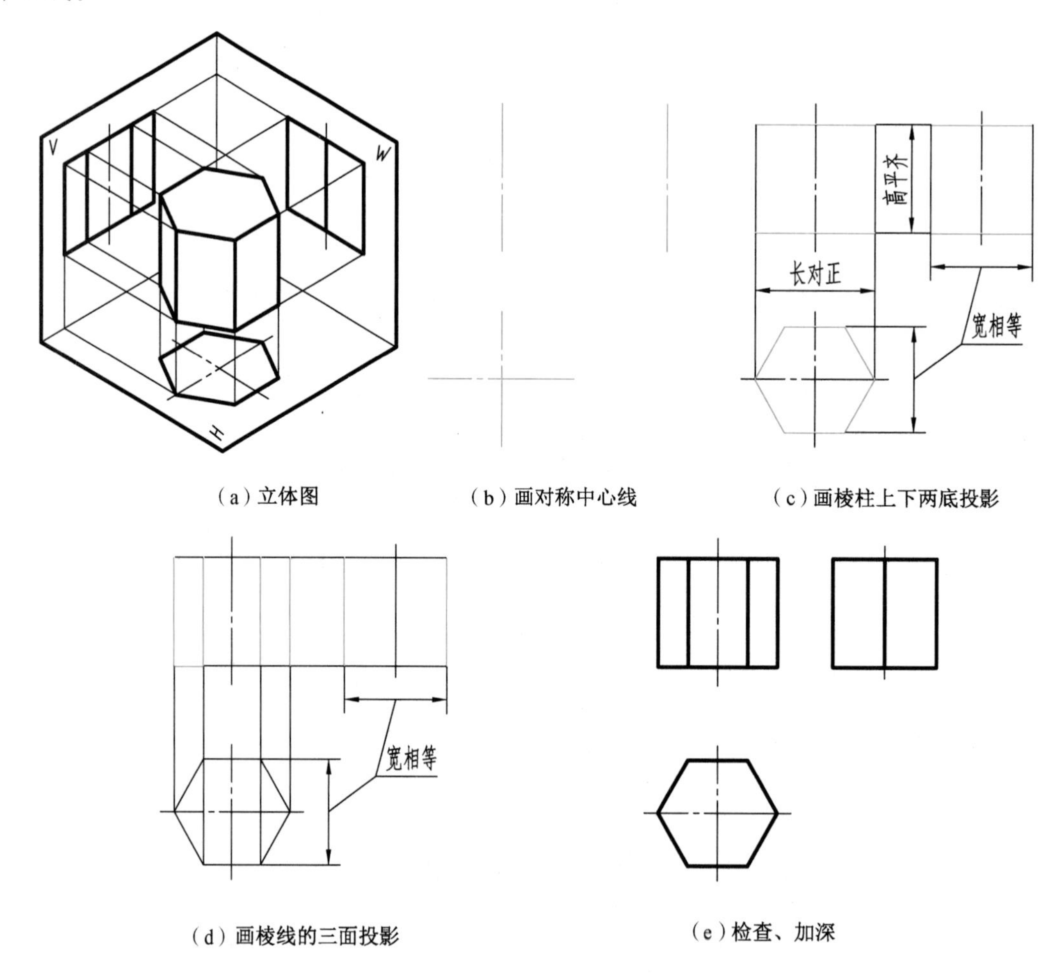

2-9

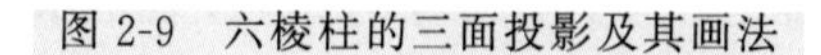
图 2-9 六棱柱的三面投影及其画法

（2）如图 2-9（c）和图 2-10（c）所示，先画反映底面实形的投影。

（3）如图 2-9（d）和图 2-10（d）所示，然后画各棱线的三面投影。

（4）如图 2-9（e）和图 2-10（e）所示，最后检查清理底稿后加深。

在图 2-9（e）所示的正面投影中，粗实线与细虚线重合，应画成粗实线；在其侧面投影中，粗实线与细点画线、细虚线重合，应画成粗实线。

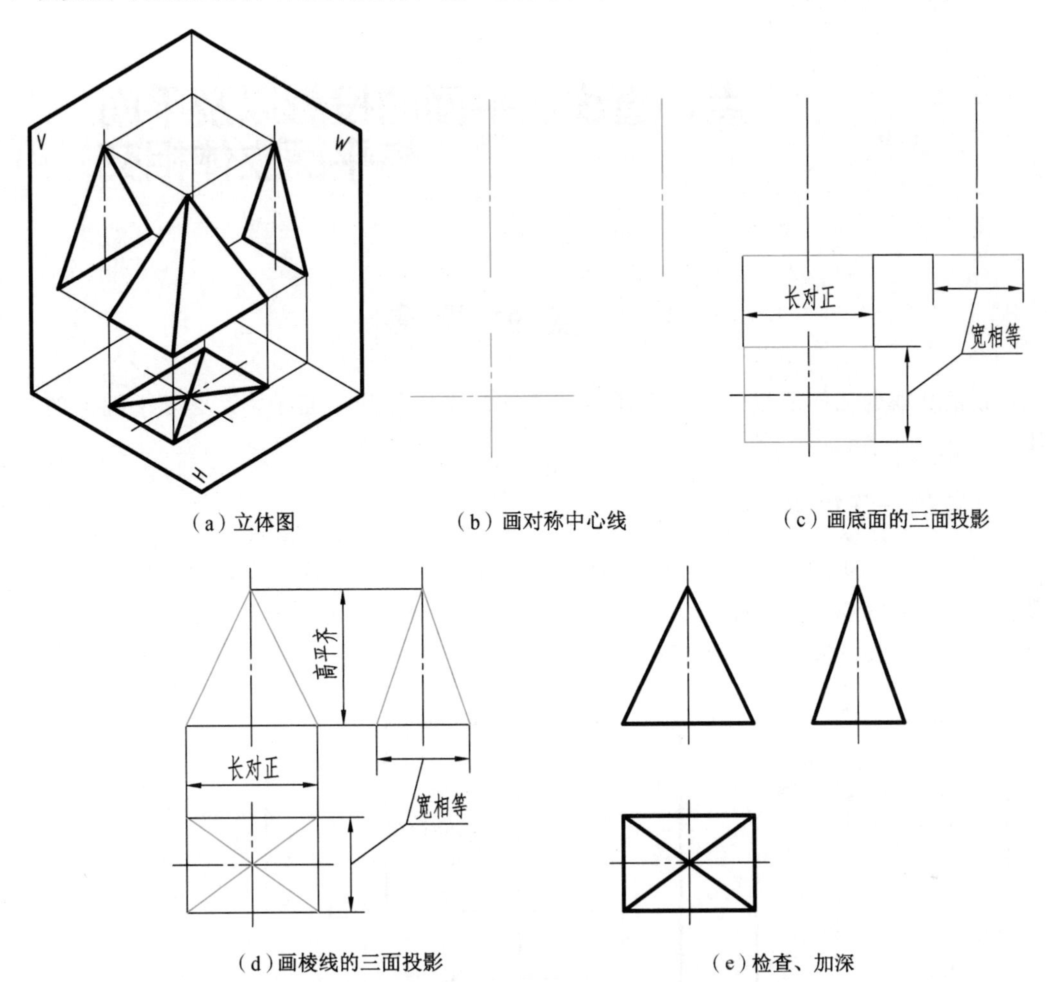

（a）立体图　（b）画对称中心线　（c）画底面的三面投影

（d）画棱线的三面投影　（e）检查、加深

图 2-10　四棱锥的三面投影及其画法

2-10

第3章

点、直线、平面的投影以及平面与平面立体相交

3.1 点的投影

点是最基本的几何要素。为了迅速而正确地画出立体的三面投影，必须掌握点的投影规律。

3.1.1 点的三面投影

如图 3-1（a）所示，由点 A 分别作垂直于 V 面、H 面、W 面的投射线，交得点 A 的正面投影 a'、水平投影 a、侧面投影 a''。① 每两条投射线分别确定一个平面，与三投影面分别相交，构成一个长方体 $Aa a_x a' a_z a'' a_y O$。

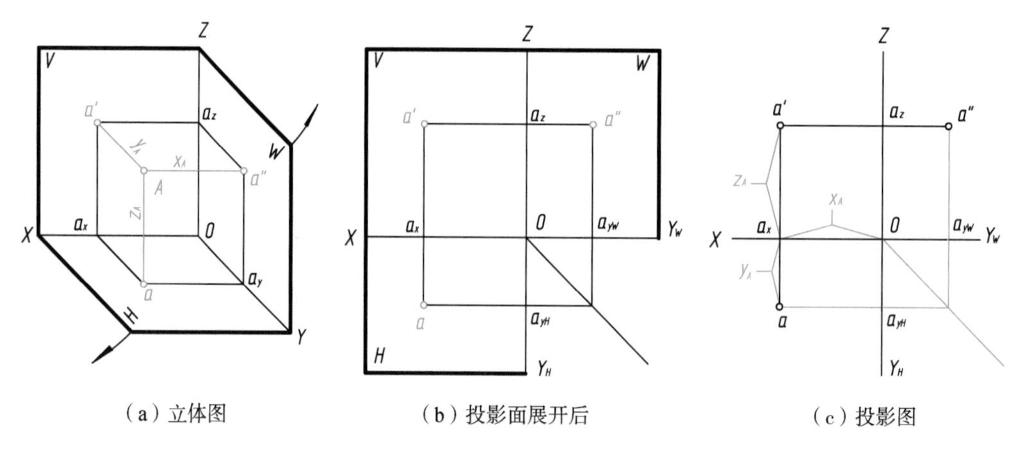

（a）立体图　　（b）投影面展开后　　（c）投影图

图 3-1　点的三面投影

将 H 面、W 面按箭头所指的方向旋转 90°，使其与 V 面重合，即得点的三面投影图，如图 3-1（b）所示。这时，OY 轴成为 H 面上的 OY_H 轴和 W 面上的 OY_W 轴，点 a_y 成为 H 面上的 a_{yH} 和 W 面上的 a_{yW}。通常在投影图上只画出其投影轴，不画出投影面的边界，也不标注符号 V、H、W，实际的投影图如图 3-1（c）所示。

3.1.2 点的三面投影与直角坐标的关系

若把三投影面体系看作直角坐标系，则 V、H、W 面即为坐标面，X、Y、Z 轴即为坐

① 本书用大写字母作为空间点的符号，分别用相应的小写字母加一撇、小写字母和小写字母加两撇作为该点的正面投影、水平投影和侧面投影的符号。

标轴，O 点即为坐标原点。由图 3-1 可知，A 点的三个直角坐标 x_A、y_A、z_A 即为 A 点到三个坐标面的距离，它们与 A 点的投影 a、a'、a'' 的关系如下：

$$x_A = a_z a' = a_{yH} a = \text{点 } A \text{ 与 } W \text{ 面的距离 } a''A$$
$$y_A = a_x a = a_z a'' = \text{点 } A \text{ 与 } V \text{ 面的距离 } a'A$$
$$z_A = a_x a' = a_{yW} a'' = \text{点 } A \text{ 与 } H \text{ 面的距离 } aA$$

3.1.3 点的三面投影的投影规律

根据以上分析可以得出点的投影规律如下。

(1) 点的正面投影和水平投影的连线垂直于 OX 轴。这两个投影都反映空间点的 x 坐标，即

$$a'a \perp OX, \quad a_z a' = a_{yH} a = x_A$$

(2) 点的正面投影和侧面投影的连线垂直于 OZ 轴。这两个投影都反映空间点的 z 坐标，即

$$a'a'' \perp OZ, \quad a_x a' = a_{yW} a'' = z_A$$

(3) 点的水平投影到 OX 轴的距离等于侧面投影到 OZ 轴的距离。这两个投影都反映空间点的 y 坐标，即

$$a_x a = a_z a'' = y_A$$

如图 3-1（c）所示，为了作图方便，可用过点 O 的 45°辅助线作图，$a_{yH}a$、$a_{yW}a''$ 的延长线必与这条辅助线交汇于一点。

点的投影规律是物体“长对正、高平齐、宽相等”投影规律的另一表述。

【例 3-1】 如图 3-2（a）所示，已知 A 点的两个投影 a 和 a'，求 a''。

分析： 由点的投影规律可知，已知点的两个投影，便可确定点的空间位置，因此，点的第三面投影是唯一确定的。

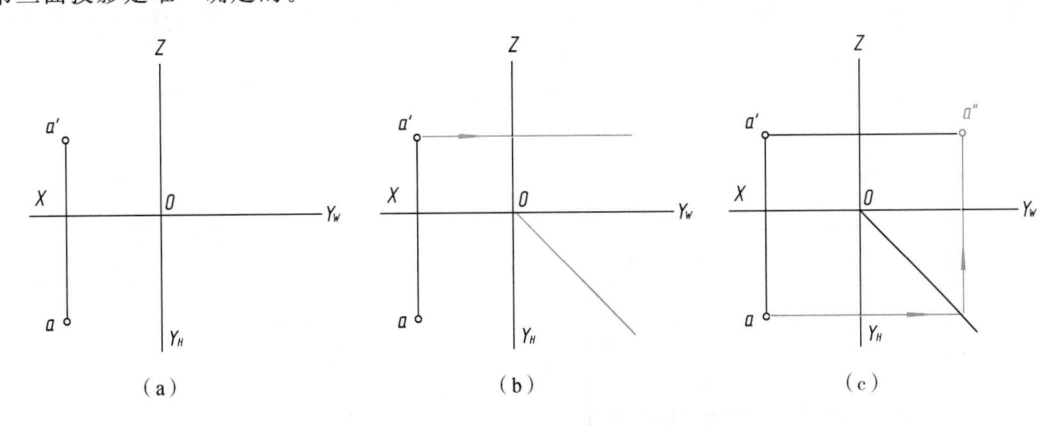

图 3-2 已知 A 点的两个投影 a 和 a' 求 a''

作图：

（1）过 a' 向右作投影连线，过 O 点作 45°辅助线，如图 3-2（b）所示；

（2）过 a 作水平线与 45°辅助线相交，并由交点向上引铅垂线，与过 a' 的投影连线的交点即为 a''，如图 3-2（c）所示。

3.1.4 两点之间的相对位置

两点在空间的相对位置由两点的坐标差来确定，如图 3-3 所示。

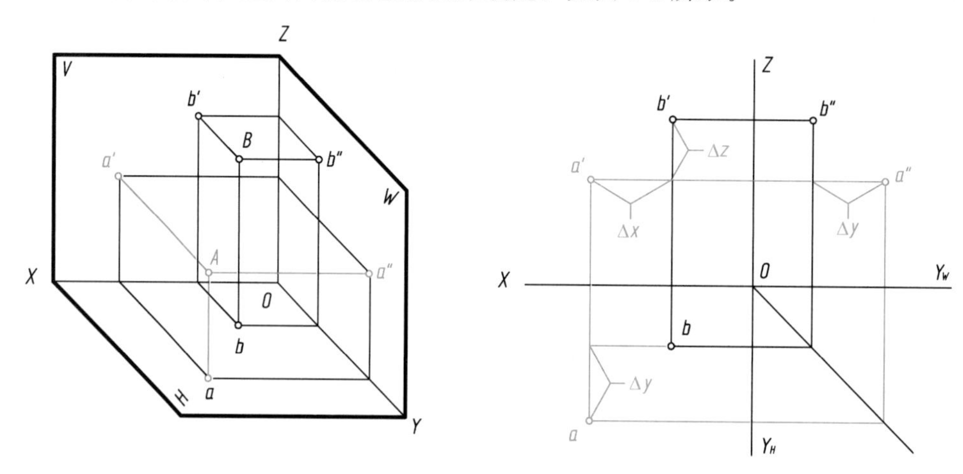

图 3-3 两个点的相对位置

两点的左、右相对位置由 x 坐标差（x_A-x_B）确定。由于 $x_A>x_B$，因此点 A 在点 B 的左方。两点的前、后相对位置由 y 坐标差（y_A-y_B）确定。由于 $y_A>y_B$，因此点 A 在点 B 的前方。两点的上、下相对位置由 z 坐标差（z_A-z_B）确定。由于 $z_A<z_B$，因此点 A 在点 B 的下方。因此，点 A 在点 B 的左、前、下方，反过来说，就是点 B 在点 A 的右、后、上方。

3.1.5 重影点

在图 3-4 所示 A、B 两点的投影中，A、B 两点处于对正面的同一条投射线上，a' 和 b' 重合。这说明 A、B 两点的 x、z 坐标相等，即 $x_A=x_B$，$z_A=z_B$。

可见，共处于同一条投射线上的两点，必在相应的投影面上具有重合的投影。这两个点称为对该投影面的一对重影点。

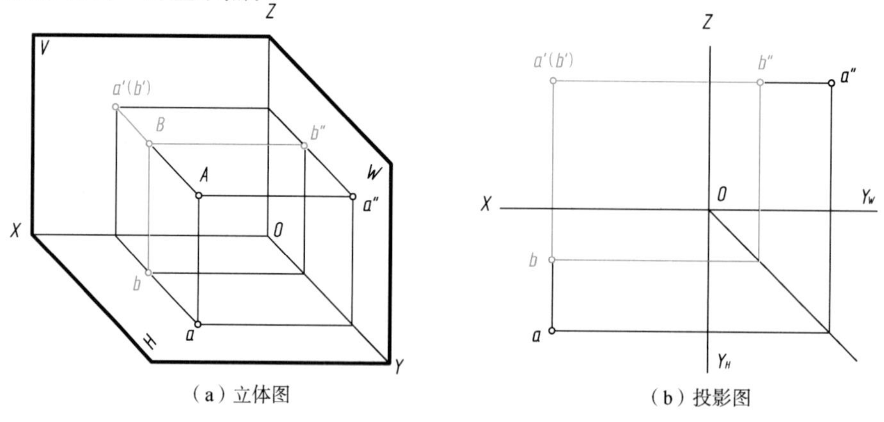

（a）立体图 （b）投影图

图 3-4 重影点的投影

重影点的可见性需根据两点不重影的投影的坐标大小来判断，具体如下：

当两点在 V 面的投影重合时，需比较其 y 坐标，y 坐标大者可见；

当两点在 H 面的投影重合时，需比较其 z 坐标，z 坐标大者可见；

当两点在 W 面的投影重合时，需比较其 x 坐标，x 坐标大者可见。

例如，在图 3-4 中，a'、b'重合，从水平投影和侧面投影可知，A 在前，B 在后，即 $y_A > y_B$，所以 a'可见，b'不可见。在重影点的投影重合处，可以不表明可见性；若需表明，则可在不可见投影的符号上加括号，如图 3-4（b）中所示的（b'）。

3.2　直线的投影

3.2.1　直线的三面投影

（1）直线的投影一般仍为直线。如图 3-5（a）所示，直线 AB 的水平投影 ab、正面投影 $a'b'$、侧面投影 $a''b''$均为直线。

（2）直线的投影可由直线上两点的同面投影来确定。因空间一直线可由直线上的两点来确定，所以直线的投影也可由直线上任意两点的投影来确定。

图 3-5（b）所示为线段上两端点 A、B 的三面投影，连接 A、B 两点的同面投影得到 ab、$a'b'$和 $a''b''$，就得到直线的三面投影，如图 3-5（c）所示。

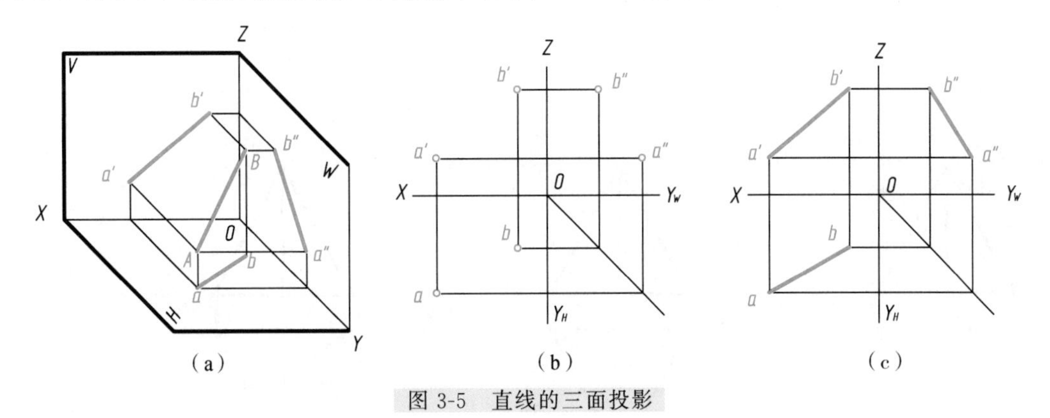

图 3-5　直线的三面投影

【例 3-2】　如图 3-6（a）所示，求作三棱锥的 W 面投影。

分析： 求作平面立体的投影图，可归结为求作它的所有顶点、棱线和边的投影。

作图：

[方法一]

（1）如图 3-6（b）所示，标注出三棱锥各顶点的两面投影，绘制投影轴，求作三棱锥各顶点的 W 面投影。

（2）连接各顶点的 W 面投影，并判别可见性，即得三棱锥的 W 面投影，如图 3-6（c）所示。

［方法二］

（1）如图 3-6（d）所示，标注出三棱锥锥顶的两面投影 s'、s，过 s' 向右作投影连线，并在右方适当位置确定 s''。

（2）过其余三顶点的正面投影向右作投影连线，将水平投影上的 y_1、y_2 值移至侧面投影上，得到其余三顶点的 W 面投影，如图 3-6（e）所示。

（3）连接各顶点的 W 面投影，并判别可见性，即得三棱锥的 W 面投影，如图 3-6（f）所示。

方法一与方法二的作图原理完全相同，方法二则不画投影轴。在实际应用中，物体的投影图通常不画投影轴。

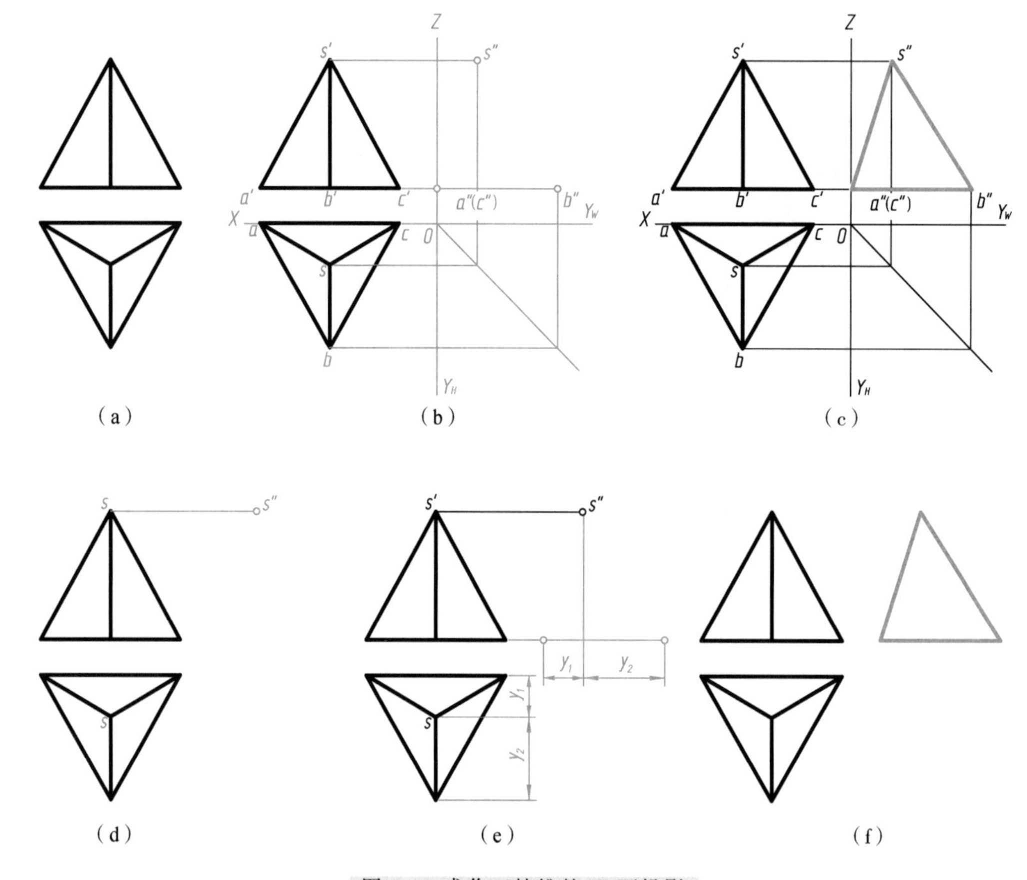

图 3-6　求作三棱锥的 W 面投影

3.2.2　直线对投影面的各种相对位置

直线对投影面的相对位置可分为一般位置直线、投影面平行线和投影面垂直线三类，后两类称为特殊位置直线。

直线与它的水平投影、正面投影、侧面投影的夹角，分别称为该直线对投影面 H、V、W 的倾角 α、β、γ。

1. 一般位置直线

对三个投影面都倾斜的直线称为一般位置直线。图 3-5 所示即为一般位置直线。

1）一般位置直线的特征

一般位置直线的各面投影均与投影轴倾斜，且与投影轴的夹角不反映直线对投影面的倾角；一般位置直线的各面投影的长度均小于实长。

2）一般位置直线的实长和对投影面的倾角

一般位置直线的实长及其对投影面的倾角，可用直角三角形法求得。

在图 3-7（a）中 AB 为一般位置直线，其两面投影 ab、$a'b'$都小于实长。过点 A 作 $AB_0 /\!/ ab$，交 Bb 于 B_0，则在直角三角形 ABB_0中，两直角边 $AB_0=ab$；$BB_0=Bb-Aa$，即两端点与 H 面的距离差；斜边 AB 即为实长；AB 与 AB_0的夹角，就是 AB 对 H 面的倾角 α。设法作出这个直角三角形，就能确定 AB 的实长和倾角 α。这种求作一般位置直线的实长和倾角的方法，就称为直角三角形法。

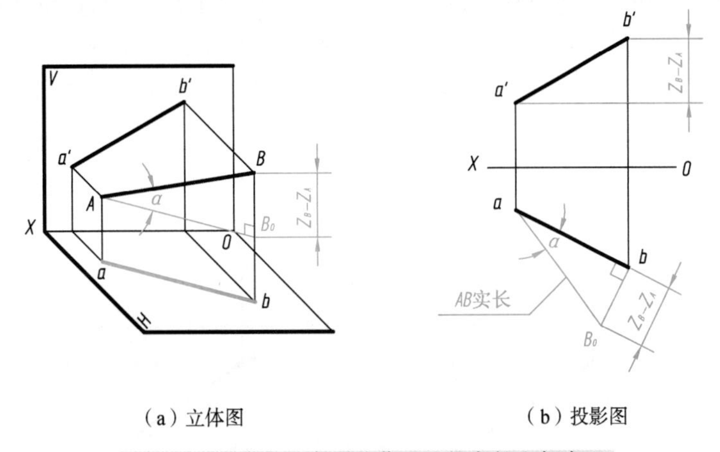

（a）立体图　　（b）投影图

图 3-7　用直角三角形法作 AB 的实长和倾角 α

作图：如图 3-7（b）所示。

（1）以 ab 为一直角边，由 b 作 ab 的垂线。

（2）由 a'作水平线，从而在正面投影中作出两端点 A、B 与 H 面的距离差，将这段距离差量到由 b 所作的垂线上，得 B_0，bB_0即为另一直角边。

（3）连接 a 和 B_0，$a\,B_0$即为直线 AB 的实长，$\angle B_0ab$ 即为 AB 对 H 面的真实倾角 α。

按照上述作图原理和方法，也可以 $a'b'$和 $a''b''$为一直角边，两端点与 V 面或 W 面的距离差为另一直角边，从而作出 AB 的实长及其对 V 面的倾角 β 或对 W 面的倾角 γ。

由此可以归纳出直角三角形法求直线实长与倾角的方法是：以直线在某一投影面上的投影为底边，两端点与这个投影面的距离差为高，形成的直角三角形的斜边是直线的实长，斜边与底边的夹角就是该直线对这个投影面的倾角。

在直角三角形法中，三角形包含着四个要素，即投影长、距离差、实长和倾角，只要知道其中两个要素，就可以把其他两个要素求出来。

【例 3-3】 如图 3-8（a）所示，求直线 CD 的实长及 β 角。

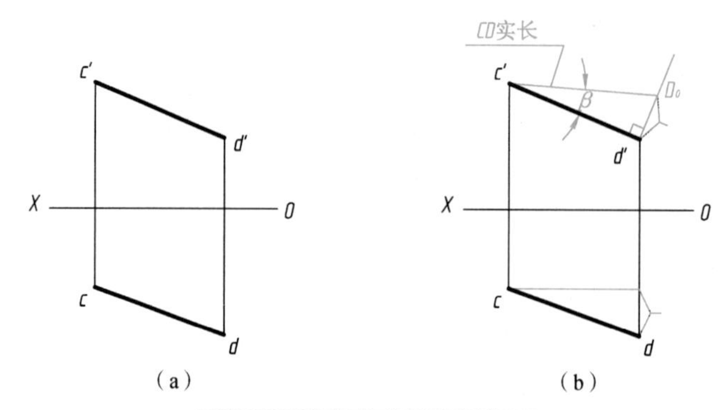

图 3-8 求直线实长和倾角 β

分析： 直线 CD 与它的正面投影的夹角即为 β，而另一直角边为 C、D 两点与 V 面的距离差。

作图：如图 3-8（b）所示。

（1）以 $c'd'$ 为一直角边，过 d' 作 $d'D_0 \perp c'd'$，且令 $d'D_0$ 等于 C、D 两点与 V 面的距离差。

（2）连接 c' 和 D_0，则 $c'D_0$ 即为直线 CD 的实长，$\angle D_0\ c'd'$ 即为 β。

【例 3-4】 已知直线 AB 的水平投影 ab 和点 A 的正面投影 a'，且实长 AB＝20mm，如图 3-9（a）所示。试作直线 AB 的正面投影 $a'b'$。

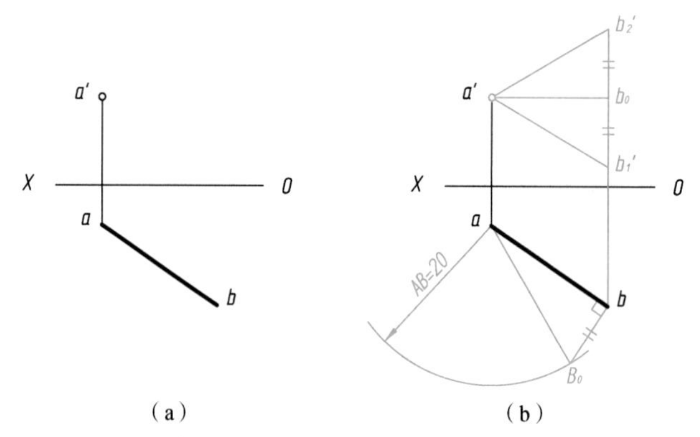

图 3-9 已知直线实长求作其投影

分析： 本例是确定 b' 的问题。求 b' 只要知道 A、B 两点对 H 面的距离差或 $a'b'$ 即可。在直角三角形法中，包含对 H 面距离差的三角形的另外三要素为水平投影长、实长和倾角 α，其中水平投影长和实长为已知，故可用直角三角形法求得 A、B 两点对 H 面的距离差。用直角三角形法求 $a'b'$，请读者自行分析。

作图：如图 3-9（b）所示。

（1）过 b 作 ab 的垂线 bB_0，再以点 a 为圆心、20mm 为半径画弧，交 bB_0 于 B_0，则 bB_0 即为 A、B 两点对 H 面的距离差。

（2）过 b 向上作投影连线 bb'，与过 a' 作 X 轴的平行线交于 b_0。在 bb' 线上，由 b_0 分别向上、下各量取 $b_0\ b_2'$、$b_0\ b_1'$ 等于 A、B 两点对 H 面的距离差，连线 $a'b_2'$ 和 $a'\ b_1'$，即为所求直线正面投影的两个解。

2. 投影面平行线

平行于一个投影面而对其他两个投影面倾斜的直线称为投影面平行线。

平行于 H 面，对 V、W 面倾斜的直线称为水平线；平行于 V 面，对 H、W 面倾斜的直线称为正平线；平行于 W 面，对 H、V 面倾斜的直线称为侧平线。它们的投影特性列于表3-1中。

表 3-1 投影面平行线的投影特性

名称	水平线	正平线	侧平线
立体图	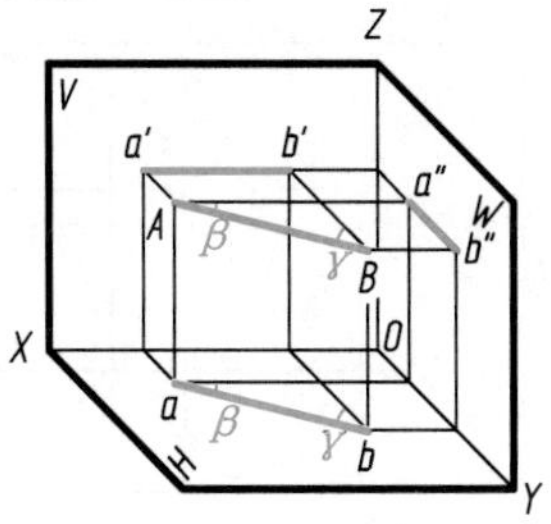	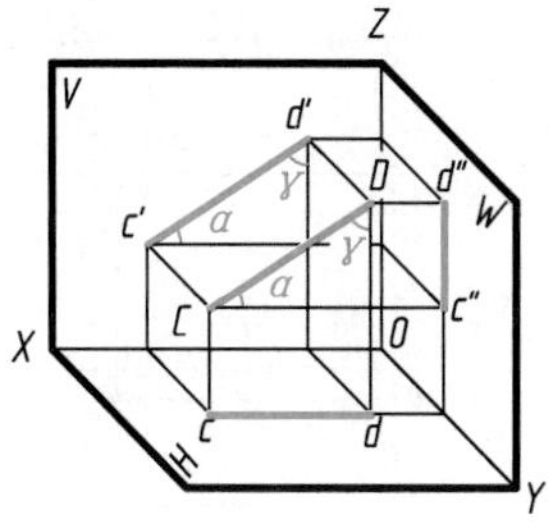	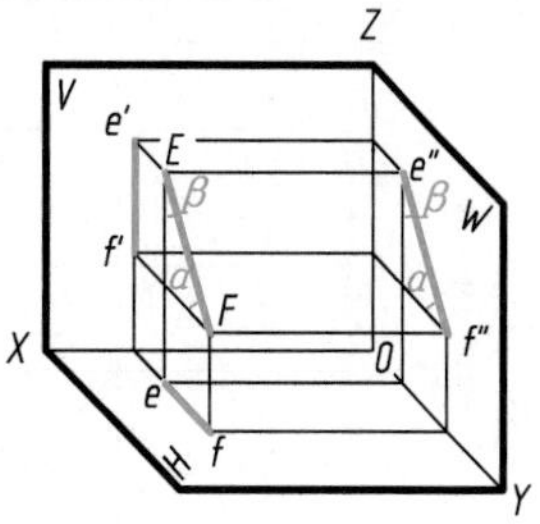
投影图	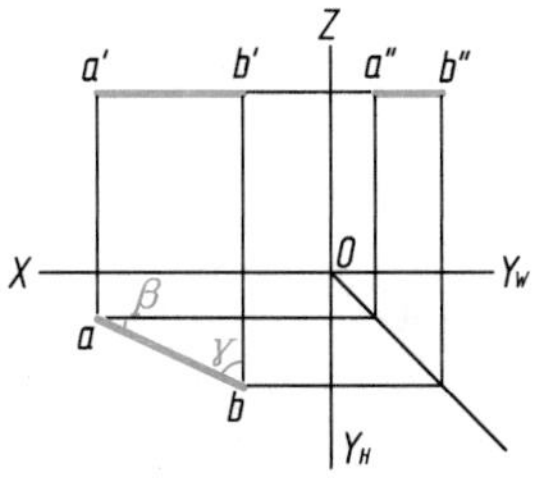	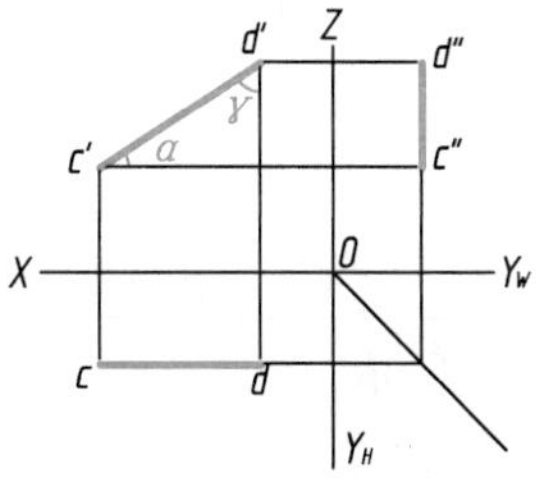	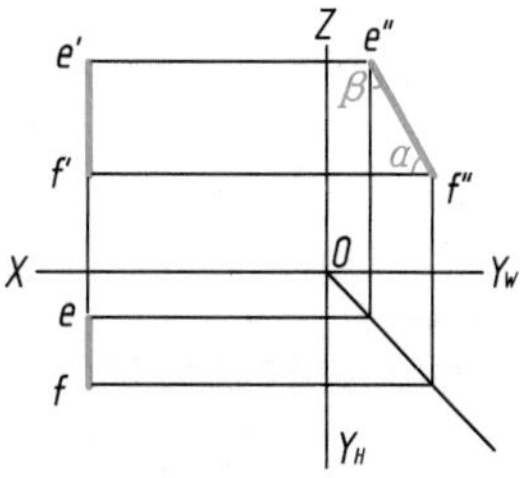
投影特性	(1) 水平投影 $ab=AB$； (2) 正面投影 $a'b' /\!/ OX$，侧面投影 $a''b'' /\!/ OY_W$，都不反映实长； (3) ab 与 OX 和 OY_H 的夹角等于 AB 对 V、W 面的倾角 β、γ	(1) 正面投影 $c'd'=CD$； (2) 水平投影 $cd /\!/ OX$，侧面投影 $c''d'' /\!/ OZ$，都不反映实长； (3) $c'd'$ 与 OX 和 OZ 的夹角等于 CD 对 H、W 面的倾角 α、γ	(1) 侧面投影 $e''f''=EF$； (2) 水平投影 $ef /\!/ OY_H$，正面投影 $e'f' /\!/ OZ$，都不反映实长； (3) $e''f''$ 与 OY_W 和 OZ 的夹角等于 EF 对 H、V 面的倾角 α、β
	小结：(1) 在所平行的投影面上的投影反映实长； (2) 其他投影平行于相应的投影轴； (3) 反映实长的投影与投影轴的夹角，等于空间直线对相应投影面的倾角		

3. 投影面垂直线

垂直于一个投影面的直线称为投影面垂直线。垂直于 H 面的直线称为铅垂线，垂直于 V 面的直线称为正垂线，垂直于 W 面的直线称为侧垂线。它们的投影特性列于表 3-2中。

表 3-2 投影面垂直线的投影特性

名称	铅垂线	正垂线	侧垂线
立体图			
投影图			
投影特性	(1) 水平投影 $a(b)$ 积聚为点; (2) 正面投影 $a'b' \perp OX$，侧面投影 $a''b'' \perp OY_W$，都反映实长	(1) 正面投影 $c'(d')$ 积聚为点; (2) 水平投影 $cd \perp OX$，侧面投影 $c''d'' \perp OZ$，都反映实长	(1) 侧面投影 $e''(f'')$ 积聚为点; (2) 水平投影 $ef \perp OY_H$，正面投影 $e'f' \perp OZ$，都反映实长
	小结：(1) 在所垂直的投影面上的投影积聚成一点; (2) 其他投影反映空间线段实长，且垂直于相应的投影轴		

立体上各种位置的直线如图 3-10 所示。

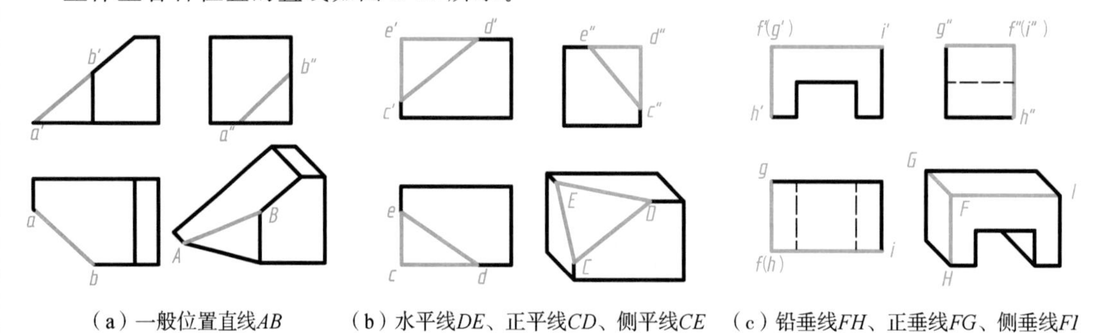

图 3-10 立体上各种位置的直线

3.2.3 直线上点的投影

由正投影的基本性质可知，直线上点的投影必然同时满足从属性和定比性。

(1) 从属性。点在直线上，则点的各面投影必定在直线的同面投影上；反之，点的各面投影在直线的同面投影上，则点一定在直线上。如图 3-11 所示，直线 AB 上有一点 C，则 C 点的三面投影 c、c'、c''必定分别在直线 AB 的同面投影 ab、$a'b'$、$a''b''$上。

(2) 定比性。点分割线段成比例投影后保持不变。如图 3-11 所示，点 C 把线段 AB 分成 AC 和 CB 两段，则 $AC:CB=ac:cb=a'c':c'b'=a''c'':c''b''$。

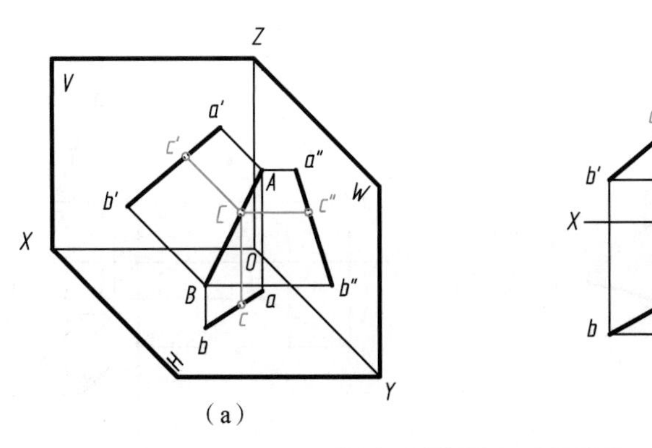

(a)　　(b)

图 3-11　直线上点的投影

【例 3-5】　如图 3-12（a）所示，求作三棱锥的三条棱线 SA、SB、SC 上的点 D、E、F 的另两面投影。

分析： 点 D、E、F 分别在直线 SA、SB、SC 上，其中 SA、SC 为一般位置直线，可根据直线上点的“从属性”直接求解；SB 为侧平线，应根据“从属性”先求 E 点的侧面投影，再根据“宽相等”求其水平投影，也可根据直线上点的“定比性”直接求其水平投影。

作图：

（1）分别过 d'、f' 向右作投影连线，与 $s''a''$、$s''c''$ 的交点就是 d''、f''；分别过 d'、f' 向下作投影连线，与 sa、sc 的交点就是 d、f，如图 3-12（b）所示。

（2）过 e' 向右作投影连线，与 $s''b''$ 的交点就是 e''；将侧面投影的 y 值移至 sb 上，得 e，如图 3-12（b）所示；或过 b 任作一斜线，在斜线上量取 $bE_0=b'e'$，$E_0S_0=e's'$，连接 S_0 和 s，并过 E_0 作 $E_0e/\!/S_0s$，交点就是 e，如图 3-12（c）所示。

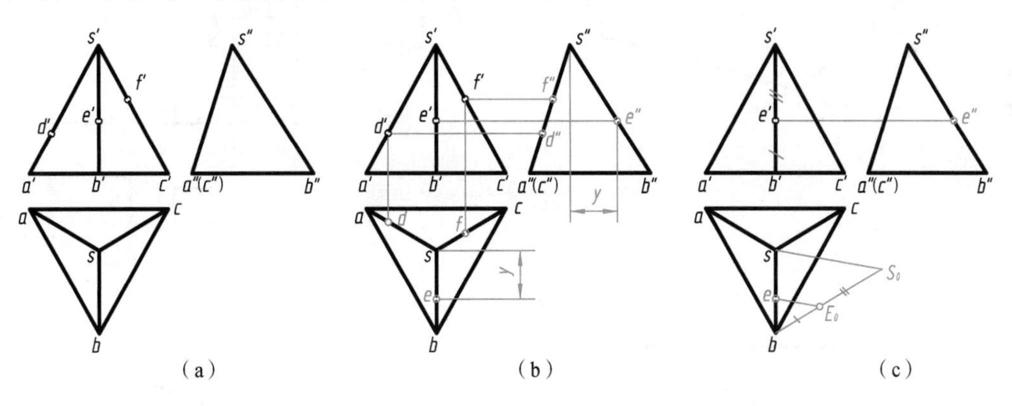

(a)　　(b)　　(c)

图 3-12　求作直线上点的投影

3.2.4　两直线的相对位置

空间两条直线的相对位置有平行、相交和交叉三种情况。

1. 两直线平行

空间相互平行的两直线，它们的三对同面投影也一定相互平行。

如图 3-13 所示，若 $AB/\!/CD$，则 $ab/\!/cd$、$a'b'/\!/c'd'$、$a''b''/\!/c''d''$。

反之，如果两直线的三对同面投影都互相平行，则可判定它们在空间互相平行。

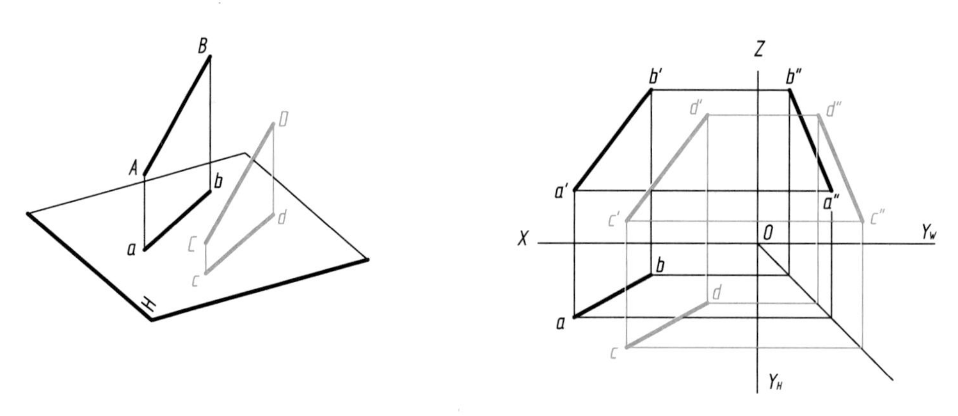

图 3-13　平行两直线的投影

2. 两直线相交

空间相交的两直线，它们的三对同面投影都相交且交点符合点的投影规律。

如图 3-14 所示，直线 AB 和 CD 相交于 K，则 k 一定是 ab 和 cd 的交点，k'一定是 $a'b'$ 和 $c'd'$的交点，k''一定是 $a''b''$和 $c''d''$的交点，且 $kk' \perp OX$，$k'k'' \perp OZ$。

反之，如果两直线的三对同面投影都相交，且交点符合点的投影规律，则可判定它们在空间一定相交。

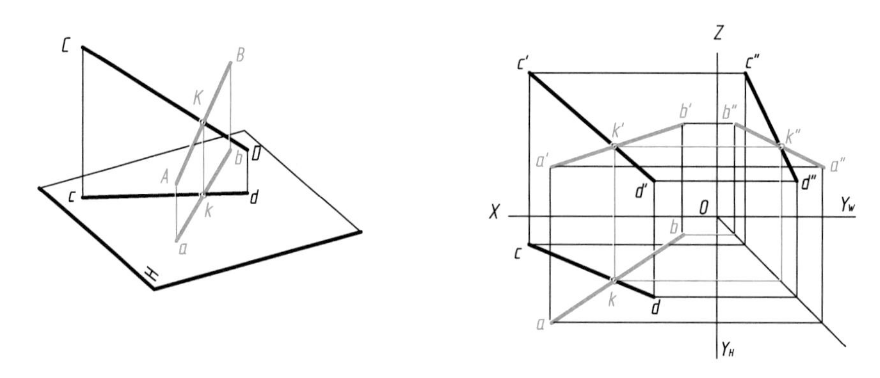

图 3-14　相交两直线的投影

3. 两直线交叉

在空间既不平行又不相交的两直线称为交叉两直线，如图 3-15 所示。

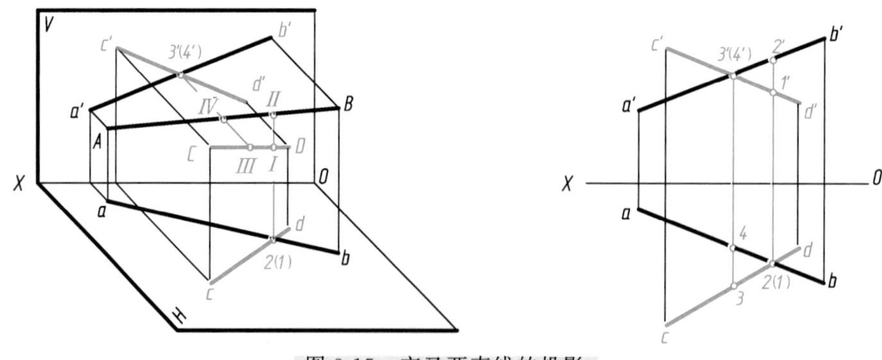

图 3-15　交叉两直线的投影

因为空间两直线不平行，所以交叉两直线的投影可能会有一组或两组互相平行，但绝不会三组同面投影都互相平行；因为空间两直线不相交，所以交叉两直线的投影也可能会有一组、两组甚至三组是相交的，但它们的交点一定不符合点的投影规律。

反之，如果两直线的投影不符合平行或相交两直线的投影规律，则可判定为空间交叉两直线。

从图 3-15 中可以看出，ab、cd 的交点实际上是 AB 上的Ⅱ点和 CD 上的Ⅰ点这对重影点在 H 面上的投影。由于 $z_{Ⅱ}>z_{Ⅰ}$，2 是可见的，1 是不可见的，故记为 $2\,(1)$。$a'b'$、$c'd'$ 的交点是 CD 上的Ⅲ点和 AB 上的Ⅳ点这对重影点在 V 面上的投影。由于 $y_{Ⅲ}>y_{Ⅳ}$，$3'$ 可见而 $4'$ 不可见，故记为 $3'(4')$。

我们已经知道，共处于同一投射线上的点，在该投射方向上是重影点。对于交叉两直线，在三个方向上都可能有重影点。重影点这一概念常用来判别可见性。

3.2.5　一边平行于投影面的直角的投影

空间相交或交叉两直线呈直角，若两边都与某一投影面倾斜，则在该投影面上的投影不是直角；若一边平行于某一投影面，则在该投影面上的投影仍是直角。

如图 3-16（a）所示，$BC/\!/H$ 面，相交两直线 $AB\perp BC$，AB 倾斜于 H 面。由于 $BC\perp AB$，$BC\perp Bb$，所以 $BC\perp$ 平面 $ABba$。由于 $BC/\!/bc$，所以 $bc\perp$ 平面 $ABba$，因此水平投影 $bc\perp ab$，即 $\angle abc$ 仍为直角。

反之，若相交或交叉两直线在某一投影面上的投影互相垂直，且其中一直线平行于该投影面，则此两直线在空间必互相垂直。如图 3-16（b）所示，在相交两直线 AB 与 BC 的正面投影中，$b'c'/\!/OX$ 轴，所以 BC 为水平线；又 $\angle abc=90°$，则空间两直线 $AB\perp BC$。

【例 3-6】　如图 3-17（a）所示，过 C 点求作正平线 AB 的垂线 CD 及其垂足 D。

分析：因为 CD 与 AB 垂直相交，D 为交点，AB 为正平线，所以 $c'd'\perp a'b'$，d' 为交点；由 d' 可在 ab 上求得交点 d，从而连得 cd。

作图：如图 3-17（b）所示。

（1）过 c' 作 $c'd'\perp a'b'$，与 $a'b'$ 交得 d'。

（2）由 d' 引投影连线，与 ab 交得 d。

（3）连接 c 和 d，$c'd'$、cd 即为垂线 CD 的两面投影，d'、d 则是垂足 D 的两面投影。

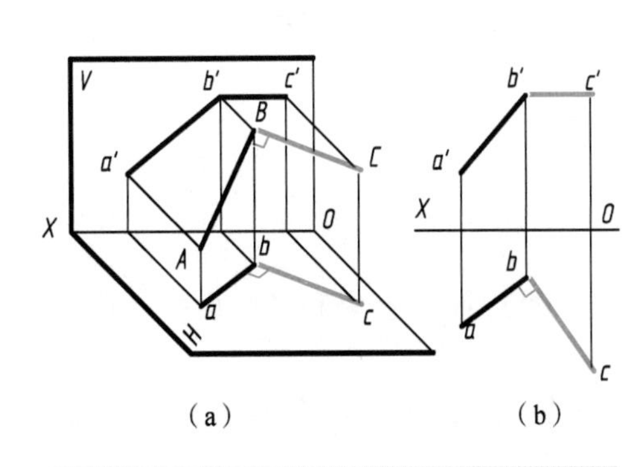

图 3-16　一边平行于投影面的直角的投影

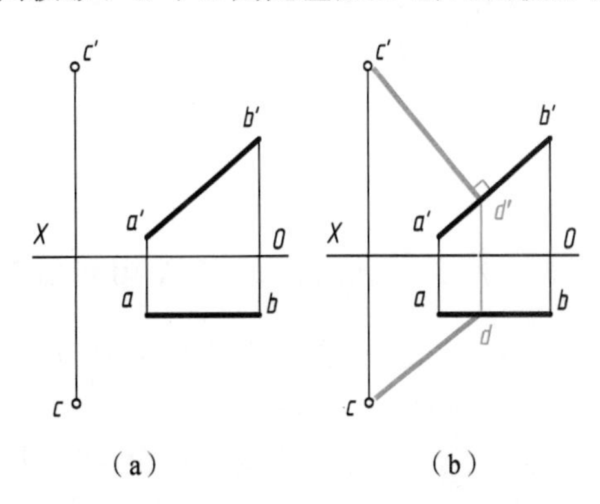

图 3-17　过 C 作 AB 的垂线 CD 及其垂足 D

3.3 平面的投影

不属于同一直线的三点可确定一个平面。因此，平面可以用图 3-18 所示的任何一组几何要素的投影来表示。

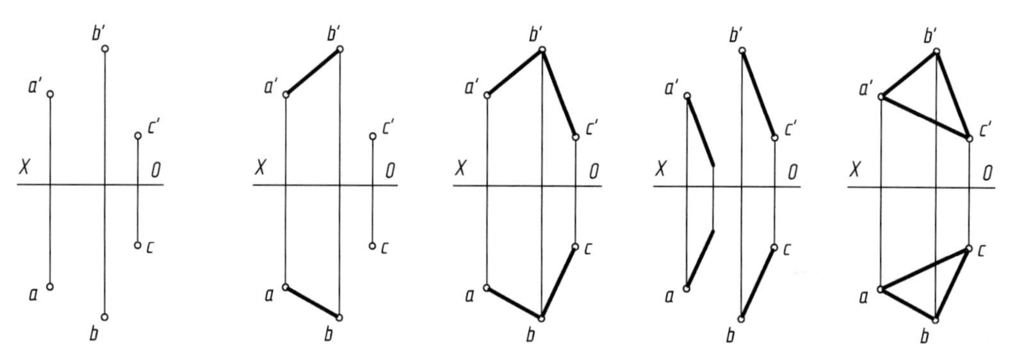

（a）不在同一直线上的三点 （b）一直线和线外一点 （c）相交两直线 （d）平行两直线 （e）任意平面图形

图 3-18 平面的表示法

本节所研究的平面，多用平面图形表示。

平面图形的边和顶点是由一些线段及其交点组成的。因此，这些线段投影的集合就可以表示该平面。先画出平面图形各顶点的投影，然后将各点的同面投影依次连接，即为平面图形的投影，如图 3-19 所示。

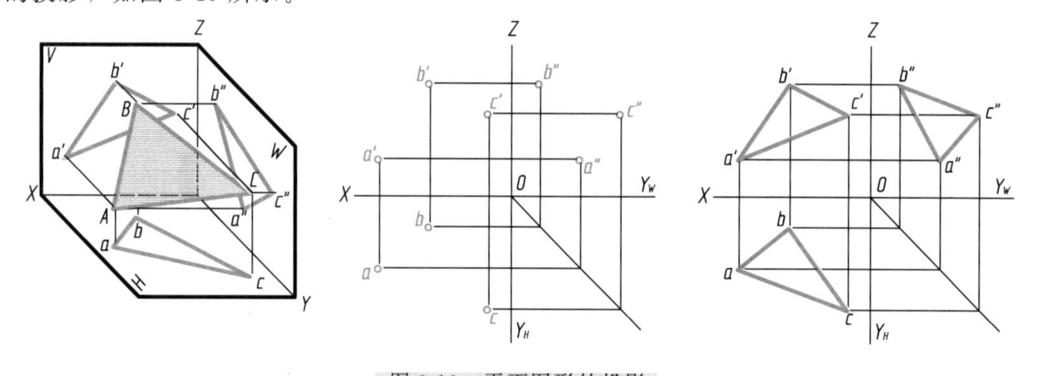

图 3-19 平面图形的投影

3.3.1 平面对投影面的各种相对位置

平面按对投影面的相对位置可分为一般位置平面、投影面垂直面和投影面平行面三类，后两类又称为特殊位置平面。

平面与 H、V、W 面的二面角，分别就是平面对投影面 H、V、W 的倾角 α、β、γ。

1. 一般位置平面

对三个投影面都倾斜的平面，称为一般位置平面。

图 3-19 中，△*ABC* 为一般位置平面。由于△*ABC* 对三个投影面都倾斜，所以它的三个投影虽然仍为三角形，但都不反映实形，而是原平面图形的类似形；它的三个投影也都不能直接反映该平面对投影面的真实倾角。

2. 投影面垂直面

垂直于一个投影面而对其他两个投影面倾斜的平面称为投影面垂直面。

垂直于 *H* 面，对 *V*、*W* 面倾斜的平面称为铅垂面；垂直于 *V* 面，对 *H*、*W* 面倾斜的平面称为正垂面；垂直于 *W* 面，对 *H*、*V* 面倾斜的平面称为侧垂面。它们的投影特性列于表 3-3中。

表 3-3 投影面垂直面的投影特性

名称	铅垂面	正垂面	侧垂面
立体图	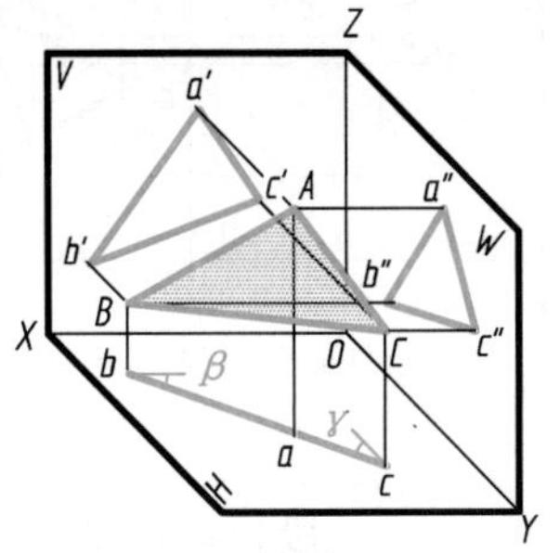	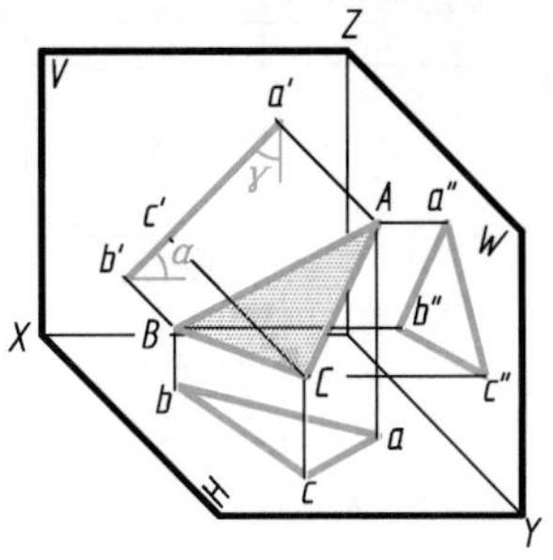	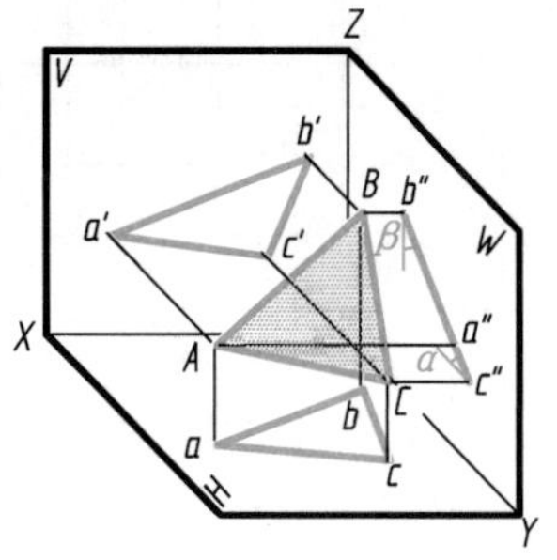
投影图	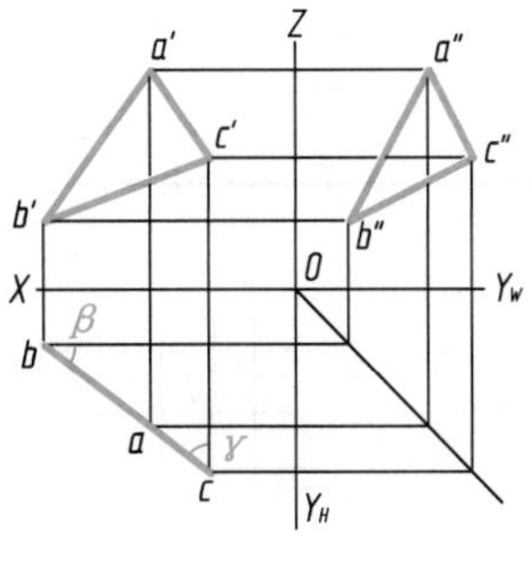	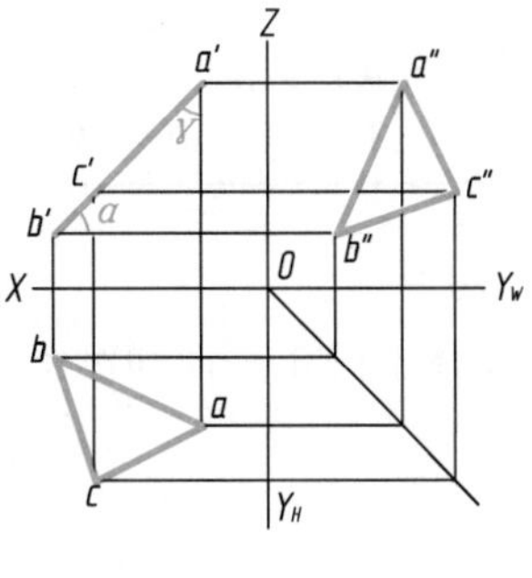	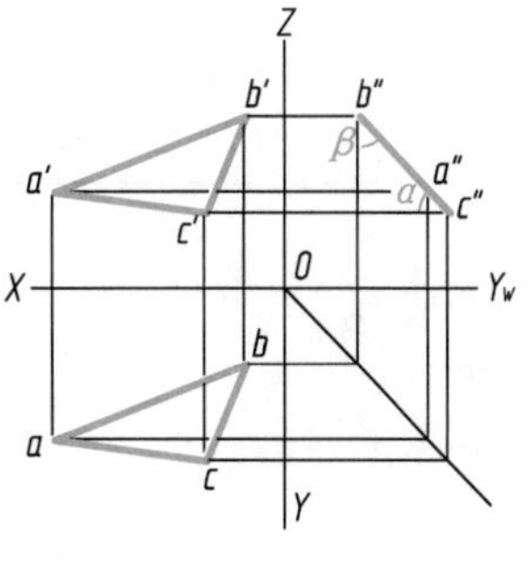
投影特性	(1) 水平投影积聚成直线，并反映真实倾角 β、γ； (2) 正面投影和侧面投影为原形的类似形	(1) 正面投影积聚成直线，并反映真实倾角 α、γ； (2) 水平投影和侧面投影为原形的类似形	(1) 侧面投影积聚成直线，并反映真实倾角 α、β； (2) 水平投影和正面投影为原形的类似形
	小结：(1) 在所垂直的投影面上的投影积聚成直线，它与投影轴的夹角分别反映平面对另两个投影面的倾角； (2) 另外两个投影为原形的类似形		

3. 投影面平行面

平行于一个投影面而垂直于另外两个投影面的平面称为投影面平行面。

平行于 *H* 面的平面称为水平面，平行于 *V* 面的平面称为正平面，平行于 *W* 面的平面称为侧平面。它们的投影特性列于表 3-4 中。

表 3-4 投影面平行面的投影特性

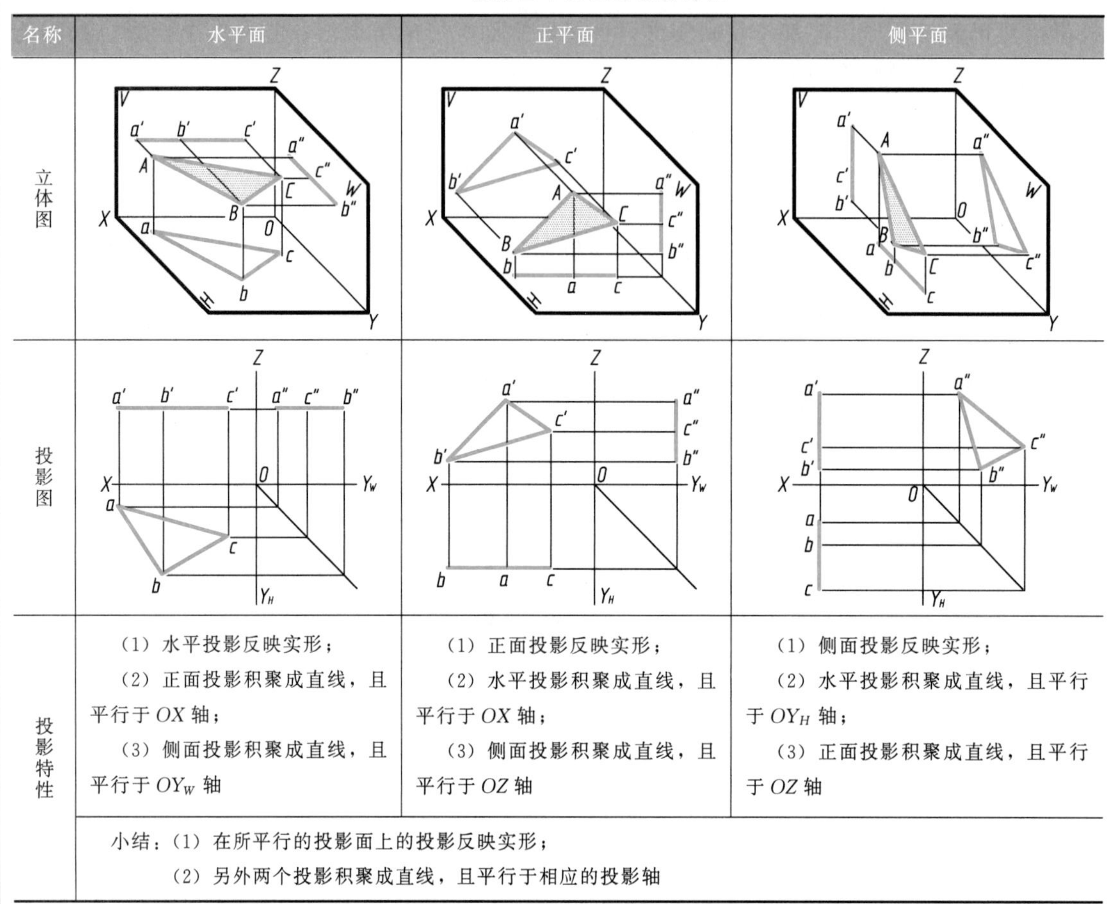

名称	水平面	正平面	侧平面
立体图			
投影图			
投影特性	(1) 水平投影反映实形； (2) 正面投影积聚成直线，且平行于 OX 轴； (3) 侧面投影积聚成直线，且平行于 OY_W 轴	(1) 正面投影反映实形； (2) 水平投影积聚成直线，且平行于 OX 轴； (3) 侧面投影积聚成直线，且平行于 OZ 轴	(1) 侧面投影反映实形； (2) 水平投影积聚成直线，且平行于 OY_H 轴； (3) 正面投影积聚成直线，且平行于 OZ 轴
	小结：(1) 在所平行的投影面上的投影反映实形； (2) 另外两个投影积聚成直线，且平行于相应的投影轴		

立体上的各种位置平面如图 3-20 所示。

请自行分析图 3-20（b）所示立体上的正垂面和侧垂面以及图 3-20（c）所示立体上的正平面和侧平面。

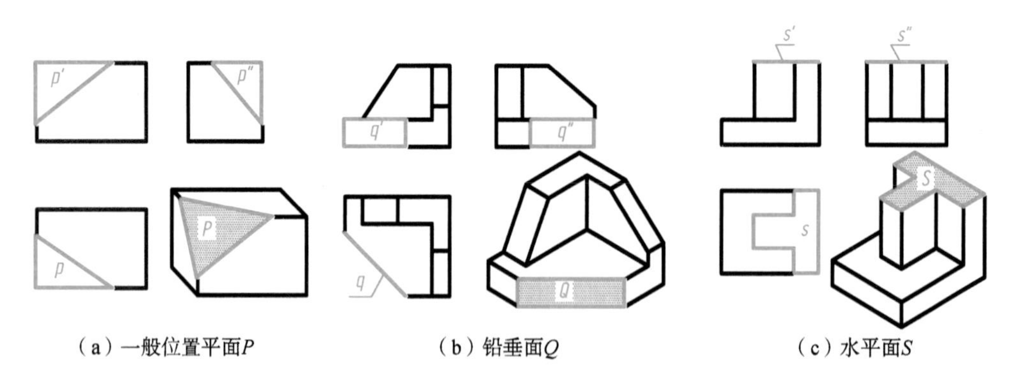

（a）一般位置平面P　（b）铅垂面Q　（c）水平面S

图 3-20 立体上各种位置的平面

【例 3-7】 如图 3-21（a）所示，求作三棱柱的 W 面投影。

分析： 图 3-21（a）所示的三棱柱，它的三角形顶面和底面为水平面；三个侧棱面均为矩形，其中背面为正平面，其余二侧棱面为铅垂面。

作图：

(1) 如图 3-21 (b) 所示，标注出三棱柱各顶点的两面投影，过 a' 向右作投影连线，并在右方适当位置确定 a''。

(2) c'' 与 a'' 重合。过 $a''(c'')$ 向下作垂线，再过 a'_0、c'_0 向右作投影连线，交点就是 $a''_0(c''_0)$；将水平投影上的 y 值移至侧面投影上，得到 b''、b''_0；连接 $a''(c'')$、b'' 和 $a''_0(c''_0)$、b''_0，得顶面和底面的 W 面投影，如图 3-21 (c) 所示。

(3) 连接 $a''a''_0$、$b''b''_0$ 和 $c''c''_0$，得三个侧棱面的 W 面投影，如图 3-21 (d) 所示。

三棱柱的 W 面投影如图 3-21 (d) 所示。

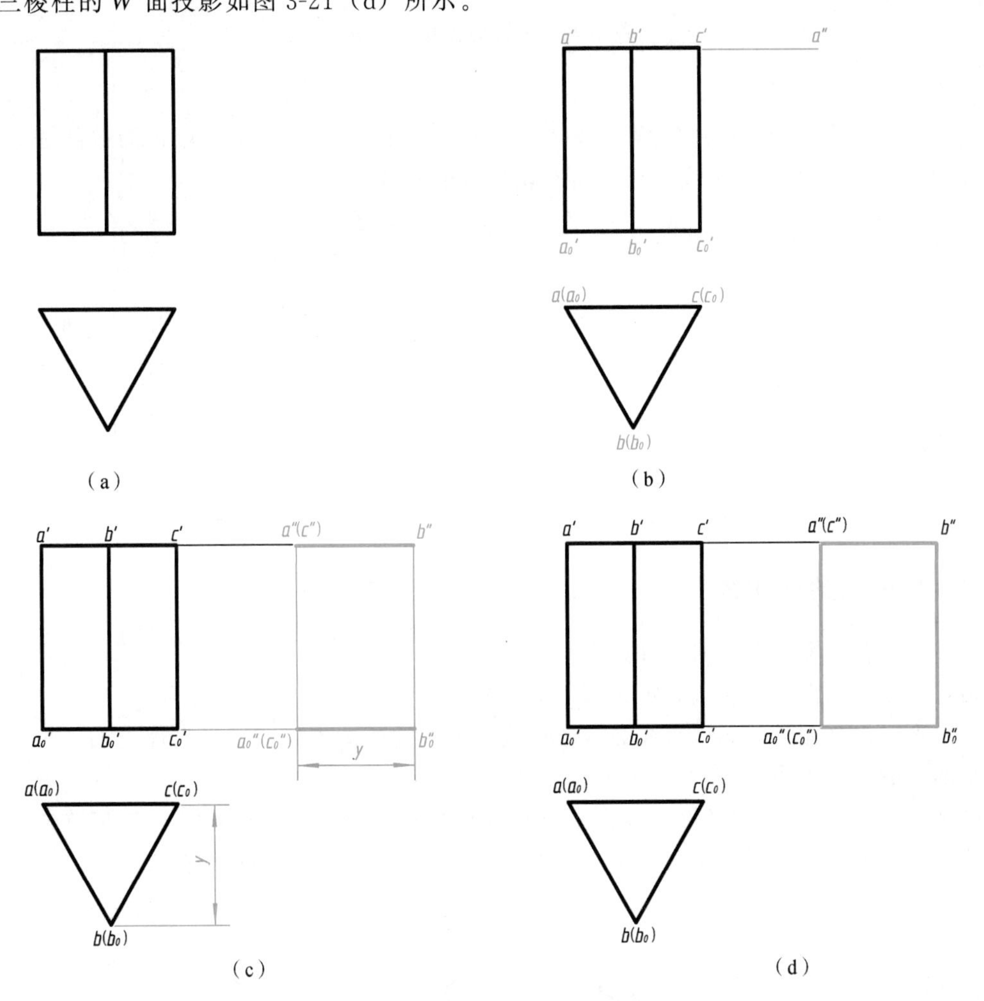

图 3-21 求作三棱柱的 W 面投影

3.3.2 平面的迹线表示法

1. 平面迹线的概念

平面与投影面的交线，称为平面的迹线。图 3-22 中的平面 P，它与 H 面的交线称为水平迹线，用 P_H 表示；与 V 面的交线称为正面迹线，用 P_V 表示；与 W 面的交线称为侧面迹线，用 P_W 表示。由于任何两条迹线（如 P_H 和 P_V）都是属于平面 P 的相交两直线，故可以用迹线来表示平面。

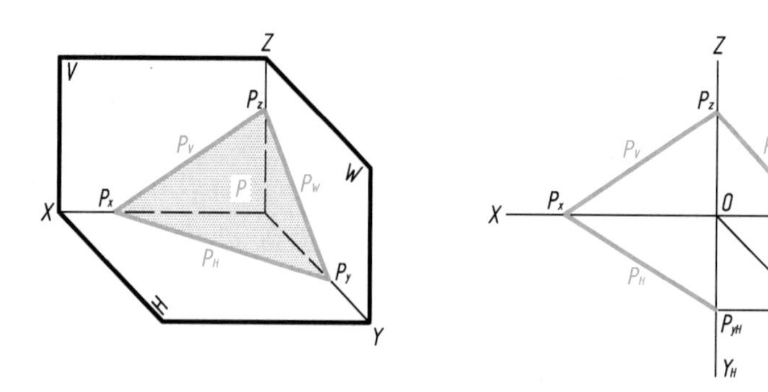

图 3-22 平面的迹线表示法

2. 特殊位置平面的迹线

在实际应用中，经常用迹线表示特殊位置平面。如图 3-23 所示，用正面迹线表示正垂面；如图 3-24 所示，用水平迹线或侧面迹线表示正平面。

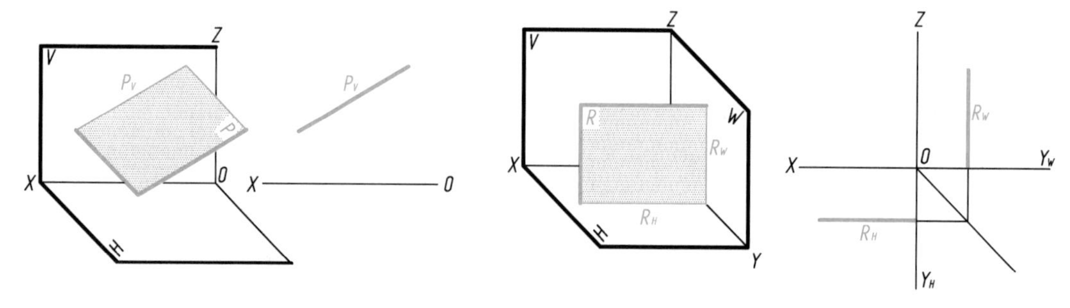

图 3-23 正垂面的迹线表示法

图 3-24 正平面的迹线表示法

3.3.3 平面上的点和线

点和直线在平面上的几何条件如下。

（1）点在平面上，则该点必定在这个平面的一条直线上。

（2）直线在平面上，则该直线必定通过这个平面的两个点，或通过平面上的一个点且平行于平面上的一条直线。

图 3-25（a）是用上述条件在投影图中说明点 *D* 位于相交两直线 *AB*、*BC* 所确定的平面上，图 3-25（b）、（c）是说明直线 *DE* 位于相交两直线 *AB*、*BC* 所确定的平面上。

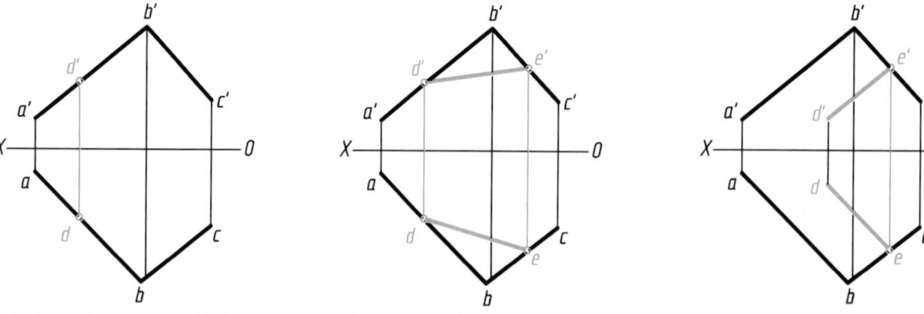

（a）点*D*在平面*ABC*的直线*AB*上（b）直线*DE*通过平面*ABC*上的两个点*D*、*E*（c）直线*DE*通过平面*ABC*上的点*E*，且平行于平面*ABC*上的直线*AB*

图 3-25 平面上的点和直线（一）

当平面为特殊位置平面时，该平面上的点和直线的投影一定与平面的有积聚性的投影重合，如图 3-26 所示。

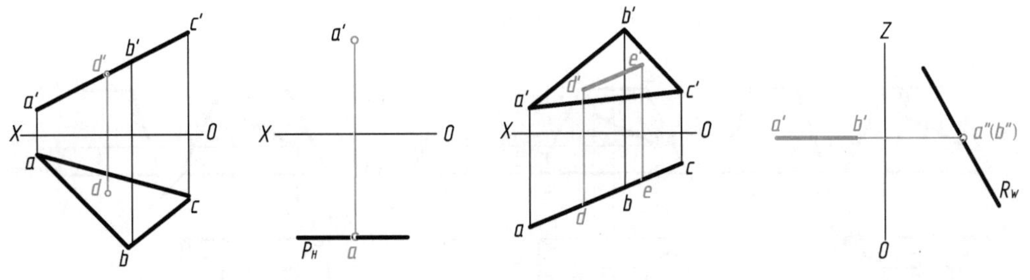

（a）点D在平面ABC上　（b）点A在平面P上　（c）直线DE在平面ABC上　（d）直线AB在平面R上

图 3-26　平面上的点和直线（二）

【例 3-8】　如图 3-27（a）所示，求作三棱锥表面上直线 DE 的另外两面投影。

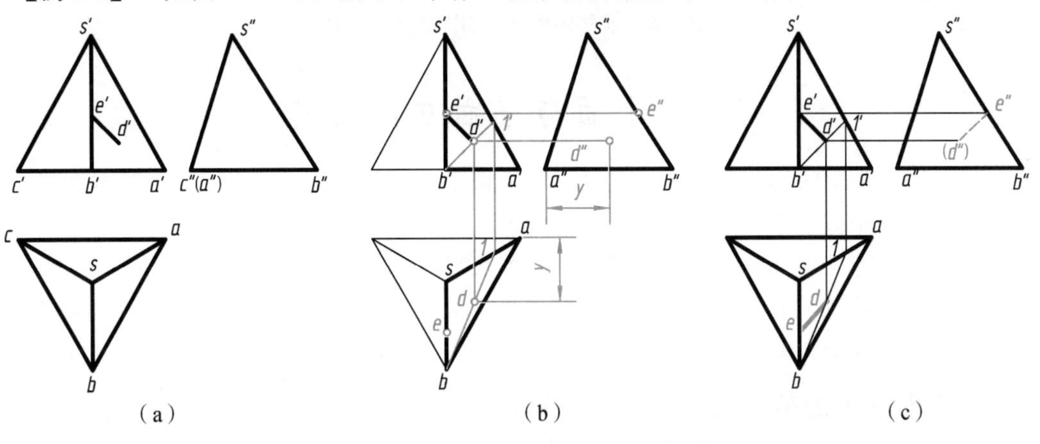

图 3-27　求作三棱锥表面上直线的投影

分析：从图 3-27（a）所示的正面投影中可以看出，直线 DE 在三棱锥的△SAB 棱面上，问题归结为在△SAB 平面上取直线 DE；根据直线在平面上的几何条件，问题最后归结为求 D、E 两点的另外两面投影。

作图：

（1）按例 3-5 的方法作出 e、e''，如图 3-27（b）所示。

（2）连接 $b'd'$ 与 $s'a'$ 交于 $1'$，过 $1'$ 向下作投影连线与 sa 交于 1，连接 b 和 1，过 d' 向下作投影连线与 $b1$ 交于 d，过 d' 向右作投影连线，将水平投影上的 y 值移至侧面投影上得 d''，如图 3-27（b）所示。

（3）连接 de 和 $d''e''$ 并判别可见性。由于△SAB 棱面的侧面投影不可见，因此 $d''e''$ 不可见，画成细虚线，如图 3-27（c）所示。

【例 3-9】　如图 3-28（a）所示，求作四棱台表面上直线 MN 的另外两面投影。

分析：从图 3-28（a）所示的正面投影中可以看出，直线 MN 在四棱台的 $ABCD$ 棱面上，问题归结为在 $ABCD$ 平面上取直线 MN；从图中还可看出，$ABCD$ 平面为侧垂面，因此，可利用平面的积聚性求解。

作图：

（1）分别过 m'、n' 向右作投影连线，与 $a''b''c''d''$ 分别交于 m''、n''，如图 3-28（b）所示。

（2）分别过 m'、n'向下作投影连线，将侧面投影上的 y_1、y_2值移至水平投影上得 m、n，如图 3-28（b）所示。

（3）连接 mn、$m''n''$并判别可见性，如图 3-28（c）所示。

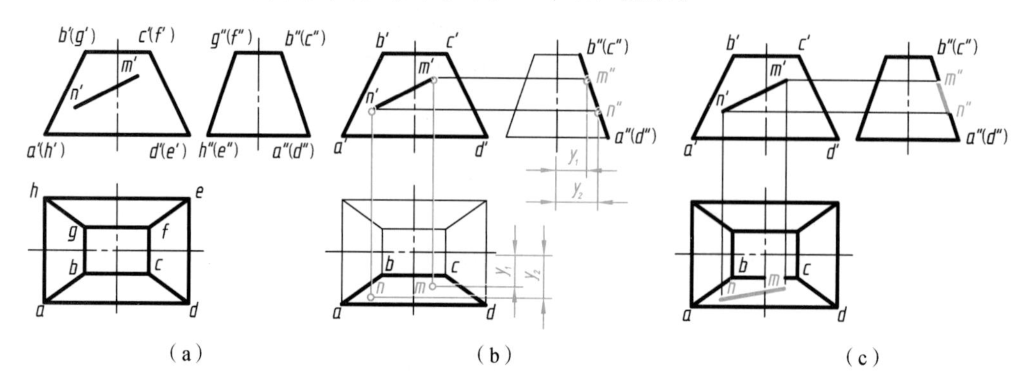

图 3-28 求作四棱台表面上直线的投影

3.4 平面与平面立体相交

平面与立体的交线称为截交线，此平面称为截平面。截交线具有以下两个基本性质。

（1）截交线是截平面与立体表面的共有线。

（2）由于任何立体都有一定的范围，所以截交线一定是封闭的平面图形。

由于截交线是截平面与立体表面的共有线，截交线上的点必定是截平面与立体表面的共有点。因此，求截交线的问题，实质上就是求截平面与立体表面的全部共有点的集合。

3.4.1 平面立体的截交线

平面立体的截交线是一个多边形，它的顶点是平面立体的棱线或底边与截平面的交点，它的边是截平面与平面立体表面的交线。因此，作平面立体的截交线的投影，实质上就是求截平面与平面立体上各被截棱线或边的交点的投影。

【例 3-10】 如图 3-29（a）所示，求作正四棱锥被截切后的三面投影。

分析：从图 3-29（a）所示的正面投影中可以看出，正四棱锥被正垂面所截，截平面与正四棱锥的四个棱面均相交，所以，截交线为四边形，四边形的顶点为截平面与四条棱线的交点；另外，由于截平面为正垂面，所以截交线的正面投影积聚成一直线，而水平投影和侧面投影为类似形。

作图：

（1）画出完整正四棱锥的水平投影和侧面投影，如图 3-29（b）所示。

（2）在截交线已知的正面投影中，标注出截平面与四条棱线的交点Ⅰ、Ⅱ、Ⅲ、Ⅳ的正面投影$1'$、$2'$、$3'$、$4'$，再根据直线上点的投影规律求它们的另外两面投影，如图 3-29（c）所示。

（3）连接各顶点的同面投影并判别可见性，即得截交线的投影；分析正四棱锥的未截轮廓线，判别可见性，加深，作图结果如图 3-29（d）所示。

可以想象，正四棱锥被截切后的立体如图 3-29（e）所示。

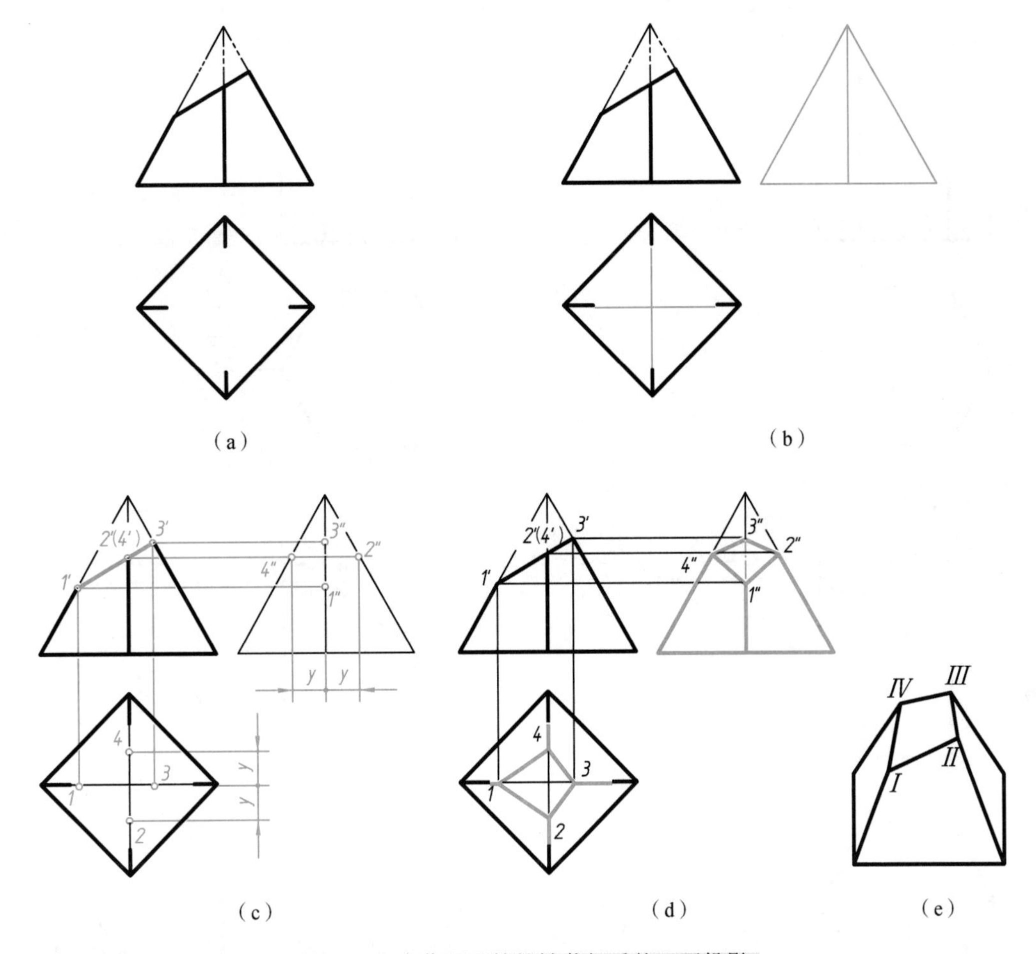

图 3-29 求作正四棱锥被截切后的三面投影

【例 3-11】 如图 3-30（a）所示，求作正六棱柱被截切后的三面投影。

分析：从图 3-30（a）所示的正面投影中可以看出，正六棱柱被正垂面所截，截平面与正六棱柱的六个棱面和顶面均相交，所以截交线为七边形，七边形的顶点为截平面与五条棱线以及顶面上两个边的交点；另外，由于截平面为正垂面，所以截交线的正面投影积聚成一直线，而水平投影和侧面投影为类似形。

作图：

（1）画出完整正六棱柱的侧面投影，如图 3-30（b）所示。

（2）在截交线已知的正面投影中，标注出截平面与五条棱线的交点Ⅰ、Ⅱ、Ⅲ、Ⅵ、Ⅶ以及截平面与顶面上两个边的交点Ⅳ、Ⅴ的正面投影$1'$、$2'$、$3'$、$6'$、$7'$和$4'$、$5'$，再根据直线上点的投影规律求它们的另外两面投影，如图 3-30（c）所示。

（3）连接各顶点的同面投影并判别可见性，即得截交线的投影；分析正六棱柱的未截轮廓线，判别可见性，加深，作图结果如图 3-30（d）所示。

可以想象，正六棱柱被截切后的立体如图 3-30（e）所示。

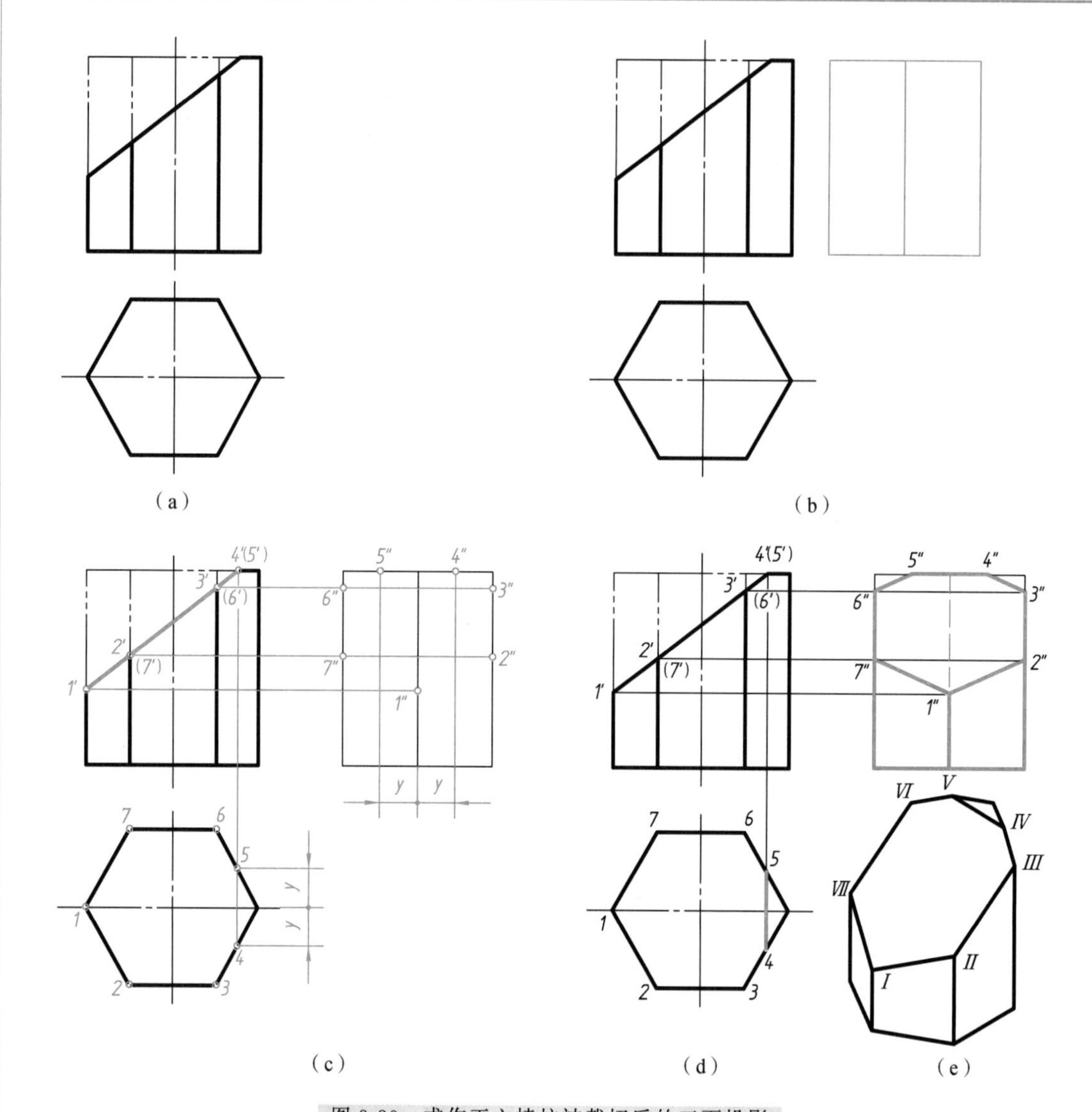

(e)
3-30

图 3-30 求作正六棱柱被截切后的三面投影

3.4.2 平面立体的切割和穿孔

若平面立体被几个平面同时切割而形成具有切口或穿孔的平面立体，则只要逐个求出截平面与平面立体的交线，并画出截平面之间的交线，就可作出这些平面立体的投影图。

【例 3-12】 如图 3-31（a）所示，已知一个缺口三棱锥的正面投影，补全它的水平投影并求作其侧面投影。

分析：从图 3-31（a）所示的正面投影可知，缺口是由一个水平面和一个正垂面切割三棱锥而形成的，水平截平面和正垂截平面均与三棱锥的前、后棱面相交，左棱线有一段被切割掉，在正面投影中画成细双点画线，而在水平投影中，则由于未经作图确定左棱线被切割掉的一段投影之前，暂时先将其画成细双点画线。由于水平截平面与底面平行，所以它与前、后棱面的交线 *I II*、*I III* 分别平行于底边；正垂截平面分别与前、后棱面相交于直线 *IV II*、*IV III*。由于两个截平面都垂直于正面，所以它们的交线 *II III* 一定是正垂线。

作图：

（1）如图 3-31（b）所示，标注出三棱锥各顶点的两面投影，画出完整三棱锥的侧面投影。

（2）求水平截平面与三棱锥的交线。水平面垂直于正面，所以截交线积聚在截平面有积聚性的正面投影上，在正面投影中可直接得到 $1'2'$、$1'3'$。因 I 在 SA 上，由 $1'$ 可作出 1、$1''$；过 1 作 $12 /\!/ ab$、$13 /\!/ ac$，过 $2'3'$ 向下作投影连线，得到 2、3，再根据“宽相等”，由 2、3 作出 $2''$、$3''$，连接 12、13 和 $1''2''$、$1''3''$ 并判别可见性，如图 3-31（c）所示。

（3）求正垂截平面与三棱锥的交线。正垂面垂直于正面，所以截交线积聚在截平面有积聚性的正面投影上，在正面投影中可直接得到 $4'2'$、$4'3'$。因 IV 在 SA 上，由 $4'$ 可作出 4、$4''$；连接 42、43 和 $4''2''$、$4''3''$ 并判别可见性，如图 3-31（d）所示。

（4）求两个截平面的交线。连接 2 和 3，因 23 被棱面的水平投影挡住看不见，画细虚线，侧面投影重合在水平截平面有积聚性的侧面投影上。分析三棱锥的未截轮廓线，判别可见性，加深，作图结果如图 3-31（e）所示。

可以想象，正三棱锥被截切后的立体如图 3-31（f）所示。

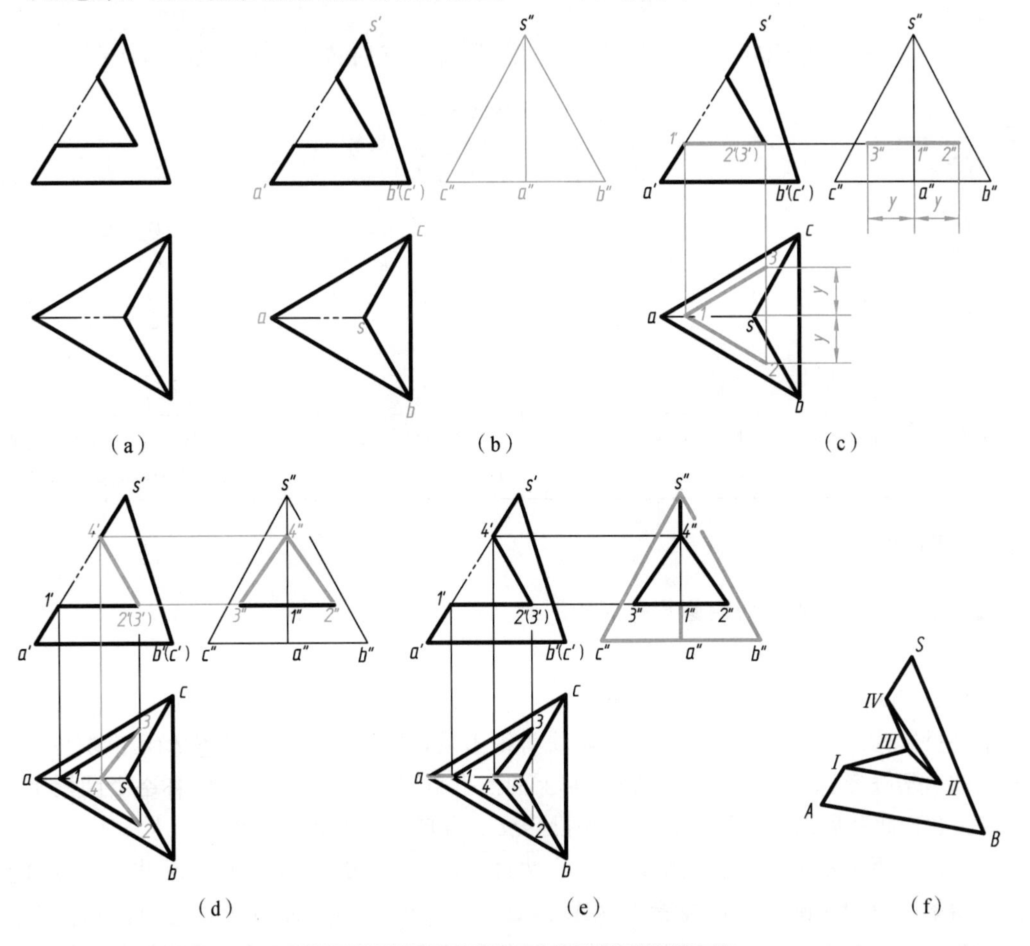

图 3-31　求作带缺口的三棱锥的三面投影

(f)
3-31

第 4 章

基本曲面立体的投影

表面为曲面或曲面与平面的立体称为曲面立体。基本的曲面立体是回转体。

4.1　回转体及其表面上的点

回转体的曲面是由一母线绕定轴旋转而成的回转面。曲面上任一位置的母线称为素线。母线上的各点绕轴线旋转时，形成回转面上垂直于轴线的纬圆。纬圆是回转面上重要的辅助作图线。

工程上常用的回转体有圆柱、圆锥、圆球、圆环。其回转面的形成如表 4-1 所示。

表 4-1　回转面的形成

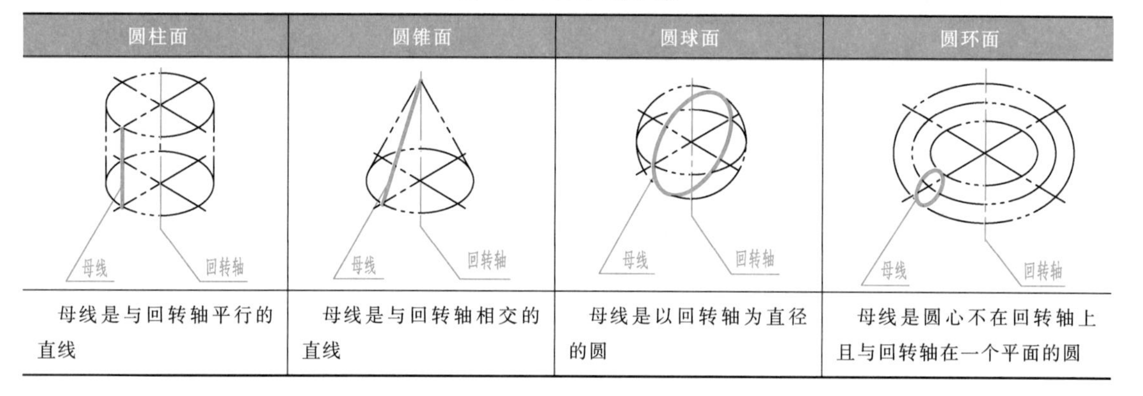

圆柱面	圆锥面	圆球面	圆环面
母线是与回转轴平行的直线	母线是与回转轴相交的直线	母线是以回转轴为直径的圆	母线是圆心不在回转轴上且与回转轴在一个平面的圆

4.1.1　圆柱

圆柱由圆柱面及顶、底两圆形平面所围成。

1. 圆柱的三面投影

图 4-1（b）所示为圆柱的三面投影。

水平投影为一圆线框。由于圆柱的轴线为铅垂线，圆柱面上所有素线都是铅垂线，因此圆柱面的水平投影积聚为一圆周，圆柱面上的点和线的水平投影都积聚在这个圆周上。同时，圆柱的顶面和底面是水平面，其水平投影反映实形，也就是这个圆。

正面投影为一矩形线框。其中，左、右两边 $a'a_1'$、$b'b_1'$ 是圆柱面的正面投影的转向轮廓线。这两条线也正是圆柱面最左素线 AA_1、最右素线 BB_1 的正面投影，它们把圆柱面分为前、后两半，其正面投影前半柱面看得见，后半柱面看不见，这两条素线是圆柱正面投影可见与不可见的分界线。最左、最右素线的侧面投影和轴线的侧面投影重合，不应画出，水平投影在横向中心线和圆周的交点处。矩形线框的上、下两边为圆柱顶面、底面的积聚性投影。

对侧面投影的矩形线框，读者可进行类似的分析。

画铅垂圆柱的三面投影时，应在水平投影中用细点画线画出对称中心线，在正面投影和

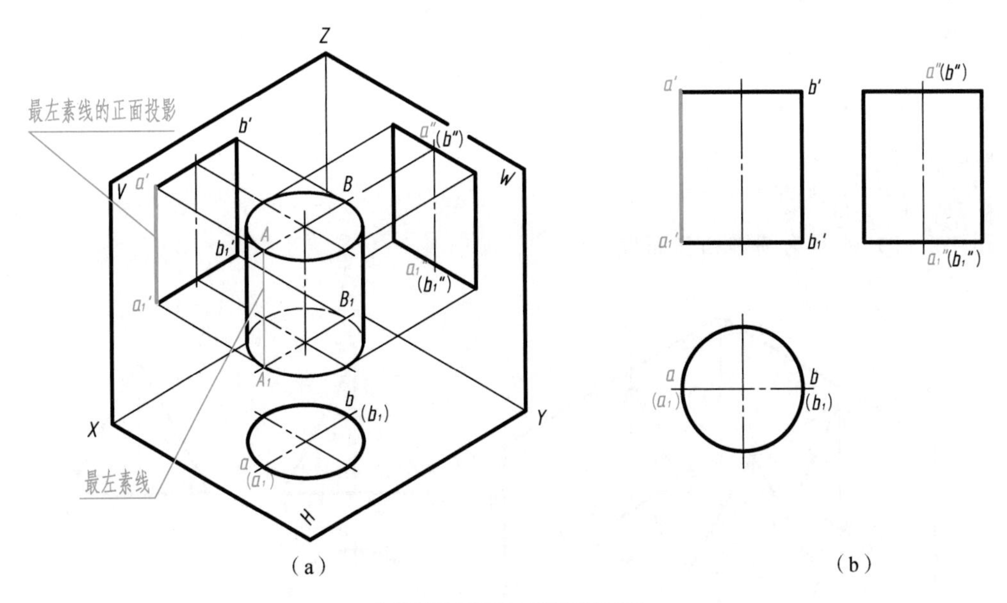

图 4-1　圆柱的三面投影

侧面投影中用细点画线画出轴线的投影。

2. 圆柱表面上点的投影

圆柱表面上点的投影，可用圆柱面投影的积聚性来求得。

【例 4-1】　如图 4-2（a）所示，已知圆柱表面上点 A、B、C 的一面投影，求它们的另外两面投影。

分析：从图 4-2（a）中可以看出，圆柱轴线铅垂，水平投影有积聚性。点 A 在最左素线上，点 B 的正面投影不可见，它在后半柱面上，点 C 在顶面上。

作图：如图 4-2（b）所示。

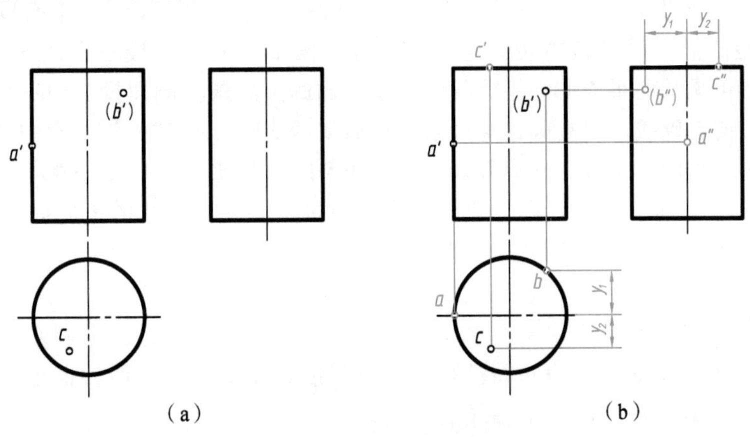

图 4-2　作圆柱表面上点的投影

（1）过 a' 向下作投影连线，与水平中心线的交点即为 a，过 a' 向右作投影连线，与轴线的侧面投影的交点即为 a''。

（2）过（b'）向下作投影连线，与圆周的后半部分交于 b，过（b'）向右作投影连线，将水平投影的 y_1 值移至侧面投影得（b''）。由于点 B 在右半柱面上，所以（b''）不可见。

（3）过 c 向上作投影连线，与顶面有积聚性的直线段交于 c'，将水平投影的 y_2 值移至侧

面投影得 c''。

4.1.2 圆锥

圆锥由圆锥面及底圆平面所围成。

1. 圆锥的三面投影

图 4-3（b）所示为圆锥的三面投影。

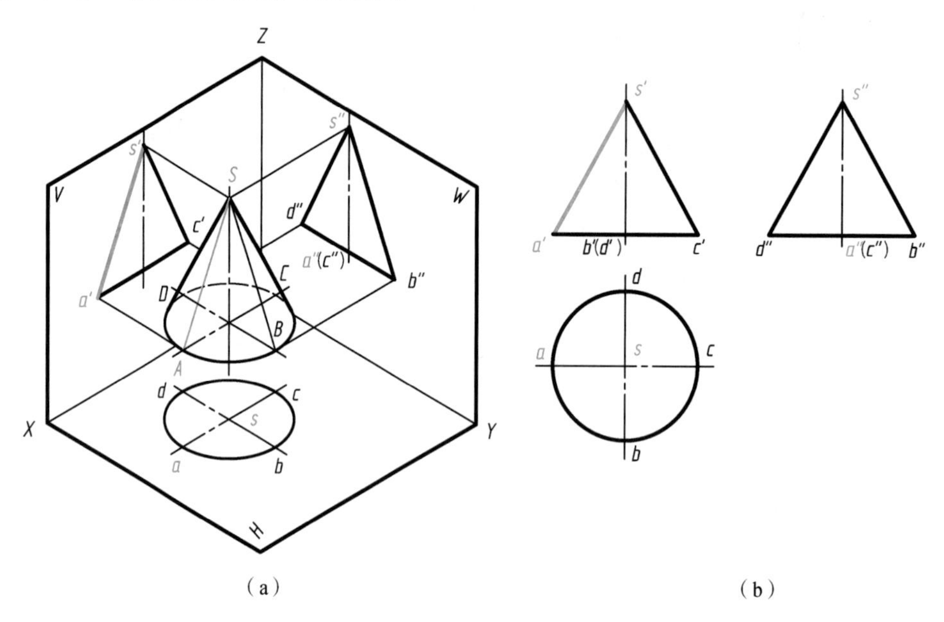

图 4-3 圆锥的三面投影

水平投影的圆形反映圆锥底面的实形，同时也表示圆锥面的投影。

正面投影和侧面投影的等腰三角形底边为圆锥底面的积聚性投影。正面投影中三角形的左、右两条边是圆锥正面投影的转向轮廓线，也是圆锥面最左、最右素线 SA、SC 的投影，它们是正面投影可见的前半锥面与不可见的后半锥面的分界线；侧面投影中三角形的两边是圆锥侧面投影的转向轮廓线，也是圆锥面最前、最后素线 SB、SD 的投影，它们是侧面投影可见的左半锥面与不可见的右半锥面的分界线。上述四条线的其他两面投影，请读者自行分析。

画铅垂圆锥的三面投影时，同样要画出水平对称中心线和轴线的正面投影与侧面投影。

显然，圆锥面的三个投影都没有积聚性。

2. 圆锥表面上点的投影

圆锥表面上取点的作图原理与在平面上取点的作图原理相同，即过圆锥表面上的点作一辅助线，点的投影必在辅助线的同面投影上。在圆锥表面上可以作两种简单的辅助线，一种是过锥顶的素线，另一种是垂直于轴线的纬圆。

【例 4-2】 如图 4-4 所示，已知圆锥面上点 M 的正面投影 m'，求作其另外两面投影。

分析：从图 4-4 中可以看出，m'可见，点 M 在左前半锥面上。

[方法一：素线法]

分析：先参阅图 4-4（a）中的立体图，连接 S 和 M，延长 SM，交底圆于点 A，因为 m'可见，所以素线 SA 位于前半圆锥面上，点 A 也在前半底圆上。

作图：如图 4-4（a）所示。

（1）连接 s'和 m'，延长 $s'm'$，与底圆的正面投影相交于 a'。由 a'向下引投影连线，与水

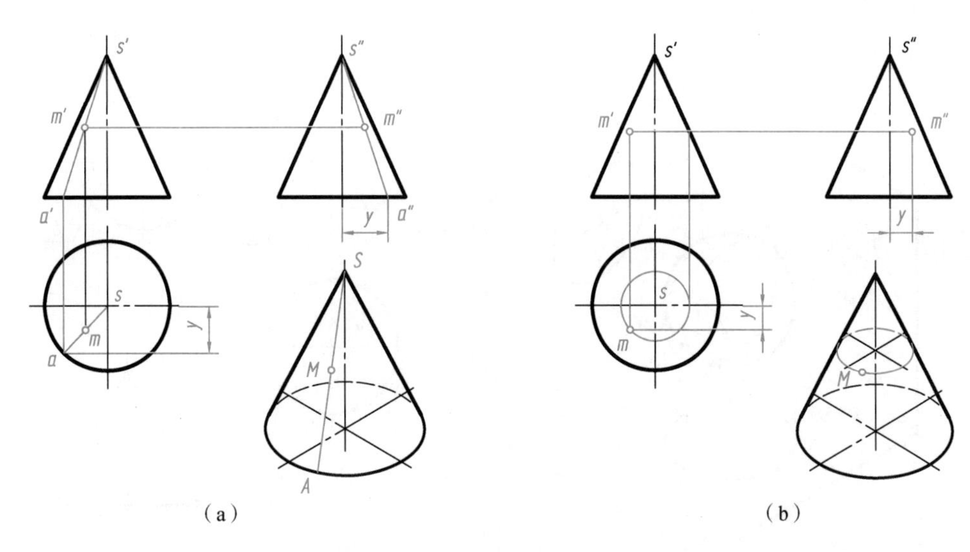

图 4-4　作圆锥表面上点的投影

平投影中的前半圆交得 a，再根据 a'和 a 求得 a''。分别连接 s 和 a、s''和 a''，即得过点 M 的素线 SA 的三面投影 $s'a'$、sa 和 $s''a''$。

(2) 过 m'分别向下和向右引投影连线，与 sa、$s''a''$的交点即为 m 和 m''。由于圆锥面的水平投影可见，所以 m 也可见；又由于点 M 在左半锥面上，所以 m''也可见。

[方法二：纬圆法]

分析：先参阅图 4-4 (b) 中的立体图，通过点 M 在圆锥面上作垂直于轴线的水平纬圆，这个圆实际上就是点 M 绕轴线旋转所形成的。

作图：如图 4-4 (b) 所示。

(1) 过 m'作一垂直于圆锥轴线的直线，与圆锥正面投影的转向轮廓线相交，两交点间的长度即为点 M 所在纬圆的直径；直线与轴线的正面投影的交点就是纬圆圆心的正面投影，而圆心的水平投影则重合于轴线的有积聚性的水平投影上。由此可作出这个纬圆反映真形的水平投影。

(2) 因为点 A 在前半圆锥面上，于是就可过 m'向下引投影连线，与纬圆前半周的交点作出 m，再根据 m'和 m 求得 m''。可见性的判别在方法一中已阐述，不再重复。

4.1.3　圆球

圆球是由圆球面所围成的立体。

1. 圆球的三面投影

如图 4-5 (b) 所示，圆球的三面投影均为大小相等的圆，直径等于圆球的直径，它们分别是这个球面的三个投影的转向轮廓线。正面投影的转向轮廓线是平行于正立投影面的圆素线 A 的投影，也是圆球正面投影可见的前半球面和不可见的后半球面的分界线；同理，水平投影的转向轮廓线是平行于水平投影面的圆素线 B 的投影，也是圆球水平投影可见的上半球面和不可见的下半球面的分界线；侧面投影的转向轮廓线是平行于侧立投影面的圆素线 C 的投影，也是圆球侧面投影可见的左半球面和不可见的右半球面的分界线。这三个圆的其他两面投影，都与圆的相应中心线重合。

画圆球的投影时，应在三个投影中用细点画线画出对称中心线，对称中心线的交点是球心的投影。

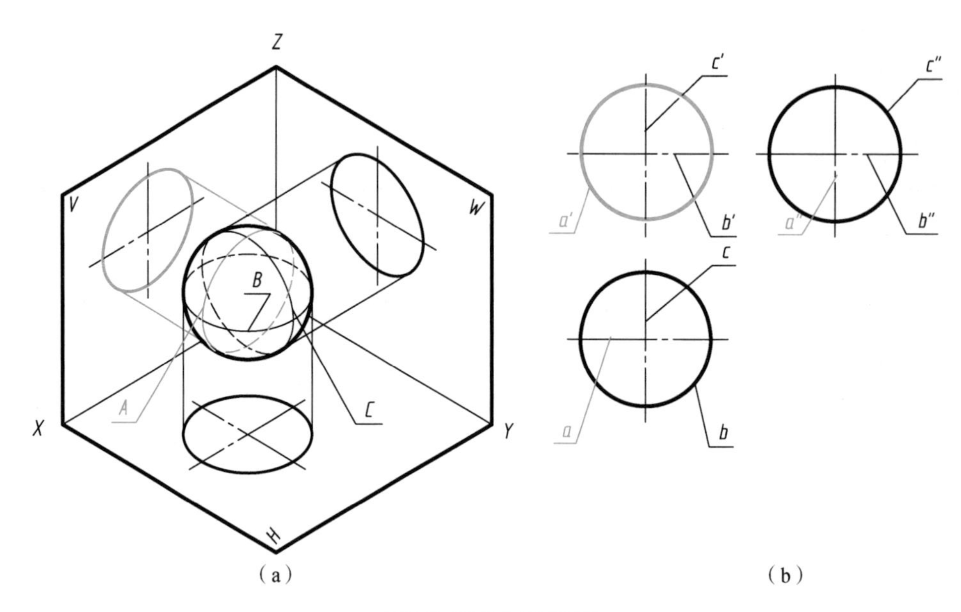

图 4-5 圆球的投影

2. 圆球表面上点的投影

由于圆球面的三个投影都没有积聚性，而且球面上不存在直线，故求属于圆球表面上的点，要用圆球的纬圆作辅助线，即纬圆法。

【例 4-3】 如图 4-6（a）所示，已知球面上点 M 的正面投影 m'，求作其另外两面投影。

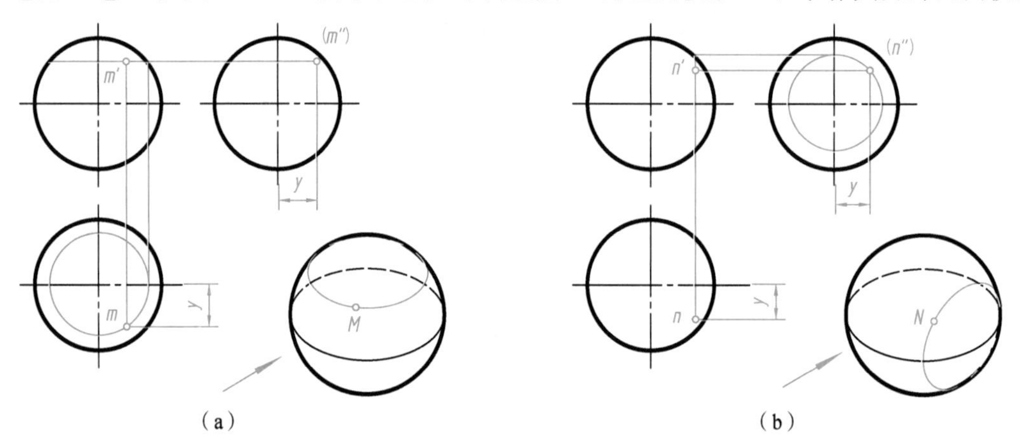

图 4-6 作圆球表面上点的投影

分析：参阅图 4-6（a）中的立体图，通过点 M 作球面上的水平圆，这个圆实际上就是点 M 绕球的铅垂轴线旋转形成的纬圆。因为 m'可见，所以点 M 在前半球的右上部分，故其水平投影可见，侧面投影不可见。

作图：如图 4-6（a）所示。

（1）过 m'作一水平线，与圆球正面投影的转向轮廓线相交，两交点间的长度即为点 M 所在水平纬圆的直径，根据直径可画出这个纬圆反映真形的水平投影。

（2）过 m'向下引投影连线，与纬圆前半周的交点即为 m，再根据 m'和 m 求得（m''）。

由于圆球面可以看作绕任何一条直径回转而成，所以过一点就可作不同方向的纬圆。上述点的辅助圆还可用侧平纬圆，如图 4-6（b）所示；也可用正平纬圆，读者可自行分析。

4.1.4　圆环

圆环是由圆环面所围成的立体。由圆母线外半圆回转形成的曲面称为外环面，内半圆回转形成的曲面称为内环面。

1. 圆环的三面投影

图 4-7 为轴线是铅垂线的圆环的三面投影。在正面投影中，左、右两圆和与该两圆相切的两段直线是圆环正面投影的转向轮廓线，其中两圆是圆环面上平行于正立投影面的两素线圆的投影，实线半圆在外环面上，细虚线半圆在内环面上，上、下两段直线分别是圆母线上的最高点和最低点绕轴线旋转而形成纬圆的正面投影，也是内、外环面分界圆的投影。在正面投影中，前半外环面可见，后半外环面不可见，内环面均不可见，内环面的正面投影的转向轮廓线也不可见，画成细虚线。水平投影的两个实线圆，分别是圆母线上离轴线最远点、最近点绕轴线旋转而形成最大、最小纬圆的水平投影，它们是圆环水平投影的转向轮廓线，该两圆将圆环面分为上、下两部分，上部分在水平投影中可见，下部分在水平投影中不可见，细点画线圆为母线圆中心轨迹的投影，也可作为内、外环面的分界线。

对圆环的侧面投影，读者可进行类似的分析。

画铅垂圆环的三面投影时，要用细点画线在三个投影中画出圆的中心线、在水平投影中画出母线圆圆心的轨迹圆以及在正面投影和侧面投影中画出轴线的投影。

2. 圆环表面上点的投影

求圆环表面上的点，只能作辅助纬圆。

【例 4-4】　如图 4-8 所示，已知圆环面上的四个重影点 E、F、G、H 的正面投影 $e'(f')(g')(h')$，按由前向后的顺序排列，求作它们的水平投影。

分析：通过重影点可作圆环上的水平纬圆。从图 4-8 及排列的顺序可知，E、H 分别是前、后外环面上的点，而 F、G 则分别是前、后内环面上的点。由于这些点都在上半环面上，所以它们的水平投影都可见。

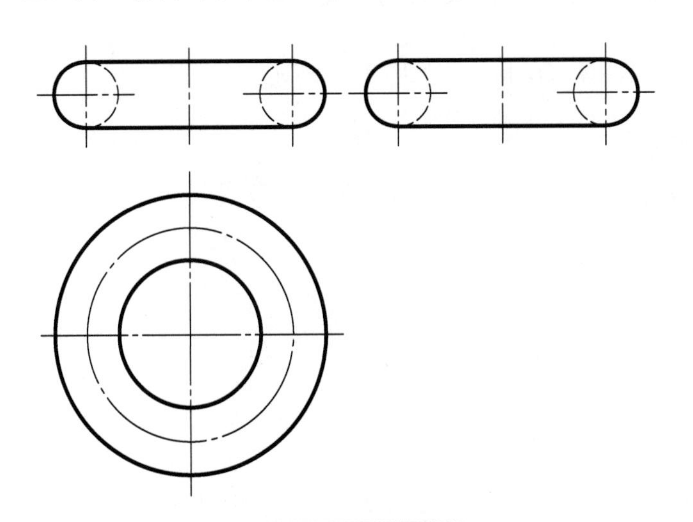

图 4-7　圆环的投影

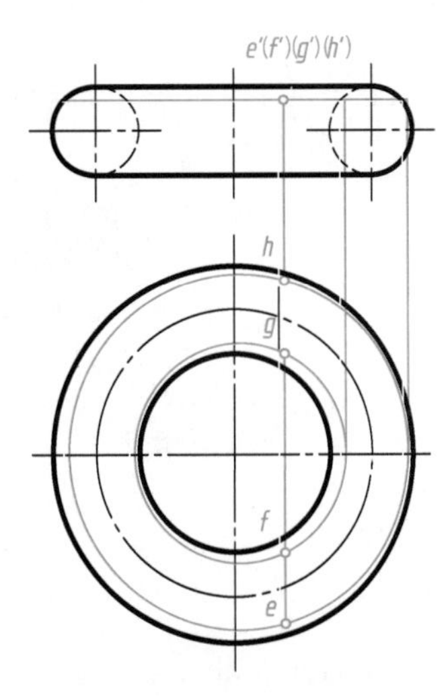

图 4-8　作圆环表面上点的投影

作图：如图 4-8 所示，过 $e'(f')(g')(h')$ 作水平线，该水平线即为辅助纬圆的正面投影，据此作出辅助纬圆的水平投影，过 $e'(f')(g')(h')$ 向下作投影连线，与辅助圆的交点按由前向后的顺序排列为 e、f、g、h。

在机械零件中，经常会见到一些不完整的回转体，如图 4-9 所示。它们的表面性质和完整的回转体相同，可用同样的方法进行分析。

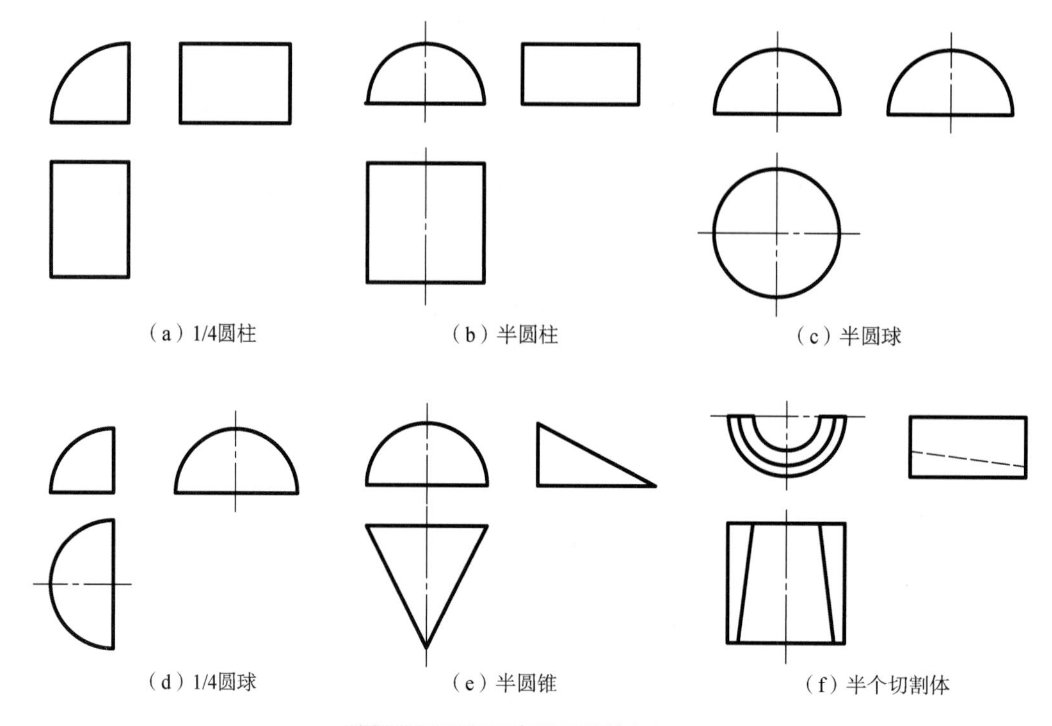

图 4-9　一组不完整回转体的投影

4.2　平面与回转体表面相交

在一些零件上，常常会见到平面与回转体表面相交，如图 4-10 所示。

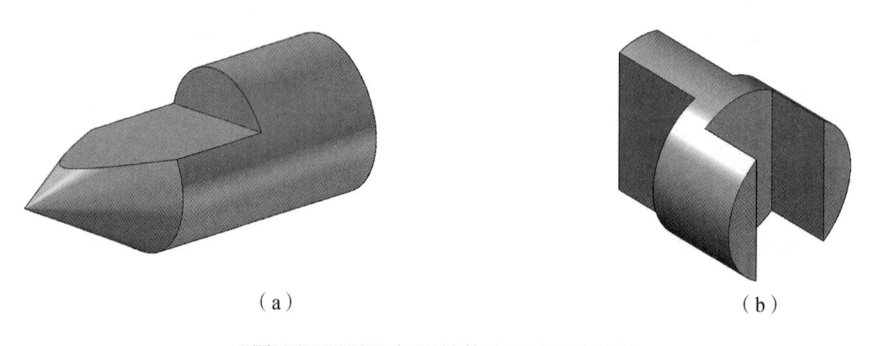

图 4-10　平面与回转体表面相交示例

回转体的截交线通常是一条封闭的平面曲线，也可能是由平面曲线与直线所围成的平面图形或多边形。截交线的形状与回转体表面的几何性质及其与截平面的相对位置有关。

截交线是截平面与曲面立体表面的共有线，截交线上的点也都是二者的公共点。当截平面为特殊平面时，截交线的投影就积聚在截平面有积聚性的同面投影上，可用在曲面立体表面上取一系列点的方法求截交线。求截交线上的点应先求特殊点，所谓特殊点是指截交线上确定其范围的最高最低、最左最右、最前最后点，用以判别可见性的转向轮廓线上的点，以及截交线本身的特殊点，如椭圆长、短轴的端点、抛物线、双曲线的顶点等；然后根据具体情况求一些一般点；最后依次连成光滑的曲线并判别可见性。

下面介绍一些由特殊位置平面与回转体表面相交形成的截交线的画法。

4.2.1　平面与圆柱相交

平面与圆柱的交线有三种情况，如表 4-2 所示。

表 4-2　平面与圆柱的交线

截平面位置	截平面平行于轴线	截平面垂直于轴线	截平面倾斜于轴线
截交线形状	直线	圆	椭圆
立体图	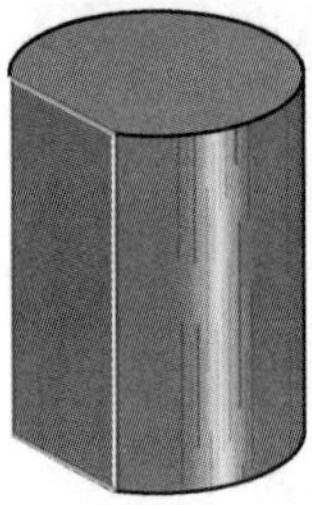		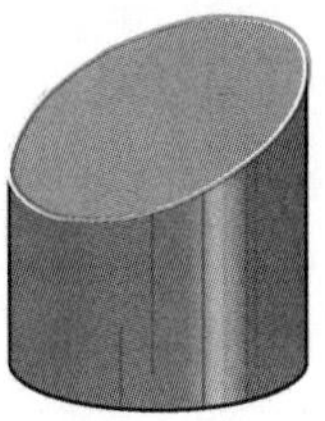
投影图	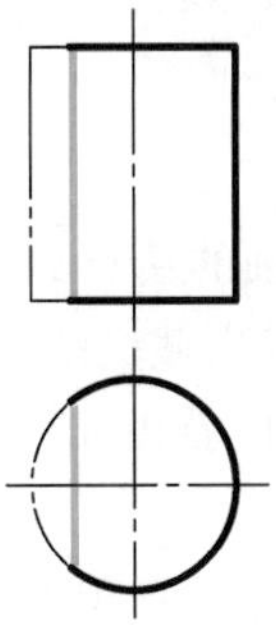	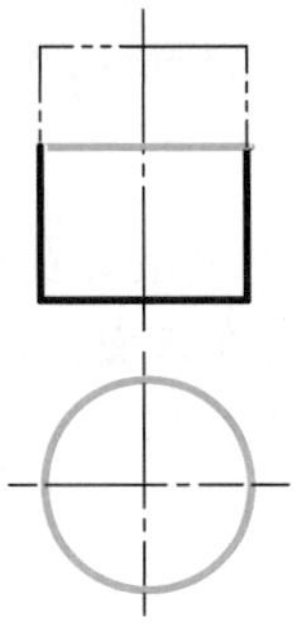	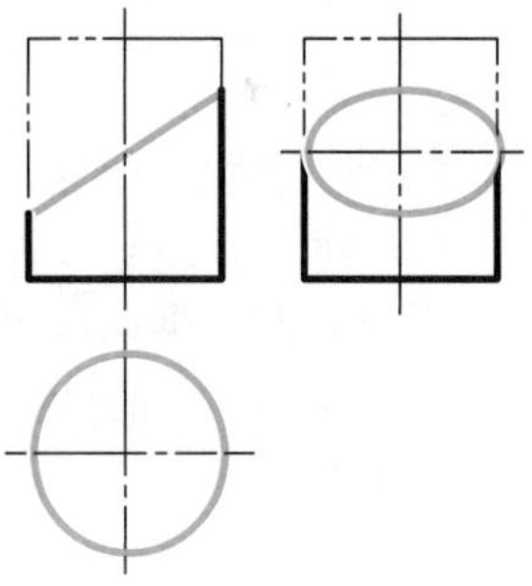

【例 4-5】　补全图 4-11（a）所示錾子的水平投影。

分析：从图 4-11（a）可知，錾子为轴线侧垂的圆柱左端部被两个上、下对称的正垂面各截去一部分，截平面与圆柱的左端面和圆柱面相交。由于截平面倾斜于圆柱轴线，故与圆柱面的交线为部分椭圆，与左端面的交线为正垂线，截交线为部分椭圆和直线段组成的弓形，上、下对称，如图 4-11（b）所示。直线段的水平投影与左端面有积聚性的水平投影重合；部分椭圆的正面投影分别重合在截平面的有积聚性的正面投影上；侧面投影分别重合在圆柱面的有积聚性的侧面投影上；水平投影分别为部分椭圆，投影上、下重合，只须作出上面的部分椭圆即可。

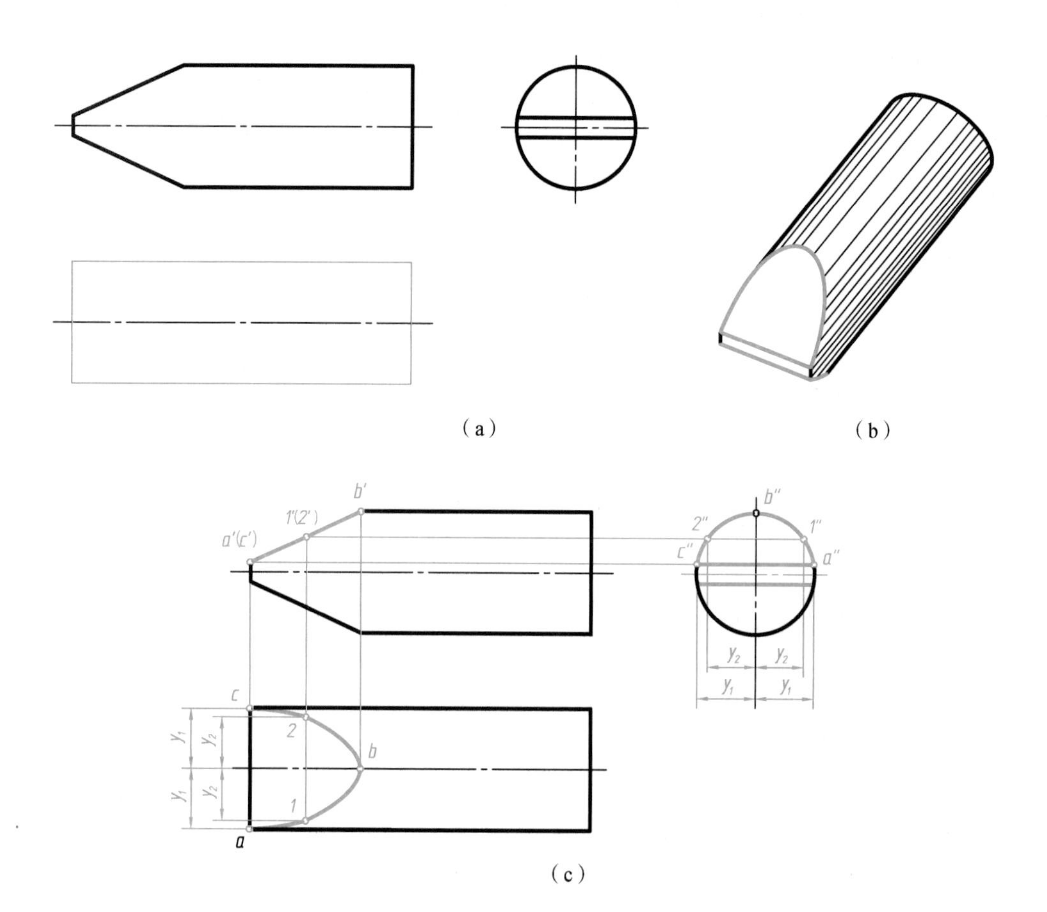

(b)
4-11

图 4-11 补全錾子的水平投影

作图：如图 4-11（c）所示。

（1）求特殊点。先标出截交线最高点也是最右点，还是椭圆长轴的端点 B 的正面投影 b' 和侧面投影 b''，据此求出水平投影 b；再在正面投影和侧面投影中找出截交线最前、最后点，也是最左点 A、C 的投影，据此求出水平投影 a、c，则在水平投影中就由 a、b、c 圈出了截交线的范围。

（2）求一般点。在正面投影上取一对重影点的投影 $1'$、$2'$，在柱面有积聚性的侧面投影上找出对应投影 $1''$、$2''$，从而求出其水平投影 1、2 。

（3）依次光滑连接 a、1 、b、2 、c，即得截交线部分椭圆的水平投影。

（4）分析錾子的未截轮廓线，加深，完成全图。

【例 4-6】 补画图 4-12（a）所示立体的侧面投影。

分析： 从图 4-12（a）可知，该立体为轴线铅垂的圆柱上、下部被切割。上部有两个侧平面和一个垂直于圆柱轴线的水平面切槽；下部有两个侧平面和一个水平面切角。上部两个侧平面与圆柱体的顶面和柱面相交，截交线分别为两条正垂线 AB、CD 和四条铅垂线 AA_1、BB_1、CC_1、DD_1，水平面只与圆柱面相交，交线为水平圆弧 $\overset{\frown}{A_1C_1}$、$\overset{\frown}{B_1D_1}$，两侧平面与水平面之间有两条正垂交线 A_1B_1、C_1D_1，如图 4-12（b）所示；下部的截交线请读者自行分析。

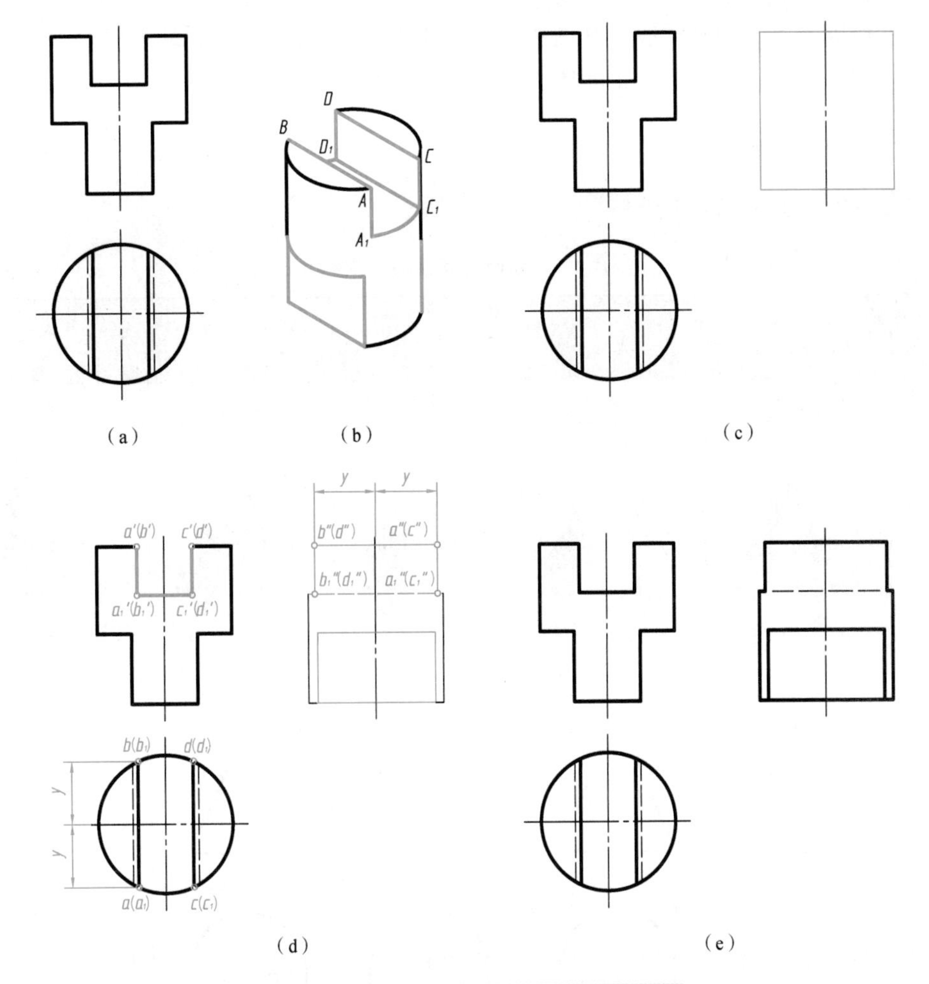

图 4-12　补画圆柱被切割后的侧面投影

(b)
4-12

作图：

（1）作出未截切前圆柱的侧面投影，如图 4-12（c）所示。

（2）求作两侧平面与圆柱面的四条铅垂交线 AA_1、BB_1、CC_1、DD_1 的投影。它们的正面投影分别与两侧平面有积聚性的正面投影重合，水平投影分别积聚成点，位于圆柱面有积聚性的圆周上。如图 4-12（d）所示，在正面投影中标出 $a'a'_1$、$b'b'_1$、$c'c'_1$、$d'd'_1$，在水平投影中找出对应的 aa_1、bb_1、cc_1、dd_1，从而求出侧面投影 $a''a''_1$、$b''b''_1$、$c''c''_1$、$d''d''_1$。

（3）求作水平面与圆柱面的交线圆弧 $\overset{\frown}{A_1C_1}$、$\overset{\frown}{B_1D_1}$ 的投影。它们的正面投影分别与水平面有积聚性的正面投影重合，水平投影位于圆柱面有积聚性的圆周上，侧面投影积聚为直线段。如图 4-12（d）所示，由 $a'_1c'_1$、a_1c_1 和 $b'_1d'_1$、b_1d_1 作出 $a''_1c''_1$、$b''_1d''_1$。

（4）求作两侧平面与圆柱体顶面的交线 AB、CD 以及与水平截平面之间的交线 A_1B_1、C_1D_1 的投影。如图 4-12（d）所示，连接 a'' 和 b''、c'' 和 d''，得互相重合的 $a''b''$ 和 $c''d''$，也就是切割后圆柱体顶面的侧面投影；连接 a''_1 和 b''_1、c''_1 和 d''_1，得互相重合的 $a''_1b''_1$ 和 $c''_1d''_1$，因被圆柱面所遮不可见，画成细虚线。

（5）完整立体投影。圆柱侧面投影的转向轮廓线水平截平面以上部分被截去，如图4-12（d)所示。

（6）求作圆柱下部的截交线。其做法与上部相类似，如图 4-12（d）所示。

（7）整理、加深、完成全图，如图 4-12（e）所示。

4.2.2 平面与圆锥相交

平面与圆锥面的交线有五种情况，如表 4-3 所示。

表 4-3 平面与圆锥面的交线

截平面位置	过锥顶	垂直于轴线	倾斜于轴线 $\theta>\alpha$	倾斜于轴线 $\theta=\alpha$	倾斜或平行于轴线 $\theta<\alpha$ 或 $\theta=0$
截交线形状	相交两直线	圆	椭圆	抛物线	双曲线
立体图					
投影图			α θ	α θ	

【例 4-7】 如图 4-13（a）所示，求圆锥被截切后的投影。

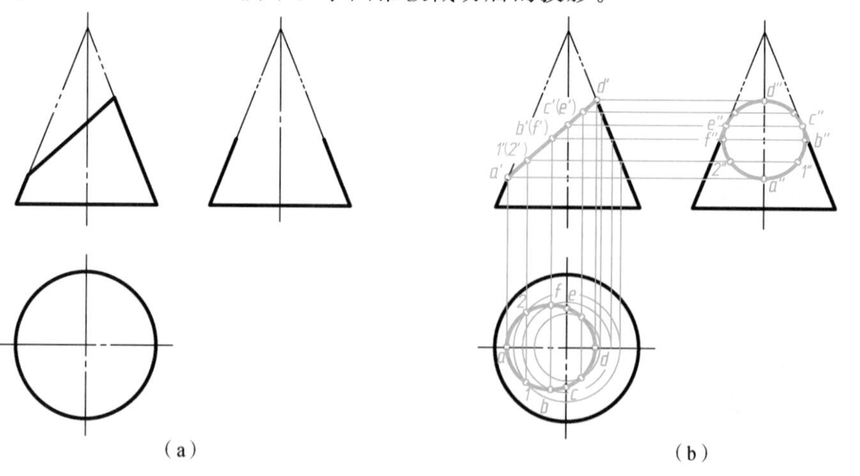

图 4-13 圆锥被截切后的投影（一）

4-13

分析：因为圆锥轴线铅垂，截平面为正垂面，倾斜于圆锥轴线，且$\theta > \alpha$，所以截交线为椭圆，其正面投影与截平面有积聚性的正面投影重合，需求出水平投影和侧面投影。由于圆锥前后对称，所以截平面与它的交线也是前后对称，截交线椭圆的长轴是截平面与圆锥前后对称面的交线，端点在最左、最右素线上；而短轴则是通过长轴中点的正垂线。

作图：如图 4-13（b）所示。

（1）求作特殊点。在正面投影上，截平面有积聚性的投影与圆锥面最左、最右素线投影的交点处标出a'、d'，与轴线的正面投影的交点处标出c'、(e')，在$a'd'$的中点处标出b'、(f')。点 A、D 既是最左、最右点，又是最低、最高点，也是椭圆长轴的端点；点 C、E 是圆锥侧面投影转向轮廓线上的点，点 B、F 就是椭圆短轴的端点；用锥面上取点的方法可求出它们的水平投影和侧面投影，由于 C、E 也是圆锥面最前、最后素线上的点，因此不需作辅助线，可先直接求其侧面投影，再求其水平投影。

（2）求作一般点。为准确作图，应在已作出的截交线上的特殊点的稀疏处作一些截交线上的一般点。在正面投影a'与b'之间标出$1'$、$(2')$，用锥面上取点的方法求出其水平投影和侧面投影。

（3）依次光滑连接 A、Ⅰ、B、C、D、E、F、Ⅱ、A 的水平投影和侧面投影，并判别可见性。

（4）整理、加深并完成全图。将圆锥侧面投影的转向轮廓线画到c''、e''。

【例 4-8】　如图 4-14（a）所示，求正平面截切圆锥后的投影。

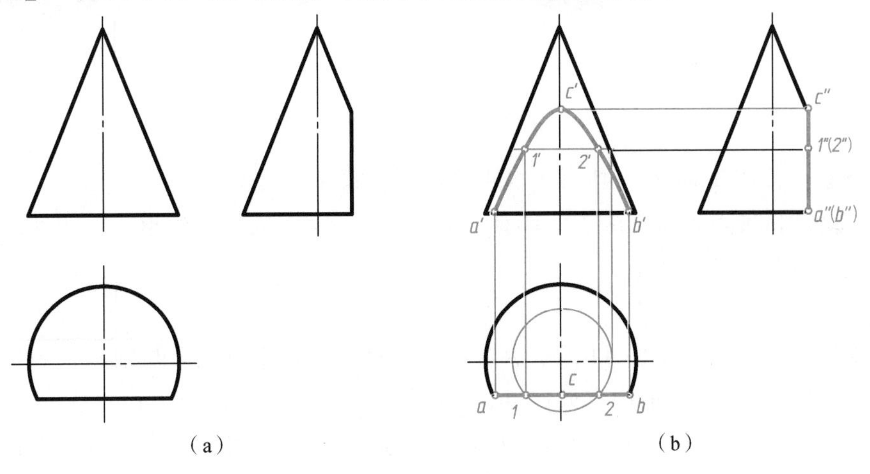

图 4-14　圆锥被截切后的投影（二）

4-14

分析：截平面与锥面和底面相交。因为圆锥轴线铅垂，截平面为正平面，与圆锥的轴线平行，所以截平面与锥面的交线为双曲线，与底面的交线为一侧垂线，截交线为一以直线封闭的双曲线。其水平投影和侧面投影分别积聚为一直线，只需求正面投影。

作图：如图 4-14（b）所示。

（1）求作特殊点。在侧面投影上，标出正平面有积聚性的投影与圆锥面最前素线的投影的交点c''，与底面的交点a''、b''。点 C 是最高点，可据c''直接求出另外两面投影。点 A、B 是最低点，也是最左、最右点，其水平投影 a、b 在底圆的水平投影上，据此可求出a'、b'。

（2）求作一般点。在侧面投影a''与c''之间标出$1''$、$(2'')$，利用锥面上取点的方法求出它们的另外两面投影。

（3）依次光滑连接a'、$1'$、c'、$2'$、b'并判别可见性，即得截交线的正面投影。

4.2.3 平面与圆球相交

任何位置的截平面截切圆球时，在空间其截交线都是圆。当截平面与投影面平行时，截交线在该投影面上的投影为圆；当截平面与投影面垂直时，截交线在该投影面上的投影积聚成直线段，长度等于截交线圆的直径；当截平面与投影面倾斜时，截交线在该投影面上的投影为椭圆。

图 4-15（a）为水平面截切圆球的截交线，图 4-15（b）为侧平面截切圆球的截交线。

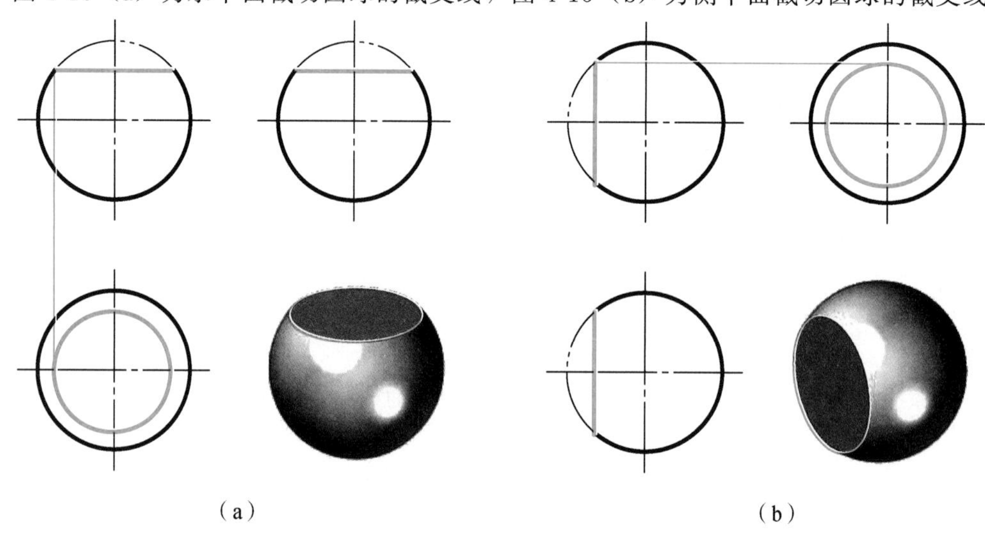

（a）　　　　（b）

图 4-15　投影面平行面截切圆球的截交线

【例 4-9】 如图 4-16（a）所示，求正垂面截切圆球后的投影。

分析：圆球体被正垂面所截切，其截交线是圆。圆的正面投影积聚为一直线段，圆的水平投影和侧面投影均是椭圆。

作图：

（1）求特殊点。如图 4-16（b）所示，在正面投影上标出直线段与圆球正面投影转向轮廓线的交点 a'、e'，在 $a'e'$的中点处标出 c'、(g')。点 A、E 是椭圆长轴的端点，也是最左、最右、最低、最高点；点 C、G 是椭圆短轴的端点。点 A、E 可直接求出其水平投影和侧面投影，点 C、G 要用球面上取点的方法求其另外两面投影。如图 4-16（c）所示，在正面投影上标出直线段与竖直中心线的交点 d'、(f') 以及与水平中心线的交点 b'、(h')。点 D、F 是截交线在圆球侧面投影转向轮廓线上的点，也是圆球被截切后的侧面投影转向轮廓线的端点；点 B、H 是截交线在圆球水平投影转向轮廓线上的点，也是圆球被截切后的水平投影转向轮廓线的端点；可直接求得它们的另外两面投影。

（2）求一般点。点 D、F 可看作水平投影的一般点，点 B、H 可看作侧面投影的一般点。

（3）依次光滑连接以上各点并判别可见性，得截交线的投影，如图 4-16（d）所示。

（4）整理、加深并完成全图。分析圆球的转向轮廓线，如图 4-16（d）所示，水平投影的转向轮廓线要画到 b、h，侧面投影的转向轮廓线要画到 d''、f''。

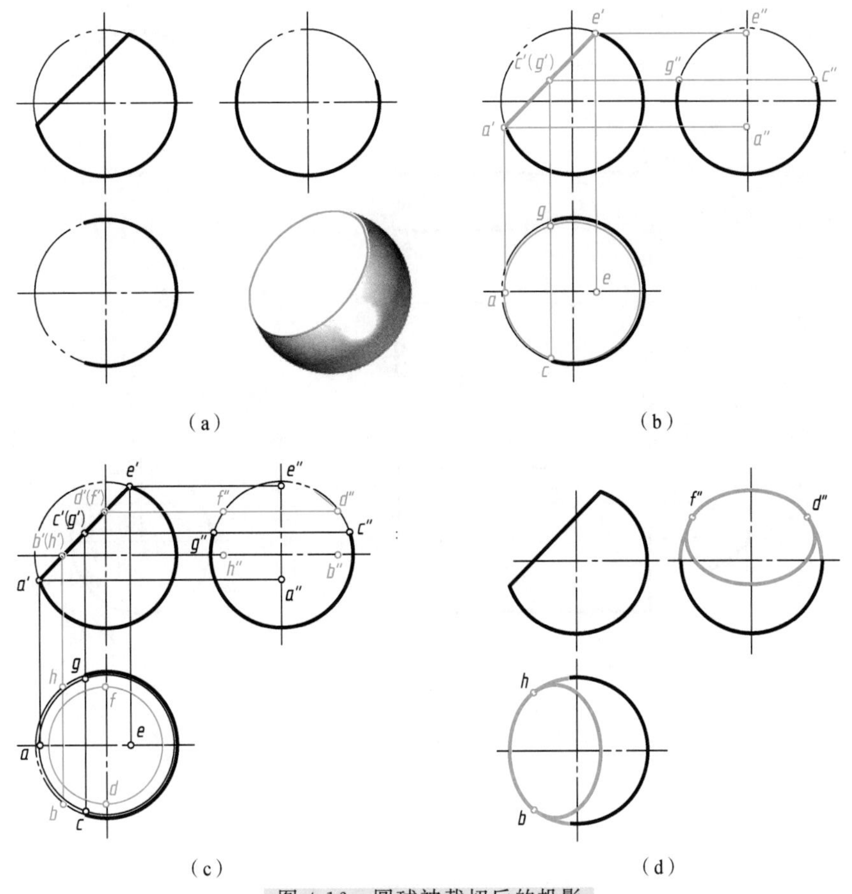

图 4-16　圆球被截切后的投影

4.2.4　平面与组合回转体相交

同轴叠加的一系列回转体构成的复合体称为组合回转体。在一些零件上，经常出现平面与组合回转体相交的情况。当平面与组合回转体相交时，截交线是由截平面与各回转体表面所得交线组成的复合平面曲线。截交线的连接点在相邻两回转体的分界线上。作组合回转体的截交线时，首先要分析各组成部分曲面的形状，确定各段截交线的形状，再分别作出其投影。

【例 4-10】　补全图 4-17（a）所示顶尖的水平投影。

分析： 顶尖由轴线侧垂的同轴圆锥与圆柱组合而成，并被一个水平面和一个侧平面截切，圆锥只被水平面切割，截交线为双曲线；圆柱被水平面和侧平面同时切割，截交线可参照例 4-6 的下部进行分析。组合截交线的正面投影分别积聚在两截平面有积聚性的正面投影上，侧面投影分别积聚为一直线和圆柱有积聚性的圆周上。

作图：如图 4-17（b）所示。

（1）作圆锥的截交线。截交线的做法可参照例 4-8，点 A、B 在圆锥与圆柱的分界线上，即为连接点。

（2）作圆柱的截交线。截交线的做法可参照例 4-6 的下部。

（3）分析组合回转体的投影、基本体间的交线的投影、完成截切后的组合回转体的投影。圆柱与圆锥的分界圆被截平面截去了 A、B 点以上的部分，所以水平投影 a、b 之间没有粗实线，而只有下半圆周不可见的细虚线。

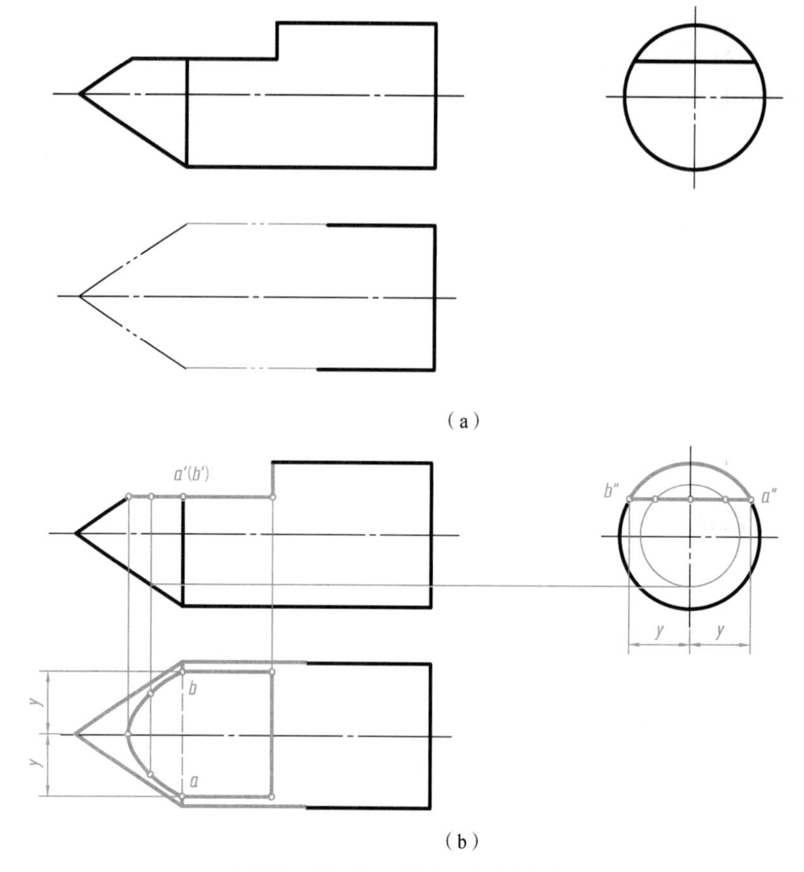

4-17

图 4-17 补全顶尖的水平投影

4.3 两回转体表面相交

4.3.1 相贯线的概念

两立体表面的交线称为相贯线，如图 4-18 所示。两立体相交可分为两平面立体相交、平面立体与回转体相交、两回转体相交三种情况。两平面立体的相贯线可按平面与平面立体相交解决，平面立体与回转体的相贯线可按求平面立体上参与相交的各平面与回转体的截交线而得。这里主要介绍两个回转体相交的情况。

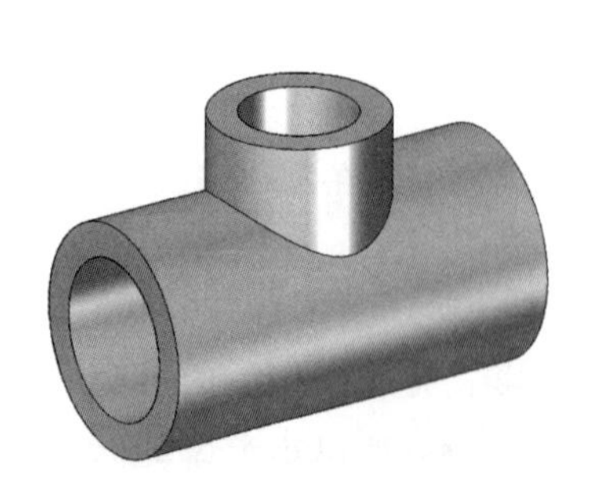

图 4-18 相贯线示例

两回转体相交，相贯线具有以下基本性质。

（1）相贯线是两回转体表面上的共有线，也是两回转体的分界线，所以相贯线上的点是两回转体表面上的共有点。

（2）相贯线一般是闭合的空间曲线，特殊情况下可能是平面曲线或直线。

求作两立体的相贯线，一般情况下应先作出相贯线上一些特殊点，即能够确定相贯线的形状和范围的点，如立体表面投影的转向轮廓线上的点、对称相贯线在其对称平面上的点，以及最高、最低、最左、最右、最前、最后点等；然后根据需要求作一些一般点，以便较准确地画出相贯线的投影；最后按顺序光滑连接并判别可见性。判别相贯线可见性的原则是：只有同时位于两个立体的可见表面上的一段相贯线是可见的，否则就不可见。

求作相贯线的方法有表面取点法和辅助平面法两种。

4.3.2　表面取点法

两回转体相交，如果其中有一个是轴线垂直于投影面的圆柱，则相贯线在该投影面上的投影就积聚在圆柱面的有积聚性的投影上，于是，求圆柱和另一回转体的相贯线的投影，就可以看作已知另一回转体表面上的线的一个投影而求作其他投影的问题。这样在相贯线上取一些点，按已知曲面立体表面上点的一个投影求这些点在其他投影面上的投影，从而求出相贯线的投影的方法，称为表面取点法。

【例 4-11】　如图 4-19（a）所示，求作正交两圆柱相贯线的投影。

分析：从图 4-19（a）中可以看出，大圆柱轴线垂直于侧面，小圆柱轴线垂直于水平面，两圆柱轴线垂直相交。因为相贯线是两圆柱面的公共线，其水平投影积聚在小圆柱的水平投影的圆周上，而侧面投影积聚在大圆柱侧面投影的圆周上，如图 4-19（b）所示，所以只需求出相贯线的正面投影。因相交的两圆柱前、后对称，相贯线也前、后对称，所以相贯线前、后部分的正面投影重合。

作图：

（1）求特殊点。如图 4-19（c）所示，从水平投影可以看出，a、c 两点是最左、最右点 A、C 的水平投影，它们是两圆柱正面投影转向轮廓线的交点，可由 a、c 对应求出 a''、(c'') 及 a'、c'，这两点也是最高点；由侧面投影可以看出，小圆柱侧面投影转向轮廓线与大圆柱的交点 b''、d''是相贯线最低点 B、D 的投影，由 b''、d''可直接对应求出 b、d 和b'、(d')，这两点也是最前、最后点。

（2）求一般点。如图 4-19（d）所示，在水平投影上任取对称点 1 、2 、3 、4 ，然后求出其侧面投影$1''$、$(2'')$、$(3'')$、$4''$，最后求出正面投影 $1'$、$2'$、$(3')$、$(4')$。

（3）按顺序光滑连接以上各点并判别可见性。两圆柱前半面的正面投影均可见，相贯线由 a'、c'点分界，前半部分 a'、$1'$、b'、$2'$、c'可见，连成粗实线，c'、$(3')$、(d')、$(4')$、a' 与前半部分重合，如图 4-19（d）所示。

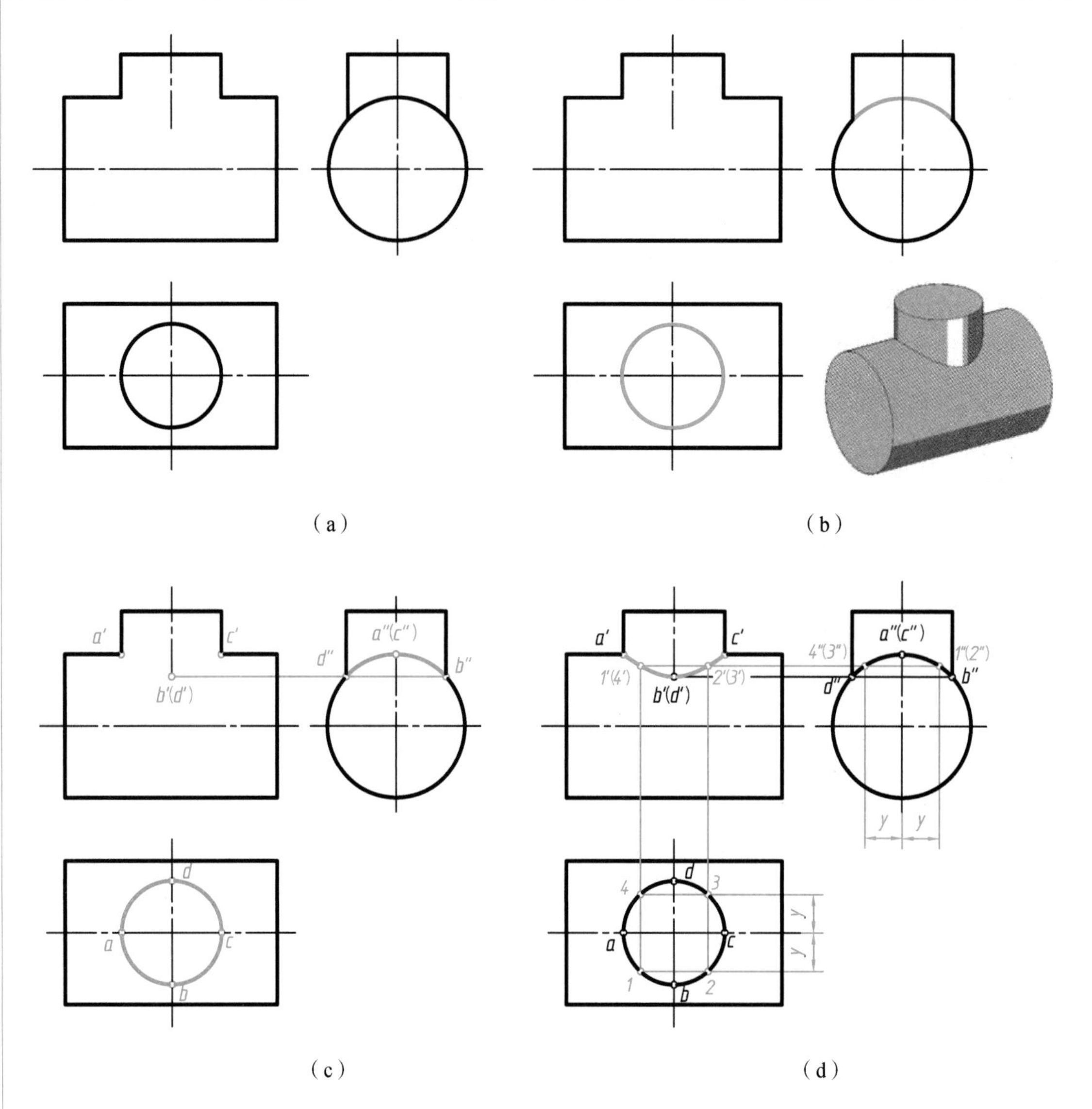

(b)
4-19

图 4-19 作正交两圆柱相贯线的投影

两圆柱正交，在零件上是最常见的，它们的相贯线一般有图 4-20 所示的三种形式。

(1) 图 4-20 (a) 表示小的实心圆柱全部贯穿大的实心圆柱，相贯线是上、下对称的两条闭合的空间曲线。

(2) 图 4-20 (b) 表示圆柱孔全部贯穿实心圆柱，相贯线也是上、下对称的两条闭合的空间曲线，并且就是圆柱孔壁的上、下孔口交线。

(3) 图 4-20 (c) 所示的相贯线是长方体内部两个圆柱孔的孔壁的孔口交线，同样是上、下对称的两条闭合的空间曲线。

以上三个投影图中所示的相贯线具有相同的形状，而且求这些相贯线投影的作图方法也是相同的。

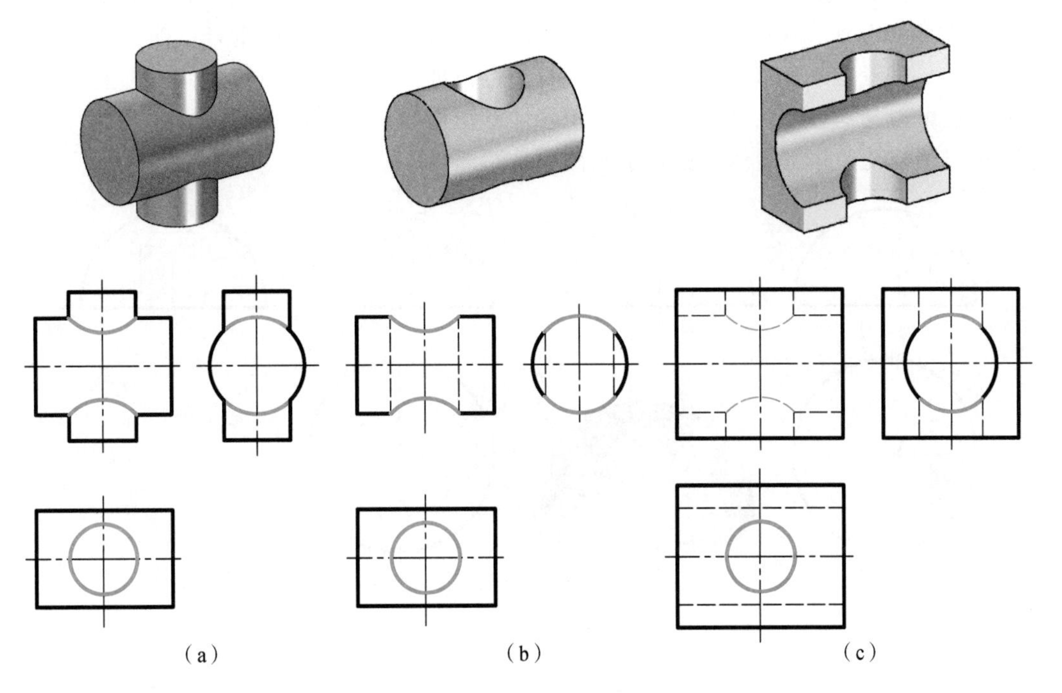

（a）　　　　（b）　　　　（c）

(a)

(b)

(c)
4-20

图 4-20　正交两圆柱相贯线的常见情况

图 4-21 表示两正交圆柱中当直立圆柱直径变化时相贯线的变化情况。

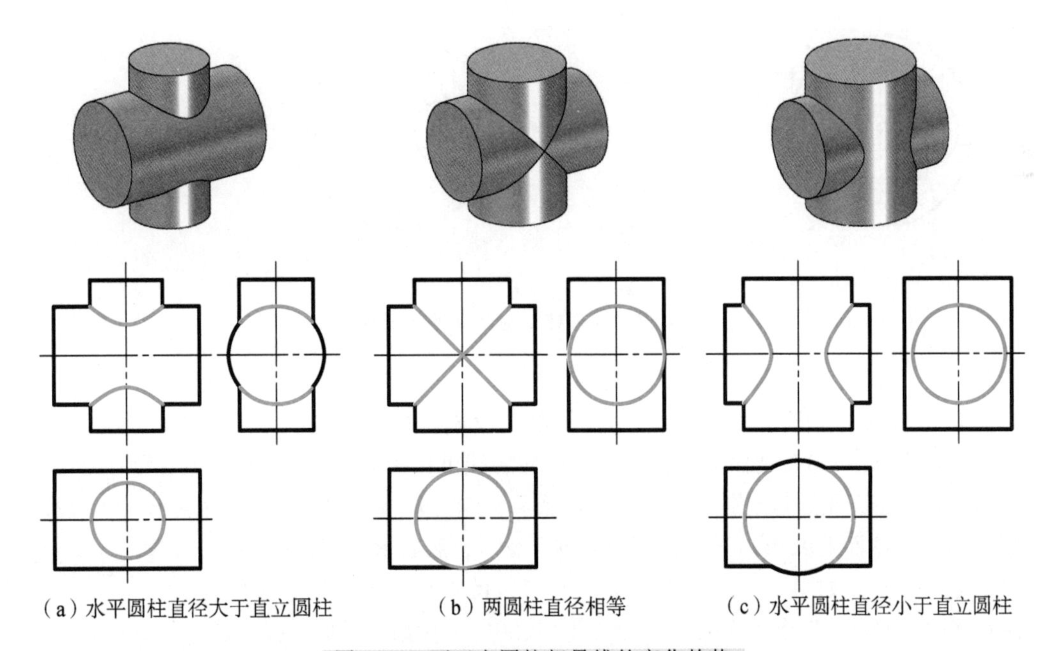

（a）水平圆柱直径大于直立圆柱　　（b）两圆柱直径相等　　（c）水平圆柱直径小于直立圆柱

(b)

(c)
4-21

图 4-21　两正交圆柱相贯线的变化趋势

【例 4-12】　如图 4-22（a）所示，在半球的左边从上向下穿通一圆柱孔，求其相贯线的投影。

分析：从图 4-22（a）中可以看出，相交的两立体前、后对称，所以相贯线也前、后对称。半球被圆柱孔穿通后有两条相贯线，即半球的球面与圆柱孔的交线，以及半球的底面与圆柱孔的交线：前者是一条闭合的空间曲线，它的水平投影积聚在圆柱孔有积聚性的投影上，正面投影由于前、后对称而前半相贯线和后半相贯线的投影互相重合，侧面投影也显示前、后对称；后者是一个水平圆，它的水平投影也积聚在圆柱孔有积聚性的投影上，正面投影、侧面投影则分别重合在半球底面的有积聚性的正面投影、侧面投影上。由此可见，只要作出球面与圆柱孔的相贯线的正面投影和侧面投影即可。

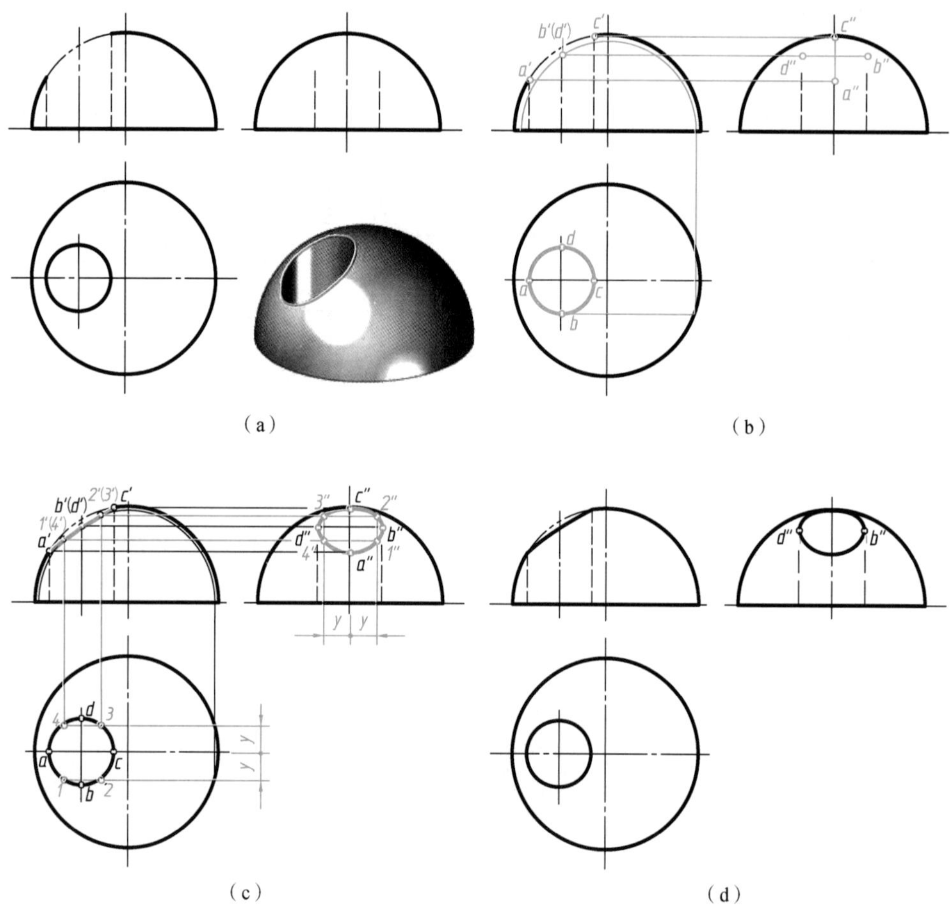

(a)
4-22

图 4-22　求圆柱孔与半球的相贯线

作图：

（1）求特殊点。如图 4-22（b）所示，从水平投影可以看出，a、c 是最左、最右点 A、C 的水平投影，由 a、c 先在球面的正面投影转向轮廓线上作出 a'、c'，然后求其侧面投影 a''、c''，从图中可知，A、C 两点也分别是最低、最高点；同样，b、d 是最前、最后点 B、D 的水平投影，用纬圆法在球面上取点，先求正面投影 b'、(d')，然后求其侧面投影 b''、d''。

（2）求一般点。如图 4-22（c）所示，在相贯线的水平投影上任取对称点 1、2、3、4，用纬圆法在球面上取点，先求正面投影$1'$、$2'$、($3'$)、($4'$)，然后求其侧面投影$1''$、$2''$、$3''$、$4''$。

（3）按顺序光滑连接以上各点并判别可见性。相贯线的正面投影可见部分 a'、$1'$、b'、$2'$、c'与不可见部分 c'、($3'$)、(d')、($4'$)、a'互相重合，画粗实线。由于孔口在半球的左边，相贯线的侧面投影均可见，画粗实线，如图 4-22（c）所示。

（4）完整立体。在侧面投影中用细虚线将圆柱孔的侧面投影的转向轮廓线画到 b''、d''为止，如图 4-22（d）所示。

4.3.3　辅助平面法

如图 4-23 所示，圆锥与圆柱正交。图 4-23（a）表示用水平面为辅助平面截两回转体，与圆锥的截交线为圆，与圆柱的截交线为平行于轴线的两素线，在辅助平面上这两组截交线的交点 B、D 即为相贯线上的点；图 4-23（b）表示用过锥顶的正平面为辅助平面截两回转体，与圆锥相交得最左、最右的两条素线，与圆柱相交得最高、最低两条素线，在辅助平面上这两组截交线的交点 A、C 即为相贯线上的点。

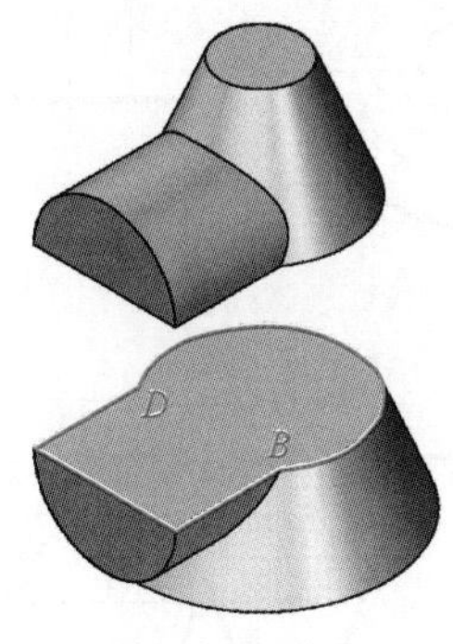

（a）水平面截切

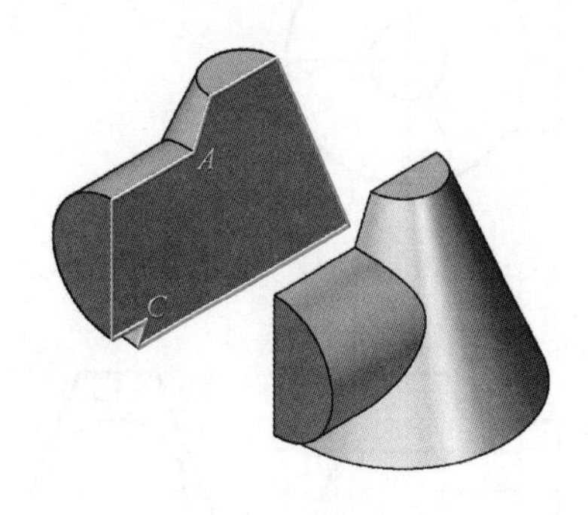

（b）过锥顶的平面截切

图 4-23　辅助平面法的概念

用与两立体都相交或相切的辅助平面切割这两立体，则两组截交线或切线的交点就是辅助平面与两曲面立体表面的三面共点，即为相贯线上的点。用这种方法求相贯线，称为辅助平面法。

显然，为便于作图，辅助平面最好选用特殊位置平面，并使辅助平面与两回转体的截交线的投影最简单，如截交线为直线或平行于投影面的圆。

【例 4-13】　如图 4-24（a）所示，求作圆柱与圆台正交的相贯线的投影。

分析：从图 4-24（a）中可以看出，圆台的轴线为铅垂线，圆柱的轴线为侧垂线，两轴线正交且都平行于正面，所以相贯线前、后对称，其正面投影重合。圆柱的侧面投影有积聚性，相贯线的侧面投影积聚在圆柱侧面投影的圆周上，需求相贯线的水平投影和正面投影，可采用表面取点法或辅助平面法求解。此题采用辅助平面法。

辅助平面的选择：对圆柱而言，辅助平面可采用平行或垂直于圆柱轴线的平面；对圆台而言，辅助平面可采用垂直于圆台轴线或通过锥顶的平面。综合这两种情况，为使辅助平面截圆柱、圆锥所得交线的投影最简单，辅助平面可采用水平面、过锥顶的正平面和过锥顶的侧平面。

作图：

（1）求特殊点。用过锥顶的正平面 N 截两回转体，与圆台交于最左、最右的两条素线，与圆柱交得最高、最低两条素线，这几条素线的正面投影的交点即为相贯线上最高点 A、最低点 C 的正面投影 a'、c'，由 a'、c' 在 N_H、N_W 上作出 a、(c) 和 a''、c''，如图 4-24（b）所示。用过圆柱轴线的水平面 P 截两回转体，与圆锥交于水平纬圆，与圆柱交于最前和最后的两条素线，这个纬圆与两条素线在水平投影中的交点是相贯线上最前点 B、最后点 D 的水平投影 b、d。由 b、d 在 P_V、P_W 上作出 b'、(d') 和 b''、d''，如图 4-24（b）所示。

（2）求一般点。如图 4-24（c）所示，作水平辅助平面 R，首先画出 R_V、R_W。水平面 R 与圆柱交于两条素线，这两条素线的侧面投影分别积聚在 R_W 与圆柱面侧面投影的交点处，即 $1''$、$2''$，由 y_1 坐标可求出两条素线的水平投影；水平面 R 与圆锥面交于水平纬圆，在水平投影中，纬圆与两条素线的交点即是相贯线上Ⅰ、Ⅱ的水平投影 1、2，由 1、2 在 R_V 上作出 $1'$、($2'$)。同理，可根据需要再作一水平辅助平面 Q，可求出（3）、（4）及 $3'$、($4'$)。

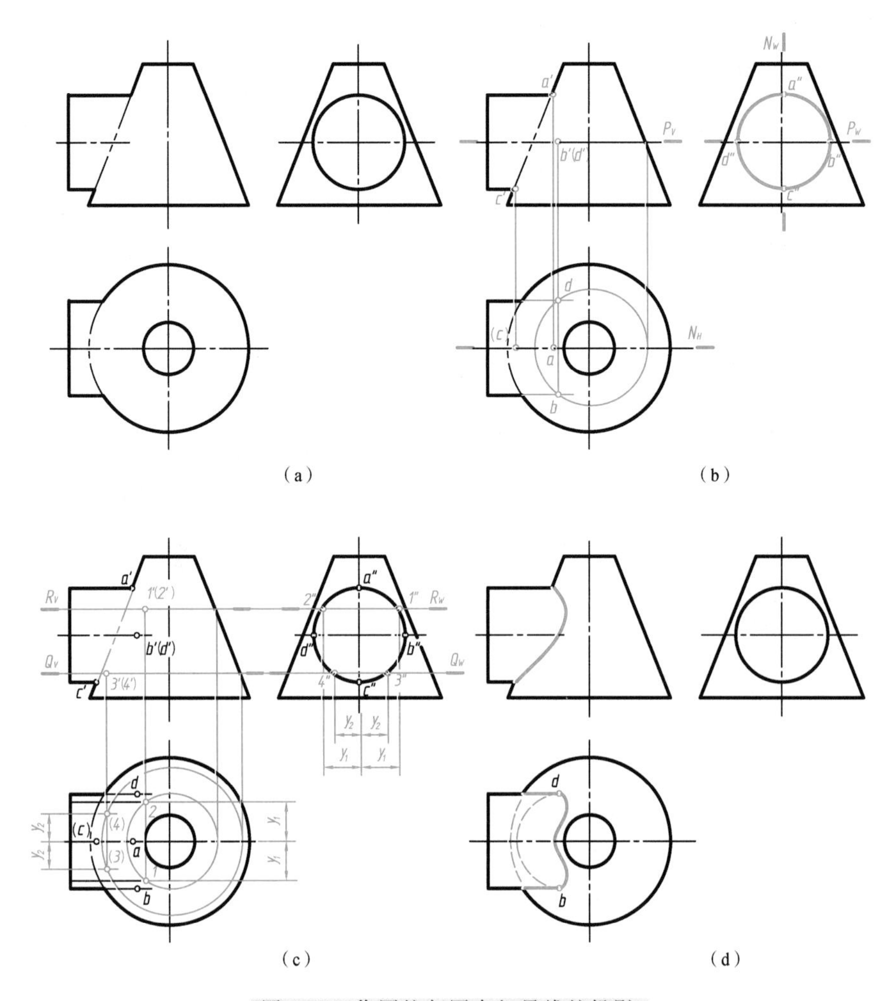

4-24

图 4-24 作圆柱与圆台相贯线的投影

（3）按顺序光滑连接以上各点并判别可见性。如图 4-24（d）所示，因相贯线前、后对称，所以在正面投影中，用粗实线画出可见的前半部分；相贯线的水平投影，以 b、d 点分界，在上半柱面上的可见，将 $b1a2d$ 段画成粗实线，其余部分不可见，画细虚线。

（4）完整立体。根据圆柱与圆锥的相对位置可看出，圆柱面的最前、最后两条素线的水平投影是可见的，所以在水平投影中用粗实线将这两条素线画到 b、d 为止；水平投影中，圆锥底圆在圆柱下面的部分不可见，画细虚线，如图 4-24（d）所示。

【例 4-14】 如图 4-25（a）所示，求作圆台和半球的相贯线的投影。

分析：从图 4-25（a）中可以看出，圆台的轴线不通过球心，但圆台和半球有公共的前、后对称面，圆台从半球的左上方全部穿入球体。因此，相贯线是一条前、后对称的封闭空间曲线。由于圆台和半球的三面投影均无积聚性，故不可用表面取点法，只能采用辅助平面法求解。因为相贯线前、后对称，所以前半相贯线与后半相贯线的正面投影相互重合。

辅助平面的选择：对圆台而言，辅助平面应通过圆台延伸后的锥顶或垂直于圆台的轴线；对半球而言，辅助平面可选用投影面的平行面。综合这两种情况，为使辅助平面截圆台、半球所得交线的投影最简单，辅助平面应选用水平面、过圆台轴线的正平面和过圆台轴线的侧平面，如图 4-26 所示。

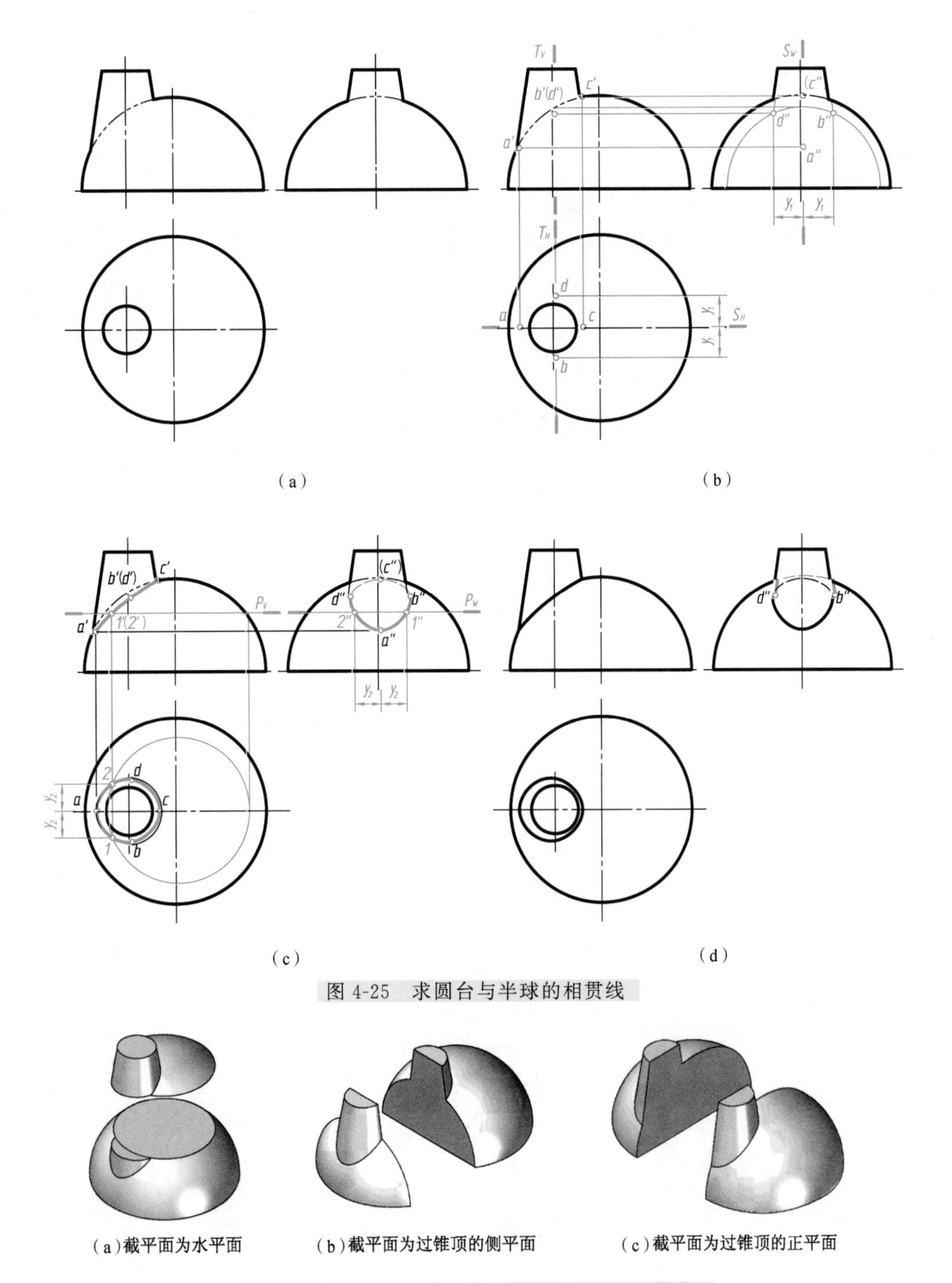

图 4-25　求圆台与半球的相贯线

图 4-26　求圆台与半球的相贯线辅助平面的选择

作图：

(1) 求特殊点。用过圆台轴线的正平面 S 截两回转体，与圆台交于最左、最右的两条素线，与半球交得平行于正面的大半圆。在正面投影中，这两条素线与大半圆的交点即为相贯线上的最左点 A、最右点 C 的正面投影 a'、c'，由 a'、c' 在 S_H、S_W 上作出 a、c 和 a''、(c'')，如图 4-25 (b) 所示。用过圆台轴线的侧平面 T 截两回转体，与圆台交于最前、最后的两条素线，与半球交于平行于侧面的半圆。在侧面投影中，这两条素线与半圆的交点即为相贯线

上的最前点 B、最后点 D 的侧面投影 b''、d''，由 b''、d'' 可在 T_V 上作出 b'、(d')，由 y_1 坐标在 T_H 上作出 b、d，如图 4-25（b）所示。

（2）求一般点。如图 4-25（c）所示，作水平辅助平面 P，首先画出 P_V、P_W。水平面 P 截两回转体分别得两水平纬圆，它们水平投影的交点即为相贯线上 Ⅰ、Ⅱ 的水平投影 1、2，由 1、2 在 P_V 上作出 $1'$、($2'$)，由 y_2 坐标在 P_W 上作出 $1''$、$2''$。

（3）按顺序光滑连接以上各点并判别可见性。如图 4-25（c）所示，因相贯线的正面投影可见部分 a'、$1'$、b'、c' 与不可见部分 c'、(d')、($2'$)、a' 互相重合，画粗实线；相贯线的水平投影全部可见，画粗实线；相贯线的侧面投影以 b''、d'' 点分界，在左半锥面上的 d''、$2''$、a''、$1''$、b'' 可见，画粗实线，其余部分不可见，画细虚线。

（4）完整立体。根据圆台与半球的相对位置可看出，圆台侧面投影的转向轮廓线是可见的，所以在侧面投影中用粗实线将这两条线画到 b''、d'' 为止；半球的侧面投影的转向轮廓线被圆台挡住部分不可见，画细虚线，如图 4-25（d）所示。

4.3.4 相贯线的特殊情况

在一般情况下，两回转面的相贯线是空间曲线；但是，在特殊情况下，也可为平面曲线或直线，常见的有下面几种。

（1）两个同轴回转体的相贯线，是垂直于轴线的圆。当轴线平行于投影面时，交线圆在该投影面上的投影积聚为一直线段；当轴线垂直于投影面时，交线圆在该投影面上的投影为圆。

图 4-27 为几个轴线是铅垂线的同轴回转体，相贯线的正面投影积聚为一直线段，水平投影是反映实形的圆。

(a)

(b)

(c)
4-27

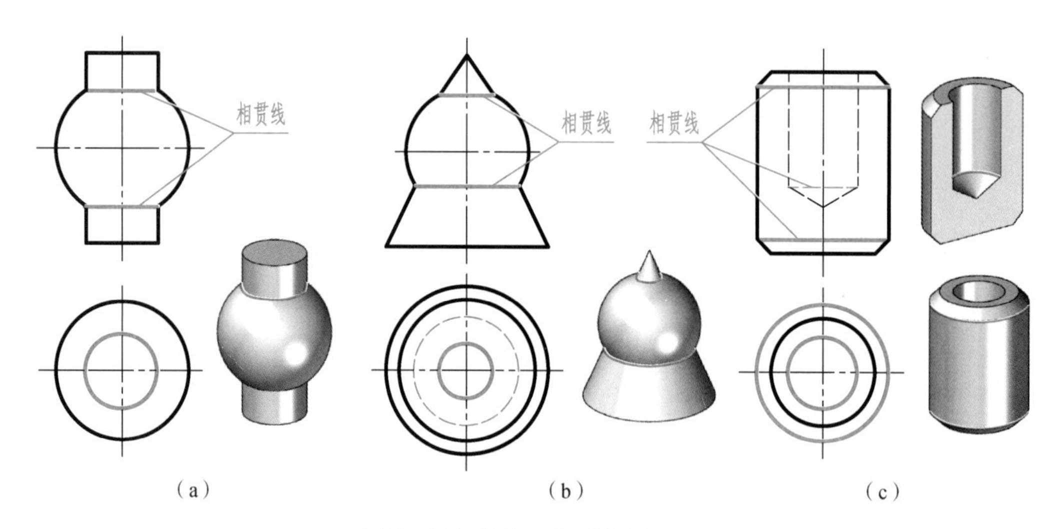

图 4-27 相贯线的特殊情况（一）

（2）轴线相交，且平行于同一投影面的两回转体相交，若它们能公切一个球，则它们的相贯线是垂直于这个投影面的椭圆。

如图 4-28 所示的两个立体，它们的相贯线都是垂直于正面的两个椭圆，只要连接它们的正面投影的转向轮廓线的交点，就能得到两条相交直线，即相贯线椭圆的正面投影。

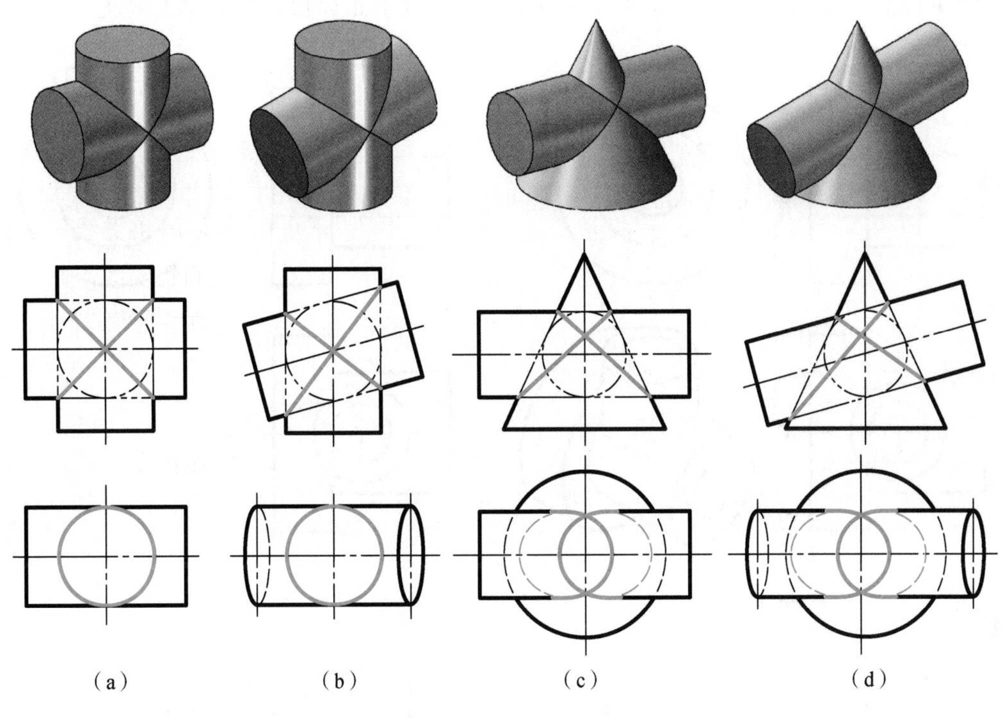

图 4-28　相贯线的特殊情况（二）

(3) 两轴线平行的圆柱相交或共锥顶的正圆锥和斜椭圆锥相交，它们的相贯线都是直线，如图 4-29 所示。

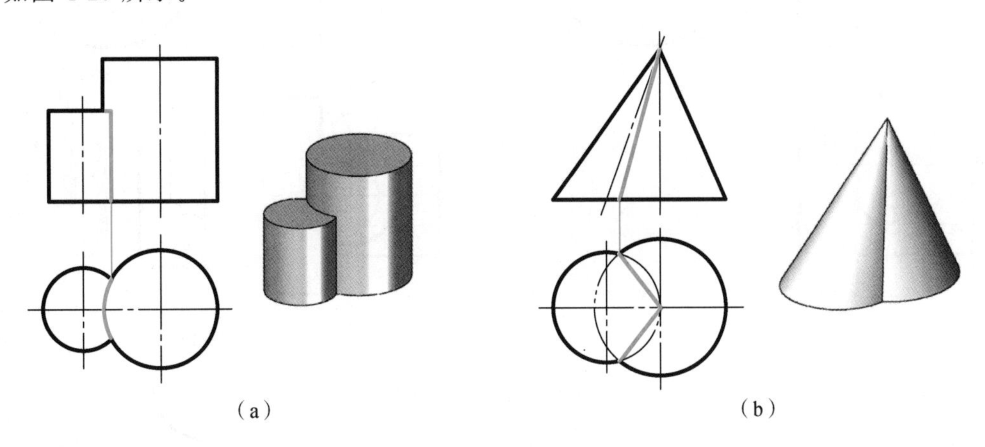

图 4-29　相贯线的特殊情况（三）

4.3.5　组合相贯线

三个或三个以上的立体，其表面形成的交线称为组合相贯线。组合相贯线的各段相贯线，分别是两个立体表面的交线；而两段相贯线的连接点，则必定是相贯体上的三个表面的公共点。求组合相贯线时应先分析各立体的表面性质及所生成的相贯线的情况，然后着手作图。

【例 4-15】 如图 4-30（a）所示，完成组合相贯线的正面投影和侧面投影。

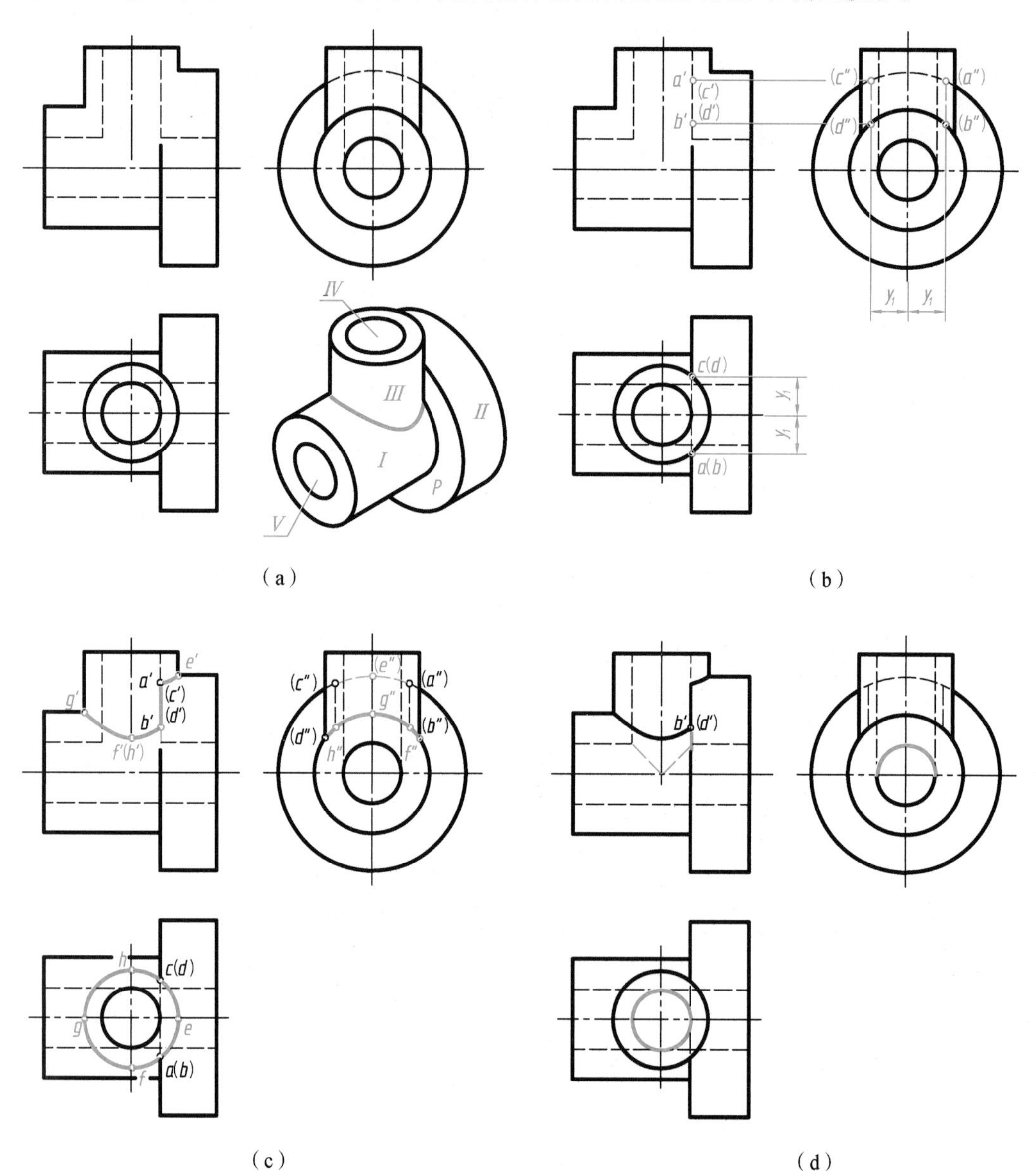

图 4-30 求组合相贯线

4-30

分析：

（1）形体分析。由图 4-30 可知，组合相贯体前、后对称，由三个带同心孔的圆柱 *Ⅰ* 、*Ⅱ* 、*Ⅲ* 组成，圆柱 *Ⅰ* 和 *Ⅱ* 同轴；圆柱 *Ⅲ* 与圆柱 *Ⅰ* 和 *Ⅱ* 的轴线垂直相交；圆柱 *Ⅱ* 的端面 *P* 与圆柱 *Ⅲ* 截交；竖直圆柱孔 *Ⅳ* 与水平圆柱孔 *Ⅴ* 的轴线垂直相交，如图 4-30（a）所示。

（2）投影分析。圆柱*Ⅰ*、*Ⅲ*的相贯线是空间曲线，圆柱*Ⅱ*、*Ⅲ*的相贯线也是空间曲线，圆柱*Ⅱ*的端面 *P* 与圆柱*Ⅲ*之间的截交线是两段直线。由于圆柱*Ⅲ*的水平投影有积聚性，这些交线的水平投影都是已知的。圆柱孔*Ⅳ*与圆柱孔 *Ⅴ* 的直径相同，其相贯线为两个部分椭圆，正面投影为相交直线，水平投影和侧面投影分别积聚在圆柱孔*Ⅳ*与圆柱孔 *Ⅴ* 的水平投影和侧面投影上。

作图：

(1) 作端面 P 与圆柱Ⅲ之间的截交线。圆柱Ⅲ与端面 P 的截交线 AB 和 CD 是两条铅垂线，可根据水平投影 $a(b)$、$c(d)$ 作出它们的侧面投影 $(a'')(b'')$、$(c'')(d'')$ 和正面投影 $a'b'$、$(c')(d')$，如图 4-30 (b) 所示。

(2) 作圆柱Ⅰ、Ⅲ与圆柱Ⅱ、Ⅲ间的相贯线。由于圆柱Ⅲ的水平投影具有积聚性，可直接求出圆柱Ⅰ、Ⅲ与圆柱Ⅱ、Ⅲ间的相贯线的水平投影 b、f、g、h、d 和 a、e、c，又由于圆柱Ⅰ、Ⅱ轴线垂直于侧面，它们的侧面投影具有积聚性，可直接求出圆柱Ⅰ、Ⅲ与圆柱Ⅱ、Ⅲ间的相贯线的侧面投影 (b'')、f''、g''、h''、(d'') 和 (a'')、(e'')、(c'')，最后求出它们的正面投影 b'、f'、g'、h'、d' 和 a'、e'、(c')，如图 4-30 (c) 所示。

(3) 作出内表面之间的相贯线。从以上投影分析可直接作出正面投影，如图 4-30(d) 所示。

(4) 完整立体。从侧面投影可以看出，圆柱Ⅲ与圆柱Ⅰ、Ⅱ相交后，圆柱Ⅰ与圆柱Ⅱ的交线圆只存在 B、D 两点以下的部分，故用粗实线将该交线圆的正面投影画至 $b'(d')$ 点为止，如图 4-30(d) 所示。

第5章 组　合　体

由若干基本体组合而成的立体称为组合体，本章介绍组合体投影图的画法、看图方法和尺寸标注，为学习零件图打下基础。

5.1　组合体的形体分析与线面分析

5.1.1　形体分析与线面分析的基本概念

任何复杂的物体，都可看成是由若干基本体组合而成的。如图 5-1（a）所示的轴承座，是由几个基本体叠加而形成的；如图 5-1（b）所示的镶块，是由一个基本体经过切割和穿孔而形成的。

(a)

(b)
5-1

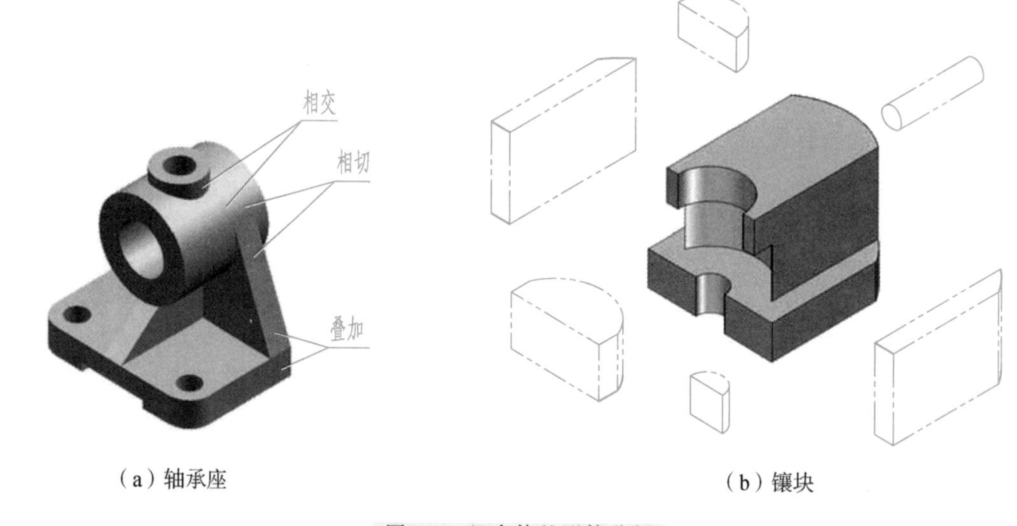

（a）轴承座　（b）镶块

图 5-1　组合体的形体分析

由上述两个例子可以看出，将组合体分解为由若干基本体的叠加与切割，并分析这些基本体的相对位置，从而得出整个组合体的形状与结构的方法称为形体分析法。绘制组合体投影图时，运用形体分析法，可将复杂的形体简化为比较简单的基本体来完成；而看图时，运用形体分析法就能从基本体着手，看懂复杂的形体；标注尺寸时，也需要按形体分析的方法才能正确地标注复杂形体的尺寸。

在绘制和阅读组合体的投影图时，对比较复杂的组合体，通常在运用形体分析的基础上，对不易表达或读懂的局部，还要结合线、面的投影分析，如分析立体的表面形状、立体上面与面的相对位置、立体的表面交线等，来帮助表达或读懂这些局部的形状，这种方法称为线面分析法。

5.1.2 组合体的组合方式

组合体的组合方式，一般可分为叠加、切割（包括穿孔）或者两者混合的形式。

1. 叠加

叠加包括叠合、相切和相交三种方式。

1）叠合

叠合是指两个基本体的表面互相重合，它们之间的分界线为直线或平面曲线。当两个基本体除叠合处外没有公共表面时，在投影图中，两个基本体之间有分界线，如图 5-2（a）所示；当两个基本体除叠合表面外还具有共同的表面时，两个基本体之间没有分界线，在投影图上也不应该画出，如图 5-2（b）所示。

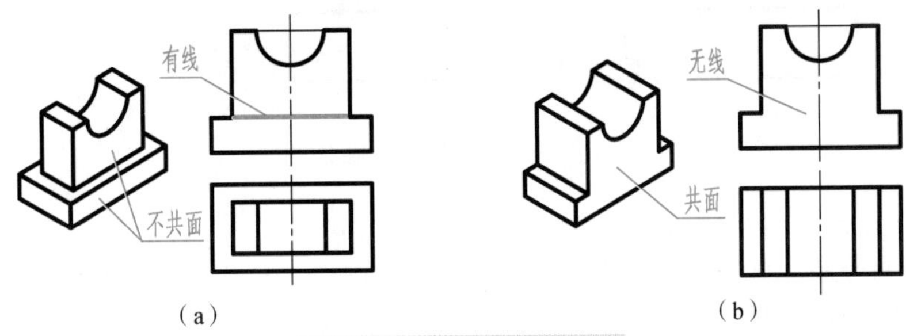

图 5-2 叠合的画法（一）

又如图 5-3 所示的支架，由于底板与竖板的前、后两个壁面处于同一平面上，所以在正面投影上两个形体的叠合处不画线，而竖板上凸台的圆柱面与竖板壁面不是同一表面，所以应该有分界线。

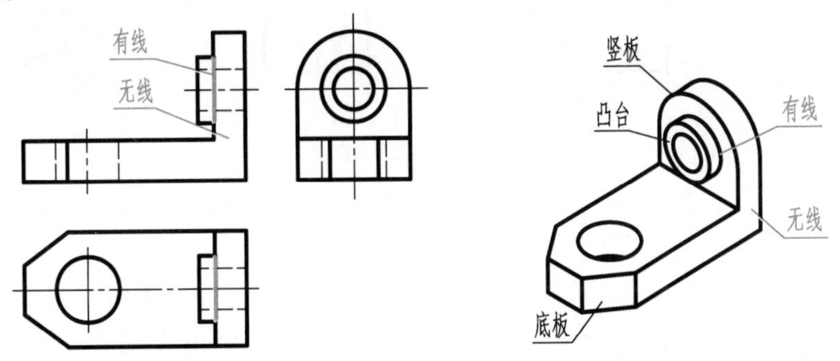

图 5-3 叠合的画法（二）

2）相切

相切是两个基本体的表面光滑过渡，如图 5-4 所示。由于两个基本体表面相切处没有轮廓线，因此在投影图上不应该画线，而底板顶面在正面和侧面投影上的投影应画到切点为止。

有一种特殊情况需注意，如图 5-5 所示，当两圆柱面相切时，如果它们的公共切平面倾斜或平行于投影面，则不画出相切的素线在该投影面上的投影，如图 5-5（a）和（b）中侧面投影所示；如果它们的公切平面垂直于投影面，则应画出相切素线在该投影面上的投影，如图 5-5（b）中水平投影所示。

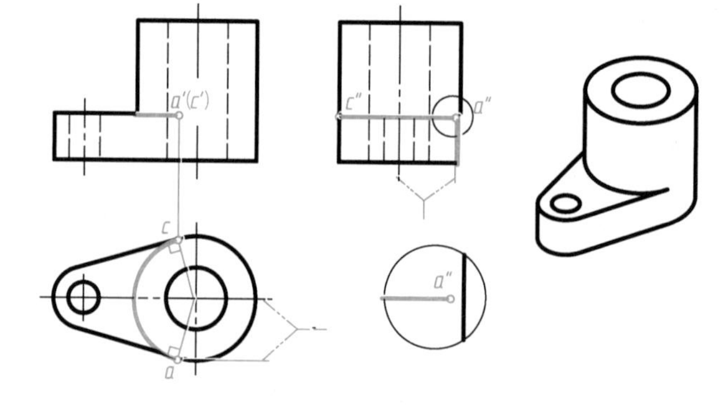

5-4

图 5-4　相切的画法

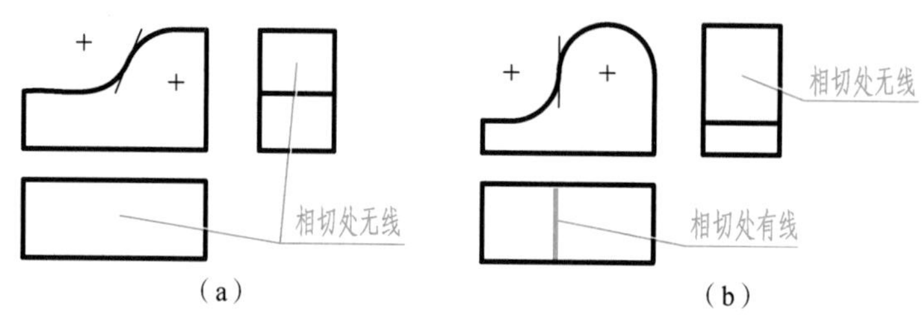

图 5-5　相切的特殊情况

3）相交

(a)

(b)

(d)
5-6

相交是指两个基本体的表面相交。当两个基本体的表面相交产生交线时，如截交线或相贯线，在投影图中应该画出，如图 5-6 所示。

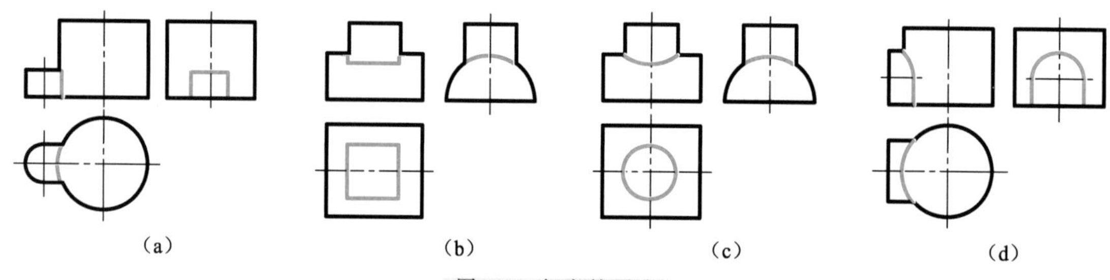

图 5-6　相交的画法

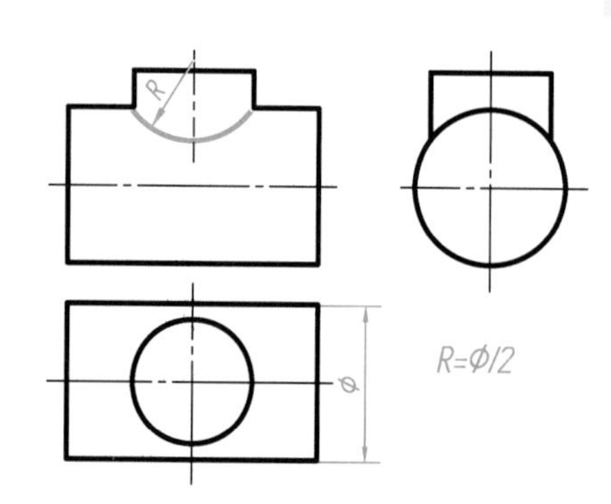

图 5-7　相贯线的近似画法

在机械制图中，当不需要精确画出相贯线时，可采用近似画法简化。如图 5-7 所示，两直径相差较大的圆柱轴线垂直相交，且都平行于投影面，相贯线在该投影面上的投影常用由大圆柱半径所画的圆弧来代替。

2. 切割与穿孔

切割与穿孔是指基本体被平面或曲面切割或穿孔，所产生的截交线或相贯线在投影图中应该画出。图 5-8（a）是半球开了一个垂直于正面的通槽，在水平投影和侧面投影上画出了槽口的投影；图 5-8（b）是半圆柱上穿了方孔，孔口形成的截交线在正面投影中应画出；图 5-8（c）是在中空的圆柱体上方切割出方槽，下方穿了圆柱孔，应在侧面投影上画出形成的截交线和相贯线的投影。

(a)

(b)

(c)
5-8

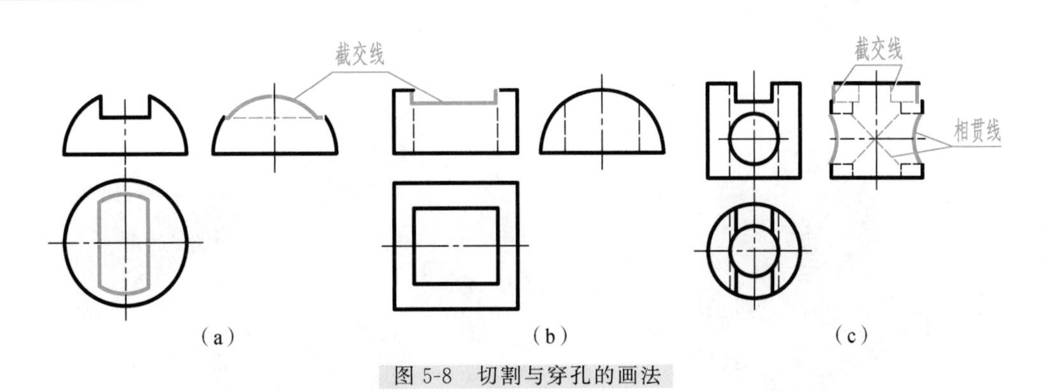

图 5-8 切割与穿孔的画法

图 5-9（a）是一个支座，包含了上述介绍的各种组合方式。由于底板的前、后面与圆柱体表面相切，在正面投影和侧面投影上相切处不画线，底板顶面在这两个投影上的投影画到相切处为止。右耳板的前、后面与圆柱体表面相交，有截交线；肋板与圆柱体的左侧相交，有截交线；圆柱体与前面的圆台相交，有相贯线。两个圆柱孔的孔壁相交，有相贯线。图 5-9（b）为支座的三面投影图。

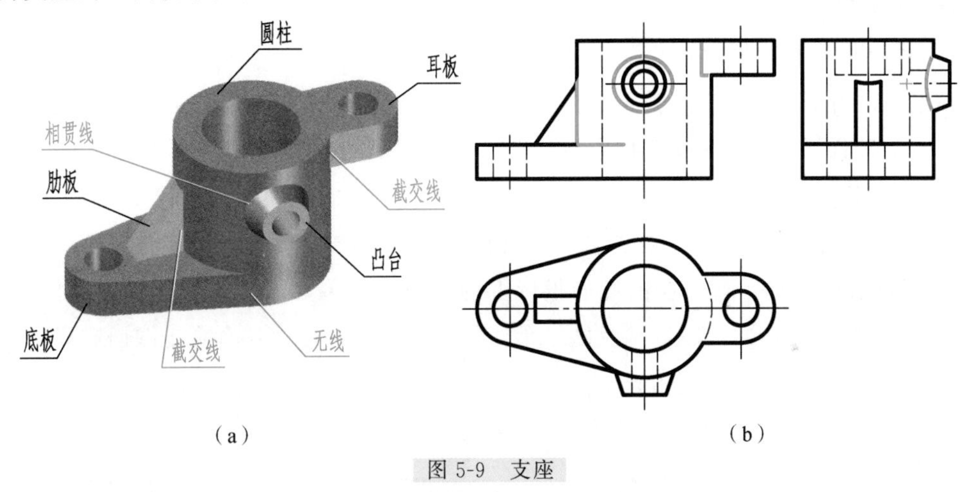

5-9

图 5-9 支座

5.2 组合体投影图的画法

画组合体投影图的方法和步骤为：首先进行形体分析，将组合体分解为由若干个基本的形体组成；选择 V 面投影的投射方向；然后根据各个基本体之间的相对位置及组合方式，逐个画出各基本形体的投影图；最后检查描深，完成组合体的三面投影图。下面以图 5-10（a）所示轴承座为例，说明画组合体投影图的方法和步骤。

1. 形体分析

对组合体进行形体分析时，应分析组合体由哪些基本形体组成，它们的组合方式、相对位置是怎样的，从而对组合体的结构和形状有一个整体的概念。如图 5-10（a）所示的轴承座，可以分析为由底板、轴承、支撑板、肋板和凸台组成，如图 5-10（b）所示。凸台与轴承是两个垂直相交的空心圆柱体，在外表面和内表面上都有相贯线；支撑

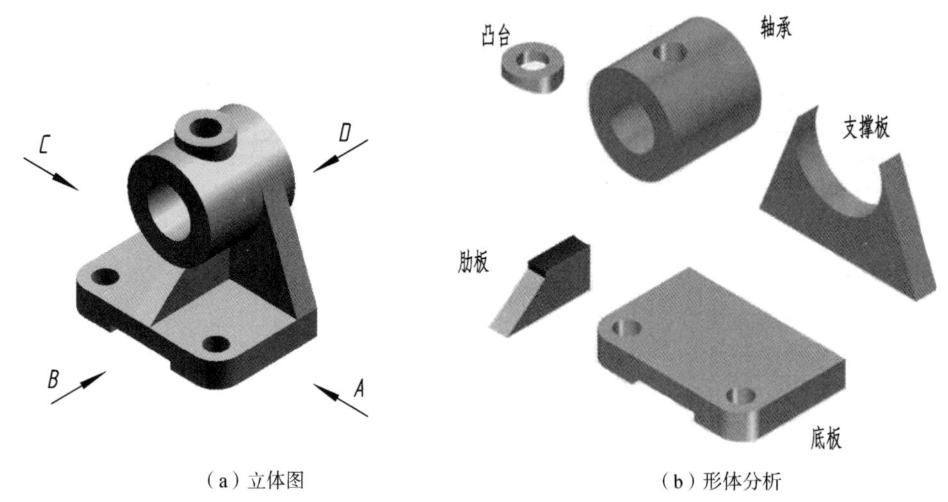

（a）立体图　　（b）形体分析

图 5-10　轴承座及其形体分析

板的两侧与轴承的外圆柱面相切；肋板与轴承的外圆柱面相交，底板的顶面与肋板、支撑板的底面互相叠合。

2. 选择 V 面投影的投射方向

在三面投影中，V 面投影最为重要。选择 V 面投影投射方向的原则是：将物体按形体的自然位置安放，V 面投影应尽量反映物体的形状、位置特征，且使其他两投影上的细虚线最少。

图 5-11 为图 5-10（a）所示的 A、B、C、D 四个方向的投影，如果以 D 向作为 V 面投影的投射方向，则细虚线较多，显然没有 B 向清楚；C 向与 A 向的 V 面投影虚、实线情况相同，但如果选择 C 向，则对应的侧面投影上的细虚线较多，因此 C 向没有 A 向好；再比较 B 向与 A 向投影，B 向能较好地反映轴承座的整体形状特征，且有利于图面布局，所以确定以 B 向作为 V 面投影的投射方向。

V 面投影的投射方向确定了，其他投影的投射方向也就确定了。

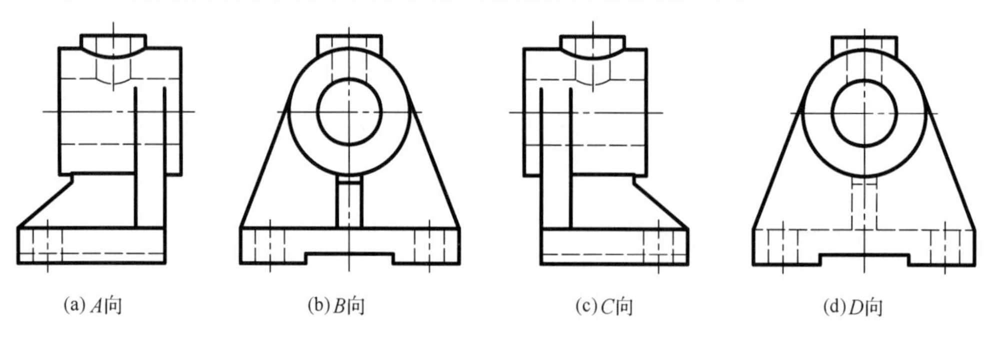

(a) A向　　(b) B向　　(c) C向　　(d) D向

图 5-11　分析 V 面投影的投射方向

3. 画图步骤

（1）选择适当比例，确定图纸幅面。一般情况下，尽可能选用 1∶1 的比例，这样可方便画图和看图。

（2）按图纸幅面布置各投影的位置，画出基准线。基准线通常为主要的轴线、对称中心线和重要端面的投影线等，如图 5-12（a）所示。

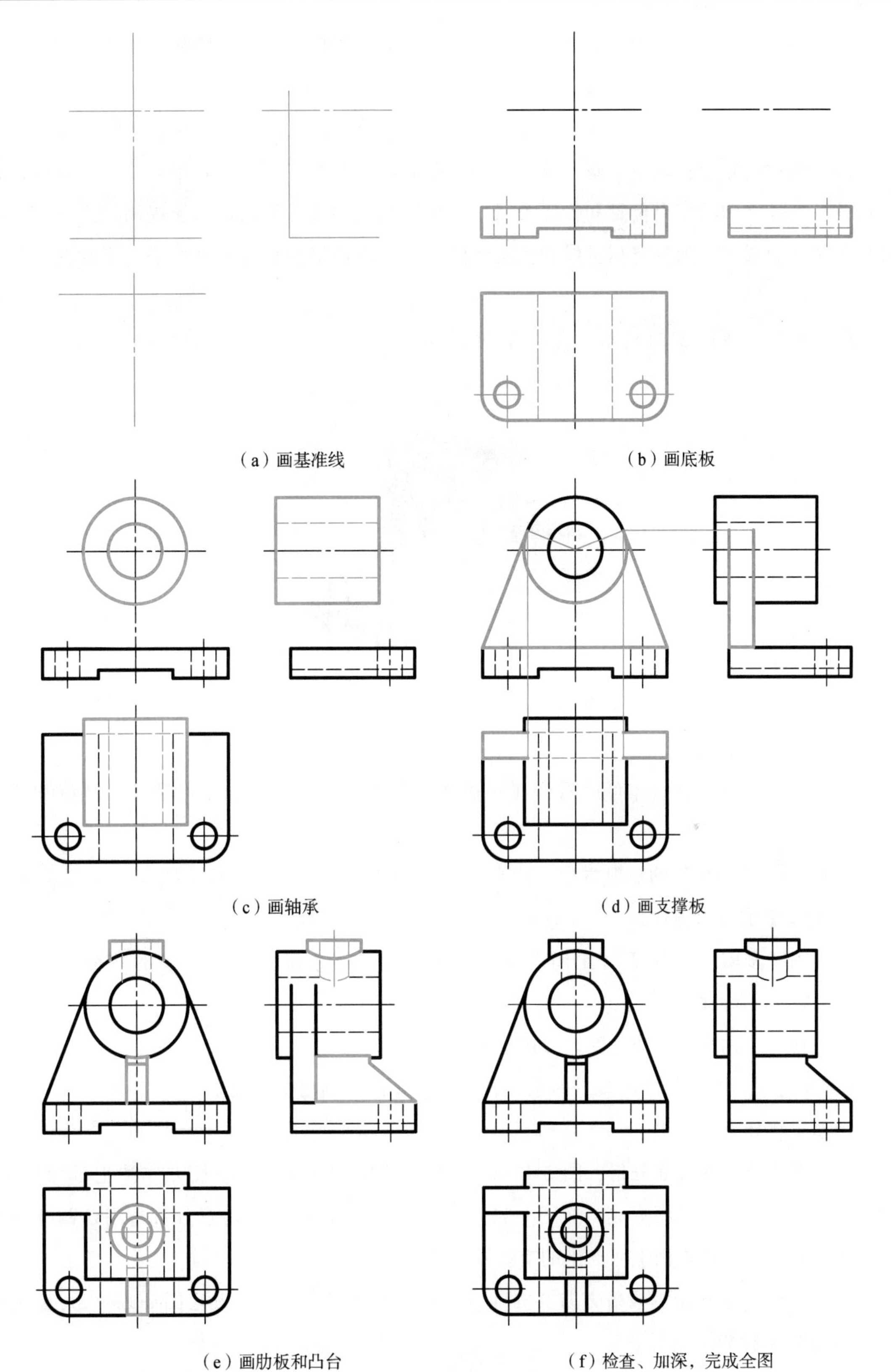

图 5-12 画轴承座的步骤

（3）逐个画出按形体分析法分解出的各个基本体，根据它们之间的相对位置和组合方式处理有关线条。底稿线为细实线，如图 5-12（b）～（e）所示。

（4）检查、修改，按规定线型加深，完成组合体的三面投影，如图 5-12（f）所示。

必须注意的是，在画单个基本体的三面投影时，最好是三个投影联系起来画，这样既能保证各基本体之间的相对位置和投影关系，减少漏线或多线等失误，又能提高绘图速度；在形状较复杂的局部，如具有相贯线和截交线的地方，应适当配合线面分析法，准确找出特殊点和关键点。

【例 5-1】 画图 5-13 所示组合体的三面投影图。

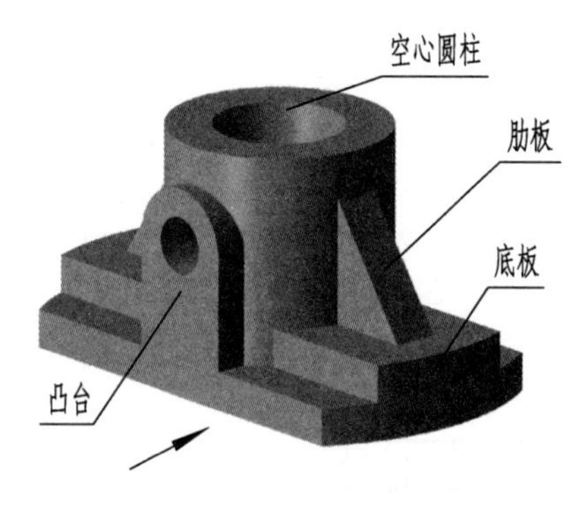

5-13

图 5-13 组合体（叠加类）形体分析

解题步骤如下。

（1）形体分析。该立体可以看作在一被切割的圆形底板上叠加空心圆柱、肋板和凸台而成。

（2）选择 V 面投影的投射方向。按自然位置安放好组合体后，选定图 5-13 箭头所示方向为 V 面投影的投射方向。

（3）画图步骤。选择适当比例，确定图纸幅面，逐个画出各基本体的三面投影，如图 5-14（a）～（e）所示。

（4）检查、加深，完成全图，如图 5-14（f）所示。

【例 5-2】 根据图 5-15（a）所示组合体的立体图，画出三面投影图。

解题步骤如下。

（1）形体分析和线面分析。图 5-15（a）所示组合体可以看作一长方体被正垂面切角，然后又对中切去一方槽而形成，如图 5-15（b）所示。画图时必须注意分析每当切割掉一块基本体后，在组合体表面上所产生的交线及其投影。

（2）选择 V 面投影的投射方向。按自然位置安放好组合体后，选定图 5-15（a）箭头所示方向为 V 面投影的投射方向。

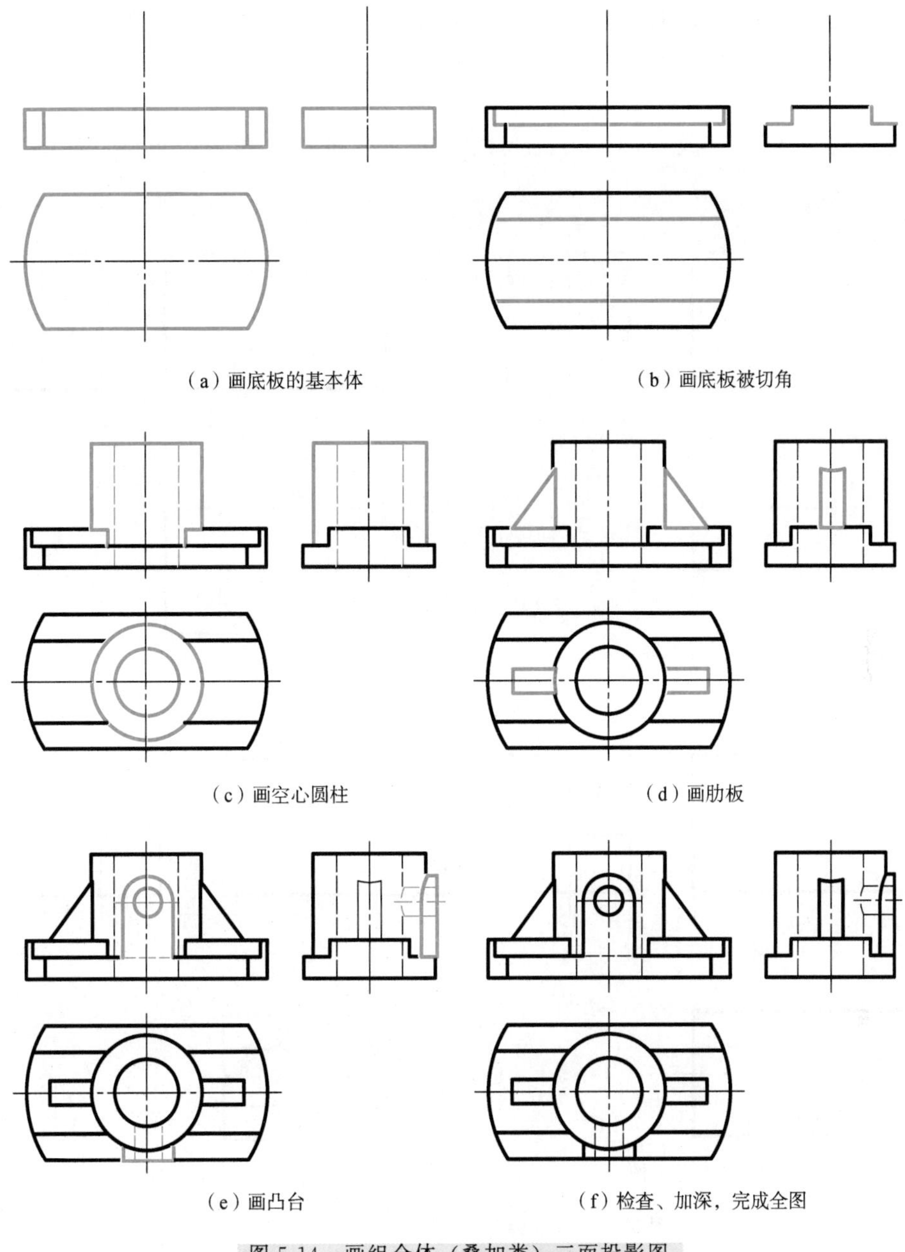

图 5-14 画组合体（叠加类）三面投影图

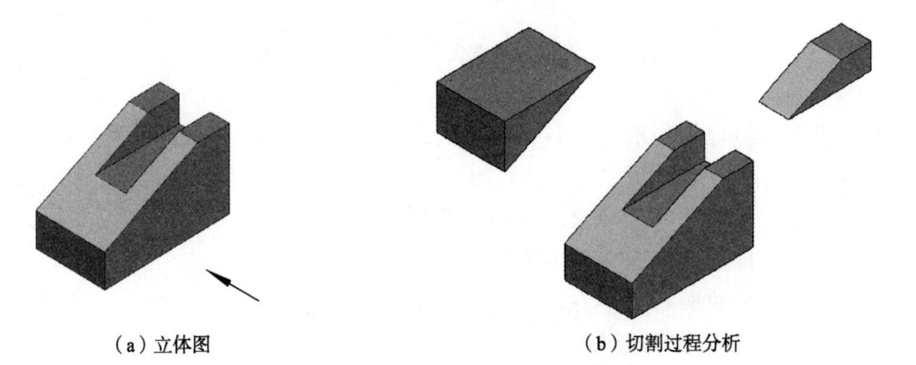

图 5-15 组合体（切割类）形体分析

（3）画图步骤。选择适当比例，确定图纸幅面，先画长方体的三面投影，如图 15-16（a）所示；再画正垂面切角的三面投影，如图 15-16（b）所示；最后画对中切去方槽的三面投影，如图 15-16（c）所示。

（4）检查、加深，完成全图。用类似性检查正垂面的投影是否正确，如图 5-16（d）所示。

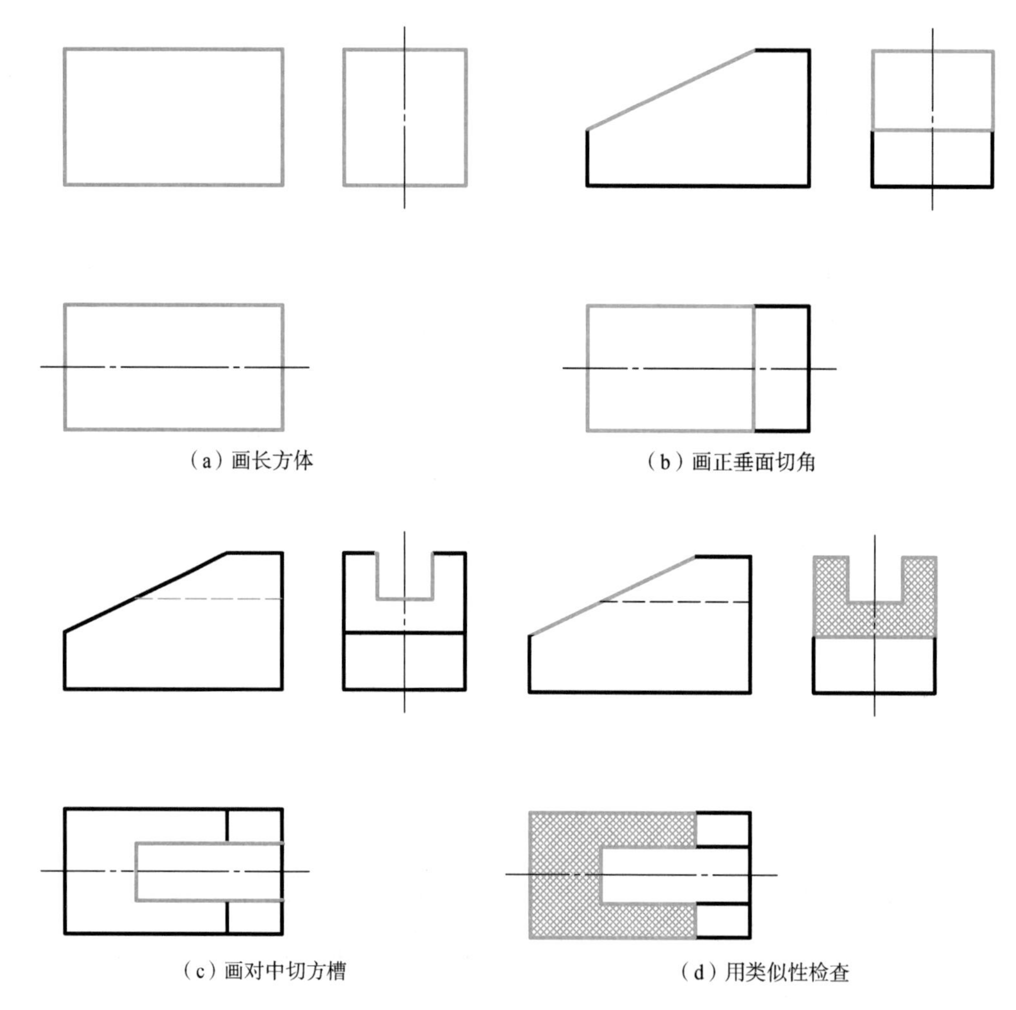

5-16

图 5-16　画组合体（切割类）三面投影图

5.3　组合体的尺寸注法

投影图只能表达组合体的形状，各种形体的真实大小及其相对位置要通过标注尺寸来确定。标注组合体尺寸的要求如下。

（1）正确。所注尺寸要符合国家标准的有关规定。

（2）完整。尺寸标注必须齐全，不遗漏和不重复。

（3）清晰。所注尺寸要布置整齐、清楚，便于看图。

本节将在第 1 章已学习标注平面图形尺寸的基础上，主要介绍在标注组合体尺寸时如何达到完整和清晰的要求。

5.3.1 基本体的尺寸注法

组合体是由若干基本体按一定方式组合而成的，因此，要掌握组合体尺寸的标注方法，应首先掌握一些基本体的尺寸标注方法。

1. 完整基本体的尺寸注法

标注完整基本体的尺寸时，一般要标注长、宽、高三个方向的尺寸。圆柱、圆锥和圆环等回转体的直径尺寸通常注在不反映圆的投影图上，如图 5-17（a）所示，此时也可以省略一个投影图。棱柱和棱锥的尺寸标注如图 5-17（b）所示，上、下底面的尺寸集中注在反映底面真实形状的投影图上。

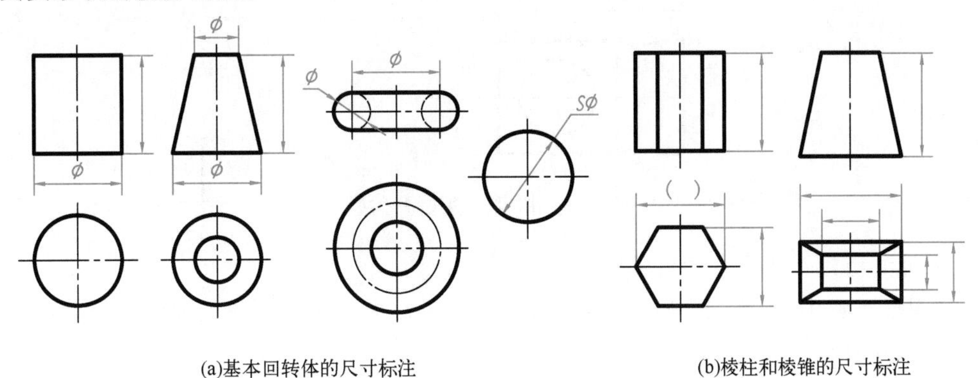

(a)基本回转体的尺寸标注　　(b)棱柱和棱锥的尺寸标注

图 5-17　完整基本体的尺寸注法

2. 带缺口的基本体的尺寸注法

对于带缺口的基本体，标注尺寸时，除注出完整基本体的尺寸外，还应注出确定缺口截平面位置的尺寸，且尺寸注在缺口特征最为明显的投影图上。当基本体与截平面的相对位置确定后，截交线的形状和大小也就随之确定，因此，截交线是不需要标注尺寸的，如图5-18所示。

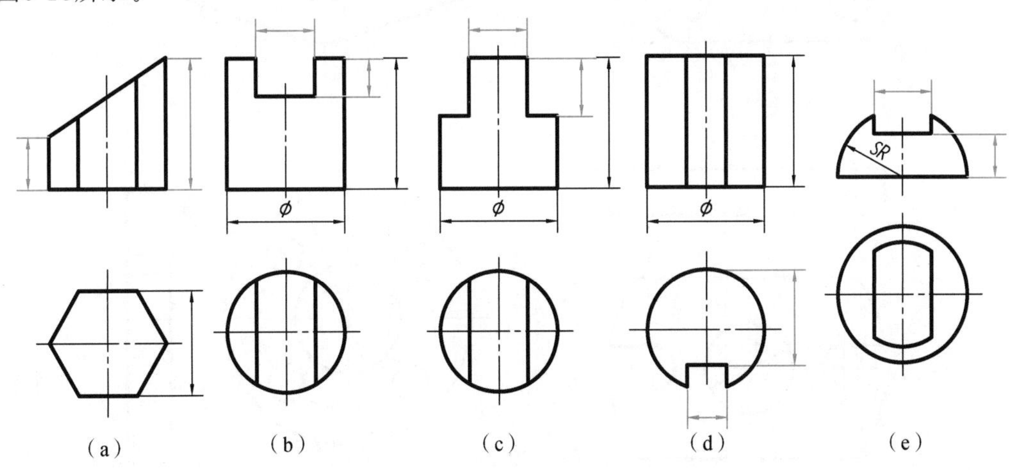

图 5-18　带缺口的基本体的尺寸注法

3. 相贯体的尺寸注法

标注相贯体的尺寸时，需注出各相贯的基本体的尺寸和确定其相对位置的定位尺寸，定位尺寸一般为一回转体的轴线到另一回转体端面的距离，不要对相贯线的形状标注尺寸，如图 5-19 所示。

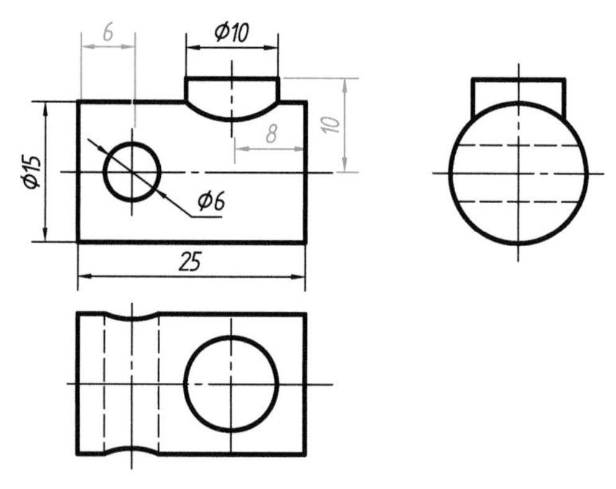

图 5-19 相贯体的尺寸注法

4. 常见的底板、法兰盘的尺寸注法

对于一些工程中常见的底板、法兰盘等，尺寸通常集中注在反映板面真实形状的投影图上，如图 5-20 所示。

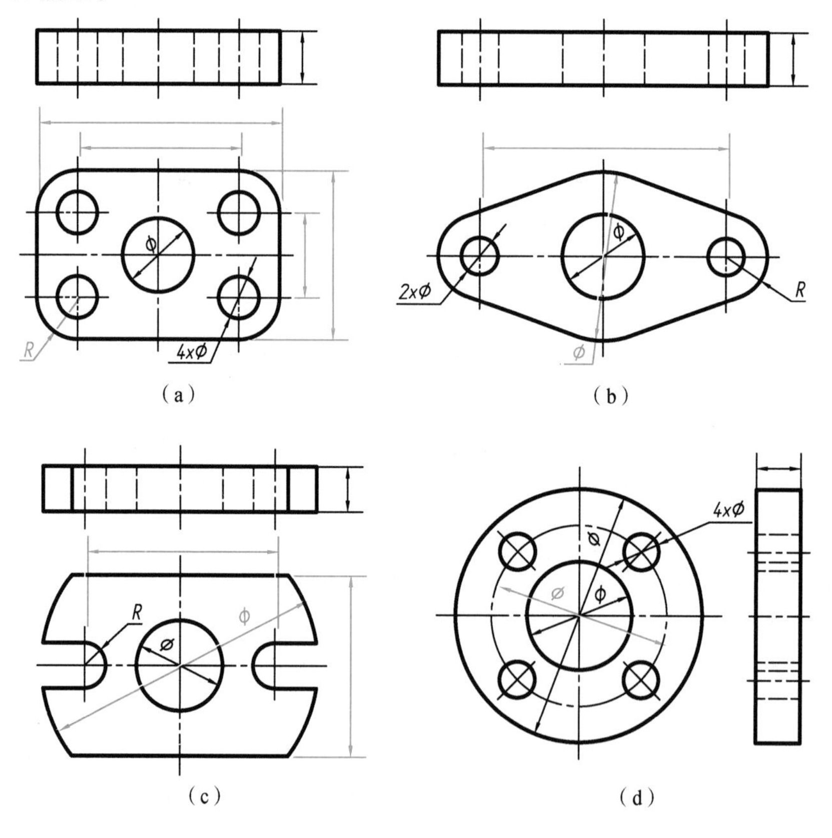

图 5-20 常见的底板、法兰盘的尺寸标注

5.3.2 组合体的尺寸标注

1. 尺寸标注要完整

为了准确表达组合体，尺寸标注必须完整、齐全，既不能遗漏，也不能重复，每一个尺寸在投影图中只标注一次。一般情况下，图样上要标注下列三类尺寸：定形尺寸、定位尺寸和总体尺寸。

1）定形尺寸

确定组合体中各类基本体的形状大小的尺寸为定形尺寸。

标注组合体的尺寸时，也要按形体分析法，将组合体分解为若干基本体，标注出确定各基本体大小的定形尺寸。如图 5-21（a）所示，将组合体分解为由底板和圆柱两个基本体组成，标注出它们各自的定形尺寸。

2）定位尺寸

确定各基本体之间相对位置的尺寸为定位尺寸。

标注组合体的定位尺寸时，必须在长、宽、高三个方向上确定尺寸基准，以便确定各基本体之间的相对位置。尺寸基准是标注尺寸的起点，一般选取组合体的对称面、底面、大孔的轴线、重要的端面等作为尺寸基准。图 5-21（b）确定了组合体长、宽、高三个方向的尺寸基准，并标注出了几个小孔的定位尺寸。

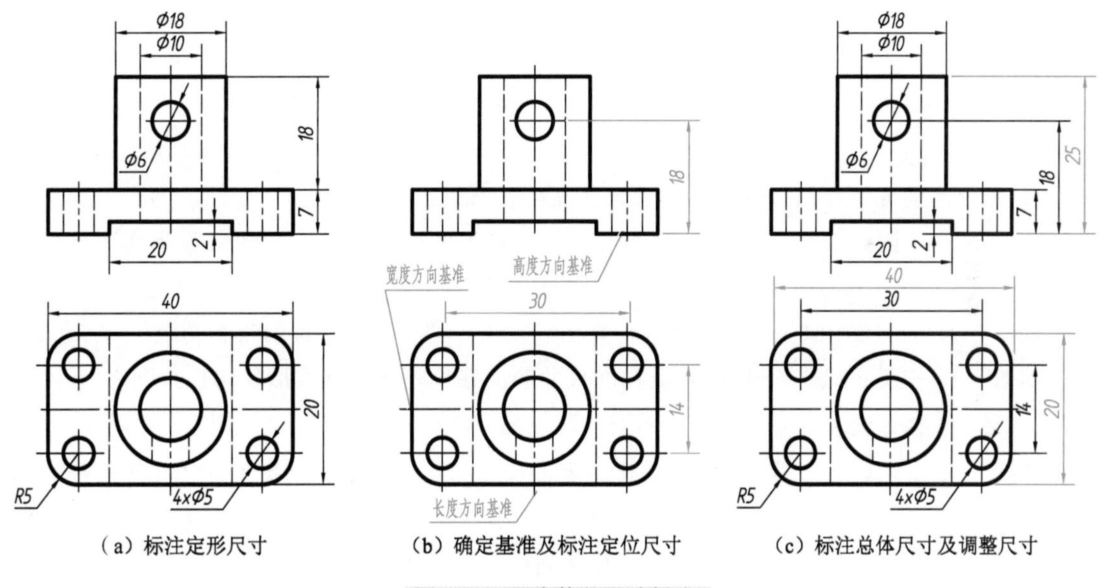

（a）标注定形尺寸　（b）确定基准及标注定位尺寸　（c）标注总体尺寸及调整尺寸

图 5-21 组合体的尺寸标注

3）总体尺寸

组合体外形的总长、总宽和总高的尺寸为总体尺寸。

值得注意的是，总体尺寸不是必须注出的，当已完整地注出了组合体各基本形体的定形尺寸和定位尺寸时，如果有些尺寸已经直接或间接地反映了组合体的总长、总宽和总高尺寸，则不需要再注出该方向的总体尺寸，否则会出现重复或多余的尺寸；若需加注总体尺寸，这时应该重新对尺寸进行调整。如图 5-21(c)所示，水平投影上的定形尺寸 40、20 分别反映了组合体的总长和总宽，这两个方向的总体尺寸就不需要再注出；正面投影上注出了总高尺寸 25，则要去掉图 5-21(a)中所示的定形尺寸 18。

对于具有圆或圆弧结构的组合体，当定形尺寸和定位尺寸已间接反映了该方向的总体尺寸时，为了确切地表达圆弧形状及中心和轴线位置，一般不标注该方向的总体尺寸。图 5-22(a)所示的水平投影中，定位尺寸 40 和定形尺寸 $R16$ 间接地反映了长度方向的总体尺寸；图 5-22(b)所示的正面投影中，定位尺寸 20 和定形尺寸 $R12$ 间接地反映了高度方向的总体尺寸；对应方向的总体尺寸不必注出。

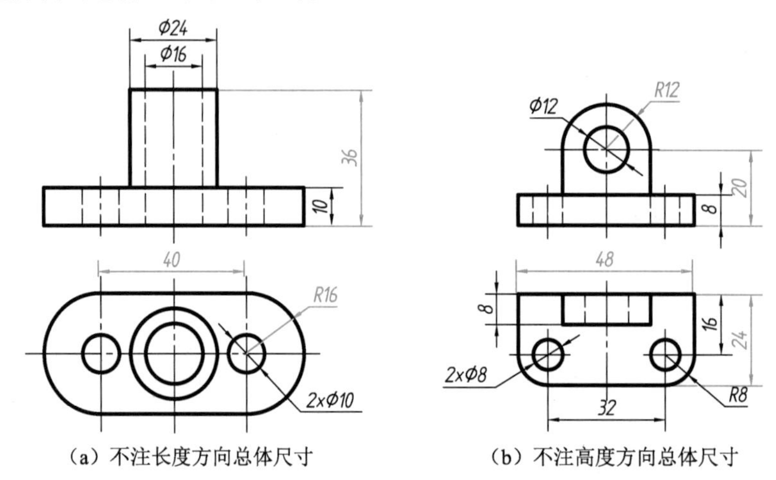

(a) 不注长度方向总体尺寸　　(b) 不注高度方向总体尺寸

图 5-22　具有圆或圆弧结构的组合体的尺寸注法

2. 尺寸标注要清晰

标注尺寸时，除了要求完整，为了便于看图，还要力求清晰。因此，可以考虑以下几个方面。

1) 尺寸尽量集中标注在形状特征最为明显的投影图上

如图 5-20 和图 5-21（c）所示，底板和法兰盘的尺寸应集中注在反映板面真实形状的投影图上。

如图 5-21（c）和图 5-22（a）所示，直径尺寸最好注在不反映圆的投影图上。

如图 5-18 和图 5-21（c）所示，缺口的尺寸应注在反映缺口真实形状的投影图上。

2) 同一基本体的尺寸应尽量集中标注

如图 5-19 所示，$\phi 10$ 圆柱和 $\phi 6$ 通孔的定形尺寸与定位尺寸尽量集中标注在正面投影图上。如图 5-21（c）所示，底板的定形尺寸和四个小圆孔的定位尺寸集中标注在水平投影图上，空心圆柱的定形尺寸以及圆孔的定位尺寸集中标注在正面投影图上。

3) 尺寸标注要排列清晰、整齐，尽量避免相交

图 5-23（a）表示同一个方向的几个连续尺寸，应尽量标注在同一条尺寸线上。

图 5-23（b）表示要尽量避免尺寸线、尺寸界线与轮廓线相交。空心圆柱体与左耳板之间的定位尺寸注在正面投影的下方，空心圆柱体的直径尺寸注在正面投影的上方；为了在侧面投影上避免立体圆柱前面的凸台的定位尺寸与直径尺寸相交，应将凸台的直径尺寸注在正面投影上。

与两投影有关的尺寸尽量标注在两投影图之间，并将小尺寸注在里面、大尺寸注在外面，避免尺寸线与尺寸界线相交，如图 5-21（c）、图 5-23（b）所示。

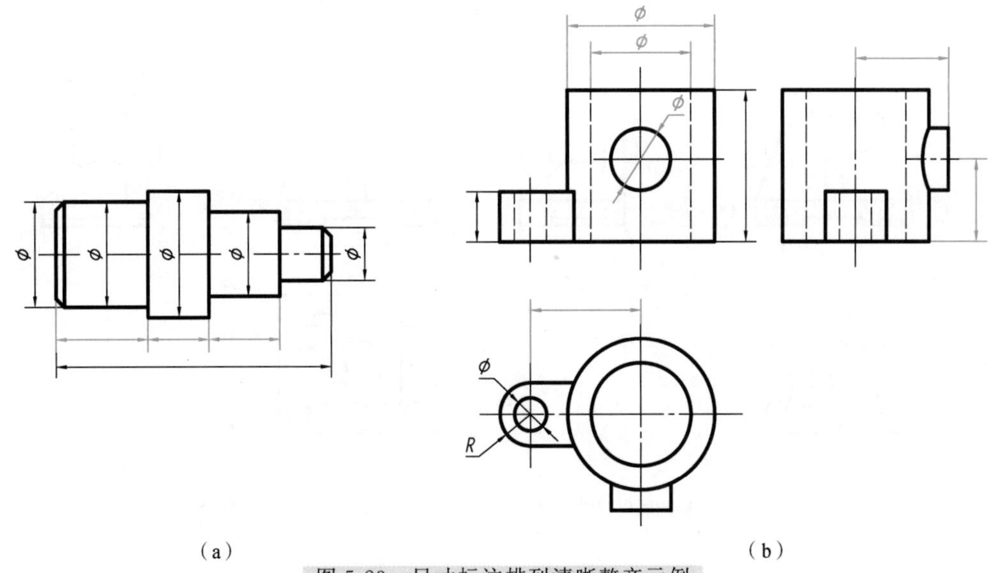

（a） （b）

图 5-23 尺寸标注排列清晰整齐示例

3. 组合体尺寸标注的方法和步骤

下面以图 5-24 所示轴承座为例，说明标注组合体尺寸的方法和步骤。

1）形体分析及确定各基本体的定形尺寸

由形体分析可知，轴承座由底板、轴承、支撑板、肋板和凸台五部分组成，各个形体的定形尺寸如图 5-25 所示。

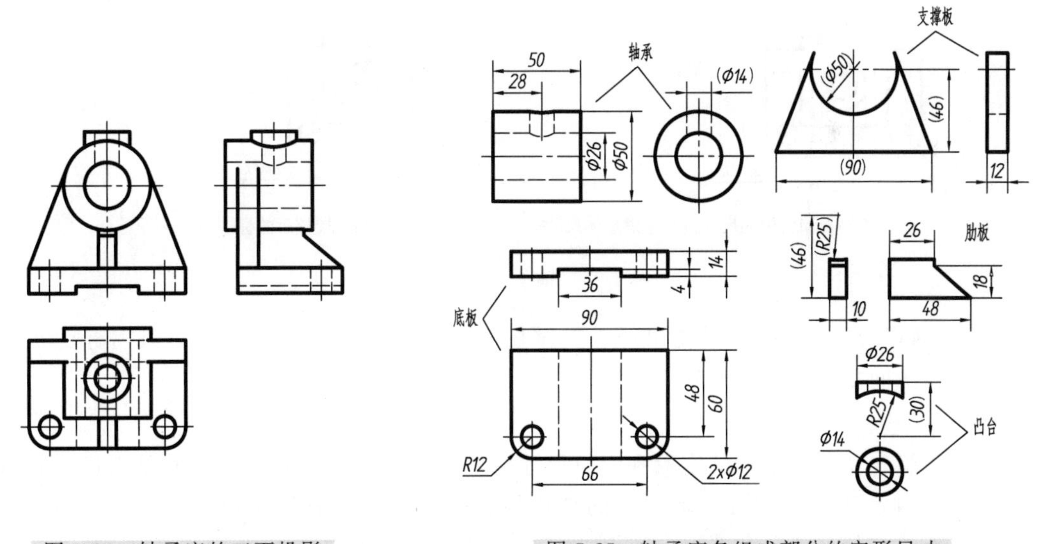

图 5-24 轴承座的三面投影　　图 5-25 轴承座各组成部分的定形尺寸

2）选择尺寸基准

如图 5-26（a）所示，选择底面作为高度方向的尺寸基准，左、右对称面作为长度方向的尺寸基准，底板的后端面作为宽度方向的尺寸基准。

3）逐个标注出各个基本体的定形尺寸和定位尺寸

如图 5-26（a）～（c）所示，分别标注出底板、轴承、凸台、支撑板和肋板的定形尺寸和定位尺寸。标注时，如果出现尺寸重复，则要进行适当调整。例如，在图 5-26（c）中，

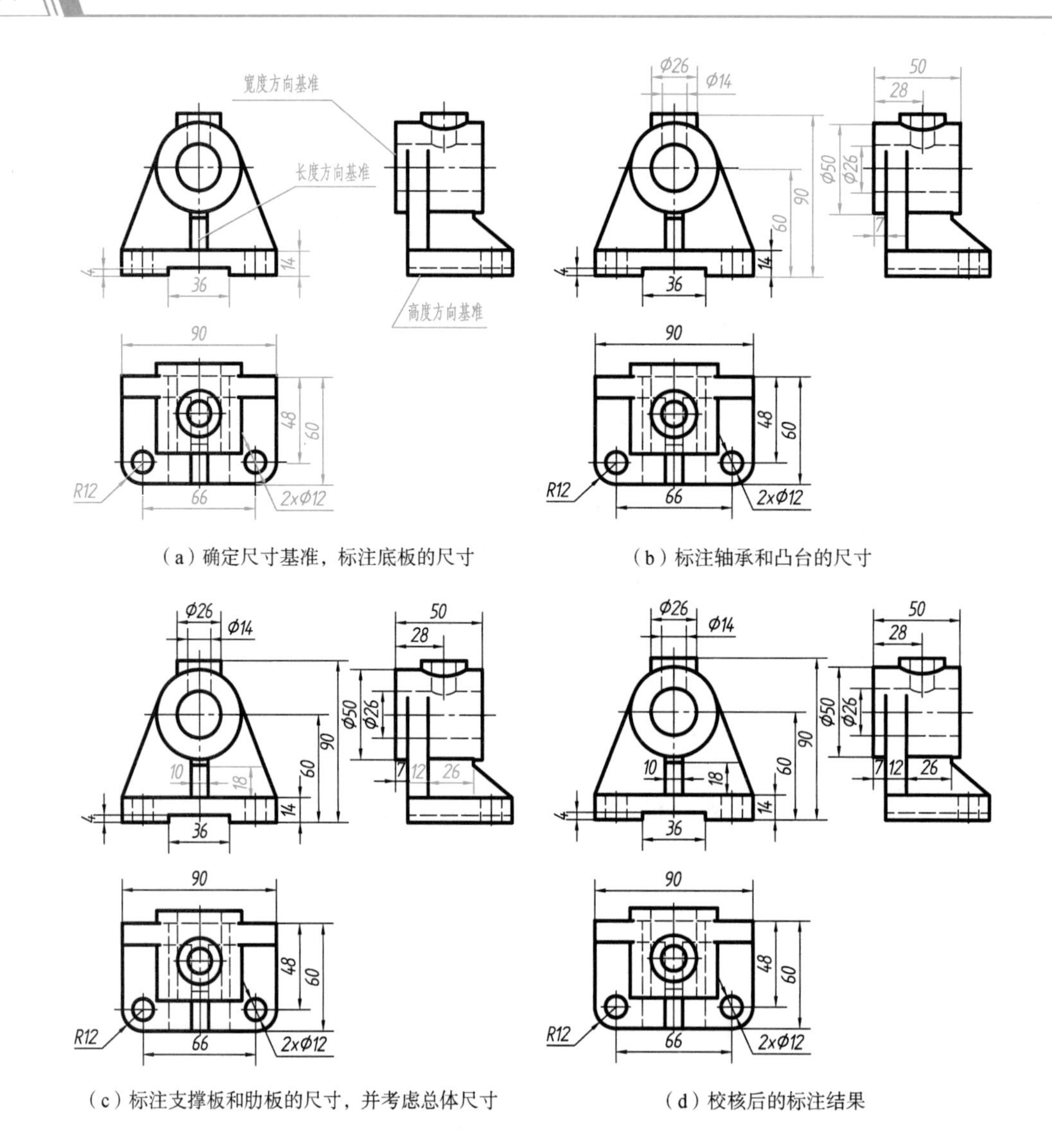

（a）确定尺寸基准，标注底板的尺寸

（b）标注轴承和凸台的尺寸

（c）标注支撑板和肋板的尺寸，并考虑总体尺寸

（d）校核后的标注结果

图 5-26　轴承座的尺寸标注

当底板、轴承和凸台的尺寸标注出后，支撑板的位置和形状已完全确定，只需标注板厚尺寸，且注在侧面投影上较为清晰。

4）标注总体尺寸

标注了组合体各基本体的定形和定位尺寸后，一般还需要检查总体尺寸是否已直接或间接标注。如图 5-26（c）所示，轴承座的总长和总高都是 90，在图上已经注出，而由于有必要注出底板的定位尺寸 7 和宽度 60，因此不标注宽度方向的总体尺寸。

5）校核

最后，对已标注的尺寸，按正确、完整、清晰的要求进行检查；若有不妥，则进行适当调整，结果如图 5-26（d）所示。

按照以上标注组合体尺寸的方法和步骤，标注图 5-27 所示叠加组合体的尺寸。选择空心圆柱的轴线作为长度方向的尺寸基准，前、后基本对称面作为宽度方向的尺寸基准，底面作为高度方向的尺寸基准。其中，空心圆柱及其前面凸台的尺寸，集中注在正面投影上；右耳板和底板的尺寸，集中注在反映真实形状的水平投影上；并清晰、整齐地排列各定形尺寸和定位尺寸。

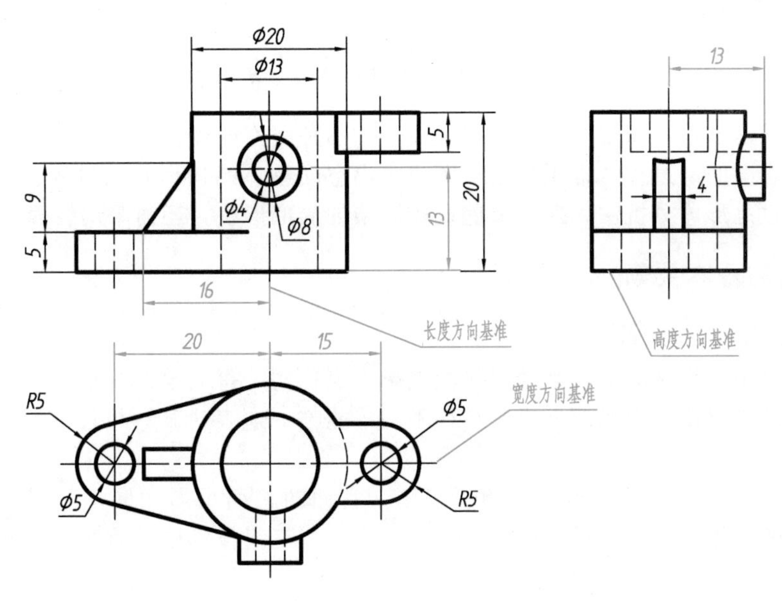

图 5-27 组合体（叠加）尺寸的标注

图 5-28 为基本体被切割、穿孔后的投影和尺寸标注。选择底面作为高度方向的尺寸基准，右端面为长度方向的尺寸基准，前、后对称面为宽度方向的尺寸基准。30、22、23 为完整基本体的尺寸；7、20 确定了正垂面的位置，是定位尺寸；24 和两个 3 为矩形槽的尺寸，侧面投影上的 14、6、7 为燕尾槽的尺寸，这些尺寸集中注在反映槽口真实形状的投影上；10、6 和2×ϕ4 确定了两个小孔的位置和大小，集中注在反映小孔真实形状的水平投影上。

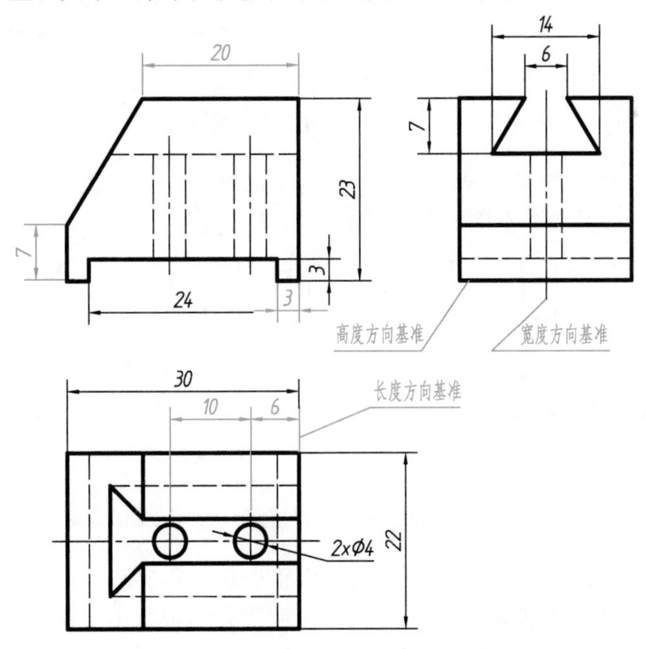

5-28

图 5-28 组合体（切割）尺寸的标注

5.4 读组合体的投影图

画图和读图是学习本课程的两个主要环节。画图是将空间物体按正投影法表达在平面图纸上；读图是画图的逆过程，即根据投影图想象出空间物体结构形状的过程。读组合体投影图的基本方法也是形体分析法，对于一些比较复杂的局部形状，还需采用线面分析法。

5.4.1 读图的基本要领

1. 多面投影联系起来看

在机械图样中，机件的形状是通过多面投影来表达的，每面投影只能表达机件的一个方面的形状。因此，仅仅一面或两面投影往往不一定能唯一地表达某一机件的形状。读图时要多面投影联系起来。

如图 5-29（a）～（c）所示的三组投影图，它们的正面投影相同，但联系水平投影可知，它们表达的立体形状不一样；图 5-29（d）～（f）三组投影图的水平投影相同，而实际上所表示的是三个不同的形体。

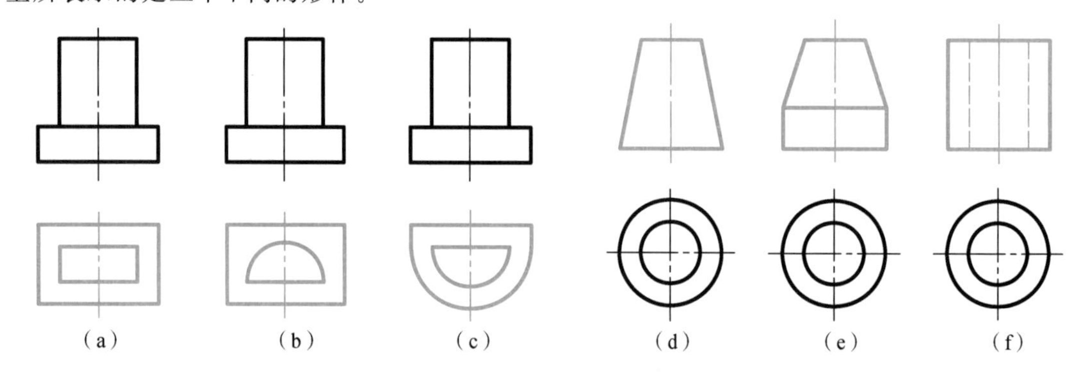

图 5-29 一面投影相同而形状不同的几个物体

又如，如图 5-30 所示的四组投影图，它们的正面投影、水平投影均相同，但联系侧面投影可知，它们分别表示了四个不同形状的物体。

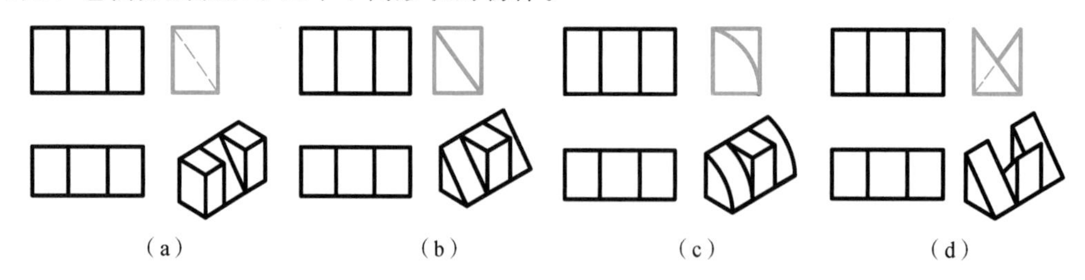

图 5-30 正面投影和水平投影相同而形状不同的几个物体

事实上，根据图 5-29（a）～（c）所示的正面投影、图 5-29（d）～（f）所示的水平投影，以及图 5-30 所示的正面投影和水平投影，还可以分别构思出更多种不同形状的立体。

由此可见，在读图时，一般要将多面投影联系起来阅读、分析、构思，才能想象出投影图所表示的立体的形状。

2. 应明确投影图中线框和图线的含义

（1）投影图中的每一个封闭线框，通常是物体上一个表面或孔的投影；所表示的面可能是平面或曲面，也可能是平面与曲面相切所组成的组合面。

结合图 5-31（b）所示的立体图，图 5-31（a）所示的正面投影中的封闭线框 a'、b'、c' 和 h' 表示平面的投影；水平投影中的封闭线框 d 表示平面的投影，e 表示孔的投影，f 为平面与圆柱面相切的组合面的投影。

（2）投影图中的每一条线，可能是下面情况中的一种。

①投影面垂直面有积聚性的投影。图 5-31（a）所示水平投影中的线段 a、b、c、h 表示平面的水平投影；正面投影中的圆 e' 表示曲面的正面投影，f' 表示曲面和平面的投影。

②两个面交线的投影。例如，图 5-31（a）所示正面投影中的线段 g' 表示 A、B 两平面交线的正面投影，等等。

③曲面投影的转向轮廓线。图 5-31（a）所示水平投影中的线段 i 表示圆柱孔水平投影的转向轮廓线。

（3）投影图中任何相邻的封闭线框，可能是相交的两个面的投影，或是不相交的两个面的投影。

如图 5-31（a）所示正面投影中的线框 a' 与 b' 相邻，它们是相交的两个平面 A、B 的正面投影；线框 h' 和 b' 相邻，它们是不相交的两个平面 B、H 的投影，且 B 面在 H 面之前。

3. 根据特征投影来构思物体的形状

组合体的正面投影最能反映物体的形状特征，因此，一般情况下，应该从正面投影入手，根据特征投影构思出物体形状的几种可能，再对照其他投影，最终得出物体的正确形状。由于物体的所有结构特征不一定集中反映在正面投影上，还要善于在其他投影上捕捉反映物体形状特征的图形。如图 5-32 所示，基本体 *Ⅰ* 和 *Ⅱ* 在正面投影中反映其形状特征，基本体 *Ⅲ* 在水平投影中反映其形状特征。

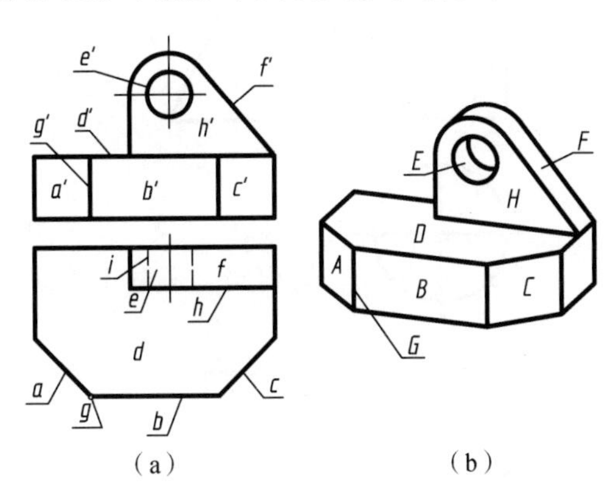

图 5-31 分析线框和图线的含义

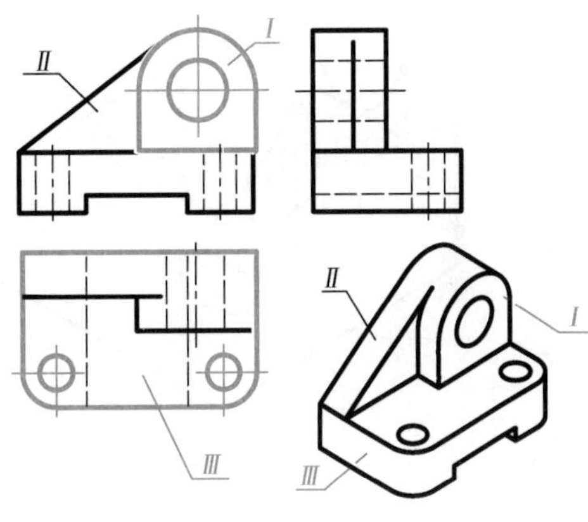

图 5-32 组合体的特征投影

4. 善于构思物体的形状

为了提高读图的能力，应不断培养构思物体形状的能力，从而进一步丰富空间想象能力，做到能正确和迅速地读懂投影图。因此，一定要多读图，多构思物体的形状。

【例 5-3】 如图 5-33 所示，已知物体三面投影图的外轮廓，构思该物体形状，并补全投影图。

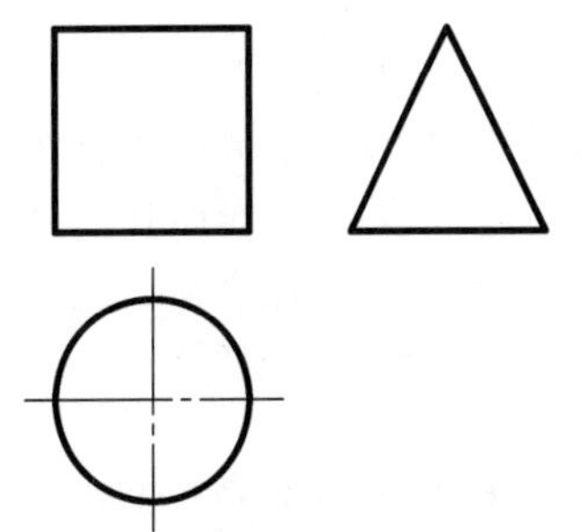

图 5-33 构思物体的形状

分析：一个物体通常要根据三面投影图才能确定形状，因此，在构思过程中，可以从正面投影入手，逐步按三面投影图的外轮廓来构思这个物体，最后想象出该物体的形状。注意，构思过程要充分利用物体的特征视图。构思过程如图 5-34 所示。

（1）正面投影为正方形的物体，可以有多种形状，如正方体、圆柱体等，如图 5-34（a）所示。

（2）正面投影为正方形、水平投影为圆的物体，一定是圆柱体，如图 5-34（b）所示。

（3）由正面投影和水平投影确定物体为圆柱体后，当侧面投影为三角形时，可以想象出，它是圆柱体被两个侧垂面前、后对称截切后形成的，如图 5-34（c）所示。

（4）圆柱被截切后产生的截交线以及截平面间的交线需在投影图中画出，补全交线后的三面投影图如图 5-34（d）所示。

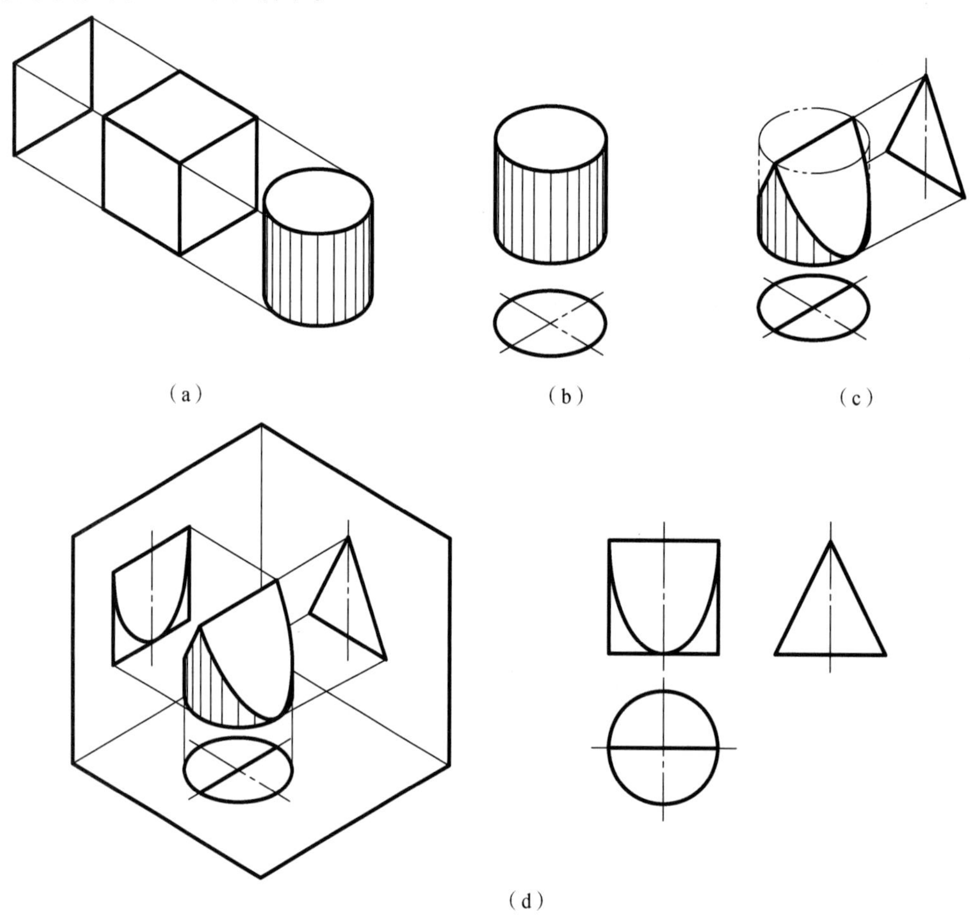

图 5-34 构思物体的过程

5.4.2 读图的基本方法

1. 形体分析法

读图的基本方法与画图一样，主要也是采用形体分析法。一般从反映组合体形状特征的正面投影入手，对照其他投影，初步分析组合体由哪些基本体组成，确定各形体之间的组合方式与相对位置关系，最后综合想象出物体的总体形状。

【例 5-4】 如图 5-35（a）所示，根据组合体的三面投影图，想象其形状。

解题步骤：

（1）分线框，对投影。

从正面投影入手，借助丁字尺、三角板和分规等，按照三面投影的投影规律，多面投影联系起来，可以将该组合体分解成 *Ⅰ*、*Ⅱ*、*Ⅲ* 三个封闭的实线框，看作组成这个组合体的三个部分，如图 5-35（a）所示。

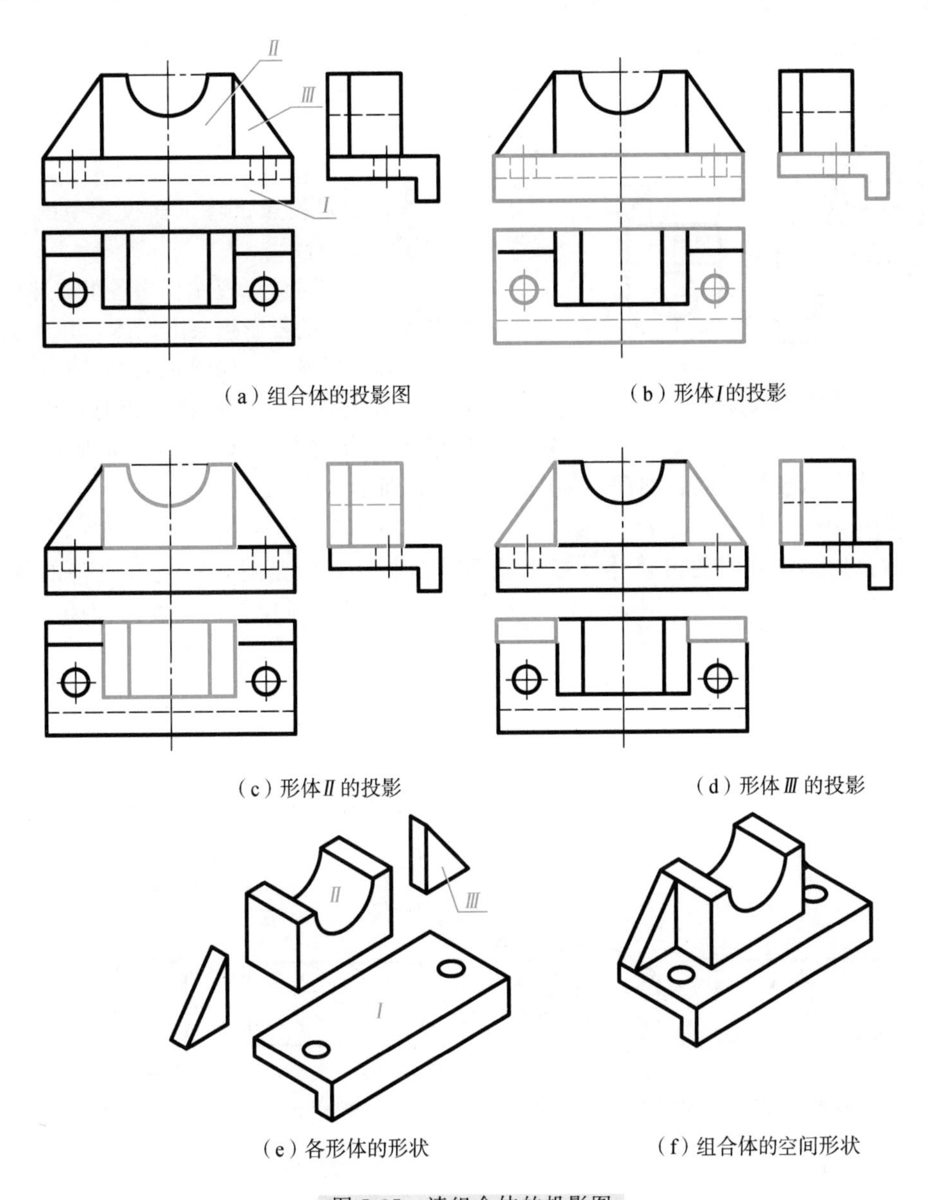

（a）组合体的投影图　（b）形体Ⅰ的投影

（c）形体Ⅱ的投影　（d）形体Ⅲ的投影

（e）各形体的形状　（f）组合体的空间形状

图 5-35　读组合体的投影图

5-35

（2）识形体，定位置。

根据每一部分的投影想象出形体，并确定它们的相对位置，如图 5-35（b）～（d）所示；各形体的空间形状如图 5-35（e）所示。由图 5-35（a）可知，形体Ⅱ叠加在形体Ⅰ上，左、右对称，后面与形体Ⅰ平齐；肋板Ⅲ叠加在形体Ⅰ上，在形体Ⅱ的两侧，后面与形体Ⅰ及形体Ⅱ平齐。

（3）综合起来想整体。

确定了各个形体形状及其相对位置后，整个组合体的形状也就清楚了，如图 5-35（f）所示。

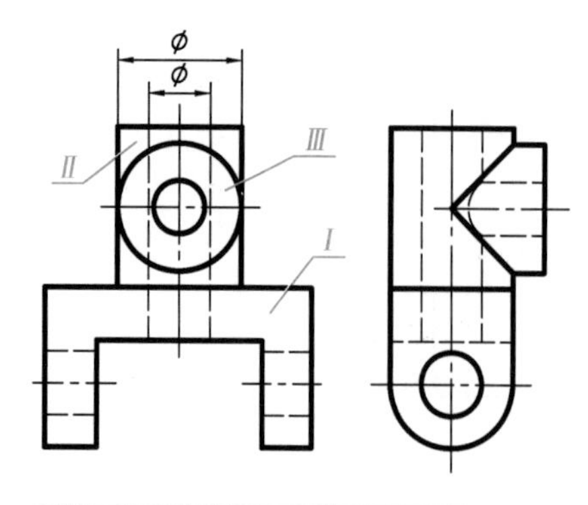

图 5-36 支撑的正面投影和水平投影

【例 5-5】 如图 5-36 所示，已知支撑的正面投影和侧面投影，想象支撑的整体形状，并补画出水平投影。

作图：

（1）分线框，对投影。将正面投影中的线框分成三部分，如图 5-36 所示。

（2）识形体，定位置，逐个作出各组成部分的水平投影。根据每一部分的投影想象出形体，并确定它们的相对位置，补画水平投影，如图5-37（a）～（c）所示。

（3）根据各组成部分的形状和相对位置，想象支撑的整体形状，如图 5-37（d）右下角所附的立体图所示。按整体形状校核底稿、加深，如图 5-37（d）所示。

2. 线面分析法

看图时，对形体分明的组合体一般采用形体分析法，但是对于一些较复杂的物体的局部，还需要采用线面分析法，即通过分析面的形状、面的相对位置以及面与面的交线等来帮助想象物体的形状。

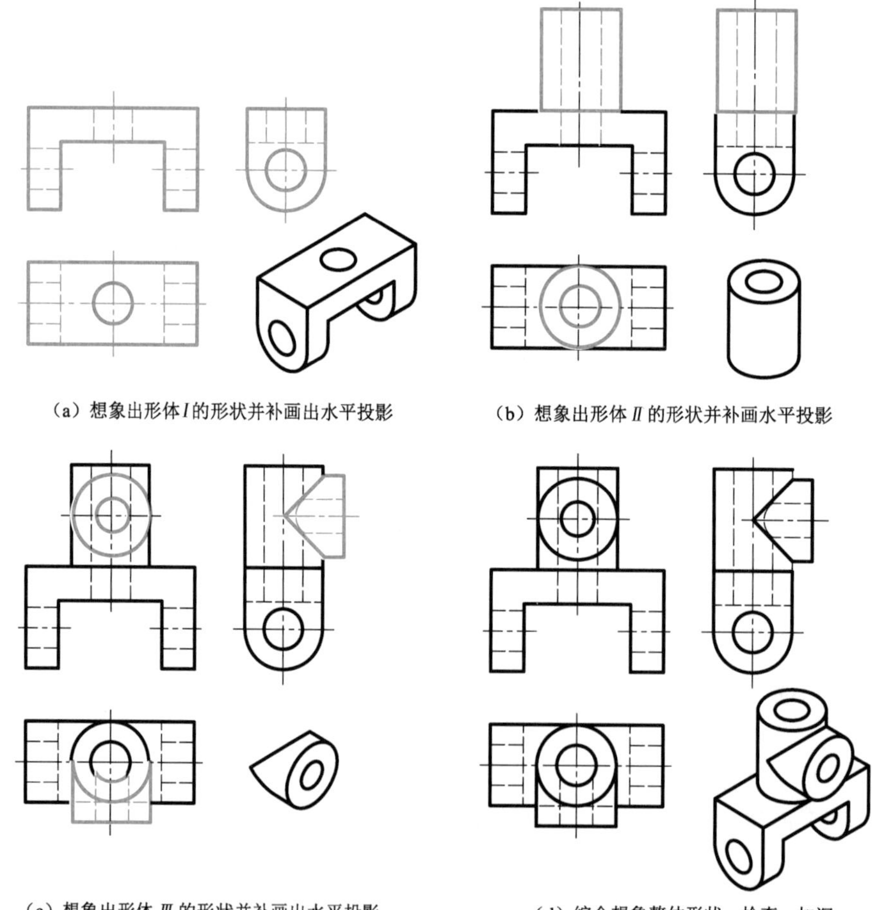
（a）想象出形体Ⅰ的形状并补画出水平投影
（b）想象出形体Ⅱ的形状并补画水平投影
（c）想象出形体Ⅲ的形状并补画出水平投影
（d）综合想象整体形状，检查、加深

图 5-37 补画支撑的水平投影

（d）
5-37

【例 5-6】 如图 5-38（a）所示，已知压板的正面投影和水平投影，补画其侧面投影。

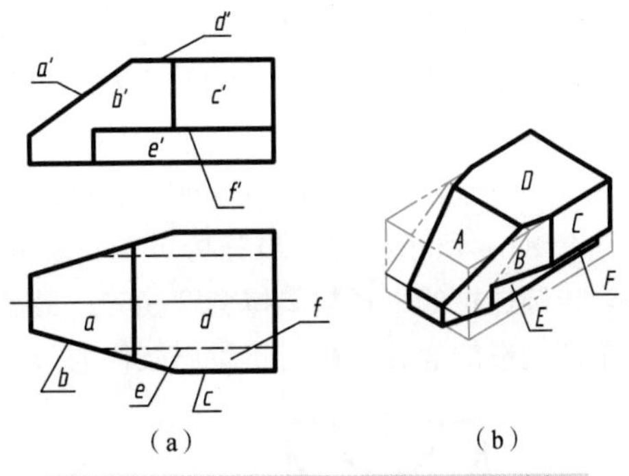

图 5-38 压板的已知条件及投影分析

5-38

分析： 由图 5-38（a）所示的水平投影可以看出，压板是前、后对称的；正面投影中有三个封闭线框 b'、c'、e'，它们对应的水平投影 b、c、e 都具有积聚性，由此可得出，B 为铅垂面，C、E 为正平面；水平投影中的封闭线框 a、d、f 对应的正面投影 a'、d'、f' 都具有积聚性，显然，A 为正垂面，D、F 为水平面。由此可以想象压板是一长方体，左端被正垂面 A、前后对称的两个铅垂面 B 截切，底部则分别被前、后对称的正平面 E 和水平面 F 截切，如图 5-38（b）所示。

作图：

（1）长方体被正垂面 A 截切，画出截切后的侧面投影，如图 5-39（a）所示。

（2）截切后的长方体再被两个前、后对称的铅垂面 B 截切，画出截切后的侧面投影，如图 5-39（b）所示。

（3）在两次截切的基础上，长方体又被前后对称的两个水平面 F 和两个正平面 E 截切，画出截切后的侧面投影，如图 5-39（c）所示。

（4）应用投影的类似性来检查、加深，如图 5-39（d）所示。

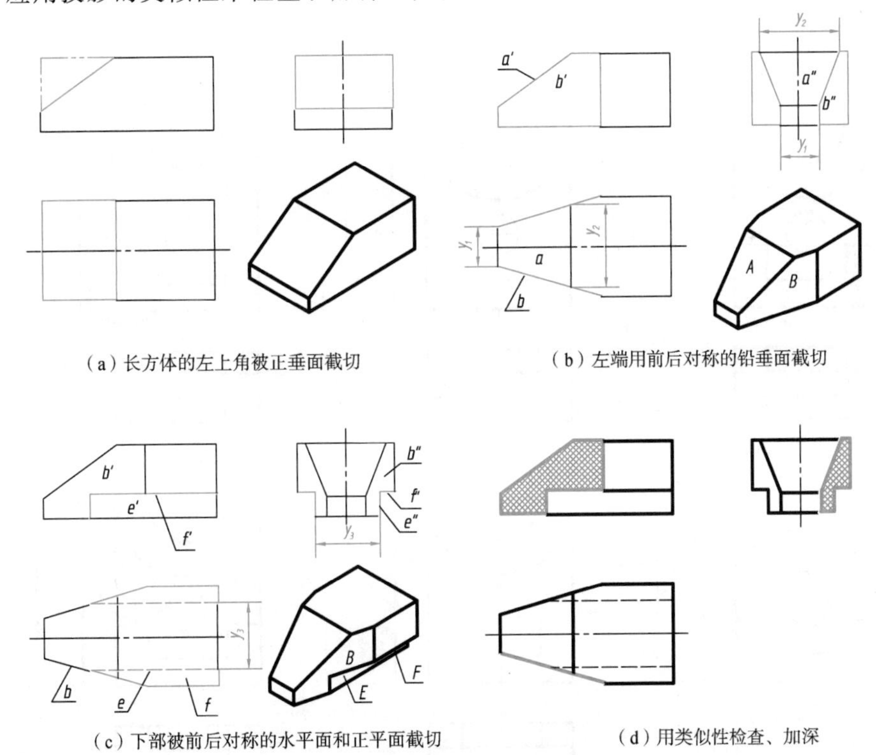

图 5-39 补画压板侧面投影的过程

【例 5-7】 如图 5-40（a）所示，已知架体的正面投影和水平投影，想象出它的形状并补画出侧面投影。

分析： 投影图中的封闭线框表示物体上一个面的投影，而投影图中两个相邻的封闭线框通常是物体上相交的或者是不相交的两个面的投影。如图 5-40（b）所示，正面投影中的三个封闭线框

a'、b'、c'，对照水平投影，由于没有一个类似形与上述封闭线框对应，因此，A、B、C 所代表的三个面一定与水平面垂直，它们在水平投影中的对应投影可能是 a、b、c 三条线中的一条。联系正面投影和水平投影可知，这个架体分为前、中、后三层，由于架体正面投影上的所有轮廓均为可见，一定是最低的一层位于前层，最高的一层位于后层，因此，A、B、C 三个面的水平投影如图 5-40（b）所示。进一步分析可知，最低的前层上有一个方形的槽；中层的上端有一个半圆柱槽，半圆柱槽的直径与架体宽度相等；最高的后层上有一个直径较小的半圆柱槽；中层和后层有一个圆柱形的通孔。最后想象出架体的形状如图 5-40（c）所示。

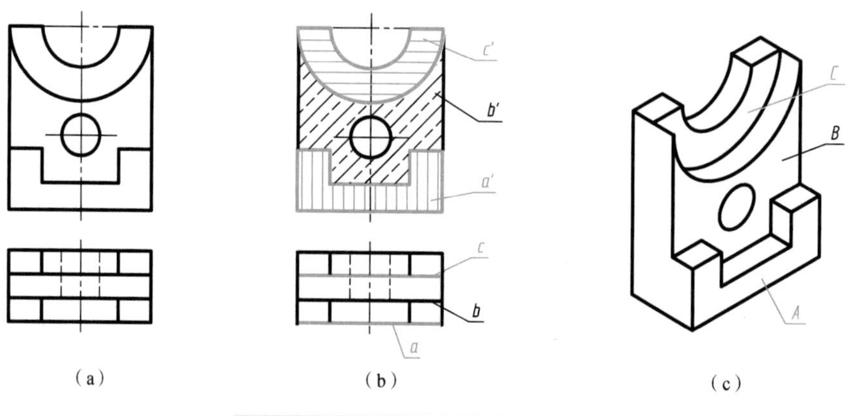

5-40

图 5-40 架体的已知条件和分析过程

作图：根据正面投影和水平投影的对应关系，逐步画出每一层及该层每个面的侧面投影，最后检查、加深。作图过程如图 5-41 所示。

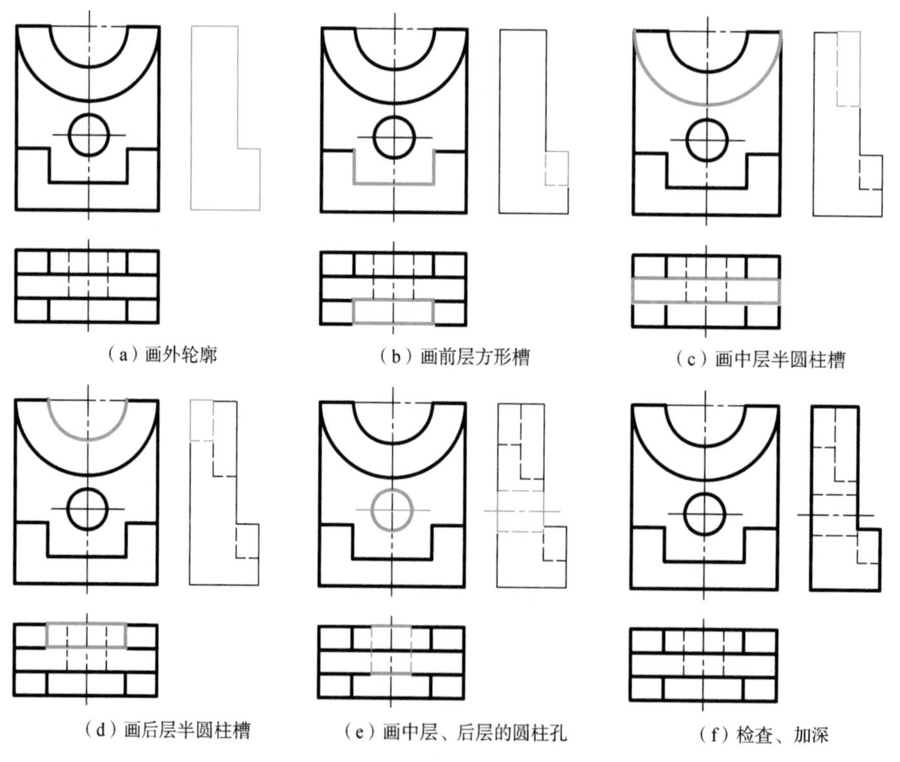

图 5-41 补画架体侧面投影的过程

第 6 章

轴 测 图

从前面的学习中已经知道，用多面正投影图表达物体具有作图简便、度量性和实形性好的优点，它是工程上应用得最广泛的图样，但是，它的直观性差，缺乏立体感，必须对照多面投影图并运用正投影原理进行阅读，才能想象出物体的形状。

轴测图是在平行投影下形成的一种单面投影图。由于它可以表达物体的三维形象，比多面正投影图直观，所以常把它作为辅助性的图样来使用。

6.1 轴测图的基本知识

1. 轴测图的形成

如图 6-1 所示，物体在 V、H 面上的投影，就是前面所介绍的多面正投影。将物体连同确定其空间位置的直角坐标系，沿不平行于任一坐标面的方向，用平行投影法将其投射到单一投影面上，所得到的能同时反映物体长、宽、高三个方向的尺度和形状的图形称为轴测投影图，简称轴测图。P 面称为轴测投影面，S 表示投射方向。

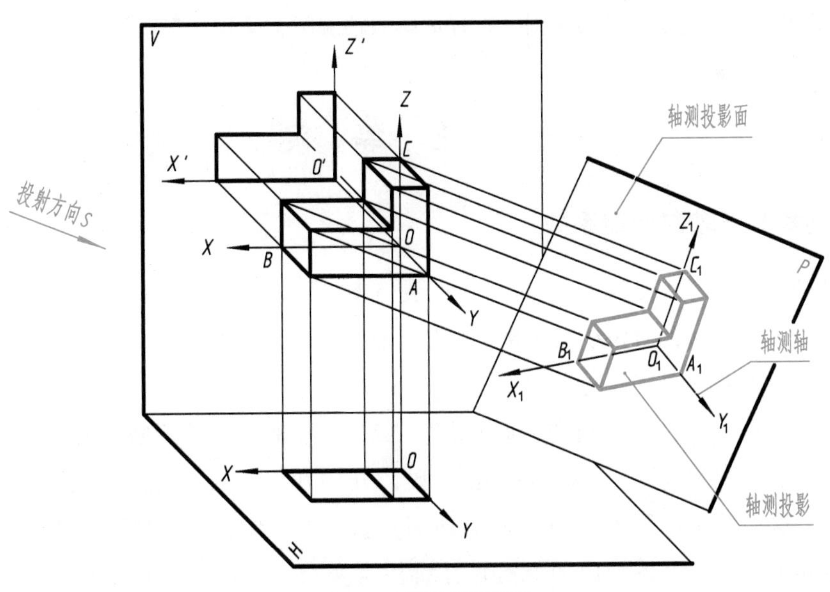

图 6-1 轴测图的形成

2. 轴测轴、轴间角和轴向伸缩系数

在图 6-1 所示的轴测投影中，O_1X_1、O_1Y_1、O_1Z_1 称为轴测轴；两根轴测轴之间的夹角，即 $\angle X_1O_1Z_1$、$\angle X_1O_1Y_1$、$\angle Y_1O_1Z_1$ 称为轴间角；轴测轴上的单位长度与相应坐标轴上的单位长度的比值，称为轴向伸缩系数。OX、OY、OZ 轴上的轴向伸缩系数用 p_1、q_1、r_1 表示。

3. 轴测图的投影特点

由于轴测图采用的是平行投影法，因此，它具有平行投影法的投影特点，具体如下。

（1）物体上相互平行的线段，它们的轴测投影也相互平行。

（2）物体上与坐标轴平行的线段，它们的轴测投影必与相应的轴测轴平行，其在轴测图上的长度等于该轴的轴向伸缩系数与该线段长度的乘积。

（3）位于空间线段上的点，其轴测投影仍位于线段的轴测投影上。

因此，一旦确定了物体在直角坐标系中的位置，就可按选定的轴向伸缩系数和轴间角作出它的轴测投影图。

4. 轴测图的分类

根据投射方向对轴测投影面的夹角不同，轴测图可分为两类：当投射方向垂直于轴测投影面时称为正轴测图；当投射方向倾斜于轴测投影面时称为斜轴测图。

这两类轴测图又根据各轴向伸缩系数的不同，再分为以下三种：

（1）当 $p_1=q_1=r_1$ 时，称为正（或斜）等测图；

（2）当 $p_1=q_1\neq r_1$ 或 $p_1\neq q_1=r_1$ 或 $p_1=r_1\neq q_1$ 时，称为正（或斜）二测图；

（3）当 $p_1\neq q_1\neq r_1$ 时，称为正（或斜）三测图。

根据立体感较强、易于作图的原则，工程形体的轴测图常采用正等测图和斜二测图两种形式绘制。

6.2 正 等 测

6.2.1 轴间角和各轴向伸缩系数

正等测图简称正等测。如图 6-2（a）所示，使三条坐标轴对轴测投影面处于倾角都相等的位置，也就是将图中立方体的对角线 AO 放成垂直于轴测投影面的位置，并以 AO 的方向作为投射方向，所得到的轴测图就是正等测。

如图 6-2（b）所示，正等测的轴间角都是 120°，各轴向伸缩系数都相等，即 $p_1=q_1=r_1\approx 0.82$。为了作图简便，常采用简化系数，分别用 p、q、r 表示，在正等测中，取 $p=q=r=1$，这样画出的图形比用各轴向伸缩系数 0.82 画出的轴测图放大了 1/0.82 倍。采用简化系数作图时，沿各轴向的所有尺寸都用真实长度量取，简捷方便，于是通常都直接用简化系数来画正等测。

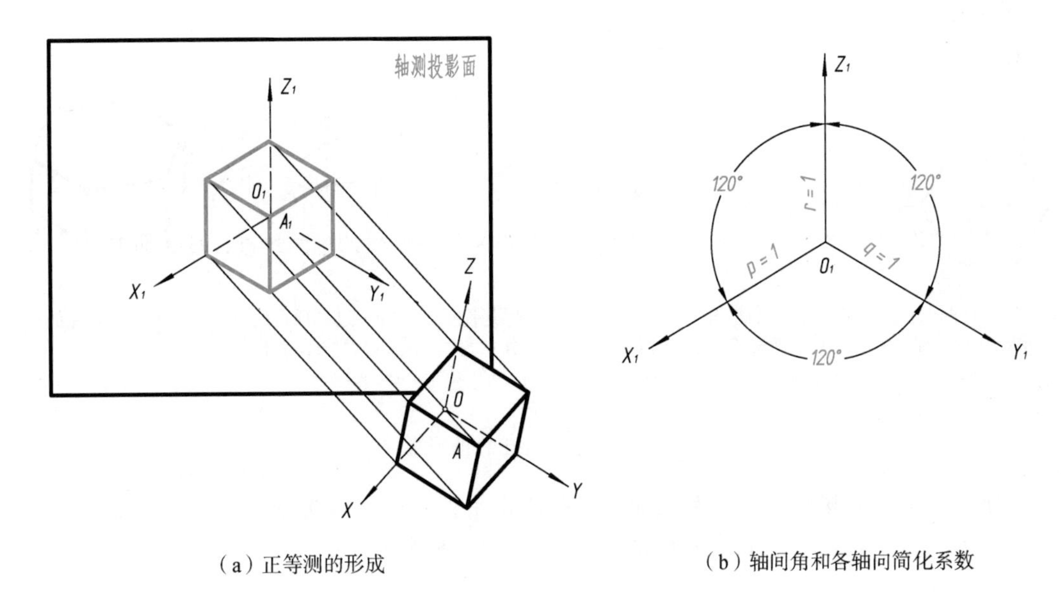

（a）正等测的形成　　（b）轴间角和各轴向简化系数

图 6-2　正等测

6.2.2　正等测轴测图的画法

1. 画轴测图的方法和步骤

由物体的正投影图绘制轴测图，就是根据坐标系对应关系作图，即利用物体上点、线、面等几何元素在空间坐标系中的位置，用沿轴向测定的方法，确定其在轴测坐标系中的位置，从而得到相应的轴测图。

画轴测图的方法有坐标法、切割法和组合法三种。沿坐标轴测量，按坐标画出各顶点的轴测图，该方法简称坐标法；对一些不完整的形体，可先按完整形体画出，再用切割法画出不完整部分，称为切割法；对一些复杂的形体，用形体分析法，首先将其分解为若干基本形体，然后逐一将基本形体组合在一起，称为组合法。

绘制轴测图的步骤如下。

（1）对所绘物体进行形体分析，确定坐标轴。

（2）画轴测图。先画轴测轴，再依次作出物体上各线段和各表面的轴测图，从而连成物体的轴测图。

（3）为使图形清晰，轴测图上一般不画细虚线。必要时，为了相互衬托增强图形的直观性，可画出少量细虚线。

在确定坐标轴和具体作图时，要考虑作图简便，有利于按坐标关系定位和度量，并尽可能减少作图线。

2. 平面立体的正等测画法

绘制平面立体的轴测图实质上是绘制立体上点、棱线、棱面的轴测图的集合。

【例 6-1】　作图 6-3（a）所示六棱柱的正等测。

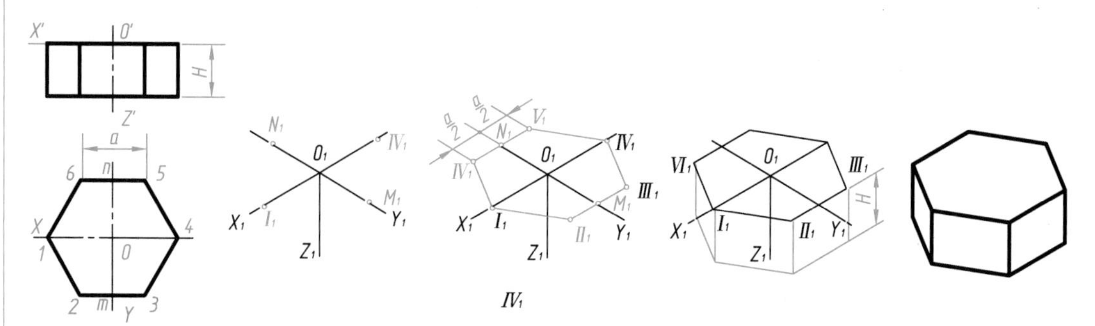

（a）六棱柱两面投影和确定坐标轴

（b）画轴测轴，并在其上确定 I_1、IV_1 和 M_1、N_1

（c）过 M_1、N_1 作直线平行于 O_1X_1，并在所作两直线上各量取 $a/2$ 确定4个顶点，连接各顶点

（d）过各顶点向下取尺寸 H 画各棱线，画底面各边

（e）加深并完成全图

图 6-3 作六棱柱的正等测

分析：因为正六棱柱的顶面和底面都是处于水平位置的正六边形，于是取顶面的中心为原点，并如图 6-3（a）所示确定坐标轴，用坐标法作轴测图。

作图过程如图 6-3（b）～（e）所示。

【例 6-2】 作图 6-4（a）所示被截切长方体的正等测。

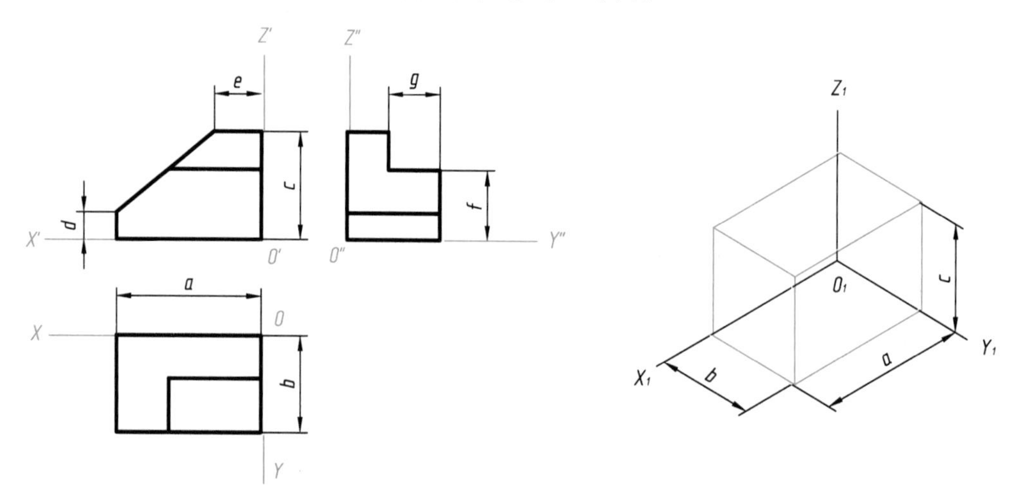

（a）被切割长方体的三面投影和确定坐标轴

（b）画轴测轴，按尺寸 a、b、c 画出尚未切割的长方体的正等测

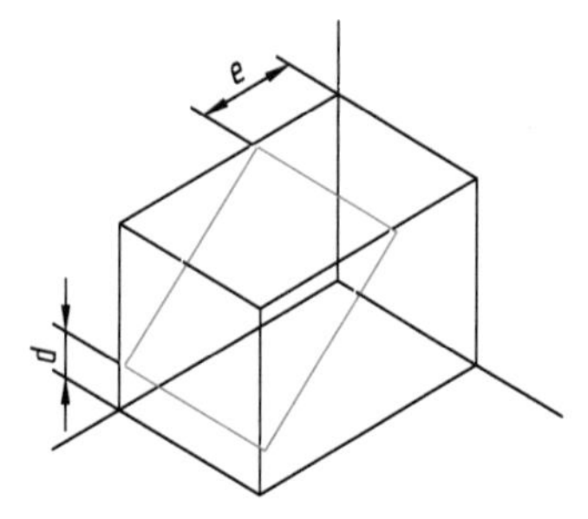

（c）按尺寸 d、e 画出正垂面截长方体左上角的正等测

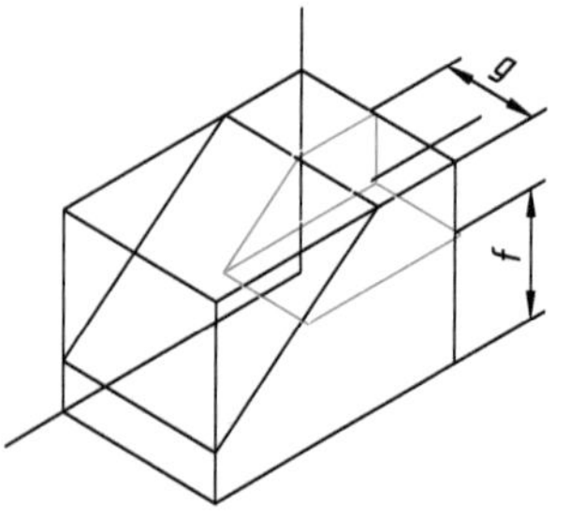

（d）按尺寸 g、f 画出水平面和正平面截切长方体右前角的正等测

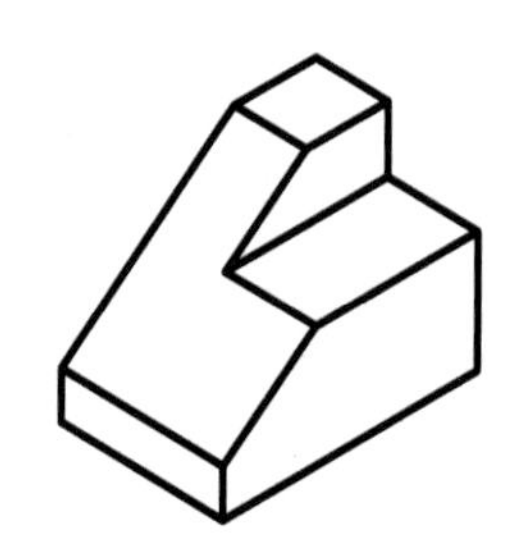

（e）加深并完成全图

图 6-4 作被截切长方体的正等测

分析：由图 6-4（a）所示的两面投影通过形体分析和线面分析可知，立体是由长方体被一个正垂面、一个水平面和一个正平面切割而成的。所以，可用切割法作轴测图，即先画出长方体的正等测，然后把长方体上需要切割掉的部分逐个画出，即可完成立体的正等测。为了方便画出长方体的正等测，如图 6-4（a）所示确定坐标轴。

作图过程如图 6-4（b）～（e）所示。

3. 曲面立体的正等测画法

简单的曲面立体有圆柱、圆锥、圆球和圆环，它们的端面或断面均为圆。因此，首先要掌握坐标面内或平行于坐标面的圆的正等测画法。

1）平行于坐标面的圆的正等测

平行于坐标面的圆的正等测都是椭圆，图 6-5 画出了立方体表面上三个内切圆的正等测椭圆。用各轴向简化系数画出的正等测椭圆，其长轴约等于 $1.22d$，d 为圆的直径，短轴约等于 $0.7d$。三个椭圆除了长、短轴的方向不同，画法都是一样的。

2）正等测椭圆的近似画法

图 6-6 为平行于 H 面的圆的正投影，图中细实线为外切正方形。现以此为例，说明正等测中椭圆的近似画法，作图过程如图 6-7 所示。平行于坐标面的圆的正等测椭圆长轴的方向与菱形的长对角线重合，短轴的方向垂直于长轴，即与菱形的短对角线重合。

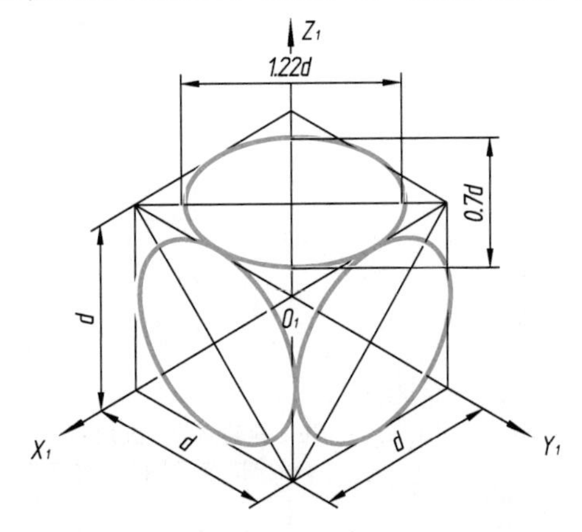

图 6-5 平行于坐标面的圆的正等测

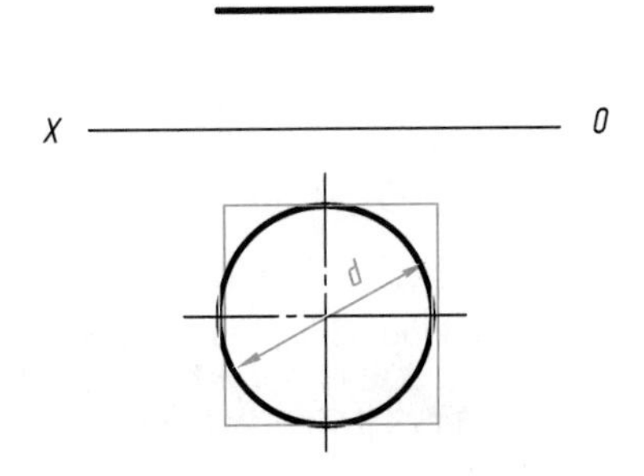

图 6-6 平行于 H 面的圆的投影

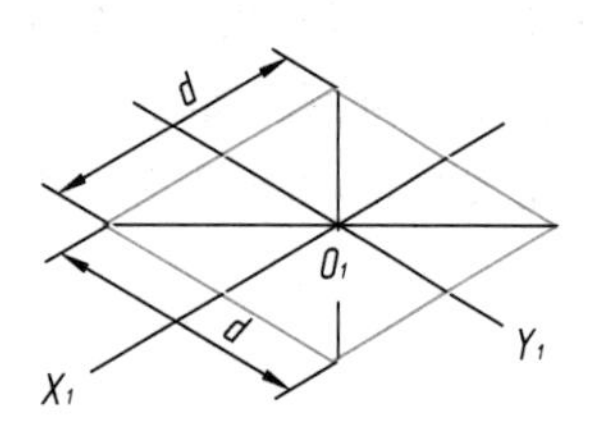

(a) 画轴测轴，按圆的外切正方形画出菱形

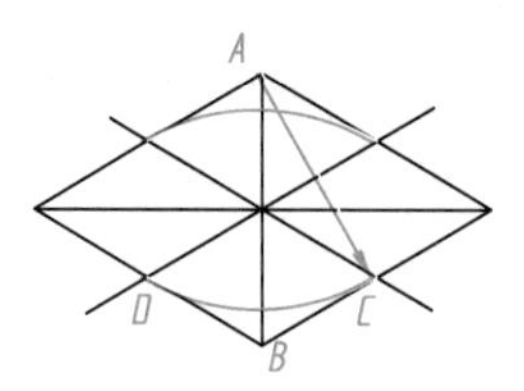

(b) 分别以A、B为圆心，AC为半径画两大弧

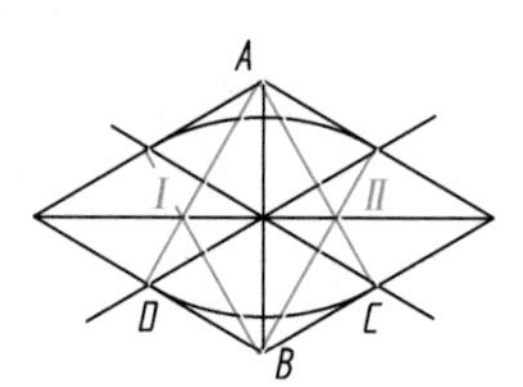

(c) 连接AD和AC交长轴于I、II两点

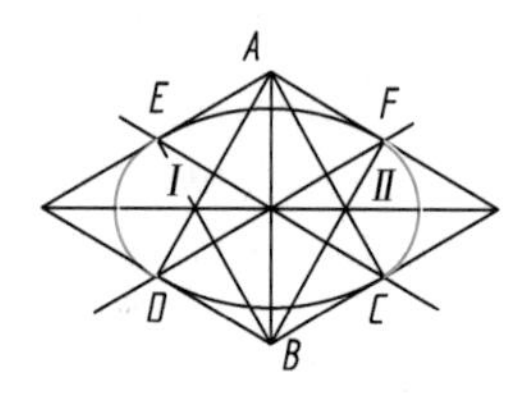

(d) 分别以I、II为圆心，ID、IIC为半径画小弧，在C、D、E、F处与大弧连接

图 6-7　平行于坐标面的圆的正等测——近似椭圆的画法

【例 6-3】 作图 6-8（a）所示的轴套的正等测。

分析： 因为轴套的轴线是铅垂线，顶圆和底圆都是水平圆，所以取顶圆的圆心为原点，如图 6-8（a）所示确定坐标轴，用切割法作轴测图。

作图过程如图 6-8(b)～(e)所示。

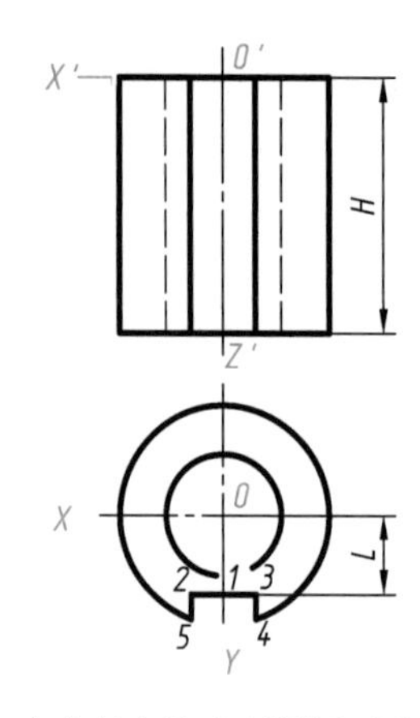

(a) 轴套的两面投影和确定坐标轴

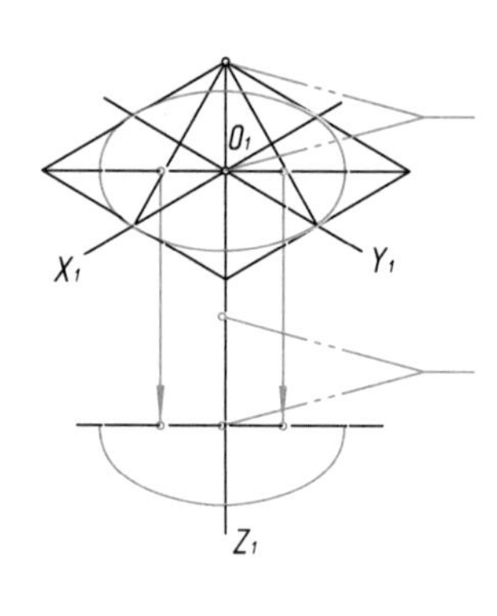

(b) 画轴测轴，画顶面的近似椭圆，再把连接圆弧的圆心向下移H，作底面近似椭圆的可见部分

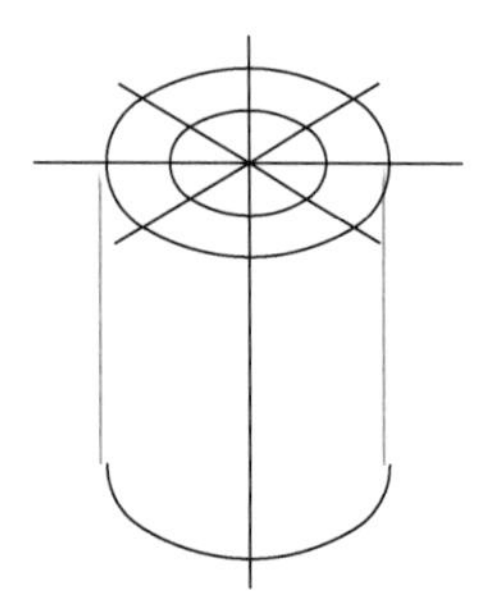
(c) 作与两个椭圆相切的圆柱面轴测投影的转向轮廓线及轴孔

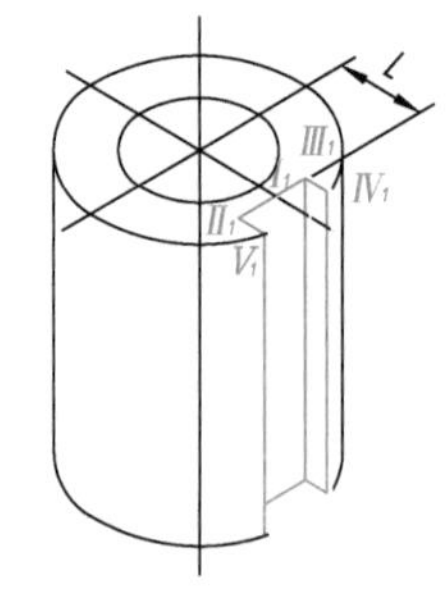

(d) 由L定出I_1，由I_1定II_1、III_1；由II_1、III_1定IV_1、V_1；再作平行于轴测轴的各轮廓线，画全键槽

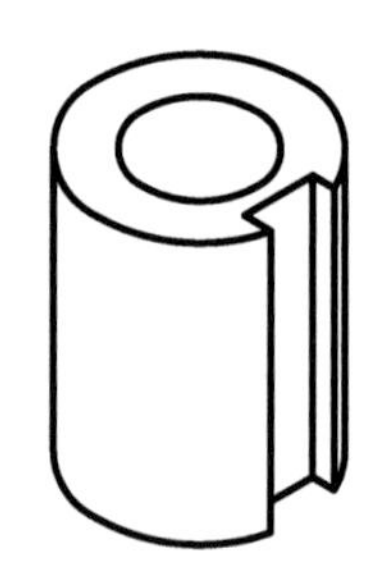
(e) 加深并完成全图

图 6-8　作轴套的正等测

4. 组合体的正等测画法

由于组合体是由一些基本形体组合而成的，因此绘制组合体的轴测图通常采用组合法。

【例 6-4】　作图 6-9（a）所示支架的正等测。

分析： 支架由上、下两块板组成。上面一块竖板的顶面是圆柱面，两侧的斜壁与圆柱面相切，中间有一圆柱孔。下面是一块带圆角的长方形底板，底板的左、右两边都有圆孔。因支架左、右对称，故取后下底边的中点为原点，如图 6-9(a)所示确定坐标轴。

作图过程如图 6-9(b)～(e)所示。

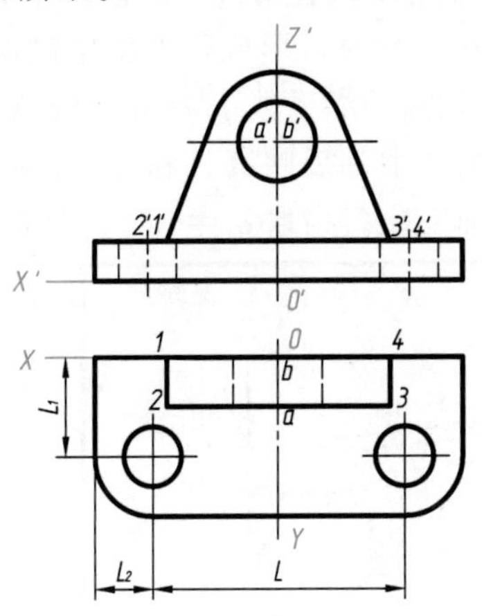

（a）支架的两面投影，确定坐标轴

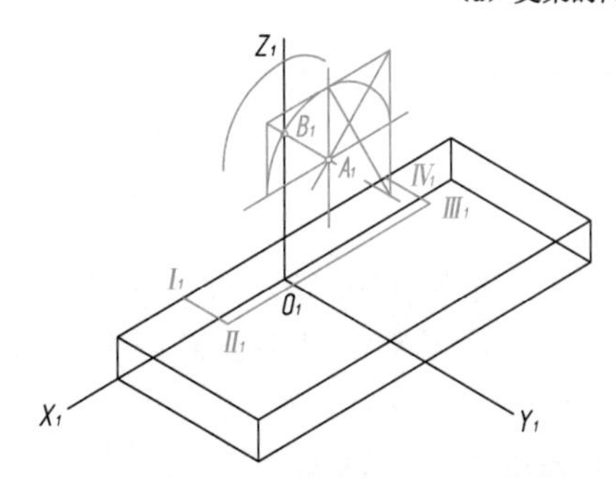

（b）画轴测轴，先画底板的轮廓，再画竖板与它的交线 I_1、II_1、III_1、IV_1；确定竖板后孔口的圆心 B_1，由 B_1 定出前孔口的圆心 A_1，画出竖板顶部圆柱面的正等测近似椭圆弧

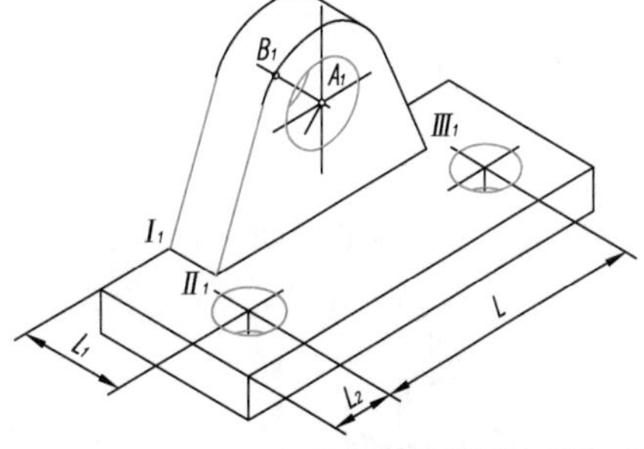

（c）由 I_1、II_1、III_1 各点作椭圆弧的切线，再作出右上方的公切线和竖板上的圆柱孔，完成竖板的正等测；由 L_1、L_2 和 L 确定底板顶面上两个圆柱孔口的圆心，作出这两个孔的正等测近似椭圆

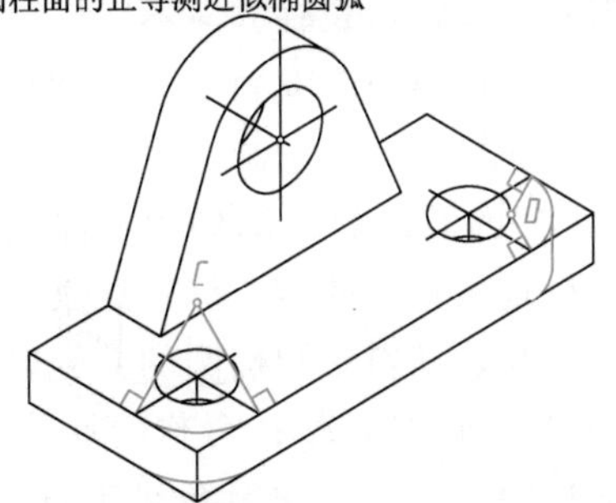

（d）首先从底板顶面上圆角的切点作切线的垂线，交得圆心 C、D，分别在切点间作圆弧，得顶面圆角的正等测；然后作出底面圆角的正等测；最后作右边两圆弧的公切线，完成切割成带两个圆角的底板的正等测

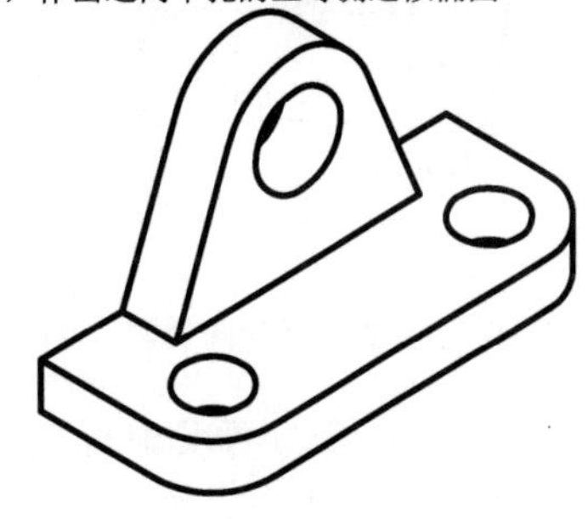

（e）加深并完成全图

图 6-9　作支架的正等测

6.3 斜 二 测

1. 轴间角和各轴向伸缩系数

如图 6-10（a）所示，将坐标轴 OZ 放置成铅垂位置，并使坐标面 XOZ 平行于轴测投影面，当投射方向与三个坐标轴都不平行时，形成正面斜轴测图。在这种情况下，轴测轴 X_1 和 Z_1 仍为水平方向和铅垂方向，轴向伸缩系数 $p_1=r_1=1$，物体上平行于坐标面 XOZ 的直线、曲线和平面图形在正面斜轴测图中都反映真长和真形；而轴测轴 Y_1 的方向和轴向伸缩系数 q_1，可随着投射方向的变化而变化，当取 $q_1\neq 1$ 时，即为正面斜二测。

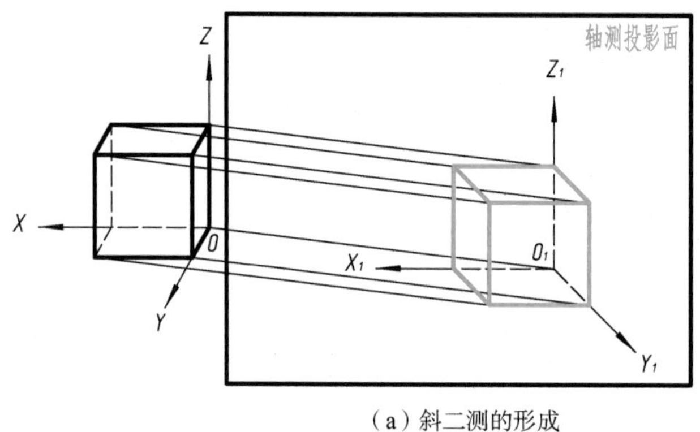

（a）斜二测的形成

（b）轴间角和轴向伸缩系数

图 6-10　斜二测

本节只介绍一种常用的正面斜二测，简称斜二测。如图 6-10（b）所示，斜二测的轴向伸缩系数 $p_1=r_1=1$，$q_1=0.5$，轴间角为 $\angle X_1O_1Z_1=90°$，$\angle X_1O_1Y_1=\angle Y_1O_1Z_1=135°$。

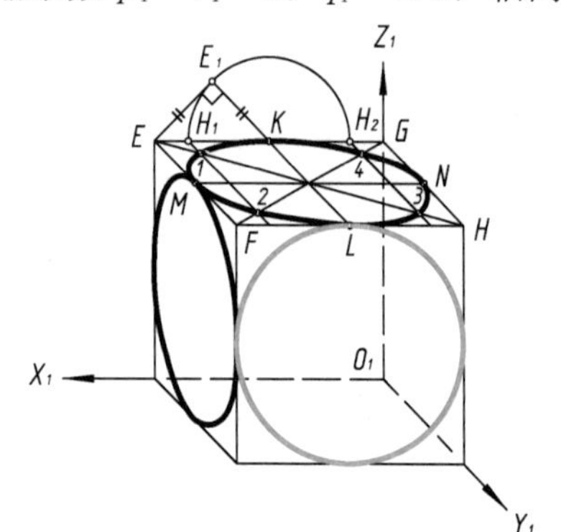

图 6-11　平行于坐标面的圆的斜二测

2. 平行于坐标面的圆的斜二测

图 6-11 画出了立方体表面上三个内切圆的斜二测：平行于坐标面 XOZ 的圆的斜二测，仍是大小相等的圆；平行于坐标面 XOY 和 YOZ 的圆的斜二测都是椭圆，且形状相同，但长轴方向不同。

作平行于坐标面 XOY 和 YOZ 的圆的斜二测时，可用“八点法”作椭圆。图示画法为“八点法”作平行于坐标面 XOY 的圆的斜二测椭圆：先画出圆心和两条平行于坐标轴的直径的斜二测，这就是斜二测椭圆的一对共轭直径，即斜二测椭圆的共轭轴，过共轭轴的端点 K、L、M、N 作共轭轴的平行线，得平行四边形 $EGHF$；再作等腰直角三角形 EE_1K，取 $KH_1=KH_2=KE_1$，分别由 H_1、H_2 作 KL 的平行线，交对角线于点 *1* 、*2* 、*3* 、*4* ，用曲线板将它们和共轭轴的端点连成椭圆。

比较图 6-11 和图 6-7 可知，作圆的正等测椭圆比作圆的斜二测椭圆简便，所以当物体上有平行于两个或三个坐标面的圆时，选用正等测；当物体上具有较多平行于一个坐标面的圆和曲线时，选用斜二测。

3. 画法举例

画斜二测的方法和步骤与作正等测相同。

【例 6-5】 作图 6-12（a）所示压盖的斜二测。

分析： 压盖由圆柱和底板组成。圆柱中间有圆孔；底板左、右、上、下为圆柱面，两侧有圆孔。取底板后面的中心为原点，如图 6-12（a）所示确定坐标轴。

作图过程如图 6-12（b）～（e）所示。

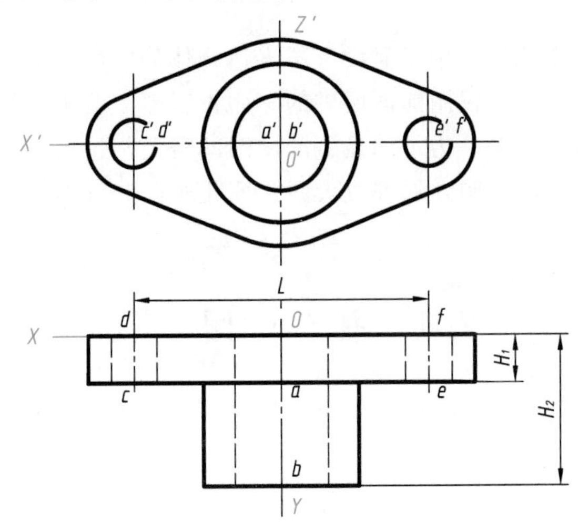

（a）压盖的两面投影和确定坐标轴

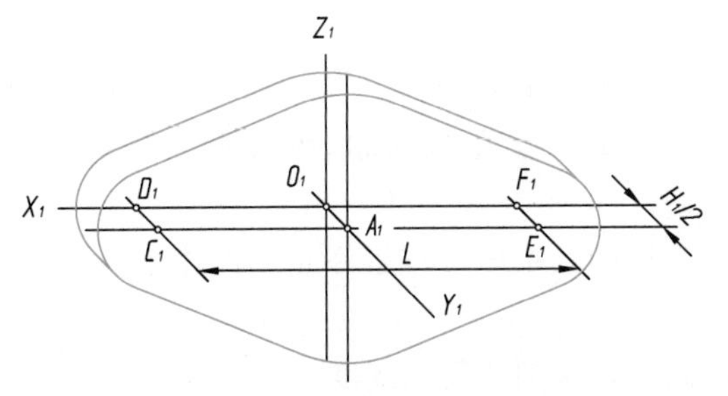

（b）画轴测轴，由两面投影中所标注的尺寸H_1、L确定底板前面的中心A_1和底板两侧圆柱的圆心C_1、D_1、E_1、F_1，画出底板

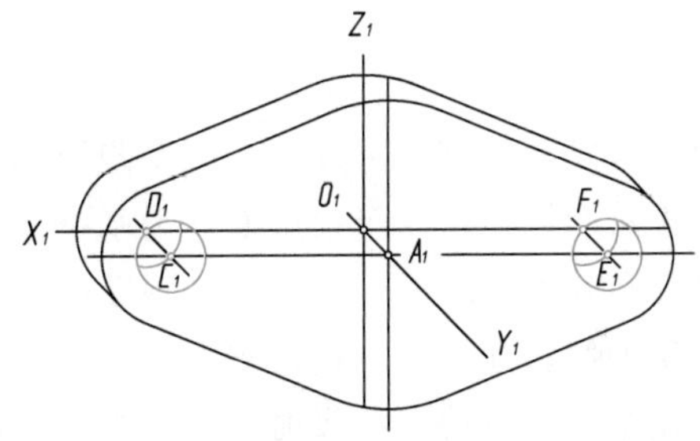

（c）以C_1、D_1、E_1、F_1为圆心作出底板两侧的圆孔

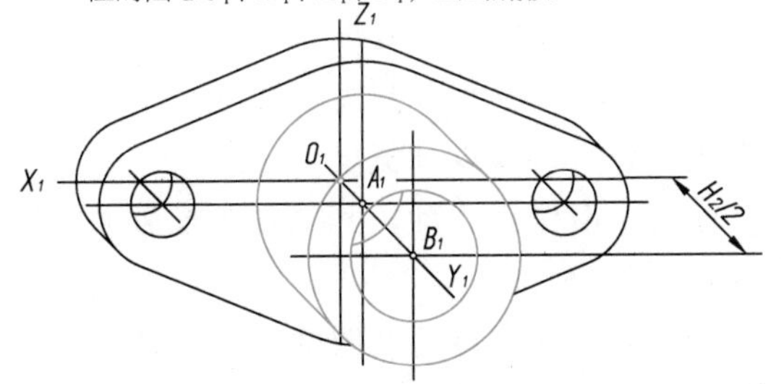

（d）由尺寸H_2确定圆柱前端面的圆心B_1，以A_1、B_1为圆心画出圆柱，再以O_1、B_1为圆心画出圆柱中间的圆孔

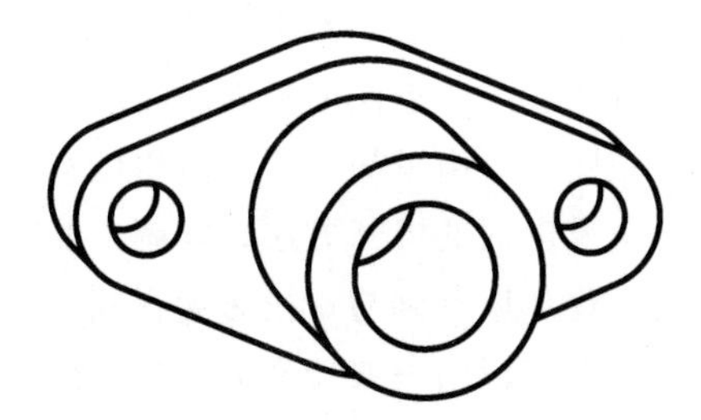

（e）加深并完成全图

图 6-12 作压盖的斜二测

第7章 机件常用的表达方法

前面介绍了正投影的基本原理及用三面投影图表达物体的方法。但在生产实际中，当机件的形状和结构比较复杂时，如果仅用前面所讲的三面投影图，就难以把它们的内外形状和结构准确、完整、清晰地表达出来。为了满足生产用图的需要，技术制图和机械制图有关国家标准规定了视图、剖视图、断面图、局部放大图、简化画法和其他规定画法等，本章重点介绍一些常用的表达方法。

7.1 视　　图

视图是根据有关标准和规定用正投影法所绘出的图形，主要用来表达机件的外部形状和结构，一般只画出机件的可见部分，必要时才用细虚线表达其不可见部分。视图通常分为基本视图、向视图、局部视图和斜视图。

7.1.1 基本视图

当机件的形状比较复杂时，其六个侧面的形状都可能不相同。为了清晰地表达机件的六个侧面，需要在原有 V、H、W 三个投影面的基础上，分别在其对面再增加三个投影面，组成一个正六面体，这六个投影面称为基本投影面。

机件向基本投影面投射所得的视图称为基本视图。把机件放置在正六面体中，分别将其向六个基本投影面投射，就得到六个基本视图。

主视图——由前向后投射所得的视图，反映了机件的长度和高度；

俯视图——由上向下投射所得的视图，反映了机件的长度和宽度；

左视图——由左向右投射所得的视图，反映了机件的高度和宽度；

右视图——由右向左投射所得的视图，反映了机件的高度和宽度；

后视图——由后向前投射所得的视图，反映了机件的长度和高度；

仰视图——由下向上投射所得的视图，反映了机件的长度和宽度。

六个投影面的展开方法，如图 7-1 所示。正投影面保持不动，其他各个投影面按箭头所示方向，逐步展开到与正投影面在同一个平面上。

六个基本视图一般按六面体的展开位置配置，且一律不标注视图的名称，如图 7-2 所示。

六个基本视图之间仍符合“长对正、高平齐、宽相等”的关系。以主视图为基准，除后视图外，其他视图在远离主视图的一侧，仍表示机件的前侧部分；而靠近主视图的一侧，表示机件的后侧部分。

虽然机件可以用六个基本视图来表达，但在实际应用中，并不是所有机件都需要采用六个基本视图来表达，应针对机件的实际形状和结构特点按以下原则选择视图。

(1) 在完整、清晰地表达机件结构形状的前提下，力求视图的数量最少。

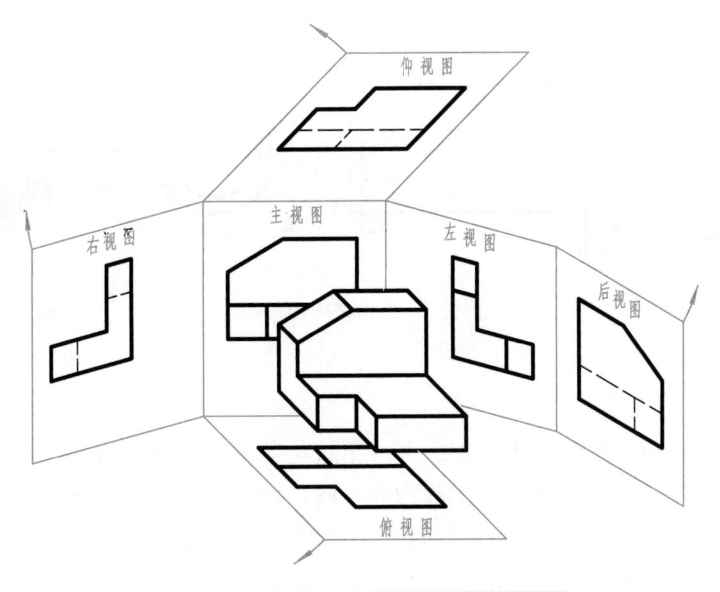

图 7-1　六个基本视图的形成及其展开

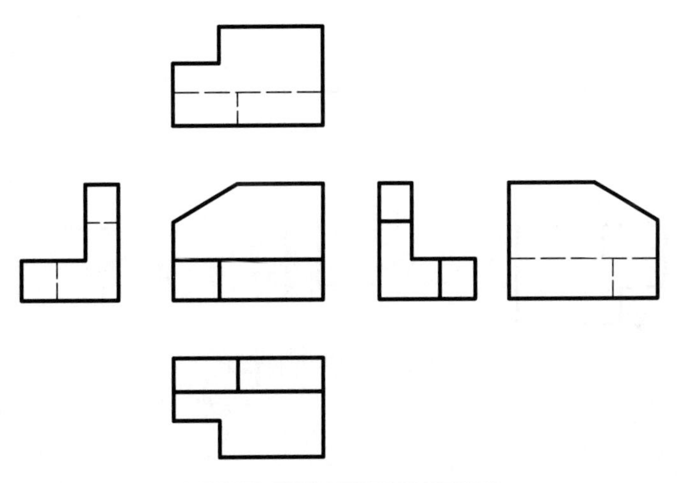

图 7-2　六个基本视图的配置

（2）尽量避免使用细虚线表达机件的轮廓。但尚未表达清楚的结构，其投影细虚线仍应画出。

（3）避免不必要的细节重复表达。

如图 7-3 所示的机件，可按其轴线位置侧垂安放，并以垂直于轴线的方向作为主视图的投射方向。选择视图时，如果只采用主、左视图，虽然能完整表达这个机件，但由于左、右两凸缘的形状不同，左视图将会出现许多细虚线，影响图形的清晰程度和增加标注尺寸的困难。现再增加一个右视图，就能完整和比较清晰地表达这个机件。图 7-3 中，机件的内腔结构和凸缘上孔的深浅在左、右视图中未能表达清楚，故在主视图中画出了表达内腔结构和孔的细虚线。而左、右凸缘及小孔的形状结构分别在左、右视图中已表达清楚，故在这两个视图中省略了凸缘和小孔的细虚线。

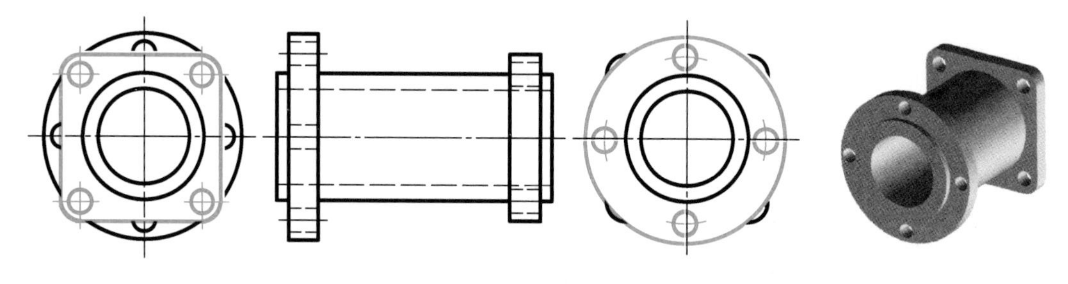

7-3

图 7-3 基本视图的应用

7.1.2 向视图

向视图是可以自由配置的基本视图。若一个机件的基本视图不按图 7-2 所示配置，或不能画在同一张图纸上，则把此基本视图称为向视图。此时，应在视图上方用大写拉丁字母标出视图的名称“×”，并在相应的视图附近用箭头和相同的大写字母表示该向视图的投射方向。如图 7-4 所示，在视图上方分别标注了大写字母 A、B 的两个视图均为向视图。图中未加标注的四个视图是基本视图：主视图、俯视图、左视图和后视图。

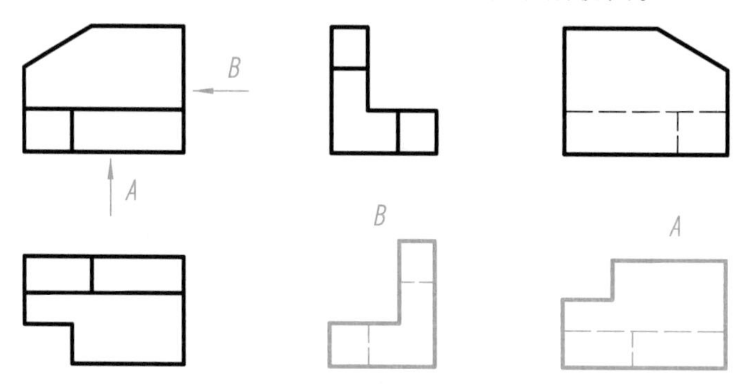

图 7-4 向视图及其标注

7.1.3 局部视图

将机件的某一部分向基本投影面投射所得的视图，称为局部视图。

局部视图用于表达机件的局部形状。如果机件的主要形状已在基本视图上表达清楚，只有某一局部的形状尚未表达清楚，可只将机件的该部分向基本投影面投射，得到的相应视图称为局部视图。

如图 7-5（a）所示的机件，画出了主视图和俯视图，但在这两个视图中，两侧凸台的形状还没有表达清楚，故只将此两局部结构分别向左视图和右视图的投影平面进行投射，即采用了 A、B 两个局部视图来表达两侧凸台的形状。这样表达既完整、清晰，又重点突出，简单明了，便于画图和看图。

画局部视图时应注意以下方面。

（1）局部视图一般用波浪线或双折线表示断裂部分的边界，如图 7-5（b）中的局部视图 A 所示。但是，如果所表达的局部结构的外轮廓线是封闭的，波浪线可省略不画，如图 7-5（b）中的局部视图 B 所示。

（2）局部视图可按基本视图的配置形式配置，且可以不标注，如图 7-5（b）中的局部视

图 A 可以不标注；也可按向视图的配置形式自由配置，此时需加标注，标注形式与向视图相同，如图 7-5（b）中的局部视图 B 所示。

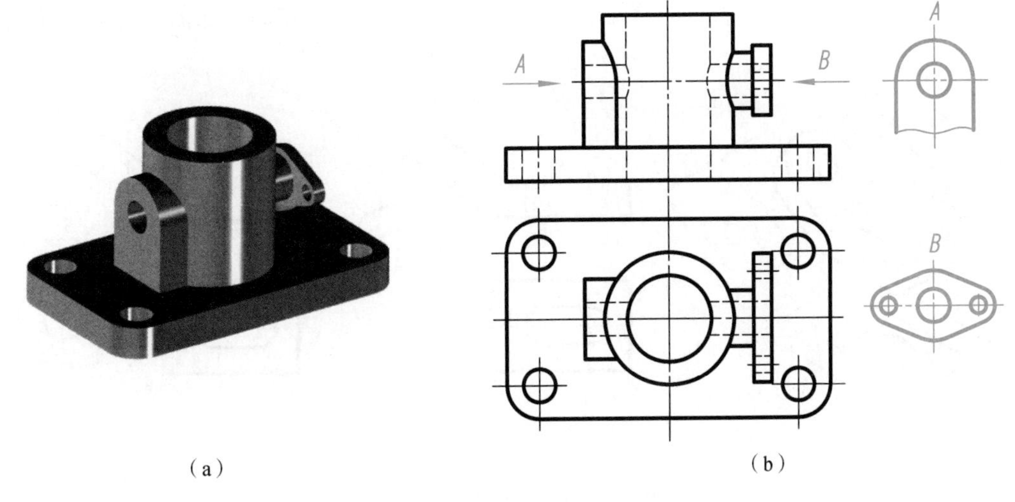

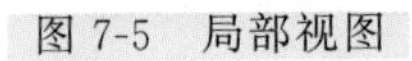

图 7-5　局部视图

（3）为了节省绘图时间和图幅，对于对称的构件或机件的视图，可只画一半或 1/4，以对称符号示之，具体画法为：在对称线的两端画出两条与其垂直的相互平行细实线，如图 7-6 所示，此时，可将其视为以细点画线作为断裂边界的局部视图的特殊画法。

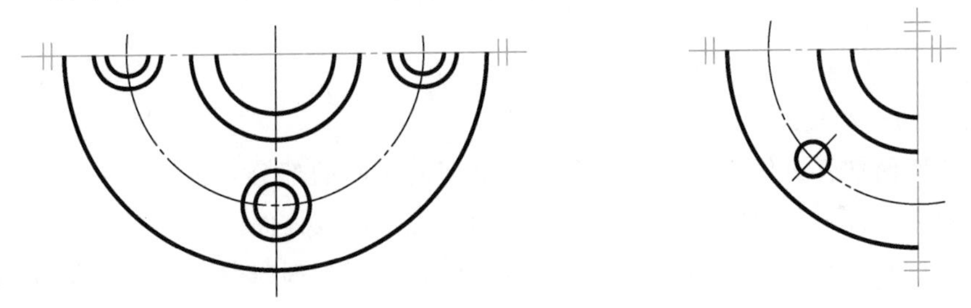

图 7-6　对称机件的局部视图

7.1.4　斜视图

将机件向不平行于基本投影面的平面投射所得到的视图称为斜视图。

斜视图主要用于表达机件上相对于基本投影面处于倾斜位置的局部结构的形状。如图 7-7（a）所示，机件右边处于正垂位置的斜板部分倾斜于基本投影面，在基本视图上不能反映斜板部分真实形状。为了清晰地表达这一部分的结构形状，可加一个平行于斜板部分的正垂面作为辅助投影面，然后用正投影法将斜板部分向辅助投影面投射，就可得到反映倾斜部分真实形状的斜视图，如图 7-7 中的斜视图 A 所示。

画斜视图时应注意以下方面。

（1）斜视图通常按向视图的配置形式配置和标注，即用大写拉丁字母及箭头指明投射方向，且在斜视图上方用相同字母注明视图的名称，所有字母都必须水平书写，如图 7-7（b）所示。

（2）斜视图只要求表达倾斜部分的局部形状，其余部分不必在斜视图中绘出，可用波浪线表示其断裂边界。

(3) 必要时，允许将斜视图旋转放正，并加注旋转符号“⌒”，大写字母要放在靠近旋转符号的箭头端。旋转符号表示的旋转方向应与图形的旋转方向相同，如图 7-7 (c) 所示。

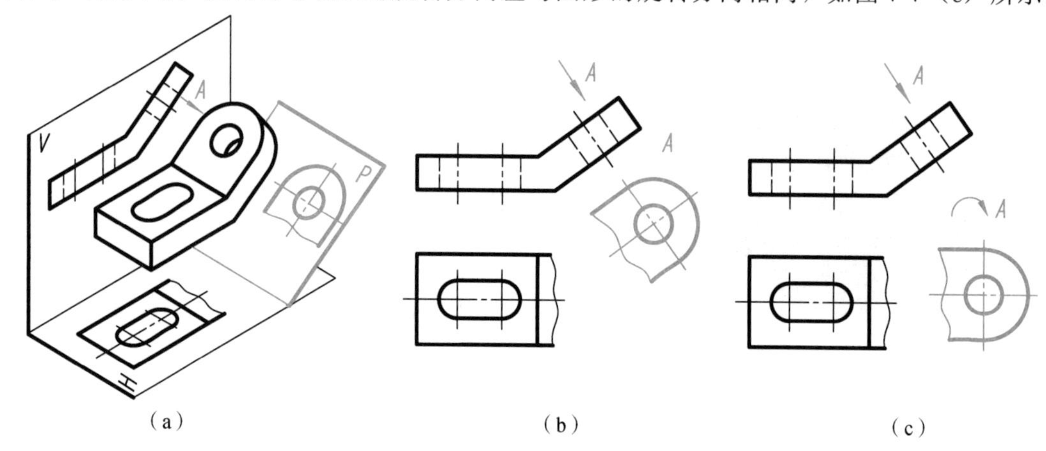

图 7-7 斜视图的形成及画法

7.2 剖 视 图

当机件的内部结构比较复杂时，若只用视图来表达，就会出现许多细虚线，这样给看图和标注尺寸都带来不便。为了清楚地表达机件的内部结构，可根据国家标准的规定采用剖视图。

7.2.1 剖视图的基本概念和画法

1. 剖视图的基本概念

假想用剖切面剖开机件，将处在观察者和剖切面之间的部分移去，而将其余部分向投影面投射所得的图形称为剖视图，简称剖视。剖切面为平面或柱面。

如图 7-8 (a) 所示，假想用一平面沿机件的前、后对称面将其剖开，将处在观察者和剖

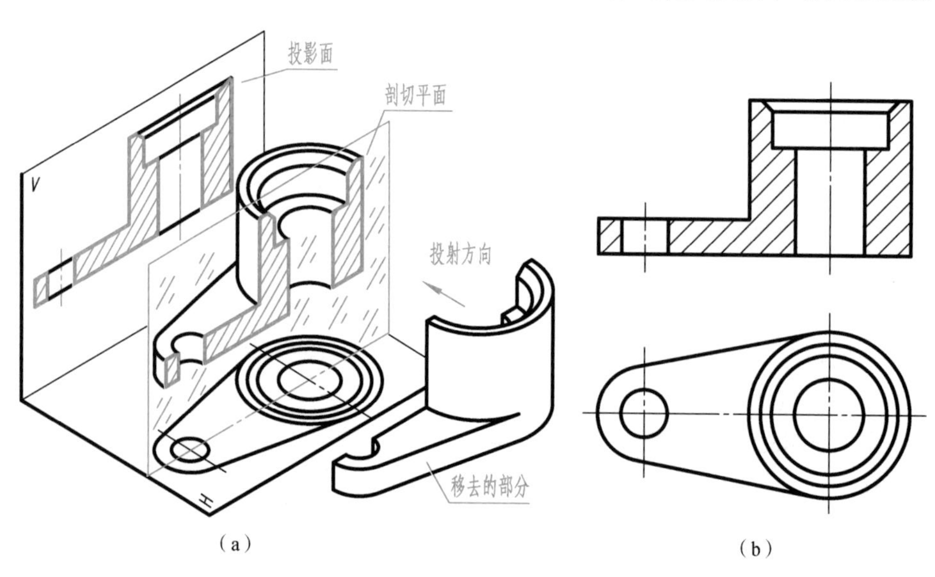

7-8

图 7-8 剖视图的形成

切面之间的前半部分移去，只将剖切断面和断面后的可见部分沿箭头所指的方向进行投射，即得到如图 7-8（b）所示的剖视图。

2. 剖视图的画法

以图 7-8 所示的机件在主视图上画剖视图为例，说明画剖视图的步骤。

（1）弄清机件的内、外形状和总体特征，画出机件的视图，如图 7-9（a）所示。该机件前、后完全对称，且机件上左、右两端的孔均处于正平位置的前、后对称面上。

（2）确定剖切面的剖切位置。如图 7-9（a）所示，根据机件的结构特征，选择剖切平面与机件的前、后对称面重合。

（3）在已画好的视图上重绘出断面的形状，并在断面区域中绘出剖面符号，如剖面线，如图 7-9（b）所示。

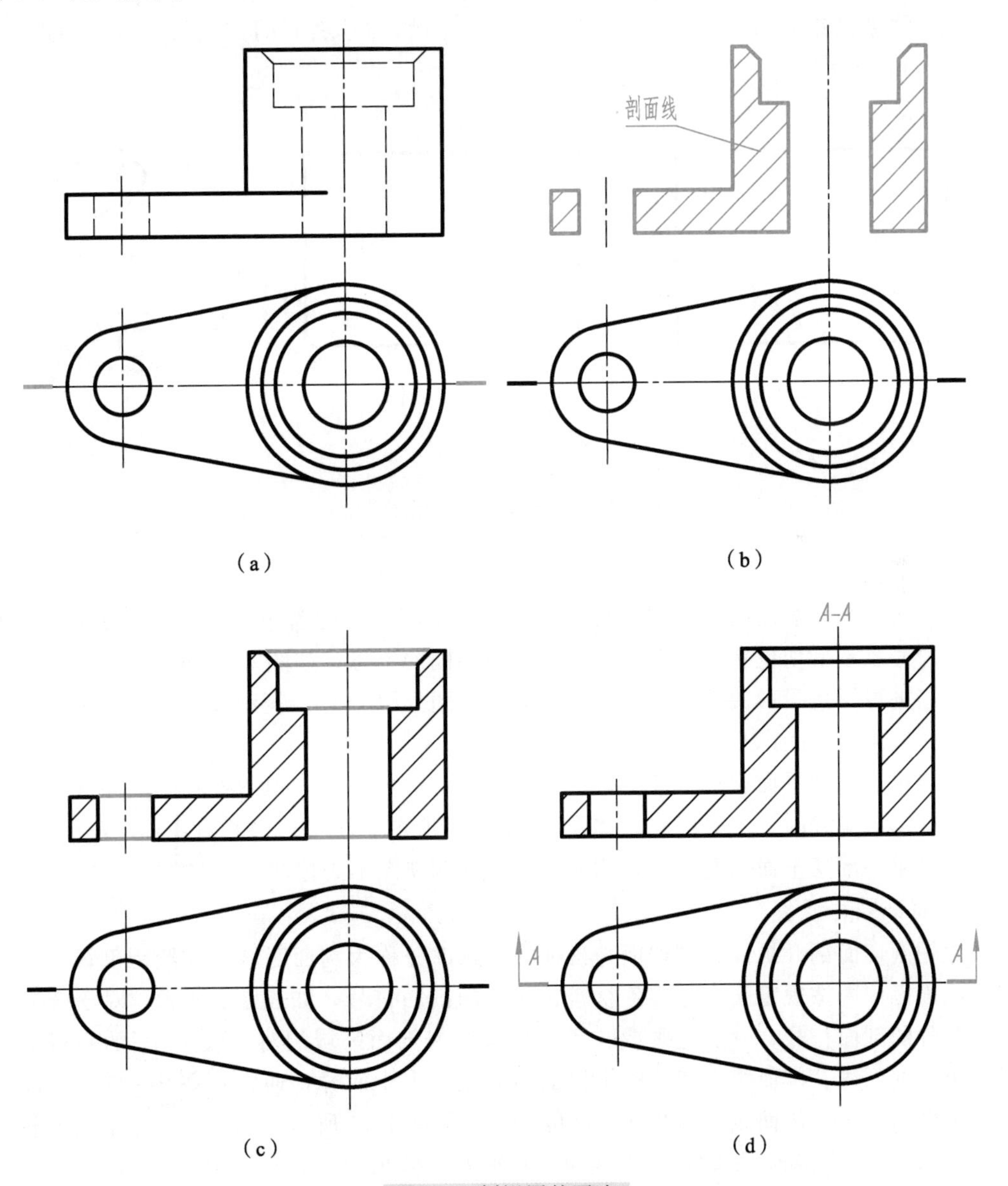

图 7-9　剖视图的画法

（4）重绘断面后的可见轮廓，并在所有视图中擦去已表达清楚的细虚线，如图 7-9（c）所示。

（5）按照规定的方法进行标注，如图 7-9（d）所示。

3. 剖视图的标注

1）剖视图标注的三要素

（1）剖切线——指示剖切面位置的线，用细点画线表示。

（2）剖切符号——指示剖切面起、讫和转折位置及投射方向的符号，分别用粗短画和箭头表示。箭头画在指示剖切面位置的起、讫处，并与粗短画垂直，如图 7-10 所示。

（3）字母——注写在剖视图上方，用以表示剖视图的名称的大写拉丁字母。为便于读图时查找，应在剖切符号附近注写相同的字母。

以上三要素的组合标注如图 7-10（a）所示。剖切符号之间的剖切线一般可省略不画，如图 7-10（b）所示。

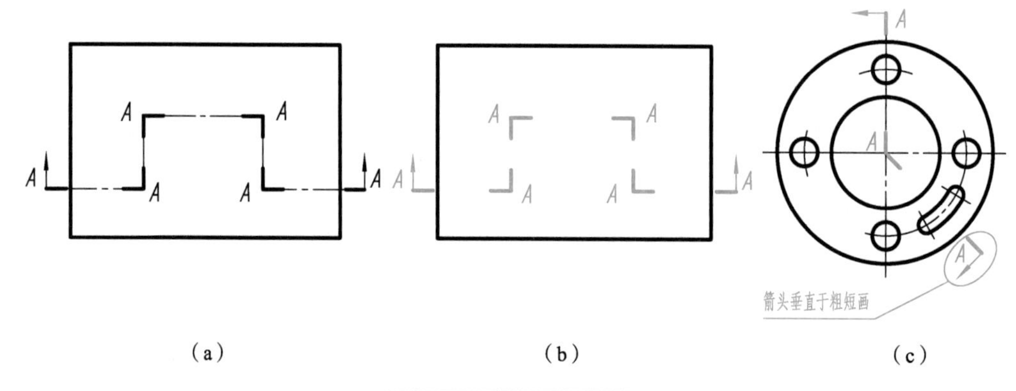

图 7-10 剖视图的标注

2）剖视图的标注方法

（1）一般应在剖视图的上方用大写拉丁字母标出剖视图的名称“×-×”，在相应的视图上用剖切符号表示剖切位置和投射方向，并标注相同的字母，如图 7-9（d）所示。

（2）当剖视图按投影关系配置，中间又无其他图形隔开时，表示投射方向的箭头可以省略，如图 7-15 中的 *A-A* 剖视图所示。

（3）当单一剖切平面通过机件的对称面或主要对称面，且剖视图按投影关系配置，中间又没有其他图形隔开时，不必标注，如图 7-13（b）所示。图 7-9（d）可不标注。

（4）当单一剖切平面的剖切位置明显时，局部剖视图不必标注。

4. 剖面符号的画法

假想用剖切面剖开机件，剖切面与机件的接触部分称为剖面区域。在绘制剖视图时，通常应在剖面区域内按规定画出与零件材料相对应的剖面符号，如表 7-1 所示，对于金属材料制成的零件的剖面符号，一般应画成与主要轮廓线或剖面区域的对称线呈 45°的一组平行细实线，也称剖面线。剖面线之间的距离视剖面区域的大小而异，通常可取 2～4mm；同一零件的各个剖面区域的剖面线方向相同，间隔相等，如图 7-11 所示。当剖视图中的主要轮廓线与水平方向呈 45°或接近 45°时，剖面线应与水平方向呈 30°或 60°，如图 7-12 所示。

表 7-1　常用材料的剖面符号

金属材料 （已有规定剖面符号除外）		液体	
非金属材料 （已有规定剖面符号除外）		线圈绕组元件	
型砂、填砂、砂轮、陶瓷刀片、硬质合金刀片、粉冶金等		转子、电枢、变压器和电抗器等的叠钢片	
玻璃及供观察者用的其他透明材料		隔网 （筛网、过滤网等）	
木材纵断面		木材横断面	
混凝土		钢筋混凝土	

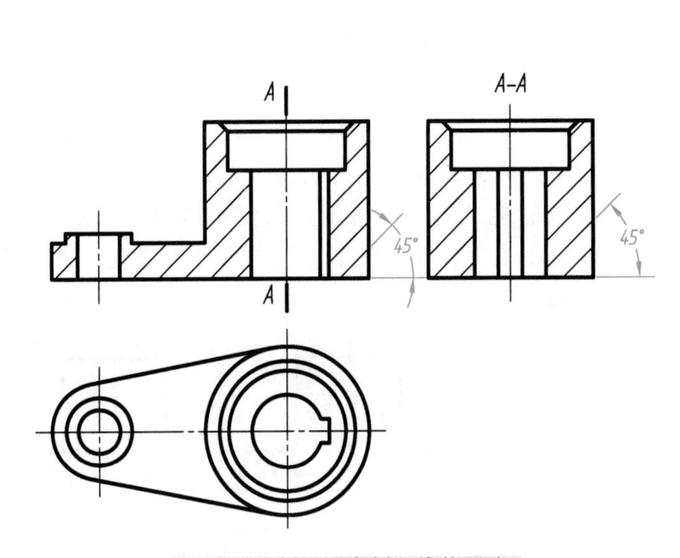

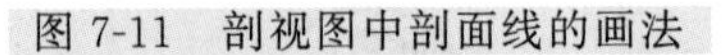
图 7-11　剖视图中剖面线的画法

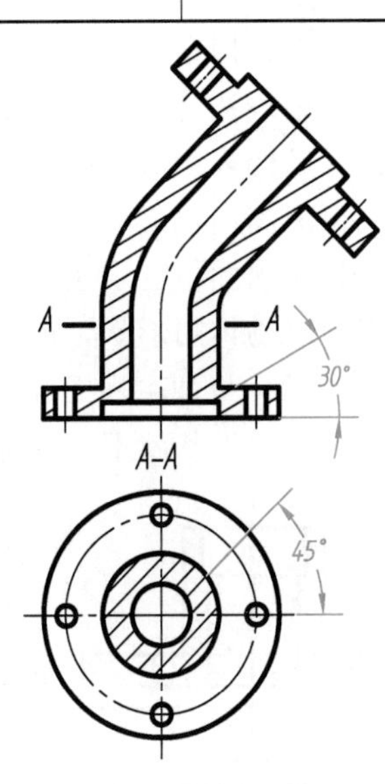

图 7-12　30°或 60°剖面线示例

5. 画剖视图应注意的问题

（1）合理确定剖切面的位置。为了在剖视图中表达内部结构的实形，剖切面应该平行于相应的投影面，并尽量通过机件的回转轴线。当机件在剖视图投射方向对称时，剖切面应与机件的该对称面重合，即通过机件的对称面剖切；当机件在剖视图投射方向不对称时，剖切面则应通过所需表达的内部结构的中心位置剖切。

（2）由于剖视图是假想用剖切面剖开机件后画出的，因此，当机件的某个视图画成剖视图后，机件的其他视图仍应完整地画出，如图 7-13（b）所示；而不应只画剖切后剩余的部分，如图 7-13（a）所示的俯视图是错误的。

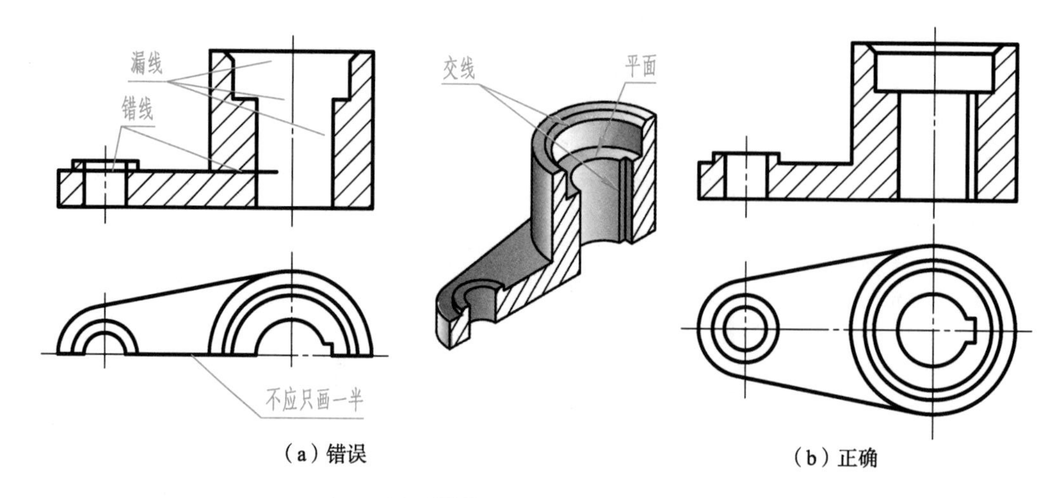

(a) 错误　(b) 正确

图 7-13　剖视图的常见错误

（3）位于剖切断面后方的可见轮廓线应全部绘出，避免漏线和错线，如图 7-13（a）所示的主视图是错误的。

（4）对于剖切断面后方的不可见部分，若在其他视图中已表达清楚，则剖视图中相应的细虚线应省略，即在一般情况下剖视图中不画细虚线。在图 7-14 中，机件底板上的台阶形状已在左视图中表达清楚，故在剖视图中不应画出其投影细虚线。此外，机件采用剖视图表达后，机件上已经表达清楚的内部结构在其他视图中也不应绘出。例如，在图 7-14 中，机件上的孔在剖视图和俯视图中已表达清楚，故左视图中孔的细虚线不应绘出；机件底板上的方槽在剖视图和左视图中已表达清楚，故俯视图中方槽的细虚线不应绘出。但是，若省略细虚线后，不能确定物体的形状，或画出少量细虚线后能节省一个视图，则应画出对应的细虚线。如图 7-15所示，机件主视图和俯视图均采用剖视表达，如果省略主视图中的细虚线，则机件前、后方的凸台形状就不能确定，需另加一局部视图。

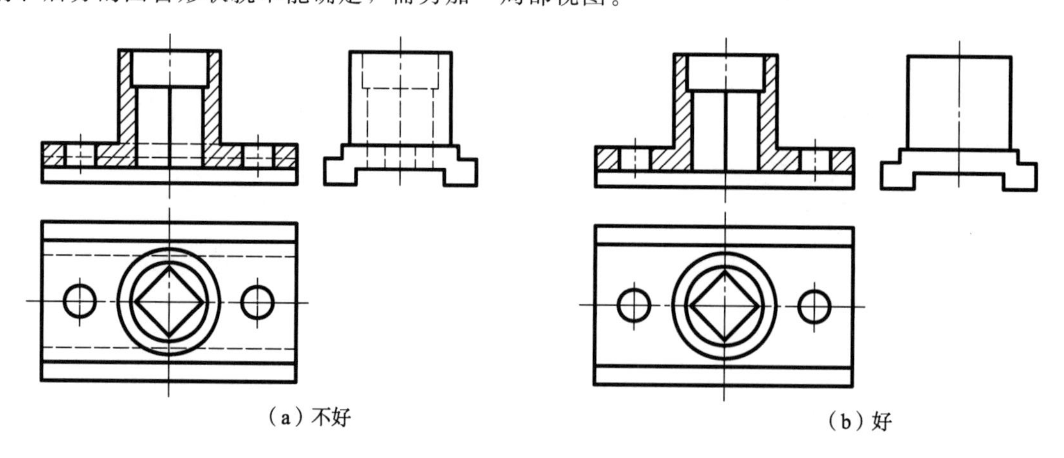

(a) 不好　(b) 好

图 7-14　剖视图中的细虚线问题（一）

（5）根据国家标准的规定，对于机件上的肋、轮辐及薄壁等，如被剖切面纵向剖切，则这些结构通常按不剖绘制，即不画剖面符号，只需用粗实线将它与相邻部分分隔开；但若相邻部分为回转体，则应用回转体转向轮廓线分界，如图 7-16～图 7-18 所示。

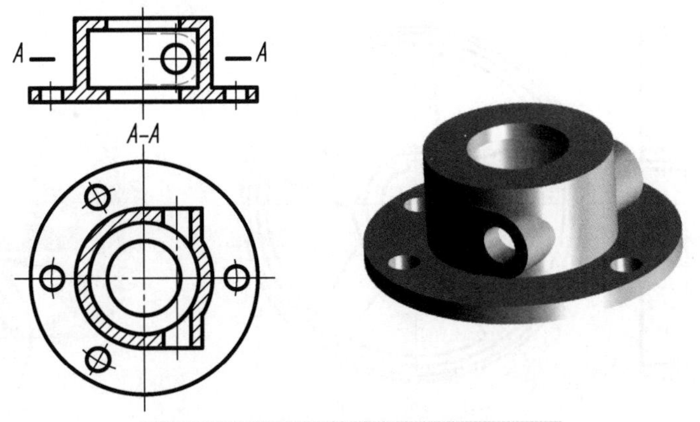

图 7-15 剖视图中的细虚线问题（二）

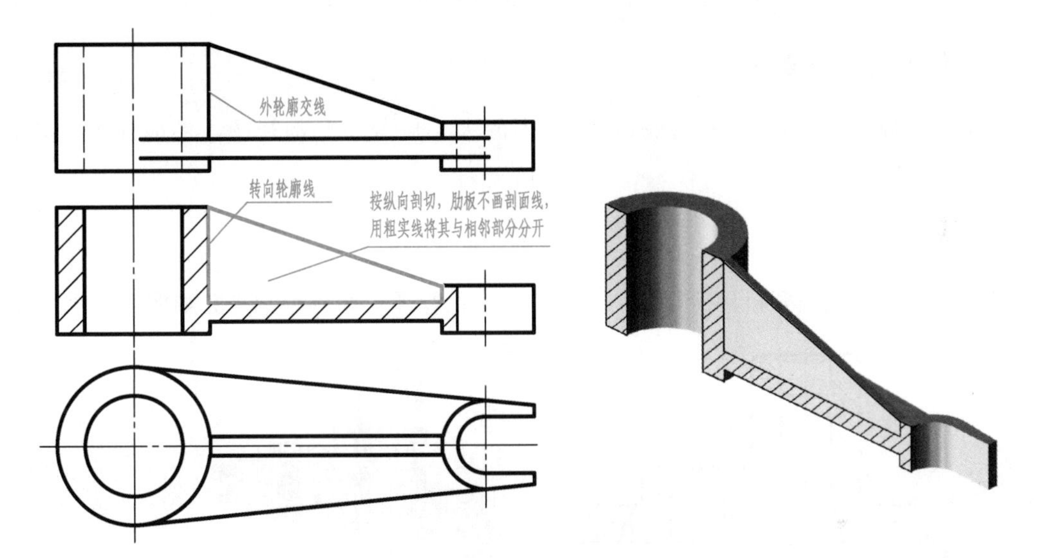

图 7-16 剖视图中肋板的规定画法（一）

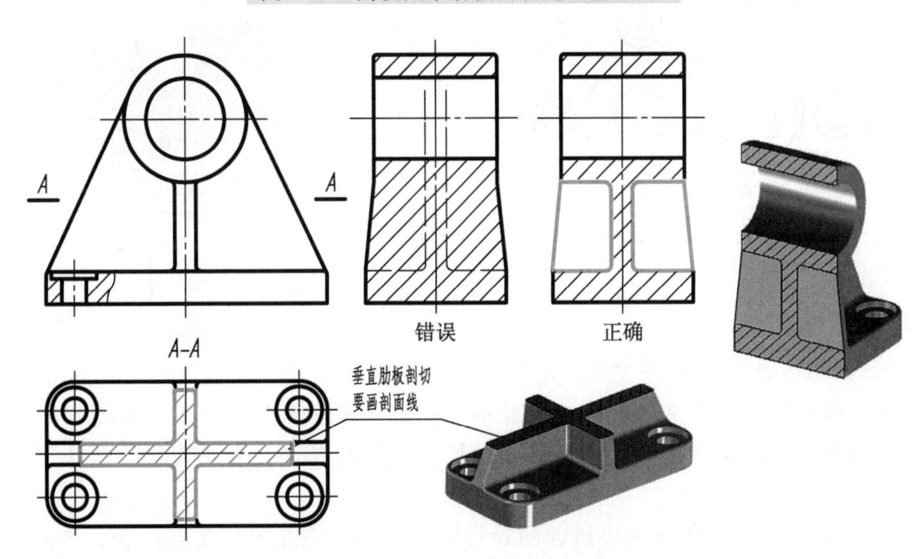

图 7-17 剖视图中肋板的规定画法（二）

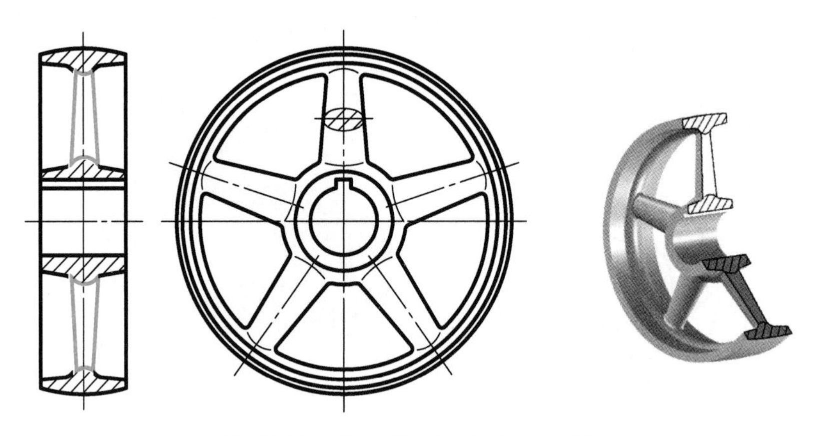

图 7-18 剖视图中轮辐的规定画法

7.2.2 剖视图的种类

根据国家标准的规定，剖视图按剖切范围的大小可分为全剖视图、半剖视图、局部剖视图。

1. 全剖视图

1）全剖视图的概念

用剖切面完全地剖开机件所得的剖视图称为全剖视图，简称全剖视，如图 7-19 所示。

7-19

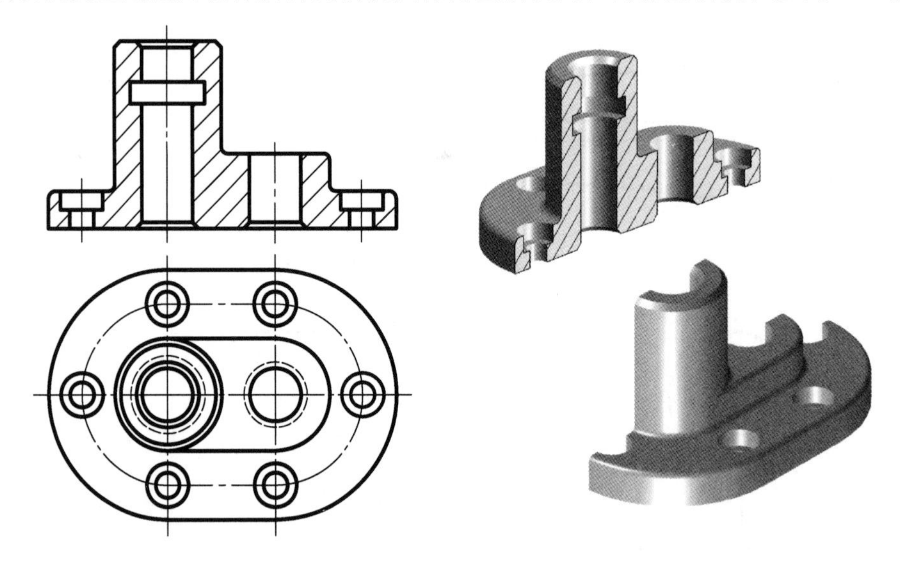

图 7-19 全剖视图

2）全剖视图的适用范围

当机件的外形简单，内部结构较复杂又不对称时，常采用全剖视图。如图 7-19 所示的机件，其外形为简单的长圆柱形，而内部结构较复杂，且机件左、右不对称，故主视图采用全剖视图表达。

在图 7-19 中，由于剖切面通过机件的对称面，且剖视图按投影关系配置，中间没有其他图形隔开，故可省略标注。

2. 半剖视图

1）半剖视图的概念

当机件具有对称平面时，向垂直于对称平面的投影面投射所得的图形，可以对称中心线为界，一半画成剖视图，另一半画成视图，这种剖视图称为半剖视图，简称半剖视，如图7-20所示。

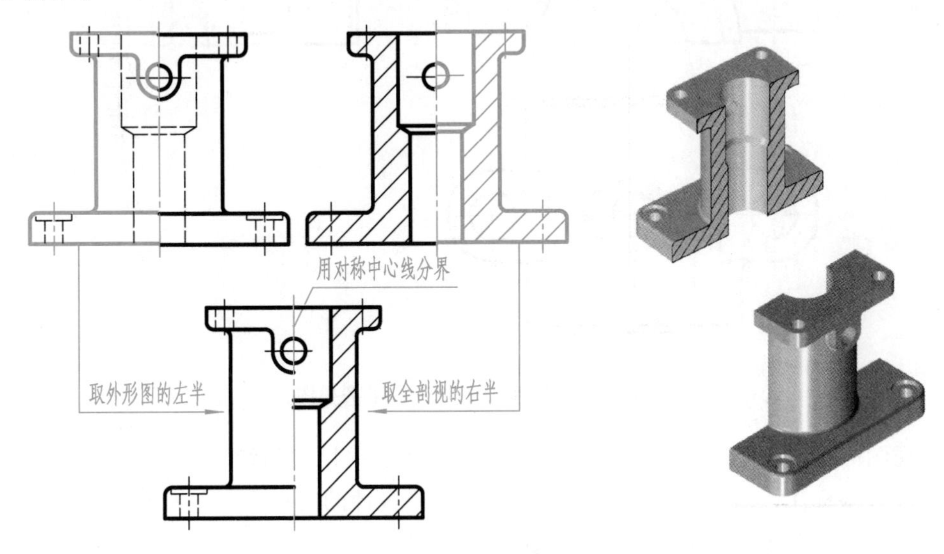

图7-20　半剖视图的概念

2）半剖视图的适用范围

半剖视图的特点是用剖视图和外形图的各一半来表达机件的内、外形状。所以，当机件的内、外形状均需表达，且机件的形状又对称时，常采用半剖视图表达机件。如图7-21所示机件的内、外结构都复杂，均需要表达，如果主视图采用全剖视，则机件前方的凸台将被剖掉，在主视图中就不能完整地表达机件的外形。而由于机件左、右对称，因此可将主视图画成半剖视图，这样既反映了内部结构，又保留了机件的外部形状；该机件前、后也对称，因此将俯视图也画成半剖视图，这样既反映了内部结构，又保留了机件顶部方板的形状。

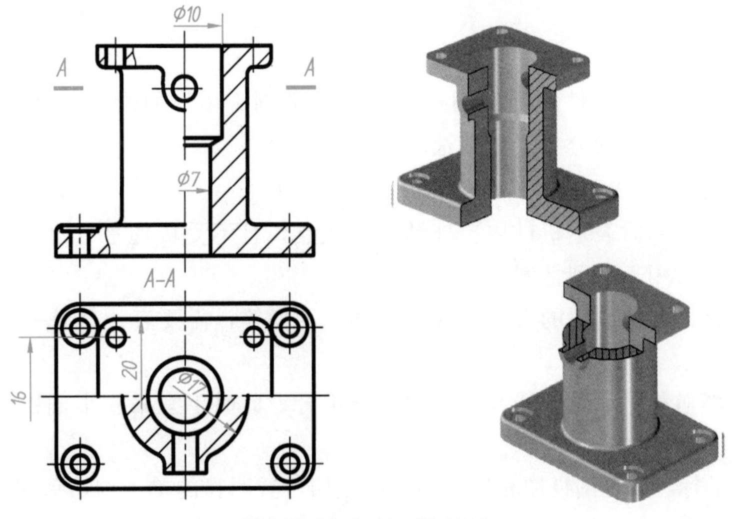

7-21

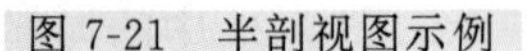
图7-21　半剖视图示例

此外，当机件的形状接近对称，且不对称部分已在其他视图中表达清楚时，也可采用半剖视图。如图 7-22 中的主视图所示。

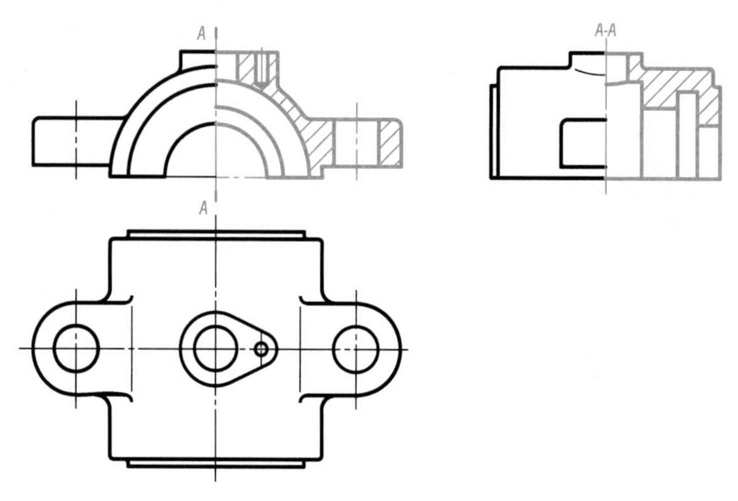

7-22

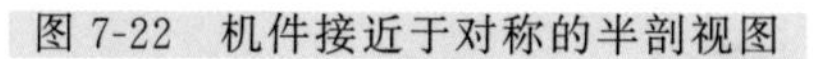
图 7-22 机件接近于对称的半剖视图

半剖视图的标注与全剖视图相同。图 7-21 中主视图采用的剖切平面通过机件的前、后对称面，故可省略标注；而俯视图所用的剖切平面不是机件的对称平面，故应标注出剖切面位置和名称，由于视图按投影关系配置，箭头可以省略。

3）画半剖视图时应注意的问题

（1）国家标准规定，半剖视图中的半个视图画在左边，半个剖视图画在右边，且二者的分界线应为对称中心线，不能画成粗实线，如图 7-20 所示。

（2）在表示外形的半个视图中，一般不画细虚线，但对于孔、槽要画出中心线位置。对于那些在半剖视图中尚未表达清楚的结构，可以在半个视图中作局部剖，如图 7-21 所示。

（3）在半剖视图中标注尺寸时，由于许多结构的投影轮廓线只画出了一半，特别是内部结构的投影轮廓线，故只在尺寸线的一端绘出箭头并指到尺寸界线，而另一端只需略超出对称中心线，且不画箭头，注出完整结构的尺寸，如图 7-21 中的 $\phi 10$ 和 20 等所示。

3. 局部剖视图

1）局部剖视图的概念

用剖切面局部地剖开机件所得的剖视图称为局部剖视图，如图 7-23 所示。局部剖视图中，被剖部分与未剖部分的分界线用波浪线或双折线绘制。

2）局部剖视图的适用范围

局部剖视图具有同时表达机件内、外结构的优点，且不受机件是否对称的条件限制，所以应用比较广泛，常用于下列情况。

（1）某些规定不允许剖视的实心杆件，如轴、手柄等，需要表达某处的内部结构时，如图 7-24 所示。

（2）机件虽然对称，但轮廓线与对称中心线重合，此时不宜采用半剖视，而应采用局部剖视，如图 7-25 所示。

局部剖视图的标注与全剖视图相同。如果用剖切位置明显的单一剖切平面剖切，局部剖视图可以不标注，如图 7-24、图 7-25 所示；图 7-23 中的局部剖视“*A-A*”按规定省略了箭头。

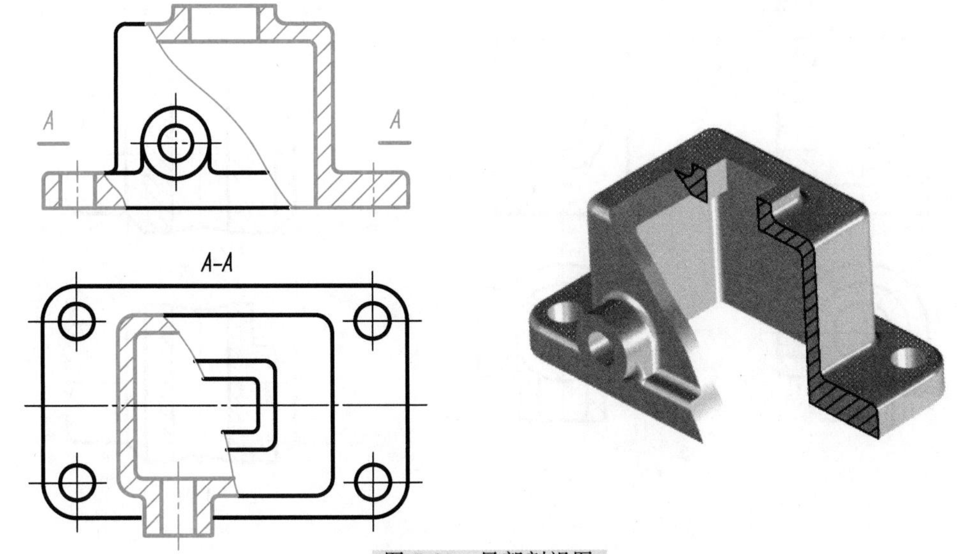

7-23

图 7-23　局部剖视图

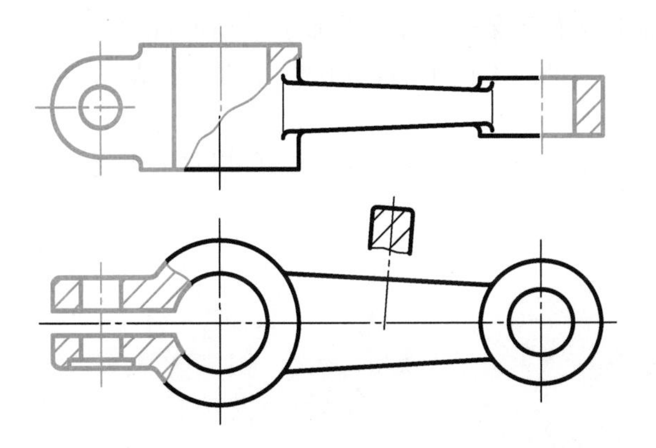

7-24

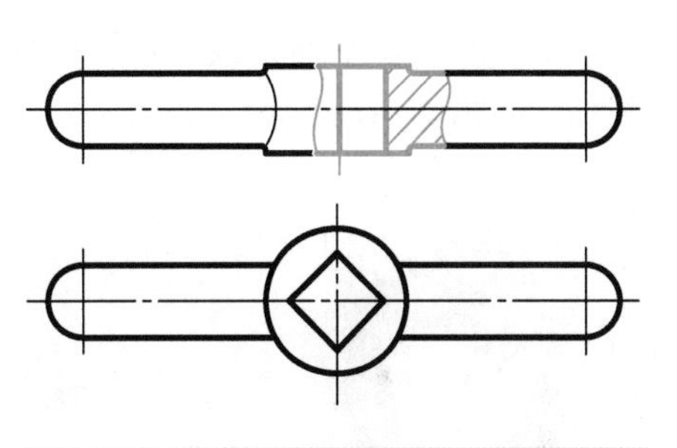

7-25

图 7-24　不宜采用全剖视的局部剖视图

图 7-25　不宜采用半剖视的局部剖视图

3）画局部剖视图应注意的问题

（1）局部剖视图一般用波浪线与视图部分分界，波浪线表示机件断裂的轮廓线，因此，波浪线不能超出视图的轮廓线；遇槽、孔洞等空心结构时不能穿空而过；不能与视图中其他图线重合或画在轮廓线的延长线上，如图 7-26 所示。

（2）当被剖切的局部结构为回转体时，允许以该结构的中心线作为局部剖视与视图的分界线，即用中心线代替波浪线，如图 7-24 所示。

（3）局部剖视是一种比较灵活的表达方法，其剖切位置和范围可根据实际需要而定，若应用得当，可使机件的表达简明清晰；但在一个视图中，局部剖视的数量不宜过多，以免使图形显得支离破碎。

7.2.3　剖切面的种类

剖视图能否清晰地表达机件的结构形状，剖切面的选择很重要。剖切面共有以下三种，应用其中任何一种都可得到全剖视图、半剖视图和局部剖视图。

1. 单一剖切面

常用的单一剖切面有单一剖切平面和单一斜剖切平面两种。

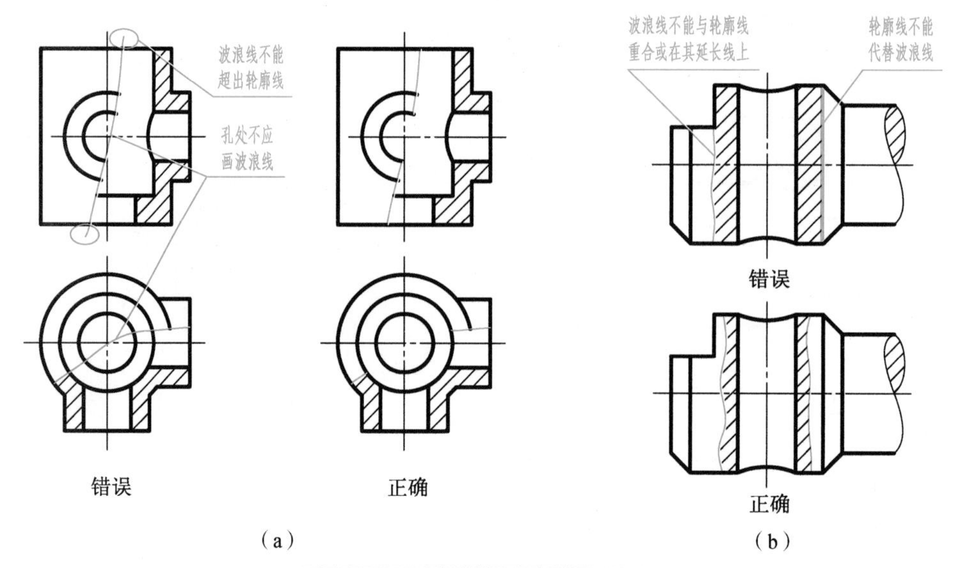

图 7-26 局部剖视波浪线的画法

(1) 单一剖切平面。这种剖切平面的特征是平行于某一基本投影面。前面所讲的全剖视图、半剖视图、局部剖视图的例子，都是用的这种剖切平面剖切得到的，这是一种最为常用的剖切方法。

(2) 单一斜剖切平面。该剖切平面的特征是垂直于某一基本投影面。可用它来表达机件上倾斜部分的内部结构形状，如图 7-27 所示。

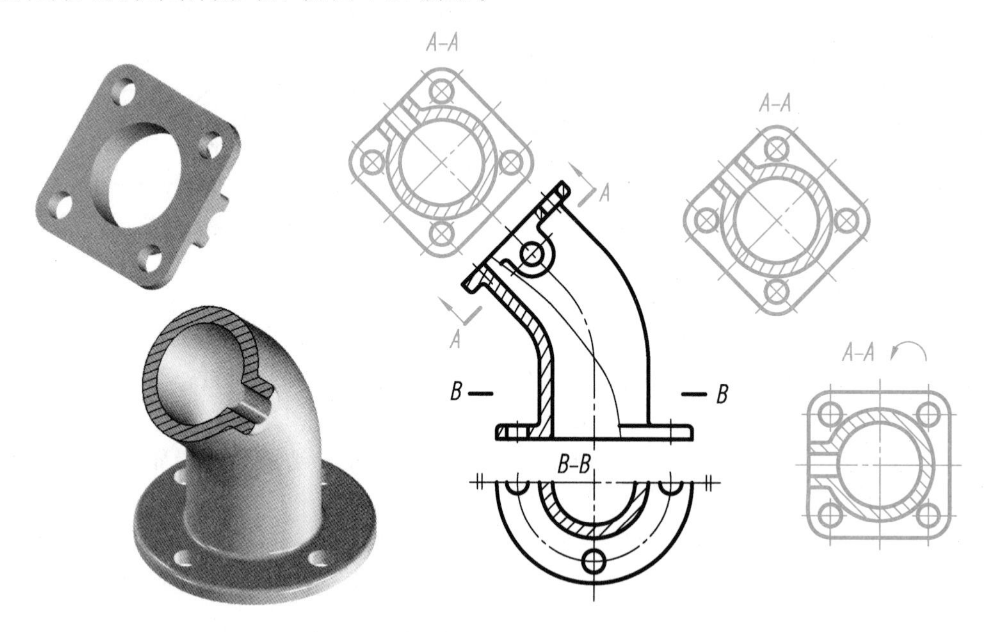

图 7-27 单一斜剖切平面获得的剖视图

这种剖视图必须标注。虽然剖切平面是倾斜的，但字母必须水平书写。这种剖视图一般要按投影关系配置，在不致引起误解的情况下，也允许将图形旋转，但必须标注，标注方法与斜视图类似，如图 7-27 所示。

2. 几个平行的剖切平面

几个平行的剖切平面可能是两个或两个以上，各剖切平面的转折必须是直角，用来表达机件在几个平行平面不同层次上的内部结构。图 7-28 是用两个平行的剖切平面剖开机件画出的剖视图。

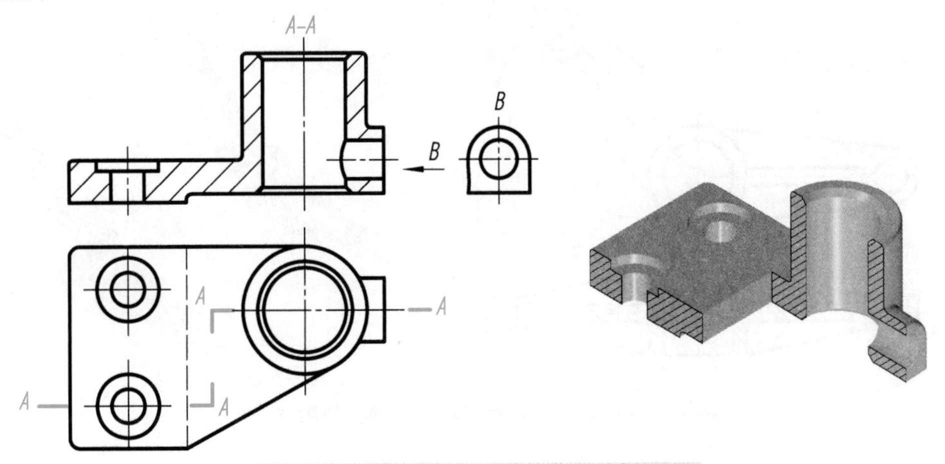

图 7-28　两个平行剖切平面获得的剖视图

这种剖视图必须标注。图 7-29、图 7-30 按规定省略了箭头。当剖切符号的转折处位置有限时，可省略字母，如图 7-30 所示的小孔和键槽处的字母可省略。

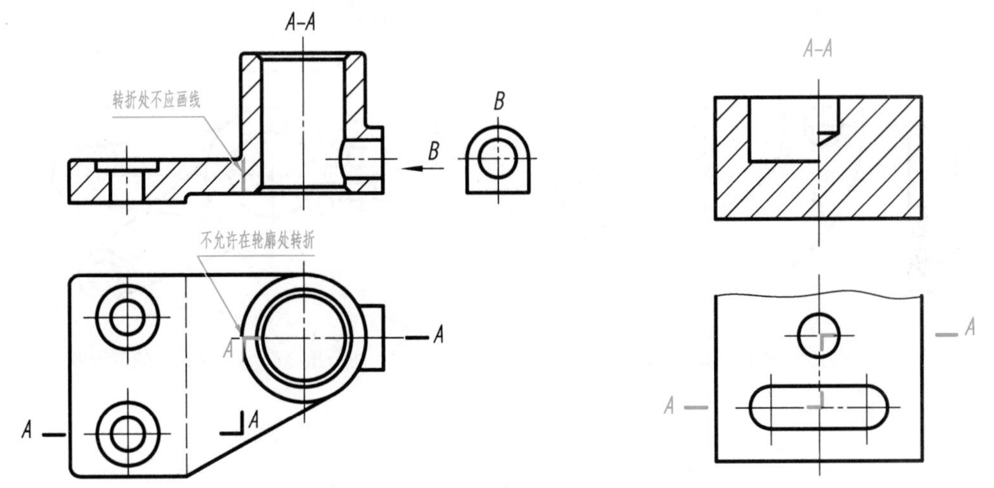

图 7-29　用几个平行的剖切平面获得的剖视图错误示例　　图 7-30　允许出现不完整要素的剖视图

画这种剖视图时应注意以下方面。

（1）由于剖切是假想的，故在剖视图中不应画出剖切平面转折处的分界线；剖切平面的转折处不应与图中的轮廓线重合，如图 7-29 所示。

（2）在剖视图中，相同的内部结构剖切一处即可；不应出现不完整的结构，如半个孔、不完整的肋板等，仅当两个要素在图形上具有公共对称中心线时，方可各画一半，此时应以对称中心线为界，如图 7-30 所示。

3. 几个相交的剖切面

这里所指的“剖切面”应包括剖切平面和剖切柱面，它可用来表达那些内部结构分布在相交平面上的复杂机件。采用几个相交的剖切面绘制剖视图时，先假想按剖切位置剖开机件，然后将被倾斜剖切面剖切的结构及相关部分旋转到与选定的投影面平行后，再一同进行投射。图 7-31～图 7-33 是采用两个相交的剖切平面获得的全剖视图，图 7-34 则是采用几个相交的剖切面获得的全剖视图。

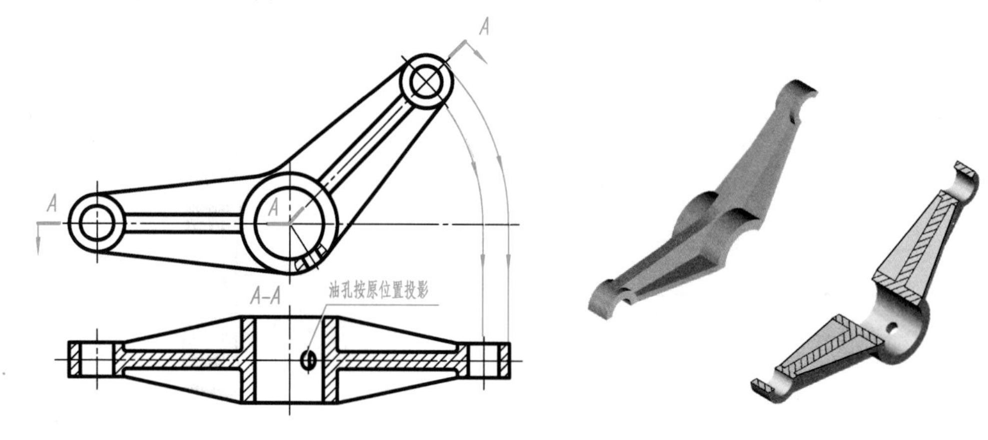

7-31

图 7-31 两个相交剖切平面获得的剖视图（一）

7-32

7-33

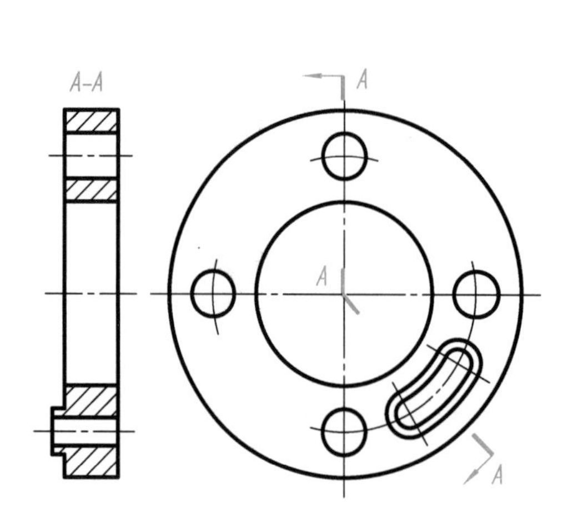

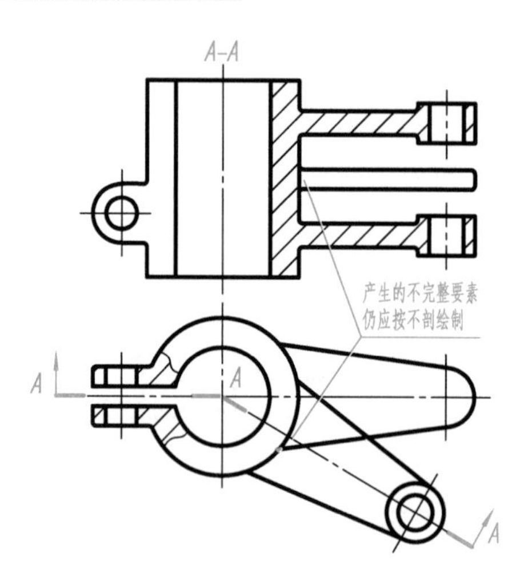

图 7-32 两个相交剖切平面获得的剖视图（二）

图 7-33 两个相交剖切平面获得的剖视图（三）

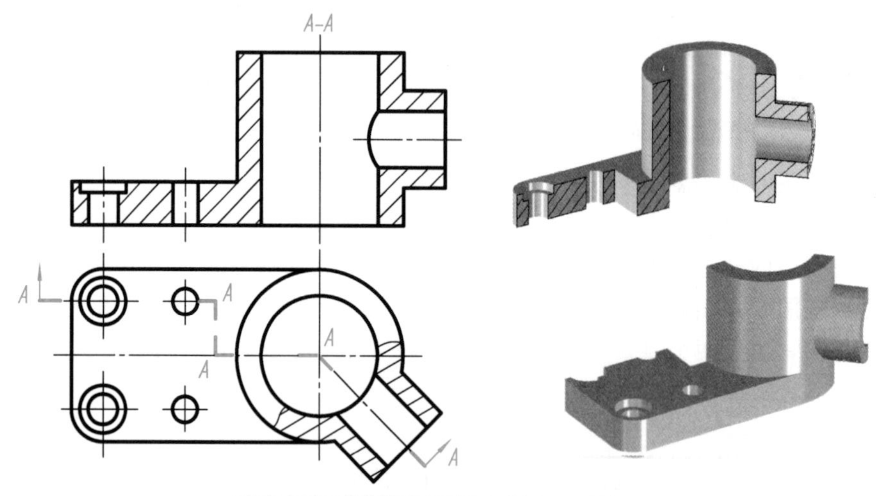

7-34

图 7-34 几个相交剖切面获得的剖视图

这种剖视图必须标注。其省略字母的情况与几个平行的剖切平面相同。

画这种剖视图时应注意以下方面。

（1）无论是剖切平面之间相交，还是剖切平面与剖切柱面相交，其交线必须垂直于相应的投影面。

（2）剖切平面后的可见结构仍应按原有位置进行投射，如图 7-31 中的小油孔所示。

（3）当剖切后产生不完整要素时，应将此部分按不剖绘制，如图 7-33 所示。

7.3 断 面 图

7.3.1 断面图的基本概念

假想用剖切面将机件的某处切断，仅画出剖切面与机件接触部分的图形，称为断面图，简称断面，如图 7-35 所示。

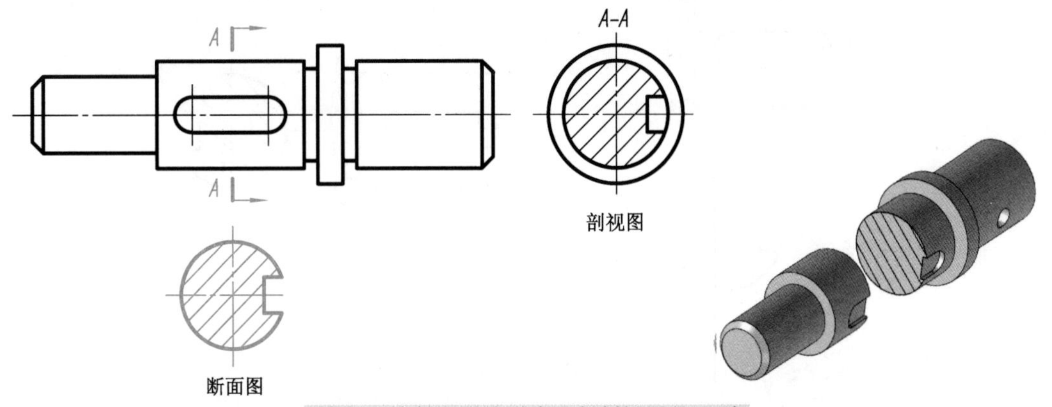

图 7-35 断面图的形成及与剖视图的区别

断面图，实际上就是使剖切面垂直于结构要素的轴线或主要轮廓线进行剖切，然后将断面图形旋转 90°，使其与纸面重合而得到的。断面图与剖视图的区别是：断面图只画出机件被剖切后的断面的形状；而剖视图除了画出机件被剖切后的断面形状，还要画出机件被剖切后剖切断面后的可见轮廓线，如图 7-35 所示。

断面图常用于表达机件上某一局部的断面，如机件上的肋板、轮辐、键槽、小孔及各种型材的断面形状等。

7.3.2 断面图的种类

根据断面图在绘制时所配置的位置不同，断面图分为移出断面和重合断面两种。

1. 移出断面

画在视图轮廓之外的断面称为移出断面。移出断面的轮廓线用粗实线绘制，通常按以下原则绘制和配置。

（1）移出断面图一般尽量配置在剖切符号的延长线上，如图 7-35 所示，或剖切线的延长线上，如图 7-36 所示。

（2）断面图的图形对称时，移出断面可配置在视图的中断处，如图 7-37 所示。

（3）必要时，可将移出断面图配置在其他适当的位置，如图 7-38 所示。

（4）由两个或多个相交的剖切平面剖切得到的移出断面图，中间一般应断开，如图 7-36 所示。

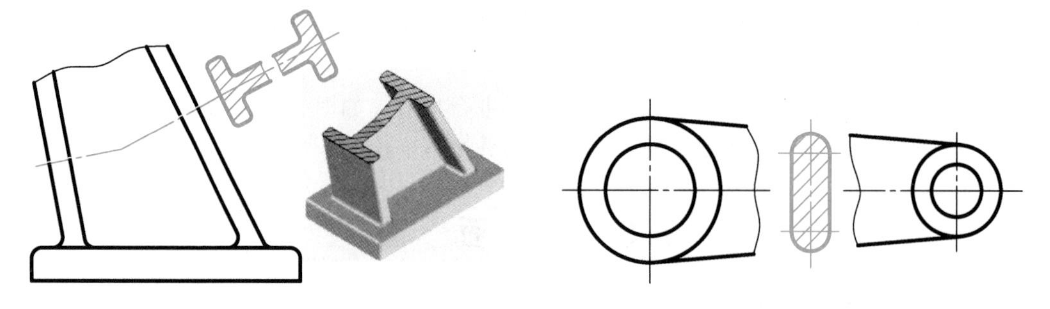

图 7-36　移出断面图的配置（一）　　　　图 7-37　移出断面图的配置（二）

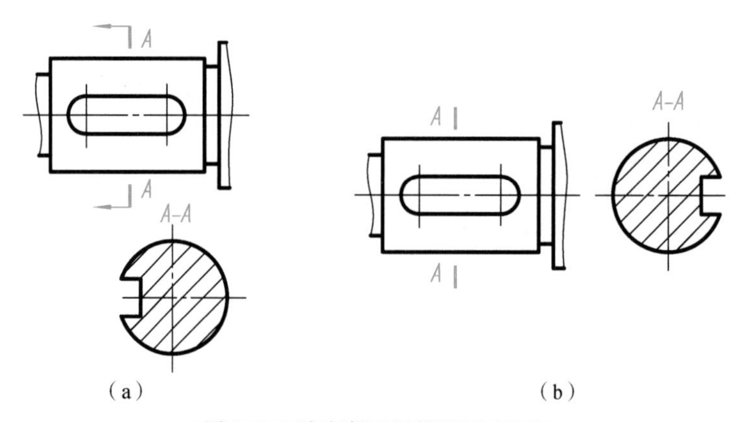

图 7-38　移出断面图的配置（三）

（5）当剖切平面通过机件上由回转面形成的孔或凹坑的轴线时，这些结构按剖视图要求绘制，如图 7-39 所示。

（6）当剖切平面通过非圆孔，会导致出现完全分离的两个断面时，这些结构应按剖视图要求绘制，如图 7-40 所示。

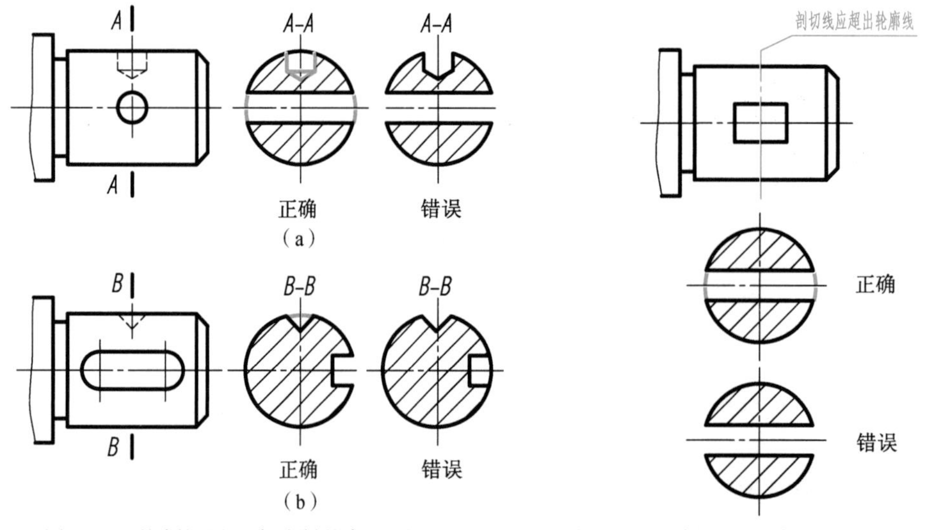

图 7-39　按剖视图要求绘制的断面图（一）　　　　图 7-40　按剖视图要求绘制的断面图（二）

2. 重合断面

画在视图内的断面图称为重合断面图，如图 7-41 所示。

重合断面图轮廓线用细实线绘制。当视图中的轮廓线与重合断面的图形重叠时，视图中的轮廓线仍应连续画出，不可中断，如图 7-41（b）所示。

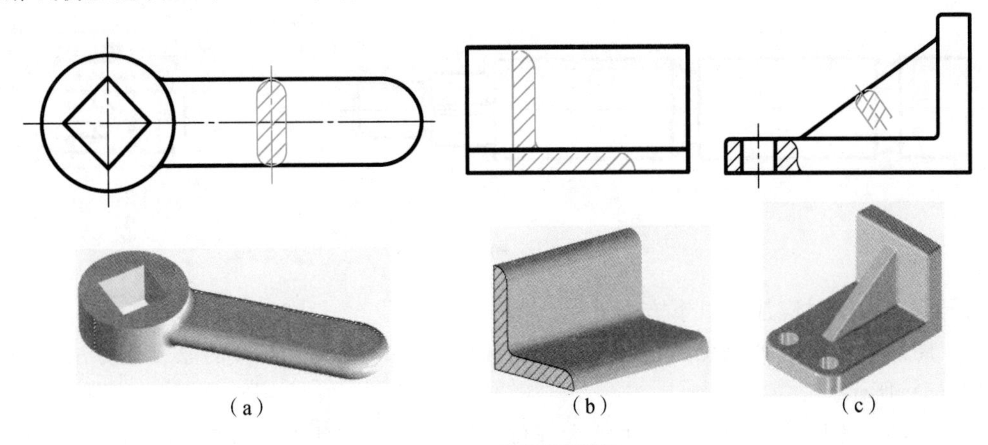

(a) (b) (c)

图 7-41 重合断面图

7.3.3 断面图的标注

断面图的标注内容和要求与剖视图基本相同，下面进行一些具体说明。

（1）移出断面一般应在断面图的上方用大写拉丁字母标出断面图的名称“×-×”，在相应的视图上用剖切符号表示剖切位置和投射方向，并标注相同的字母，如图 7-38（a）所示，剖切符号之间的剖切线可省略不画。

（2）画在剖切符号延长线上的不对称移出断面，要画出剖切符号，可以省略字母，如图 7-35所示。不对称的重合断面可省略标注，如图 7-41（b）所示。

（3）画在剖切符号延长线上的对称移出断面以及对称的重合断面，均不必标注，只需画出剖切线表明剖切位置即可，剖切线应超出轮廓线，如图 7-36、图 7-40、图 7-41（a）、（c）所示。

（4）不配置在剖切符号延长线上的对称移出断面，以及按投影关系配置的移出断面，均可省略箭头，如图 7-38（b）所示。

（5）配置在视图中断处的移出断面不必标注，如图 7-37 所示。

7.4 局部放大图和常用简化画法

为使图形清晰和画图简便，国家标准规定了局部放大图和常用简化画法，供绘图时选用。

7.4.1 局部放大图

将机件的部分结构，用大于原图形的比例画出的图形称为局部放大图，如图 7-42 所示。当机件上的细小结构在视图中表达不清楚，或不便于标注尺寸和技术要求时，可采用局部放大图。

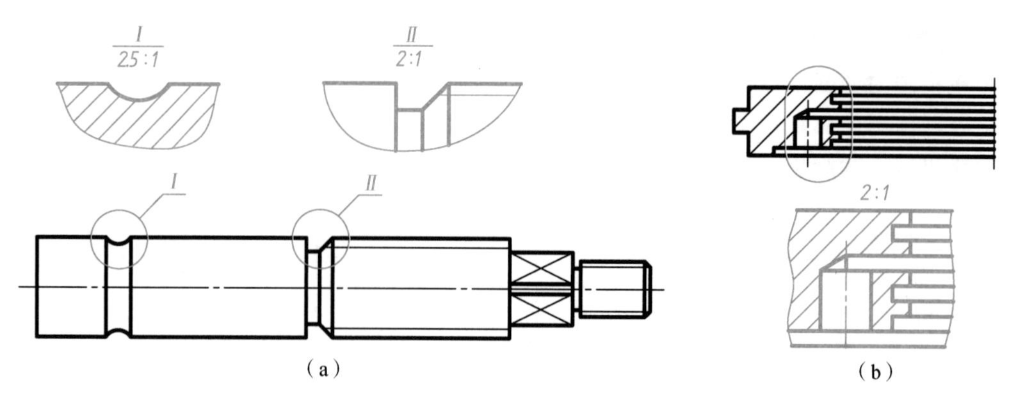

图 7-42 局部放大图

画局部放大图时应注意以下方面。

(1) 局部放大图可画成视图、剖视图或断面图，而与被放大部位的原表达方法无关，如图 7-42 (a) 所示。

(2) 局部放大图应尽量配置在被放大部位附近，并在原视图上用细实线圆或长圆圈出被放大的局部部位，如图 7-42 所示。

(3) 当同一机件上有多处被放大部位时，必须用罗马数字依次标明被放大的部位，并在局部放大图的上方标注出相应的罗马数字和所采用的比例，标注形式如图 7-42 (a) 所示。当机件上仅有一处被放大时，则只须圈出被放大部位，并在局部放大图上方标注所用比例即可，如图 7-42 (b) 所示。

(4) 局部放大图的比例，是指该图形中机件要素的线性尺寸与实际机件相应要素的线性尺寸之比，与原图形的比例无关。

7.4.2 常用简化画法

(1) 当回转体机件上均匀分布的肋、轮辐、孔等结构不处在剖切平面上时，仍可将这些结构假想地旋转到剖切平面上画出，如图 7-43 所示。

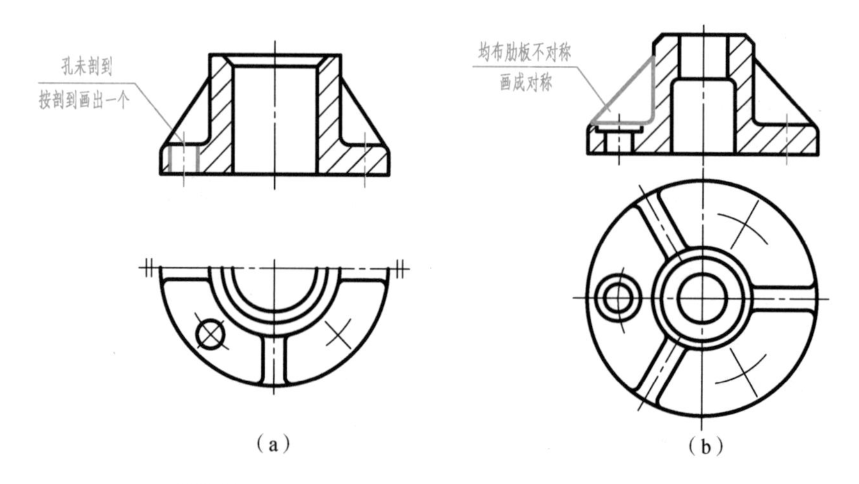

图 7-43 回转体机件上均布结构的简化画法示例

(2) 圆柱形法兰和类似机件上均匀分布的孔，可按图 7-44 所示的方法表示。

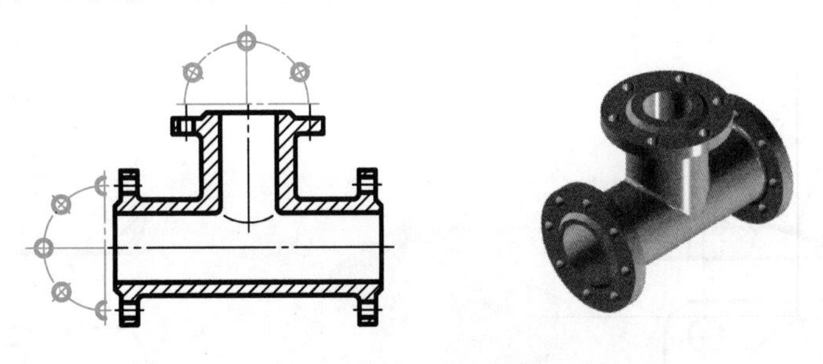

图 7-44　圆柱形法兰均布孔的简化画法示例

(3) 当机件上具有若干相同的结构要素如孔、槽等，并按一定规律分布时，只需画出几个完整的结构，其余的用细实线连接或用细点画线表示出它们的中心位置，但必须在图中注明该结构的总数，如图 7-45 所示。

(4) 网状物、编织物或机件上的滚花部分，可以在轮廓线附近用粗实线局部示意绘出，并在零件图的视图上或技术要求中注明这些结构的具体要求，如图 7-46 所示。

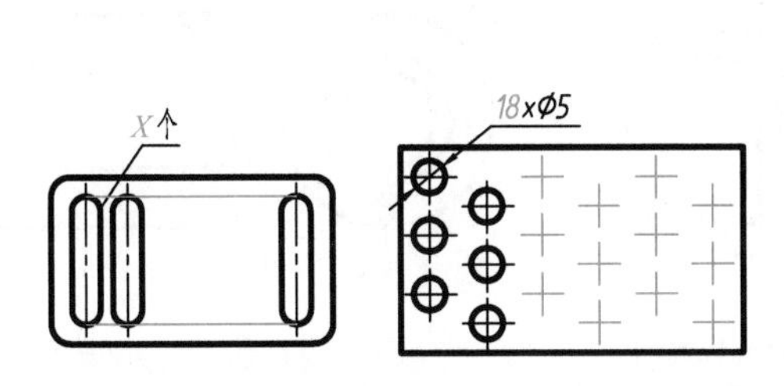

图 7-45　呈规律分布的相同结构要素的简化画法示例

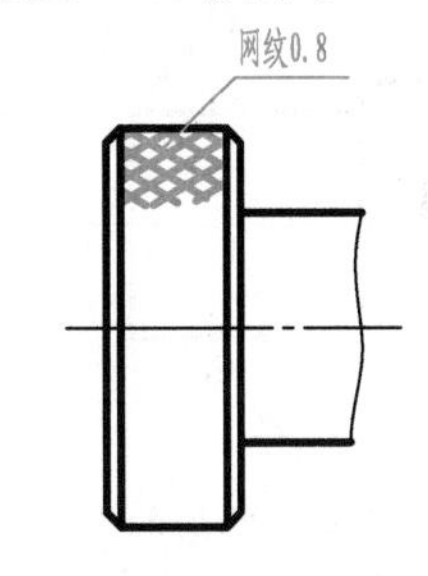

图 7-46　滚花的简化画法示例

(5) 较长的机件如轴、杆、型材、连杆等，若其沿长度方向形状相同或按一定规律变化时，可断开缩短绘制，但必须按原来的长度标注其长度尺寸，如图 7-47 所示。

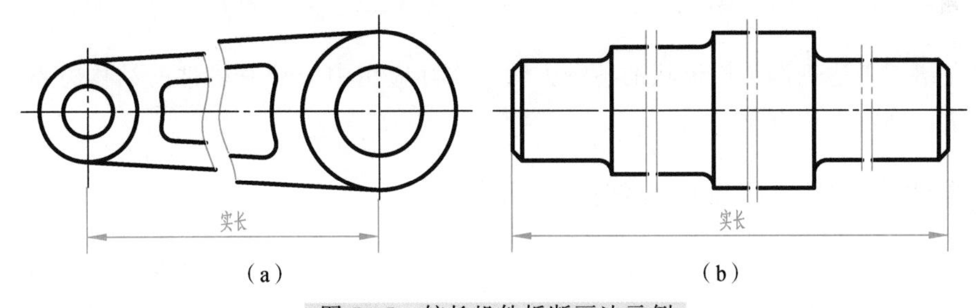

图 7-47　较长机件折断画法示例

(6) 与投影面倾斜角度小于或等于 30°的圆或圆弧，其投影椭圆可用圆或圆弧代替，如图 7-48 中的俯视图所示。

(7) 当回转体机件上的平面在图形中不能充分表达时，可用两条相交的细实线表示这些平面，如图 7-49 所示。

(8) 在不致引起误解时，零件图中的小圆角、小倒角等允许不画，但必须在图中注明尺寸或在技术要求中加以说明，如图 7-50 所示。

(9) 机件上斜度不大的结构，当在一个视图中已经表达清楚时，在其他图形中可按小端画出，如图 7-51 所示。

（10）在需要表示位于剖切平面之前的结构时，这些结构按假想投影的轮廓线用细双点画线绘制，如图 7-52 所示。

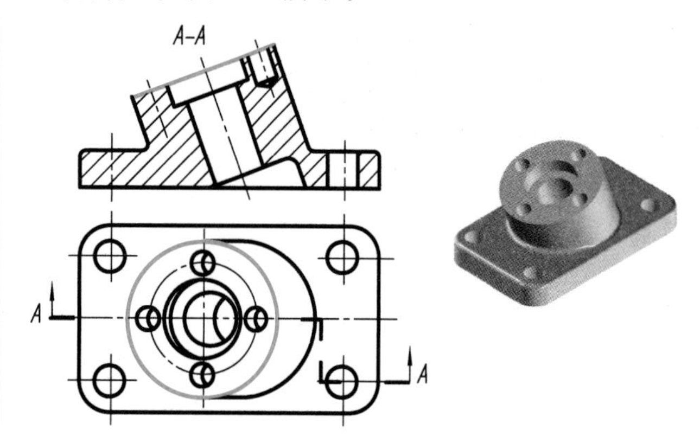

图 7-48　倾斜圆的简化画法示例

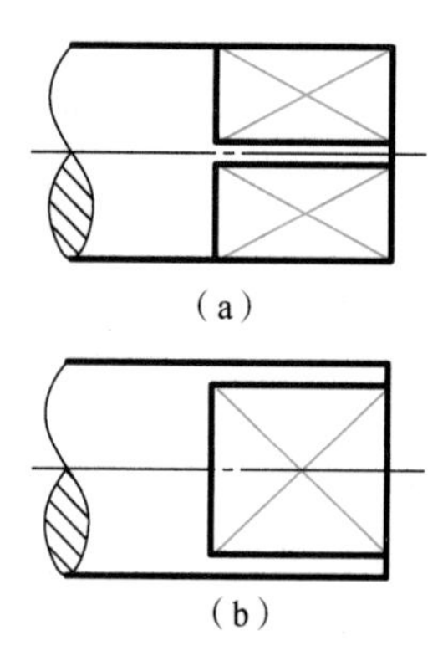

图 7-49　平面的简化画法示例

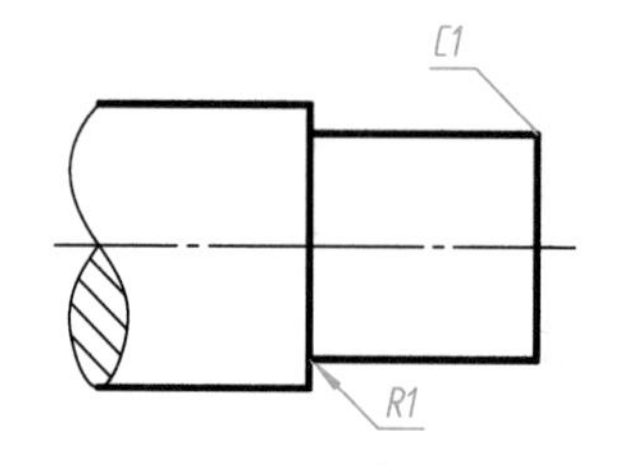

图 7-50　圆角、倒角的简化画法示例

图 7-51　斜度不大的结构的简化画法示例

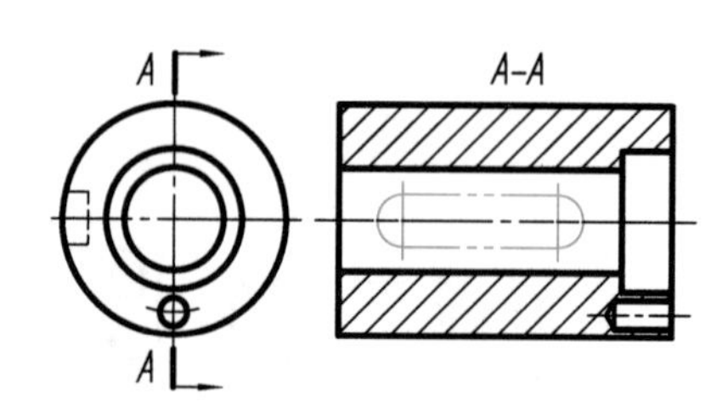

图 7-52　假想表示法示例

7.5　表达方法综合举例

前面介绍了表达机件结构形状的各种方法，实际应用中应针对机件的结构特点恰当地选择表达方法，确定表达方案。

7.5.1　表达方法综合应用中应注意的问题

1. 表达方案的选择原则

一个机件一般可先制订出几个表达方案，然后通过认真分析、比较后确定一个最佳的方案。确定表达方案的总原则是：在完整、清晰地表达机件各部分结构形状的前提下，力求绘图数量少、绘图简单、看图方便。

2. 视图选择的原则

在选择机件的某一表达方案时，一般先确定主视图，再选配其他视图和其他表达方法，其中也应遵循一定的原则。

1）主视图的选择原则

（1）选择机件安放位置时，应尽可能与机件的工作位置或加工位置相一致。

（2）主视图的投射方向应尽可能反映机件的形状和位置特征，使表达的信息最多。

2）其他视图的选配原则

（1）所选视图应有确定的表达重点，使视图数量最少。

（2）尽量避免使用细虚线表达机件的轮廓，除非添加少量细虚线后不会影响视图清晰，且可省略另一个视图。

（3）视图选择应避免表达重复。

3. 机件内、外形的表达问题

为了表达机件的内、外结构形状，当机件对称时，可采用半剖视；当机件不对称，且内、外结构一个简单、一个复杂时，要突出重点，外形复杂时以视图为主，内形复杂时以剖视为主；对于非对称，且内、外形状均复杂的机件，当投影不重叠时可采用局部剖，当投影重叠时可分别表达。

4. 集中与分散表达的问题

集中与分散表达是指将机件的各部分形状集中在少数几个视图中来表达，还是分散在若干单独的视图中表达。当分散表达的视图，如局部视图、局部剖视图等，其表达的均是同一投射方向的结构时，应尽量将其适当地集中或结合到同一基本视图中表达。若在同一投射方向只有某一局部结构未表达清楚，则应分散表达。

5. 充分运用合理的尺寸表达机件

尺寸也是机件表达的一部分，它与图形一起共同实现对机件形状和大小的描述。例如，回转体机件只需一个非圆视图，加上适当的尺寸标注即可表达清楚。

7.5.2　表达方法综合应用实例

【例 7-1】　根据图 7-53 所示阀体，为其选择适当的表达方案。

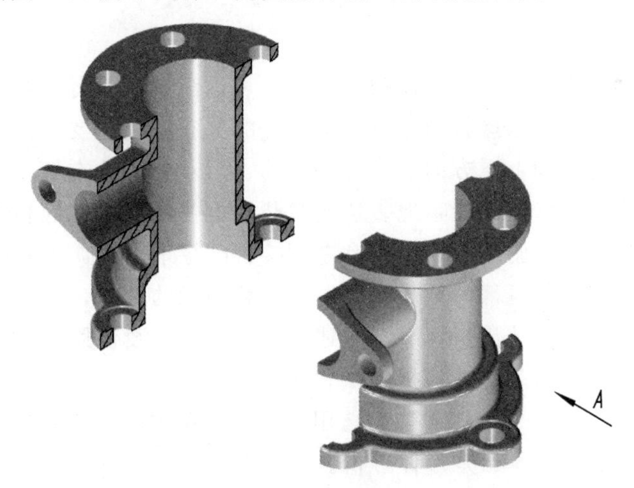

图 7-53　阀体

（1）形体分析。

从立体图可知，该阀体由中间部位的圆柱形主体、顶部凸缘、底板和侧接管组成，其主形体结构为阶梯形空腔圆柱体。从 A 向看，阀体前、后对称，外形相对较简单，而内形复杂，上、下及左端面均需表达。

（2）选择主视图。

机件按工作位置放置，主视图的投射方向按图 7-53 中 A 所指方向，这样能较好地反映其结构特征和各组成部分及其相对位置。为了表达机件主形体的内腔及与左侧接管的贯通情况和机件的外形，主视图采用局部剖视图，如图 7-54 中的主视图所示，同时也表达了顶部凸缘和底板上小孔的结构。

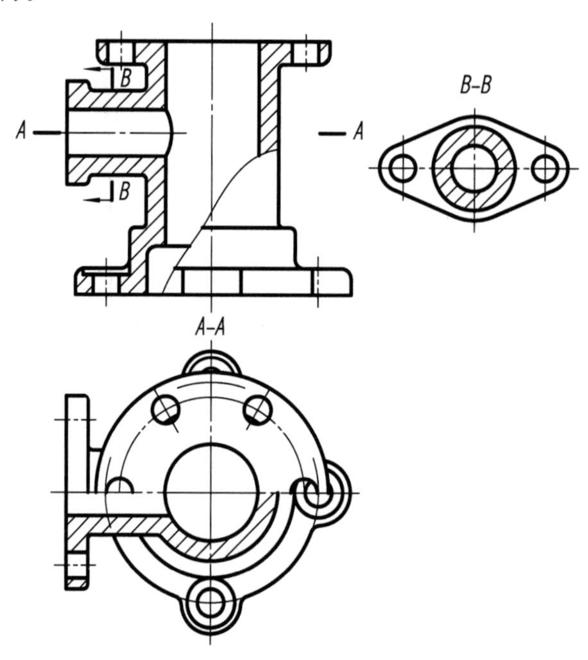

图 7-54　阀体的表达方案

（3）选配其他视图。

由于主视图采用局部剖后，主形体的形状基本表达清楚，只有各组成部分的前后相对位置以及顶部凸缘、底板和左侧接管凸缘及其上小孔的分布情况需要表达。考虑到顶部凸缘和底板处于同一投射方向，即上下方向，加之形体前、后对称，故在俯视图中采用半剖视，这样既表达了顶部凸缘的形状，又清晰地表达出被凸缘遮住的筒体和底板的形状，以及侧接管凸缘上小孔的结构。选配了俯视图后，只有左侧接管凸缘未表达，故采用 B-B 全剖视图，这样既清晰地表达了左侧接管凸缘的形状，又将左侧接管的形状直接表达出来。综上所述，整个表达方案仅用了三个视图即可完整、清晰、简洁地把阀体表达清楚，如图 7-54 所示。

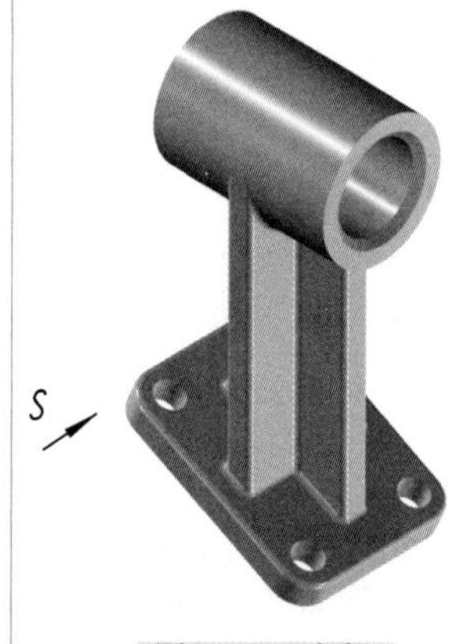

图 7-55　支架

【例 7-2】　选用适当的表达方法表达图 7-55 所示的支架零件。

（1）形体分析。

图 7-55 所示的支架由圆筒、底板和连接这两部分的十字肋板组成。从 S 向看，支架前、后对称，倾斜的底板上有四个通孔。

（2）选择主视图。

为反映支架的形状和位置特征，将支架按工作位置，即圆筒轴线水平放置，并以图 7-55 所示的 S 向作为主视图的投射方向。主视图采用局部剖，既表达了肋板、圆筒和底板的外部结构形状以及它们之间的相对位置，又表达了圆筒上的孔和底板上小孔的内部结构形状。

(3) 选配其他视图。

由于底板表面与基本投影面倾斜，因此俯视图和左视图均不能反映底板的实形，根据支架的结构特征可不再选用主视图以外的基本视图；如图 7-56 所示，为了表达底板的实形，采用了斜视图 A；为了表达圆筒与肋板前、后方向的连接关系，采用了局部视图 B；此外，采用了移出断面图表达十字形肋板的断面形状。

按上述方案表达支架的结构形状，既完整又清晰。

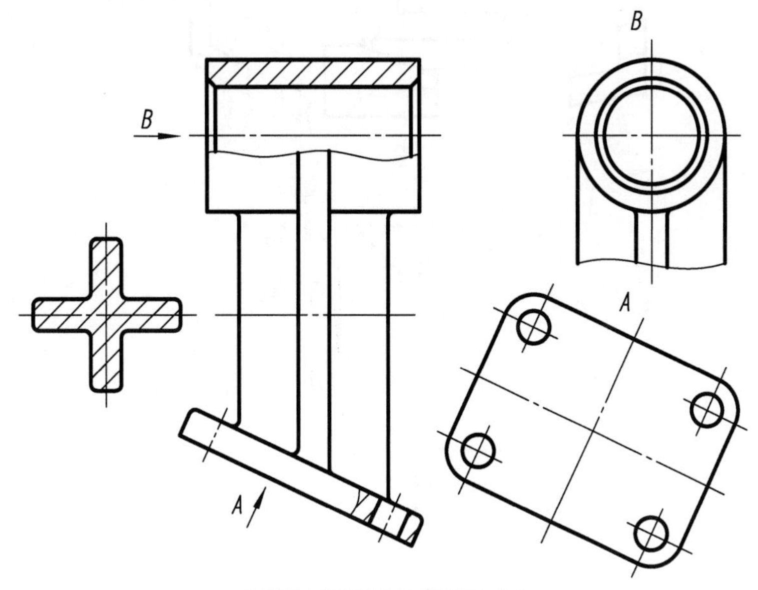

图 7-56　支架的表达方案

7.6　第三角画法简介

相互垂直的三个投影面 V、H、W 把空间分为八个分角，如图 7-57 所示，将物体置于第一分角内并使其处于观察者和投影面之间而得到的多面正投影，称为第一角画法；而将物体置于第三分角内，使投影面处于观察者与物体之间，并假设投影面是透明的而得到的多面正投影，则称为第三角画法。

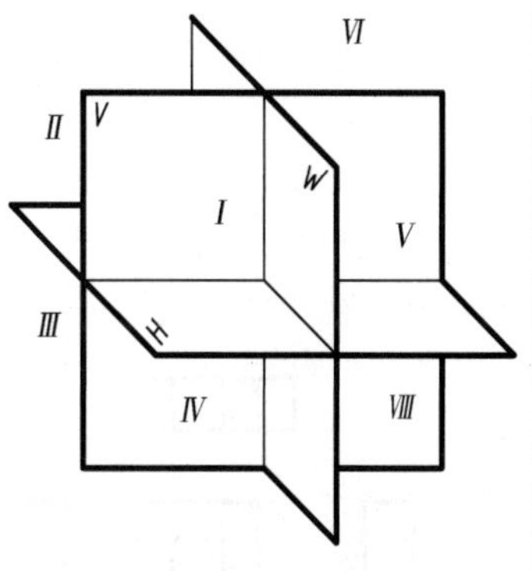

图 7-57　八个分角

采用第三角画法时，物体在 V、H、W 三个面上的投影仍然分别称为主视图、俯视图及右视图，与之相对的另外三个视图分别称为后视图、仰视图和左视图，如图 7-58 所示。按图 7-58 所示将投影面展开摊平，六个基本视图的配置如图 7-59所示。

在同一图纸上，六个基本视图按展开位置配置，一律不标注视图的名称。

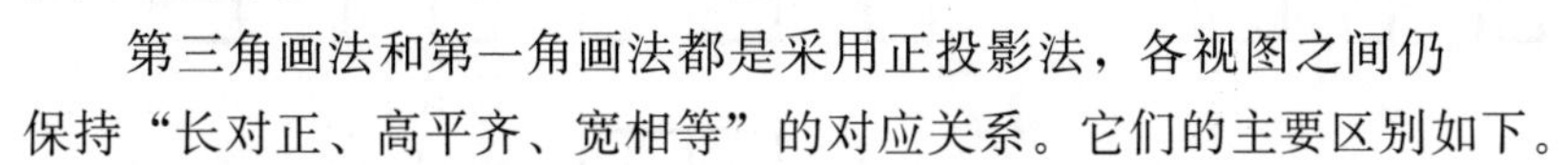
第三角画法和第一角画法都是采用正投影法，各视图之间仍保持“长对正、高平齐、宽相等”的对应关系。它们的主要区别如下。

1. 视图的配置不同

与第一角画法相比，第三角画法主、后视图的配置一样，其他视图的配置一一相反，即上、下颠倒，左、右对调。其对比情况如图 7-60 所示。

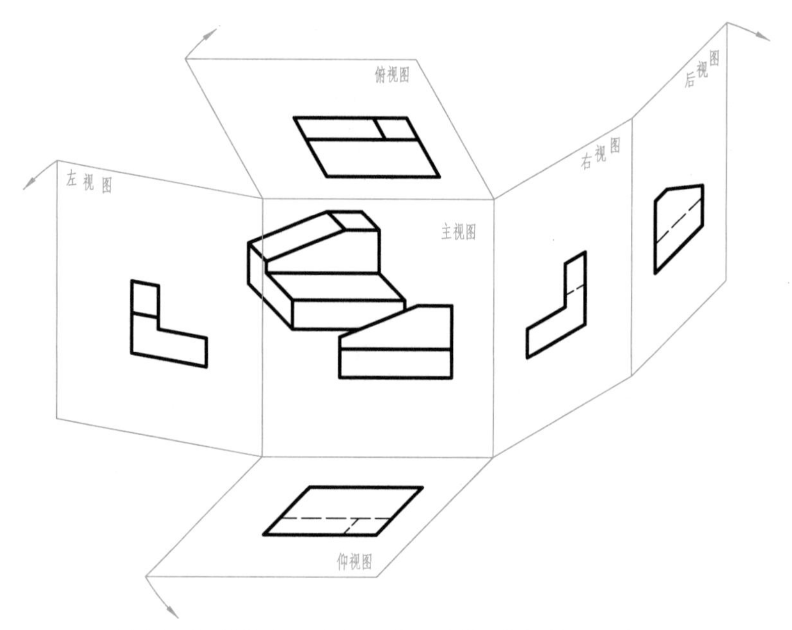

图 7-58 第三角画法的六个基本视图及投影面的展开

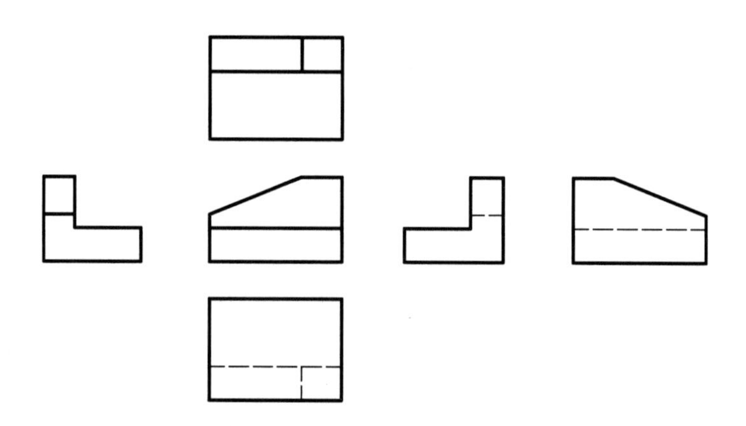

图 7-59 第三角画法六个基本视图的配置

2. 视图的方位不同

第三角画法的俯视图、仰视图、右视图、左视图，靠近主视图的一边均表示物体的前面，而远离主视图的一边均表示物体的后面，这与第一角画法正好相反。

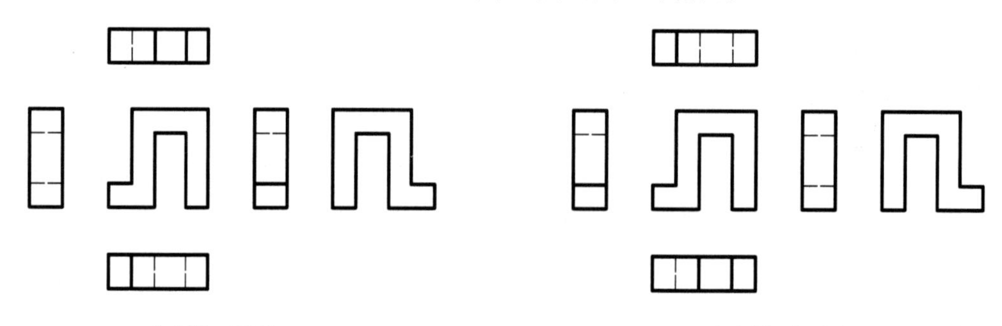

(a) 第一角画法　　(b) 第三角画法

图 7-60 第一角画法与第三角画法六个基本视图配置的对比

国际标准中规定，第一角画法用图 7-61 所示的识别符号表示，第三角画法用图 7-62 所示的识别符号表示。

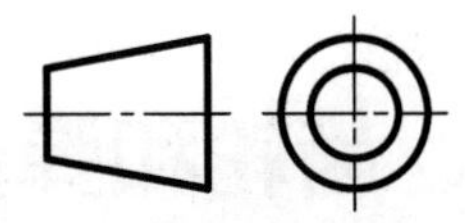

图 7-61　第一角画法的标识符号

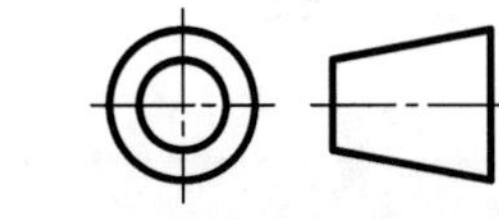

图 7-62　第三角画法的标识符号

投影符号一般放在标题栏中名称及代号区的下方，如采用第一角画法时，可以省略标注。

第8章 标准件、齿轮和弹簧

在机器或仪器中，有些大量使用的机件，如螺栓、螺母、螺柱、螺钉、键、销、轴承等，它们的结构和尺寸均已标准化、系列化，这类机件称为标准件；还有些机件，如齿轮、弹簧等，它们的部分参数已标准化、系列化；除此之外的其他所有的零件称为一般零件或专用零件。图8-1是将所有零件分解画出的齿轮油泵轴测图，螺钉、螺栓、螺母、垫圈、键、销等属于标准件，泵体、端盖、齿轮轴等都是一般零件。

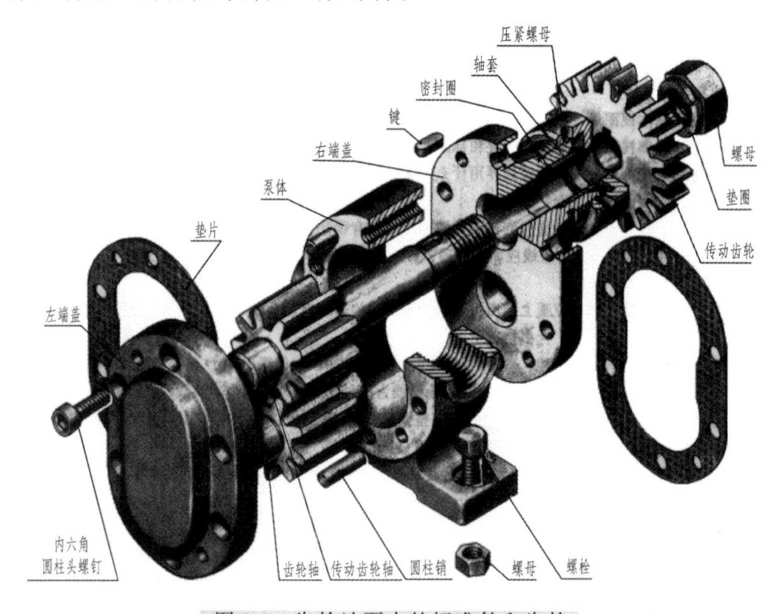

图8-1 齿轮油泵中的标准件和齿轮

由于这些零部件的结构和尺寸都已全部或部分标准化、系列化，为了提高绘图效率，对上述零部件的某些结构和形状不必按其真实投影画出，而是根据相应的国家标准所规定的画法、代号和标记进行绘图与标注。

本章将介绍有关标准件、齿轮、弹簧的结构、规定画法和标记。

8.1 螺　　纹

8.1.1 螺纹的形成

螺纹是在圆柱或者圆锥表面上沿着螺旋线所形成的、具有相同轴向断面的连续凸起和沟槽。螺纹在螺钉、螺栓、螺母和丝杆上起连接或传动作用。在回转体外表面上加工形成的螺纹称为外螺纹，在内表面上加工形成的螺纹称为内螺纹。在圆柱表面上形成的螺纹为圆柱螺纹，在圆锥表面上形成的螺纹为圆锥螺纹。形成螺纹的加工方法有多种，图8-2（a）、（b）所示的是在车床上加工螺纹的方法。按照圆柱螺旋线的形成规律，在加工螺纹时，工件的等速旋转运动是由车床的主轴带动工件的转动来实现的；而刀具沿圆柱轴线方向的等速直线运动，则是由刀具的移动来实现的，刀尖相对于工件表面的运动轨迹便是圆柱螺旋线。如图 8-2（c）所示为加工直径较小的内螺纹的一种情况，加工时先钻孔然后用丝锥攻丝得螺纹。

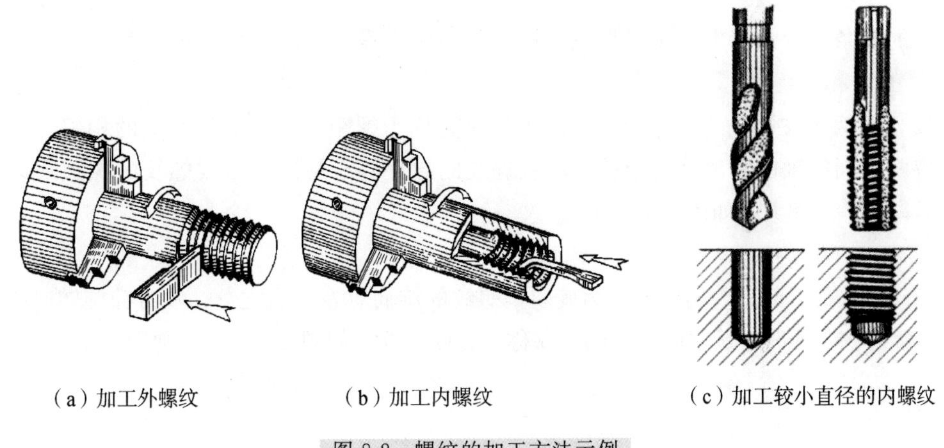

图 8-2　螺纹的加工方法示例

8.1.2　螺纹的要素

1. 牙型

牙型是螺纹轴向断面的轮廓形状。常用的牙型有三角形、梯形、矩形、锯齿形和方形等，不同牙型的螺纹有不同的用途，如三角形螺纹用于连接，梯形、方形螺纹用于传动等。

2. 直径

螺纹的直径有大径、中径和小径，如图 8-3 所示。

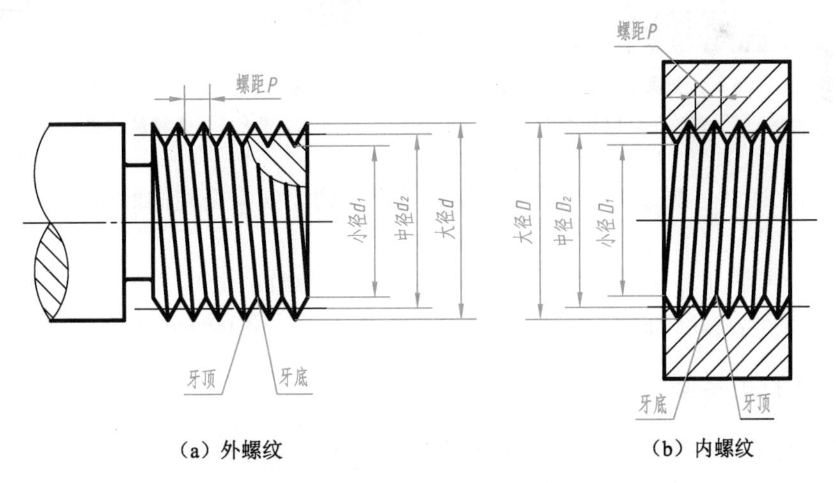

图 8-3　螺纹的直径和螺距

大径：指与外螺纹牙顶或内螺纹牙底相重合的假想圆柱面的直径。大径又称为公称直径，即代表螺纹尺寸的直径。外螺纹的大径用 d 表示，内螺纹的大径用 D 表示。

小径：指与外螺纹的牙底或内螺纹的牙顶相重合的假想圆柱面的直径。外螺纹的小径用 d_1 表示，内螺纹的小径用 D_1 表示。

中径：它是一个设计直径，假设有一个圆柱面的母线通过牙型上的沟槽和凸起二者宽度相等的地方，此假想圆柱称为中径圆柱。外螺纹的中径用 d_2 表示，内螺纹的中径用 D_2 表示。

3. 线数 n

螺纹有单线与多线之分，在同一螺纹件上沿一条螺旋线形成的螺纹称为单线螺纹，沿轴向等距分布的两条或两条以上螺旋线形成的螺纹称为多线螺纹，如图 8-4 所示。

4. 螺距 P 和导程 Ph

螺纹相邻两牙在中径线上对应两点的轴向距离称为螺距。同一螺旋线上的相邻两牙在中径线上对应两点间的轴向距离称为导程。单线螺纹的导程等于螺距；多线螺纹的螺距乘以线数等于导程，即 $Ph=n\times P$，如图 8-4 所示。

5. 旋向

内、外螺纹旋合时的旋转方向称为旋向。螺纹的旋向有左、右之分，顺时针旋转时旋入的螺纹称为右旋螺纹，逆时针旋转时旋入的螺纹称为左旋螺纹，如图 8-5 所示，常用的是右旋螺纹。

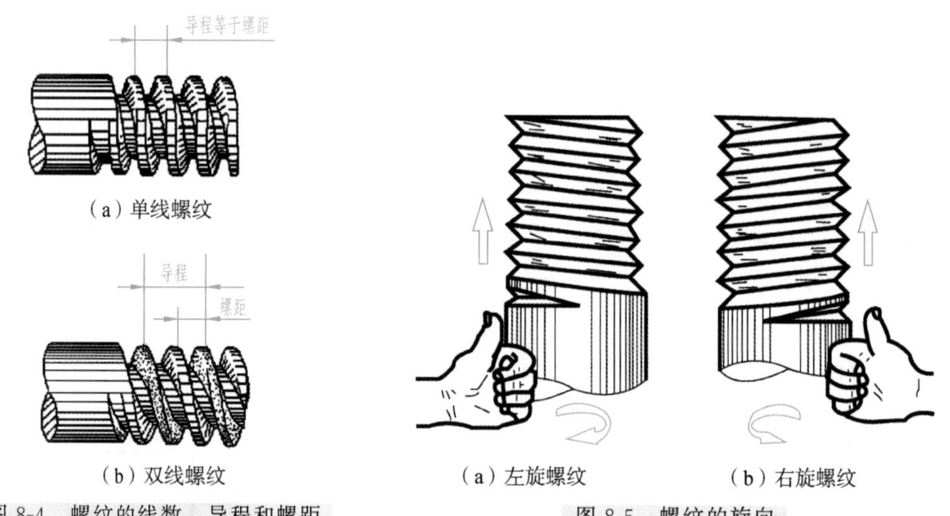

(a) 单线螺纹

(b) 双线螺纹

图 8-4 螺纹的线数、导程和螺距

(a) 左旋螺纹

(b) 右旋螺纹

图 8-5 螺纹的旋向

内、外螺纹通常是配合使用的，只有上述五个结构要素完全相同的内、外螺纹才能旋合在一起。

在螺纹的诸要素中，螺纹牙型、大径和螺距是决定螺纹的最基本要素，称为螺纹三要素。凡这三个要素都符合标准的螺纹称为标准螺纹，若螺纹牙型不符合标准则称为非标准螺纹。

8.1.3 螺纹的规定画法

由于螺纹是采用专用机床和刀具加工的，所以无须将螺纹按真实投影画出。国家标准《机械制图 螺纹及螺纹紧固件表示法》(GB/T 4459.1—1995) 中规定了机械图样中螺纹和螺纹紧固件的画法，其主要内容如下。

1. 外螺纹的规定画法

外螺纹的牙顶及螺纹终止线用粗实线表示，牙底用细实线表示，在螺杆上的倒角或倒圆部分也应画出。在垂直于螺纹轴线的投影面的视图中，表示牙底的细实线圆只画约 3/4 圈，此时螺杆上的倒角圆省略不画，如图 8-6 所示。螺纹的小径通常画成大径的 0.85。

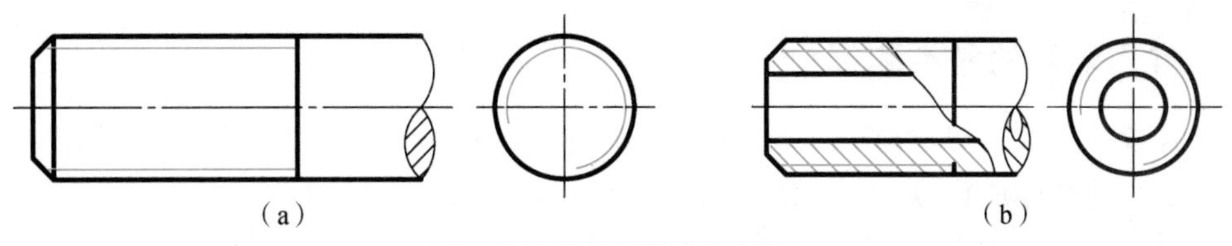

图 8-6　外螺纹的规定画法

2. 内螺纹的规定画法

在剖视图或断面图中，内螺纹的牙顶及螺纹终止线用粗实线表示，牙底用细实线表示；对于不穿通的螺纹，钻孔深度一般应比螺纹深度大 0.5D，底部的锥顶角应按 120°画出，如图8-7（a）的主视图所示。在垂直于螺纹轴线的投影面的视图中，牙底仍画成约 3/4 圈的细实线，并规定螺纹孔的倒角圆也省略不画，如图 8-7（a）的左视图所示。

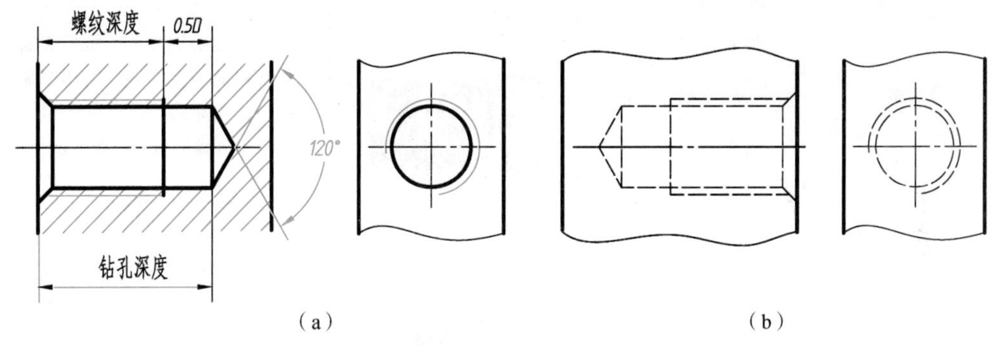

图 8-7　内螺纹的规定画法

不可见螺纹的所有图线用细虚线绘制，如图 8-7（b）所示。

无论是外螺纹或内螺纹，在剖视图或断面图中的剖面线都必须画到粗实线。

3. 螺纹连接的规定画法

如图 8-8 所示，用剖视图表示内、外螺纹的连接时，其旋合部分应按外螺纹的画法绘制，不旋合部分仍按各自的画法表示。必须注意，表示大、小径的粗实线和细实线应分别对齐，而与倒角的大小无关。

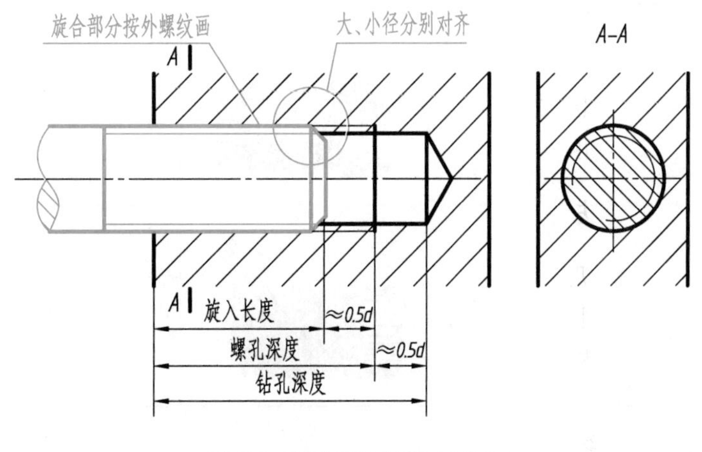

图 8-8　螺纹连接的规定画法

8.1.4 常用螺纹的种类和标记

由于螺纹采用统一规定画法，为了便于识别螺纹的种类及其要素，对螺纹必须按照国家标准规定的格式和相应代号进行标注。

1. 螺纹的种类与用途

常用螺纹按用途分为紧固螺纹、管螺纹和传动螺纹三类，紧固螺纹和管螺纹起连接作用，传动螺纹用于传递动力和运动。

常用螺纹的种类与用途如表 8-1 所示。

表 8-1 常用螺纹的种类与用途

<table>
<tr><th colspan="3">螺纹的种类</th><th>特征代号</th><th>外形及牙型</th><th>特点及用途</th></tr>
<tr><td rowspan="2">紧固螺纹</td><td rowspan="2">普通螺纹</td><td>粗牙</td><td rowspan="2">M</td><td rowspan="2"></td><td rowspan="2">牙型为等边三角形。粗牙普通螺纹是最常用的连接螺纹；细牙普通螺纹的螺距比粗牙的小，切深较浅，它用于薄壁零件或细小的精密零件</td></tr>
<tr><td>细牙</td></tr>
<tr><td rowspan="5">管螺纹</td><td colspan="2">55°非密封管螺纹</td><td>G</td><td></td><td>牙型为等腰三角形。螺纹副本身不具有密封性。用于管接头、螺塞、阀门及其他附件</td></tr>
<tr><td rowspan="4">55°密封管螺纹</td><td>圆锥内螺纹</td><td>R_{C}</td><td rowspan="4"></td><td rowspan="4">牙型为等腰三角形。用于管子、管接头、螺塞、阀门和其他管螺纹连接的附件
R_{1}表示与R_{P}相配合的圆锥外螺纹；R_{2}表示与R_{C}相配合的圆锥外螺纹</td></tr>
<tr><td>圆柱内螺纹</td><td>R_{P}</td></tr>
<tr><td rowspan="2">圆锥外螺纹</td><td>R_{1}</td></tr>
<tr><td>R_{2}</td></tr>
<tr><td rowspan="2">传动螺纹</td><td colspan="2">梯形螺纹</td><td>Tr</td><td></td><td>牙型为等腰梯形。可传递两个方向的动力。常用于机床上的传动丝杆上</td></tr>
<tr><td colspan="2">锯齿形螺纹</td><td>B</td><td></td><td>牙型为锯齿形。只能传递单向动力。常用于螺旋千斤顶、螺旋压力机等的传动丝杆上</td></tr>
</table>

2. 螺纹的标记

1）普通螺纹的标记

标记内容及格式为

螺纹特征代号 尺寸代号－公差带代号－旋合长度代号－旋向代号

说明：

(1) 尺寸代号。单线，公称直径×螺距（粗牙不注螺距）；多线，公称直径×*Ph*导程*P*螺距。

如果要进一步表明螺纹的线数，可在螺距后面增加括号用英文进行说明。例如，双线为two starts，三线为three starts，四线为four starts，如M20×*Ph*3*P*1.5（two starts）。

(2) 公差带代号。螺纹的公差带代号包含中径公差带代号和顶径公差带代号两种。中径公差带代号在前，顶径公差带代号在后，两者都由表示公差等级的数值和表示公差带位置的字母组成，小写字母指外螺纹，大写字母指内螺纹。如果中径、顶径公差相同，则注写一个代号。最常用的中等公差精度不标注公差带代号，内螺纹为公称直径≤1.4mm的5H和公称直径≥1.6mm的6H，外螺纹为公称直径≤1.4mm的6h和公称直径≥1.6mm的6g。

(3) 旋合长度代号。内、外螺纹的旋合长度分为短、中、长三个等级，分别用S、N、L表示。当旋合长度为中等级时，可不加标记。

(4) 旋向代号。左旋时应注写旋向代号“LH”，右旋时可省略标记。

例如，公称直径为14mm，导程为6mm，螺距为2mm，三线，中、顶径公差带代号均为5h，中等旋合长度，右旋的细牙普通外螺纹，其标记为“M14×*Ph*6*P*2－5h”。

2）管螺纹的标记

标记内容及格式为

螺纹特征代号 尺寸代号 旋向代号－公差等级代号

说明：

(1) 尺寸代号。管螺纹的尺寸代号是无单位的一个数字代号，并非公称直径。

(2) 旋向代号。左旋时，55°非密封管螺纹的外螺纹应在公差等级代号后加注“LH”，与公差等级代号用“－”分开，其余的左旋管螺纹均应在尺寸代号后加注“LH”。

(3) 公差等级代号。55°非密封管螺纹的外螺纹有A、B两种公差等级，应该标记，其余的管螺纹只有一种公差等级，故不加标记。

例如，“G 3/4 A－LH”表示55°非密封管螺纹，尺寸代号为3/4，公差等级为A级，左旋；“R_1 1/2LH”表示与圆柱内螺纹配合的圆锥外螺纹，尺寸代号为1/2，左旋。

3）梯形和锯齿形螺纹的标记

标记内容及格式为

螺纹特征代号 尺寸代号 旋向代号－中径公差带代号－旋合长度代号

说明：

(1) 尺寸代号。单线，公称直径×螺距；多线，公称直径×导程（*P*螺距）。

(2) 旋向代号。左旋时应标注“LH”，右旋时可省略标记。

(3) 旋合长度代号。旋合长度只有中等旋合长度N和长旋合长度L两种，若为中等旋合长度则可省略标记。

例如，“Tr 40×14(P7)LH”表示梯形螺纹，公称直径为40mm，导程为14mm，螺距为7mm，双线，左旋，中等旋合长度；“B40×7”表示锯齿形螺纹，公称直径为40mm，螺距为7mm，单线，右旋，中等旋合长度。

3. 螺纹的标注

对于标准螺纹，应注出相应标准所规定的螺纹标记。普通螺纹、梯形螺纹、锯齿形螺纹的标记应直接注在大径的尺寸线上；管螺纹的标记一律注在引出线上，引出线应由大径处引出，如图8-9所示。

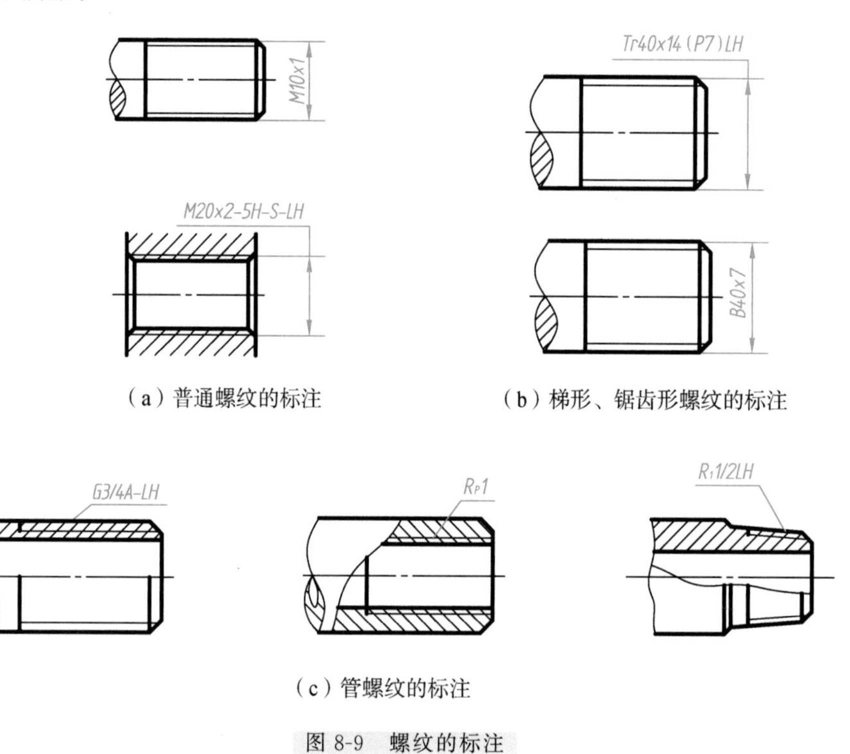

(a) 普通螺纹的标注 (b) 梯形、锯齿形螺纹的标注

(c) 管螺纹的标注

图8-9 螺纹的标注

对于非标准螺纹，应画出螺纹的牙型，并注出所需要的尺寸及有关要求，如图8-10所示。

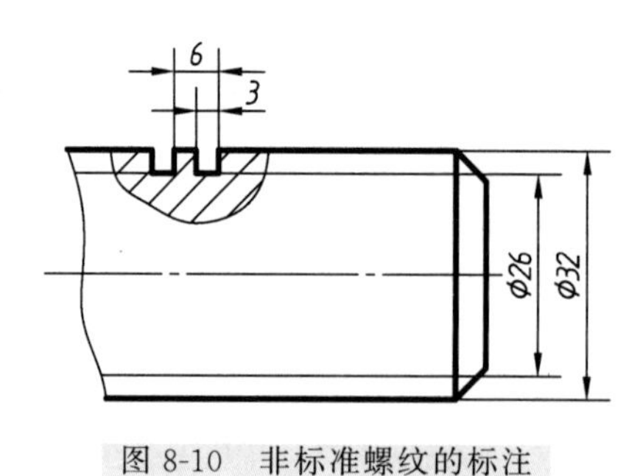

图8-10 非标准螺纹的标注

8.2　螺纹紧固件

8.2.1　螺纹紧固件的标记

运用一对内、外螺纹的连接作用来连接和紧固一些零部件的零件称为螺纹紧固件。常用的螺纹紧固件有螺栓、螺柱、螺钉、螺母和垫圈等，它们都属于标准件，由于根据规定标记就能在相应的标准中查出它们的结构和尺寸，因此在应用这些螺纹紧固件时，只需在技术要求文件上注明其规定标记，不需要绘制其零件图。表 8-2 列出了一些常用的螺纹紧固件及其规定标记。

表 8-2　常用的螺纹紧固件及其规定标记

名称	标记	图例	说明
六角头螺栓	螺栓 GB/T 5782—2016 M10×45		A 级六角头螺栓，螺纹规格 d=M10，公称长度 l=45
双头螺柱	螺柱 GB 898—1988 M10×35		B 型双头螺柱，螺纹规格 d=M10，公称长度 l=35，旋入机体一端长 b_m=12.5
开槽圆柱头螺钉	螺钉 GB/T 65—2016 M10×50		螺纹规格 d=M10，公称长度 l=50 的开槽圆柱头螺钉
开槽沉头螺钉	螺钉 GB/T 68—2016 M10×60		螺纹规格 d=M10，公称长度 l=60 的开槽沉头螺钉
六角螺母	螺母 GB/T 6170—2015 M10		A 级 Ⅰ 型六角螺母，螺纹规格 d=M10

续表

名称	标记	图例	说明
平垫圈	垫圈 GB/T 97.1—2002 10	φ11	A 级平垫圈，公称规格为 10
标准型弹簧垫圈	垫圈 GB 93—1987 12	φ13	标准型弹簧垫圈，公称规格为 12

8.2.2 常用螺纹紧固件的装配画法

常见的螺纹连接形式有螺栓连接、螺柱连接、螺钉连接等。在画螺纹紧固件的装配图时，应遵循下面一些基本规定。

(1) 两零件的接触表面画一条线，不接触表面画两条线。

(2) 在剖视图中，相邻两零件的剖面线方向应相反，或方向相同而间距不等；但同一个零件在不同视图上的剖面线方向和间隔必须一致。

(3) 对于紧固件和实心零件，如螺柱、螺栓、螺钉、螺母、垫圈、键、销及轴等，当剖切平面通过它们的轴线时，这些零件均按不剖绘制，仍画外形，需要时可采用局部剖视。

在画螺纹紧固件装配图时常采用比例画法或简化画法。

螺纹紧固件各部分尺寸可以根据规定标记从相应国家标准中查出，但在绘图时为了提高效率，却大多不必查表而是采用比例画法。比例画法就是将螺纹紧固件各部分的尺寸用公称直径的不同比例画出的方法。

简化画法则是在比例画法的基础上再将螺纹紧固件的倒角省略不画。

1. 螺栓连接

螺栓是用来连接不太厚、能钻成通孔的两个或多个零件。图 8-11 (a) 为螺栓连接前的情况，在被连接的零件上钻成比螺栓大径略大的通孔，连接时，先将螺栓穿过被连接件的通孔，一般以螺栓的头部抵住被连接板的下端，然后在螺栓上部套上垫圈，以增加支撑面和防止损伤被连接件的表面，最后用螺母拧紧。图 8-11(b)～(e)为螺栓连接两块板的装配画法的步骤，也可采用图 8-12 所示的简化画法。

螺栓、螺母、垫圈的比例画法如图 8-13 所示。

如图 8-11 所示，螺栓的公称长度 l 可按下式估算：

$$l=\delta_1+\delta_2+h+m+a$$

式中，δ_1 和 δ_2 为两连接件的厚度；m 为螺母的厚度；h 为垫圈的厚度；a 为螺栓伸出螺母外的长度，一般可按 $0.2d$～$0.3d$ 取值。然后根据上式算出的螺栓长度 l 值，查附录附表 10 中螺栓长度 l 的系列值，选择接近的标准值。

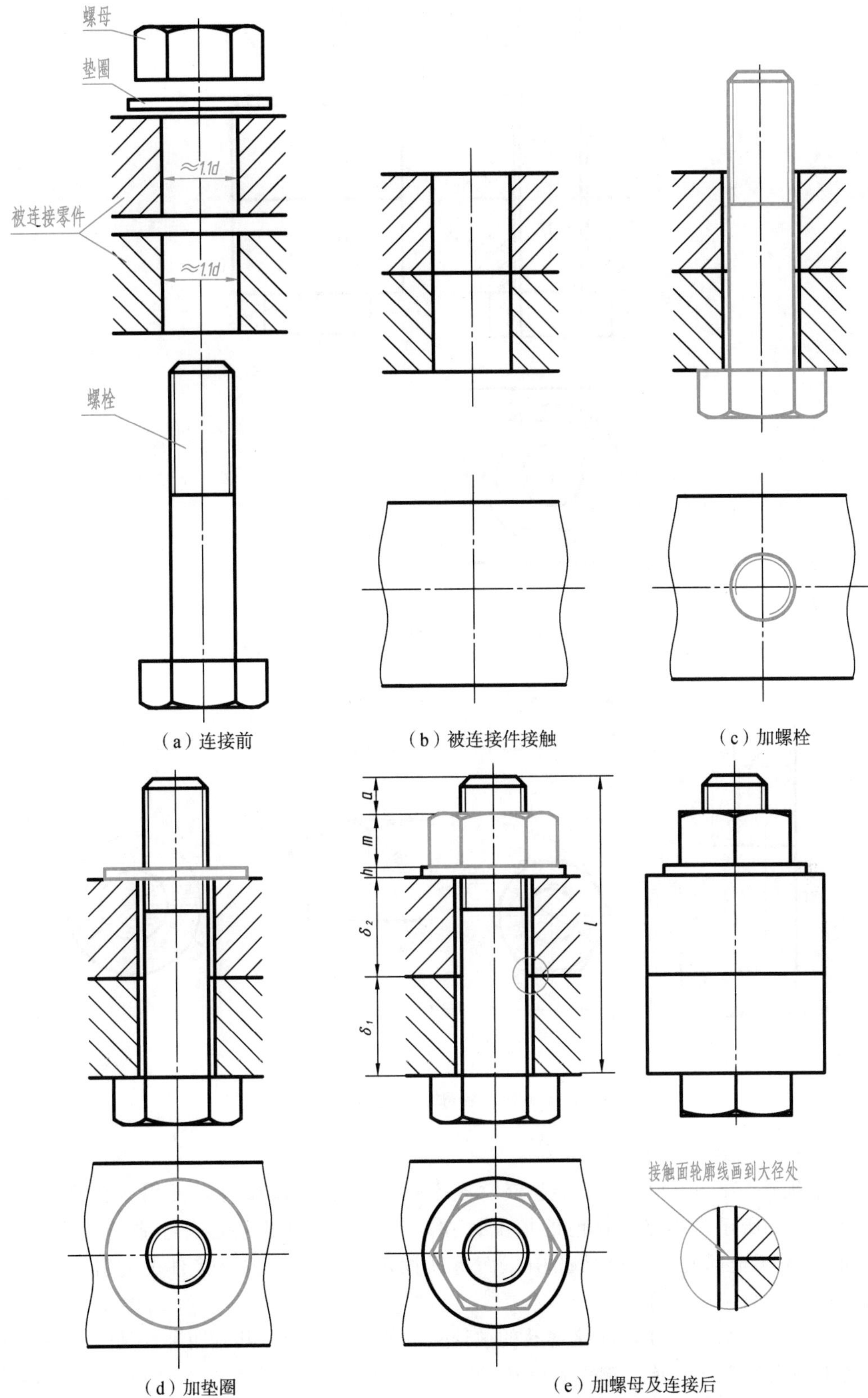

（a）连接前　（b）被连接件接触　（c）加螺栓

（d）加垫圈　（e）加螺母及连接后

图 8-11　螺栓连接的比例画法和画图步骤

8-11

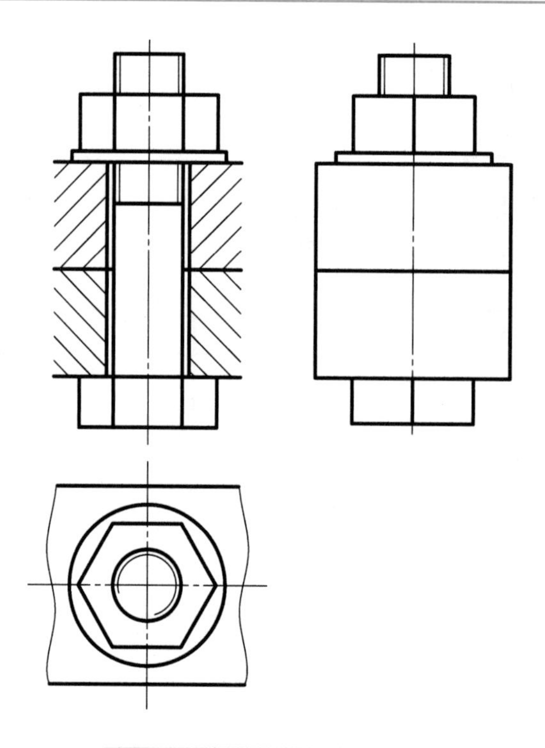

图 8-12　螺栓连接的简化画法

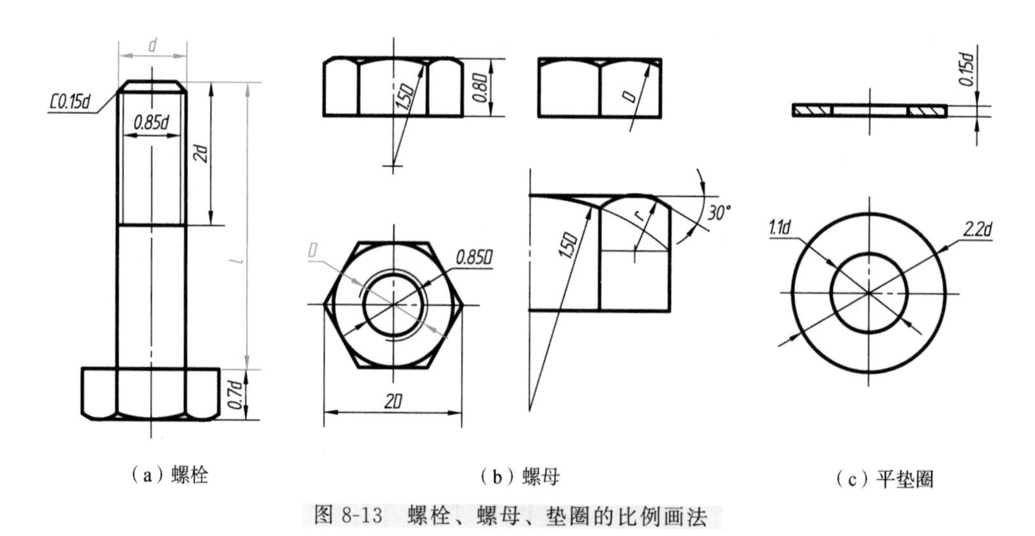

(a) 螺栓　　(b) 螺母　　(c) 平垫圈

图 8-13　螺栓、螺母、垫圈的比例画法

2. 双头螺柱连接

当两个被连接的零件中，有一个较厚或不适宜用螺栓连接时，常用双头螺柱连接。如图 8-14 (a) 所示为螺柱连接前的情况，在一个较厚的被连接零件上制有螺孔，将双头螺柱的旋入端全部旋入这个螺孔中，而将紧固端穿过另一被连接件的光孔，用垫圈、螺母紧固。

双头螺柱旋入端的长度 b_m 由带螺孔的被连接件的材料而定，共有四种长度，每一种长度对应一个标准号。对于钢或青铜等硬材料，取 $b_m = d$，其标准为 GB/T 897—1988；铸铁取 $b_m = 1.25d$，其标准为 GB/T 898—1988；材料强度介于铸铁和铝之间取 $b_m = 1.5d$，其标准为 GB/T 899—1988；铝等轻金属取 $b_m = 2d$，其标准为 GB/T 900—1988。

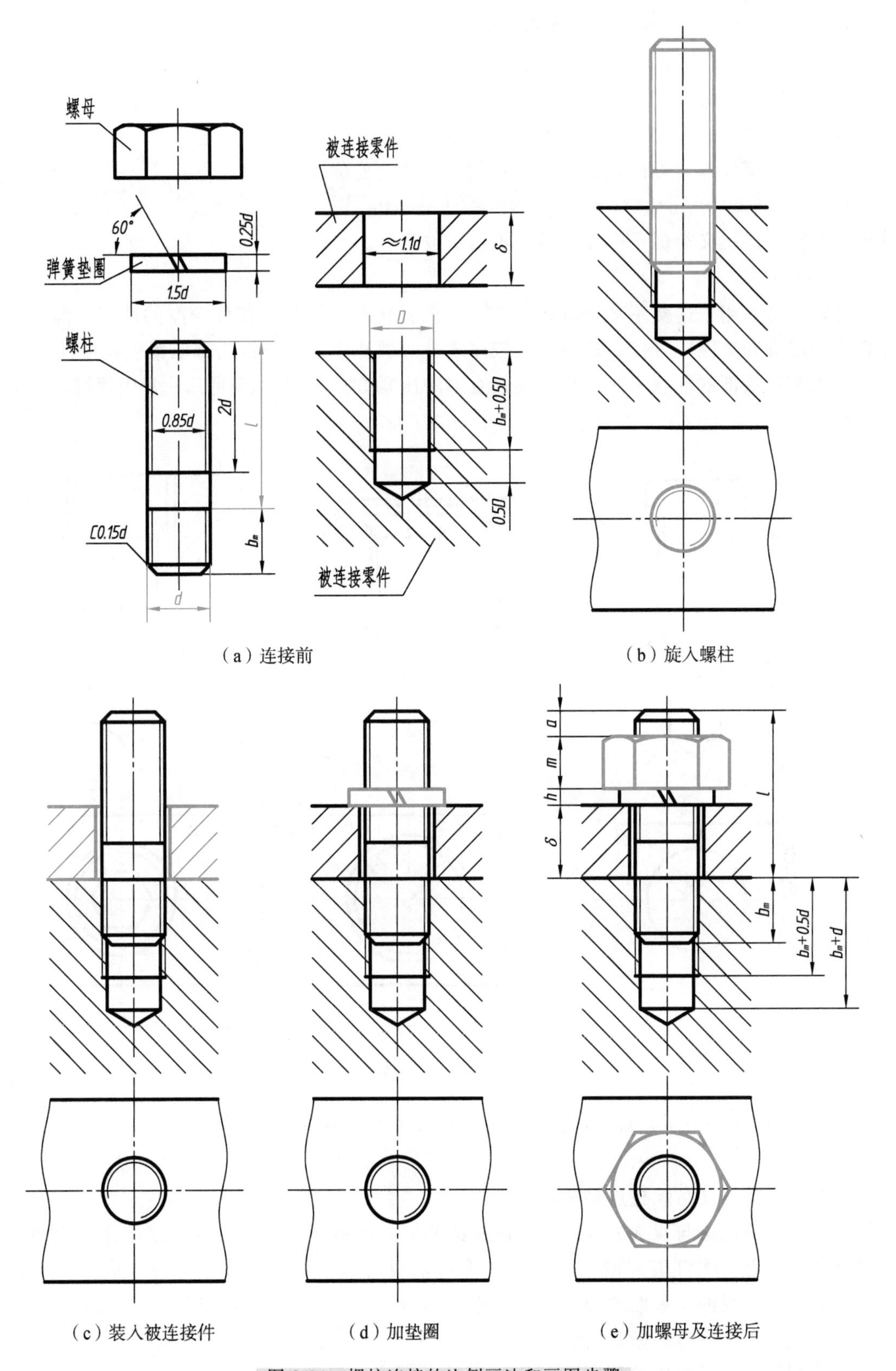

（a）连接前　（b）旋入螺柱

（c）装入被连接件　（d）加垫圈　（e）加螺母及连接后

图 8-14　螺柱连接的比例画法和画图步骤

8-14

如图 8-14（b）～（e）所示为画双头螺柱连接装配图的步骤。为了保证旋入端全部旋入，机件上的螺孔深度应大于旋入端的螺纹深度 b_m，螺孔深度取 $b_m+0.5D$，钻孔深度取b_m+D。画图时，应注意旋入端的螺纹终止线应与被连接零件上螺孔的端面平齐，表示完全旋入。

双头螺柱的形式、尺寸可查阅附录附表 11。

绘图时与螺栓连接类似，需先按下式估算螺柱的公称长度 l：

$$l=\delta+h+m+a$$

式中，各符号的意义类似于螺栓连接，不再重复说明。

3. 螺钉连接

螺钉连接多用于连接不经常拆卸且受力不大、其中一个被连接件较厚的情况。螺钉连接通常不用螺母和垫圈，直接将螺钉拧入较厚零件的螺孔中，靠螺钉头部压紧被连接件。

根据螺钉头部的形状不同，螺钉连接有多种压紧方式，图 8-15 是几种常用螺钉连接装配图的比例画法。

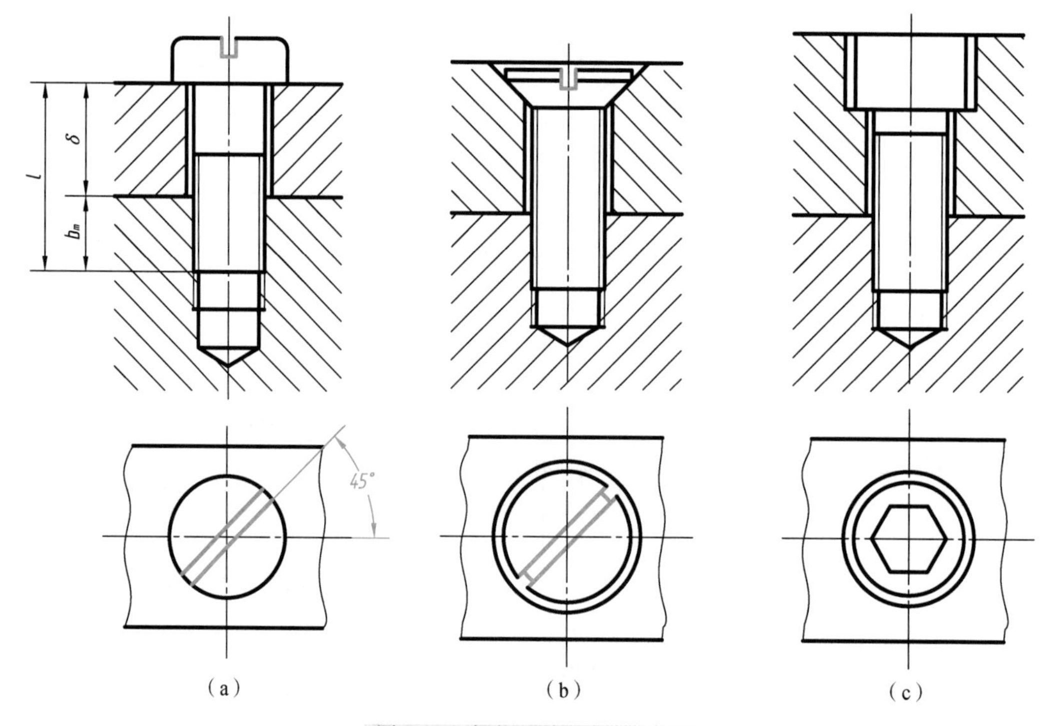

图 8-15 螺钉连接的比例画法

(a)
8-15

如图 8-15（a）所示，螺钉的公称长度 l 可按下式估算：

$$l=\delta+b_m$$

式中，各符号的意义与螺柱连接相同。

螺钉连接的画法与双头螺柱旋入端的画法相似，所不同的是螺钉的螺纹终止线应画在两零件接触面以上。螺钉头部槽口在平行于螺钉轴线的投影面的视图中，应画成垂直于投影面；在垂直于轴线的投影面的视图中，则应画成与水平线倾斜 45°，如图 8-15（a）、（b）所示；当槽宽小于 2mm 时，可以涂黑表示。

在装配图中，不穿通的螺纹孔可不画出钻孔深度，仅按螺纹深度画出，如图 8-15（b）、（c）所示。

图 8-16（a）为开槽圆柱头及开槽盘头螺钉头部的比例画法，图 8-16（b）为开槽沉头螺钉头部的比例画法。

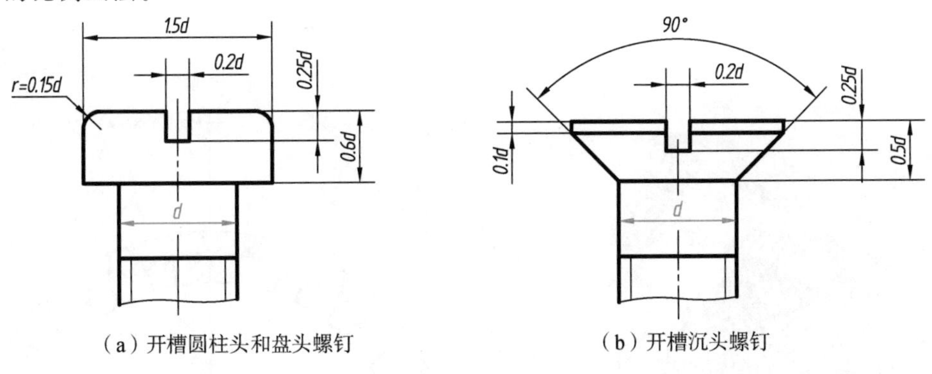

（a）开槽圆柱头和盘头螺钉　　（b）开槽沉头螺钉

图 8-16　螺钉头部的比例画法

8.3 齿　　轮

齿轮是机器、仪表中广泛应用的传动零件，常用于传递动力、运动，改变运动方向、速度以及分度等。

图 8-17 表示三种常见的齿轮传动形式。圆柱齿轮通常用于平行两轴之间的传动，锥齿轮用于相交两轴之间的传动，蜗杆与蜗轮用于交叉两轴之间的传动。

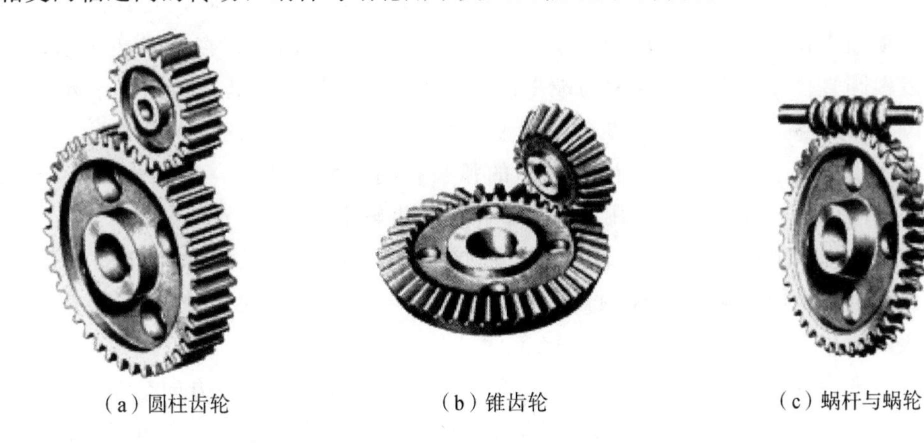

（a）圆柱齿轮　　（b）锥齿轮　　（c）蜗杆与蜗轮

图 8-17　常见的齿轮传动

图 8-18 为二级减速器，它包含上述三种常见的齿轮。

圆柱齿轮按其齿形方向可分为直齿、斜齿和人字齿等。本节仅介绍直齿圆柱齿轮。

8.3.1　直齿圆柱齿轮各部分的名称和代号

图 8-19 是两个啮合的圆柱齿轮示意图，图中表示出了圆柱齿轮各部分的几何要素。

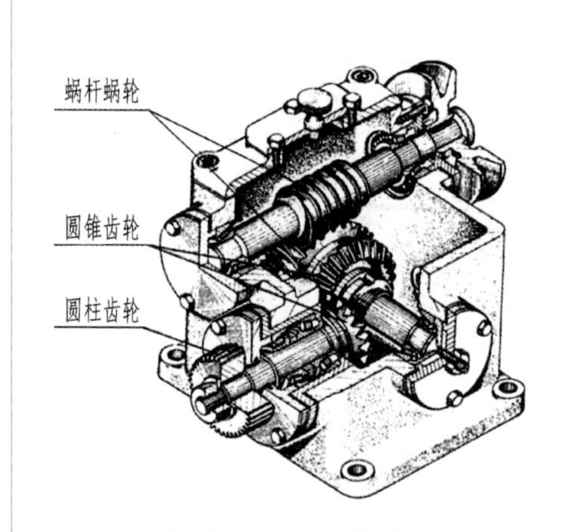

图 8-18 二级减速器

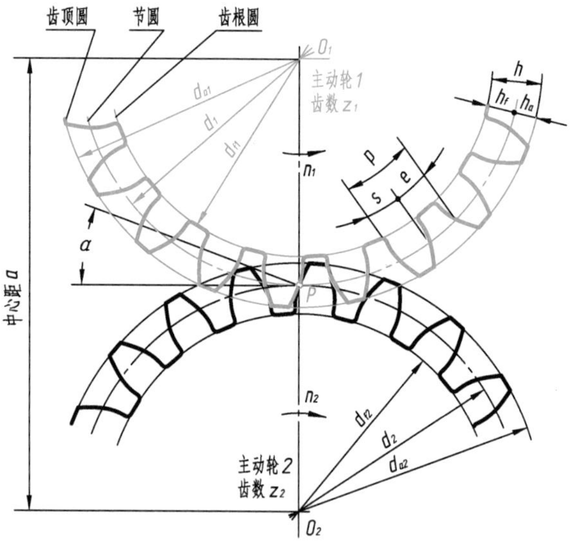

图 8-19 直齿圆柱齿轮各部分名称及其代号

（1）节圆直径 d' 和分度圆直径 d：O_1、O_2 分别为两啮合齿轮的中心，当两齿轮啮合接触点在连心线 O_1O_2 上的 P 点时，称为节点。分别以 O_1、O_2 为圆心，O_1P、O_2P 为半径作圆，齿轮的传动可假想为这两个圆做无滑动的纯滚动。这两个圆称为齿轮的节圆，其直径用 d' 表示。对于标准齿轮，节圆和分度圆是一致的。对单个齿轮而言，分度圆是设计、制造齿轮时进行各部分尺寸计算的基准圆，也是分齿的圆，所以称为分度圆，其直径用 d 表示。

（2）齿顶圆直径 d_a：齿顶圆柱面与端平面的交线称为齿顶圆，其直径用 d_a 表示。

（3）齿根圆直径 d_f：齿根圆柱面与端平面的交线称为齿根圆，其直径用 d_f 表示。

（4）齿距 p、齿厚 s、槽宽 e：在分度圆上，相邻两齿廓对应点之间的弧长称为分度圆齿距，简称齿距，用 p 表示；一个轮齿齿廓间的弧长称为分度圆齿厚，简称齿厚，用 s 表示；一个齿槽齿廓间的弧长称为槽宽，用 e 表示。在标准齿轮中，$s=e$，$p=s+e$。

（5）齿高 h、齿顶高 h_a、齿根高 h_f：齿顶圆与齿根圆的径向距离称为齿高，用 h 表示；齿顶圆与分度圆的径向距离称为齿顶高，用 h_a 表示；分度圆与齿根圆的径向距离称为齿根高，用 h_f 表示，$h=h_a+h_f$。

（6）齿形角 α：在节点 P 处，两齿廓曲线的公法线，即齿廓的受力方向与两节圆的内公切线，即节点 P 处的瞬时运动方向所夹的锐角，称为齿形角。标准齿轮的齿形角等于 20°。

（7）齿数 z：一个齿轮的轮齿数称为齿数。

（8）模数 m：分度圆周长 $=\pi d=zp$，也就是 $d=\dfrac{p}{\pi}z$。令 $\dfrac{p}{\pi}=m$，则 $d=mz$，m 称为齿轮的模数，它等于齿距 p 与 π 的比值。因为两啮合齿轮的齿距 p 必须相等，所以它们的模数也必须相等。

模数 m 是设计、制造齿轮的重要参数。模数大，则齿距 p 也大，随之齿厚 s 也大，因此齿轮的承载能力大。不同模数的齿轮，要用不同模数的刀具来加工制造。为了便于设计和加工，模数的数值已标准化，其数值如表 8-3 所示。

表 8-3 渐开线圆柱齿轮的法向模数系列（摘自 GB/T 1357—2008）

第一系列	1 1.25 1.5 2 2.5 3 4 5 6 8 10 12 16 20 25 32 40 50
第二系列	1.125 1.375 1.75 2.25 2.75 3.5 4.5 5.5 (6.5) 7 9 11 14 18 22 28 35 45

注：本标准不适用于汽车齿轮。选用模数时，应优先选用第一系列，其次选用第二系列，括号内的模数尽可能不用。

(9) 传动比 i：传动比为主动齿轮的转速 n_1（r/min）与从动齿轮的转速 n_2（r/min）之比，即 $i=\dfrac{n_1}{n_2}=\dfrac{z_2}{z_1}$。用于减速器的一对啮合齿轮，其传动比 $i>1$。

(10) 中心距 a：两啮合圆柱齿轮轴线之间的最短距离称为中心距，即

$$a=\frac{d'_1+d'_2}{2}=\frac{m(z_1+z_2)}{2}$$

8.3.2 直齿圆柱齿轮各几何要素的尺寸关系

齿轮的模数 m 及齿数 z 确定后，可按表 8-4 所列公式计算齿轮各几何要素的尺寸。

表 8-4 直齿圆柱齿轮各几何要素的尺寸计算

名称	代号	计算公式
齿顶高	h_a	$h_a=m$
齿根高	h_f	$h_f=1.25m$
齿高	h	$h=2.25m$
分度圆直径	d	$d=mz$
齿顶圆直径	d_a	$d_a=m(z+2)$
齿根圆直径	d_f	$d_f=m(z-2.5)$

8.3.3 圆柱齿轮的规定画法

1. 单个圆柱齿轮的规定画法

在外形视图中，齿顶圆和齿顶线用粗实线绘制，分度圆和分度线用细点画线绘制，齿根圆和齿根线用细实线绘制，也可省略不画，如图 8-20（a）、（e）所示；在剖视图中，当剖切平面通过齿轮的轴线时，轮齿部分一律按不剖处理，齿顶线和齿根线用粗实线绘制，如图 8-20（b）、（c）、（d）所示；若为斜齿或人字齿齿轮，则该视图可画成半剖视或局部剖视，并用三条与齿廓方向一致的细实线表示轮齿的方向，如图 8-20（c）、（d）所示。

齿轮的其他结构按投影画出。

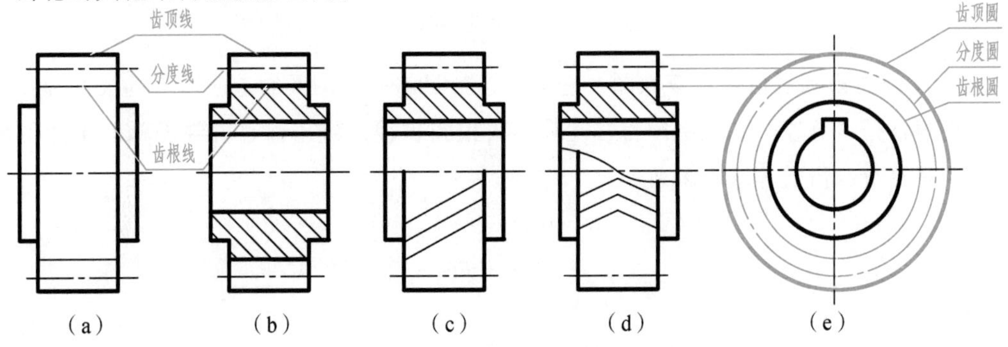

图 8-20 单个圆柱齿轮的规定画法

2. 圆柱齿轮啮合的规定画法

在垂直于圆柱齿轮轴线的投影面的视图中，两相啮合齿轮的节圆必须相切，啮合区内的齿顶圆均用粗实线绘制，齿根圆用细实线绘制，如图 8-21（a）的左视图所示，也可省略不画，如图 8-21（d）所示；在通过轴线的剖视图中，在啮合区内，两齿轮的节线重合，用细点画线绘制，将一个齿轮的轮齿用粗实线绘制，另一个齿轮的轮齿被遮挡的部分用细虚线绘制，两齿轮的齿根线均用粗实线绘制，如图 8-21（a）的主视图所示；但被遮挡的部分也可省略不画。在平行于圆柱齿轮轴线投影面的外形视图中，啮合区的齿顶线不需要画出，节线用粗实线绘制，如图 8-21（b）、（c）所示，其他处的节线仍用细点画线绘制。

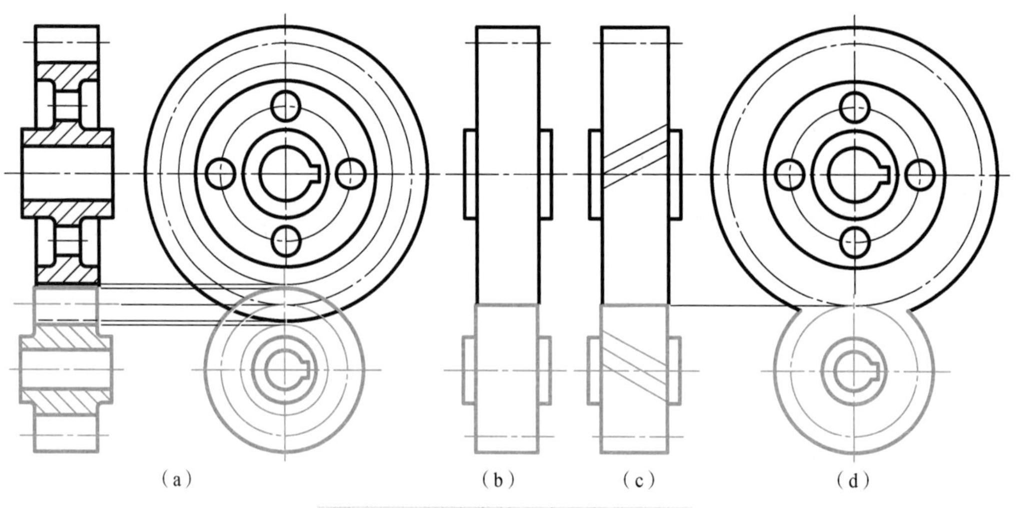

图 8-21 圆柱齿轮啮合的规定画法

如图 8-22 所示，在齿轮啮合的剖视图中，由于齿根高与齿顶高相差 $0.25m$，因此，一个齿轮的齿顶线和另一个齿轮的齿根线之间应有 $0.25m$ 的间隙。

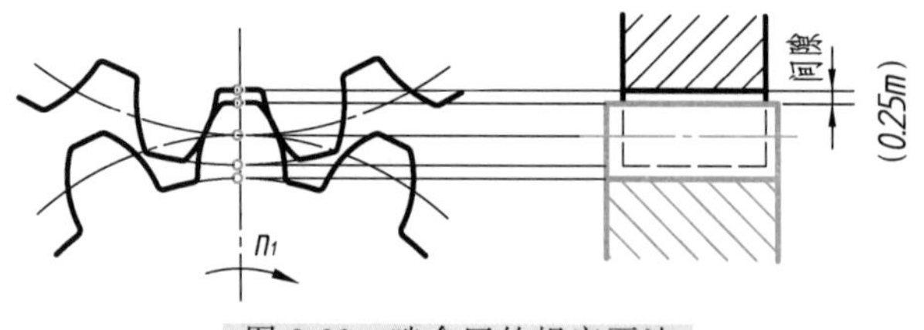

图 8-22 啮合区的规定画法

图 8-23 为直齿圆柱齿轮的零件图。它除了包括足够的视图及制造时所需的尺寸和技术要求，齿顶圆直径、分度圆直径必须直接注出，齿根圆直径规定不注，并在图样右上角的参数表中，注写模数、齿数等基本参数。

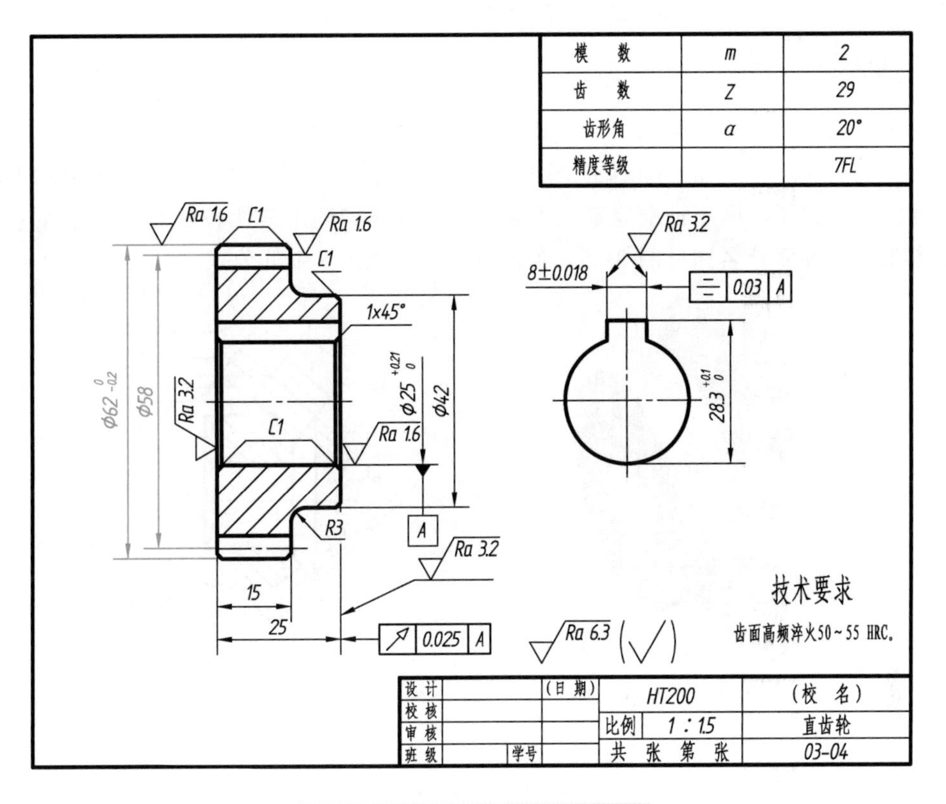

图 8-23　直齿圆柱齿轮的零件图

8.3.4　齿轮与齿条

齿条可以看成直径无穷大的齿轮，齿条的齿顶圆、分度圆、齿根圆和齿廓都是直线。齿条的模数与其啮合齿轮的模数相同。齿条、齿轮啮合时，齿轮的节圆与齿条的节线相切。如图 8-24 所示，齿轮、齿条啮合的画法与两圆柱齿轮啮合的画法相同。

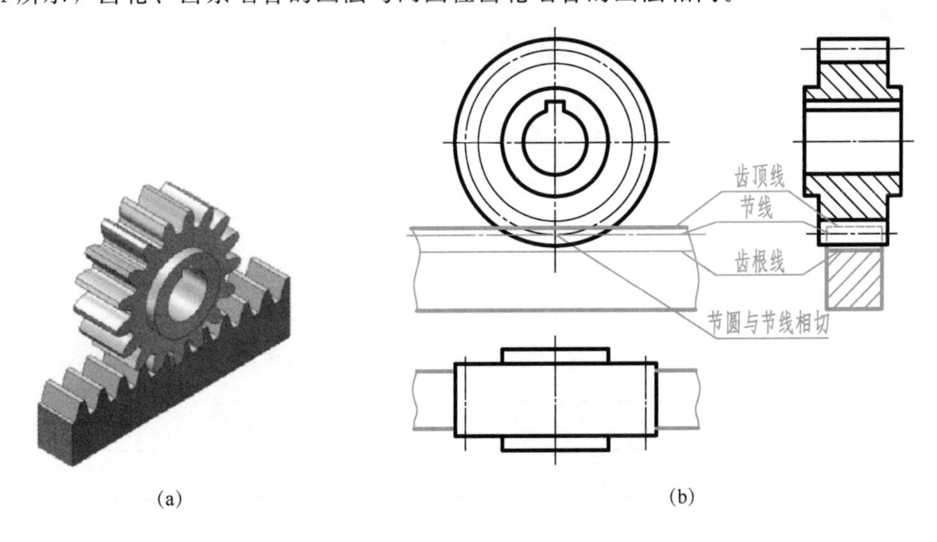

图 8-24　齿轮、齿条啮合画法

8.3.5 锥齿轮

锥齿轮可用于传递两相交轴间的回转运动或动力，一般两相交轴成90°。

如图8-25所示，锥齿轮的轮齿在圆锥面上加工而得，两端齿厚、齿高和模数均不同。为了设计和制造的方便，国家标准规定以大端模数来计算和确定其他各尺寸。

直齿锥齿轮各部分名称见图8-26。各部分尺寸按表8-5中的公式计算。

图8-25 锥齿轮

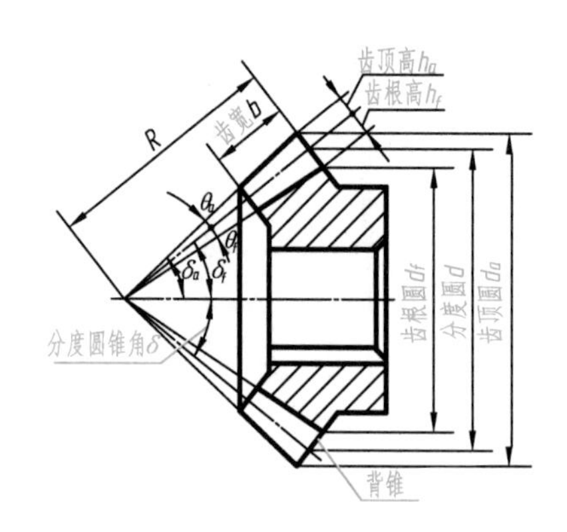

图8-26 单个齿轮各部分名称

表8-5 直齿锥齿轮各部分的尺寸关系

基本参数：模数 m、齿数 z、分度圆锥角 δ		
名称	代号	计算公式
分度圆锥角	δ	$\tan\delta_1=\frac{z_1}{z_2}$，$\tan\delta_2=\frac{z_2}{z_1}$，或 $\delta_2=90°-\delta_1$
齿顶高	h_a	$h_a=m$
齿根高	h_f	$h_f=1.2m$
齿高	h	$h=2.2m$
分度圆直径	d	$d=mz$
齿顶圆直径	d_a	$d_a=d+2h_a\cos\delta=m(z+2\cos\delta)$
齿根圆直径	d_f	$d_f=d-2h_f\cos\delta=m(z-2.4\cos\delta)$
锥距	R	$R=\frac{d_1}{2\sin\delta_1}=\frac{d_2}{2\sin\delta_2}$
齿宽	b	$b\leqslant 4m$ 或 $b\leqslant\frac{1}{3}R$
齿顶角	θ_a	$\cot\theta_a=h_a/R$
齿根角	θ_f	$\cot\theta_f=h_f/R$

锥齿轮的画法如下。

1. 单个锥齿轮的规定画法

单个锥齿轮以通过其轴线剖切的剖视图作为主视图，轮齿部分的画法与圆柱齿轮画法相同，如图 8-27（a）所示。在投影为圆的视图上，用粗实线表示锥齿轮的大端及小端齿顶圆，用细点画线绘制大端分度圆，见图 8-27（a）。若主视图不剖，则不画齿根线，见图 8-27（b）。对于斜齿锥齿轮用三条细实线表示齿的方向，见图 8-27（c）。

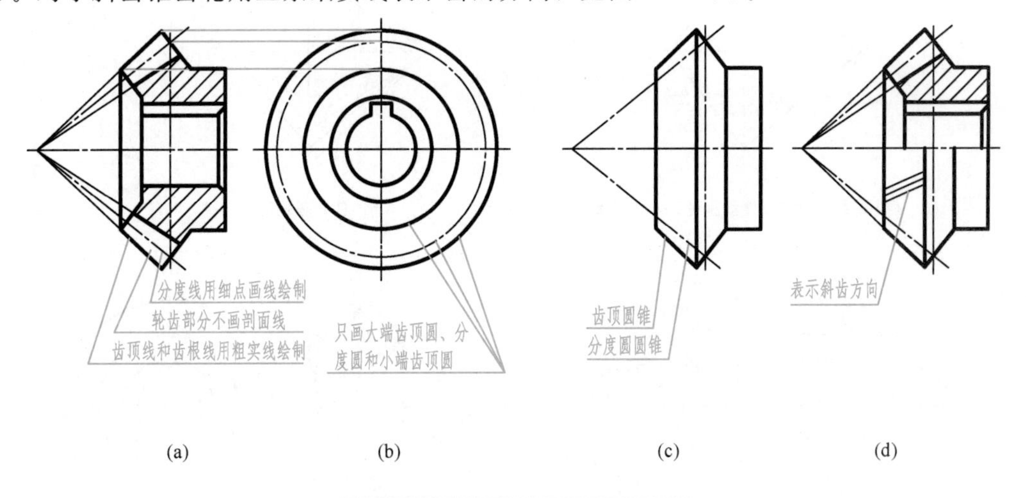

图 8-27　单个锥齿轮的规定画法

锥齿轮零件图如图 8-28 所示，除必要视图表达其结构形状外，还需标注齿顶圆直径、分度圆直径、齿宽等尺寸和表面粗糙度等技术要求，且需用表格列出模数、齿数、压力角等参数数据。

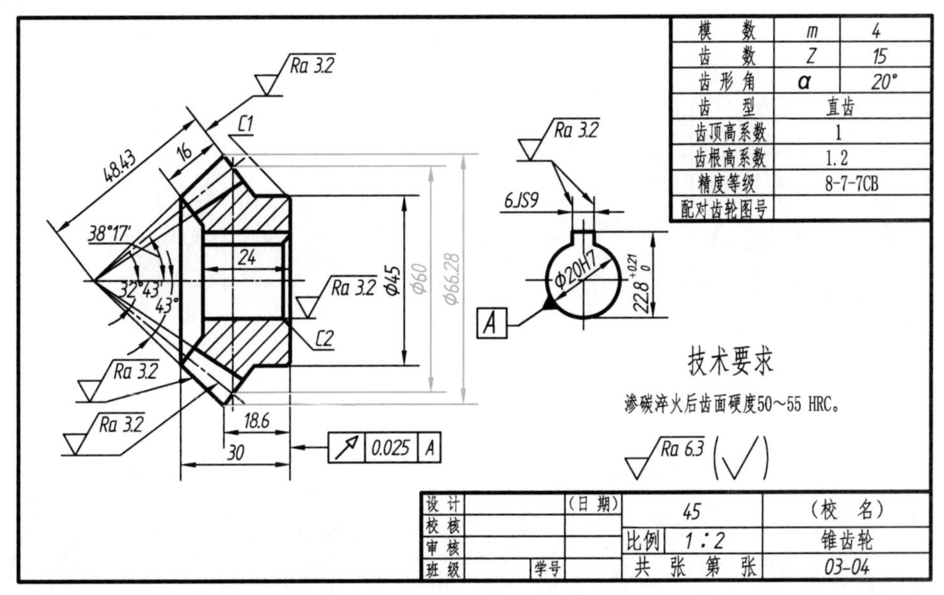

图 8-28　锥齿轮零件图

单个锥齿轮的画图步骤如图 8-29 所示。

2. 锥齿轮的啮合画法

当剖切平面通过两啮合锥齿轮的轴线时，由于两齿轮的节圆锥面相切，因此其节线重合，在啮合区内将一个锥齿轮的轮齿用粗实线绘制，另一个锥齿轮的轮齿被遮挡的部分用细虚线绘制或不画，其他视图中被遮挡的部分不画。锥齿轮啮合的画图步骤如图 8-30 所示。

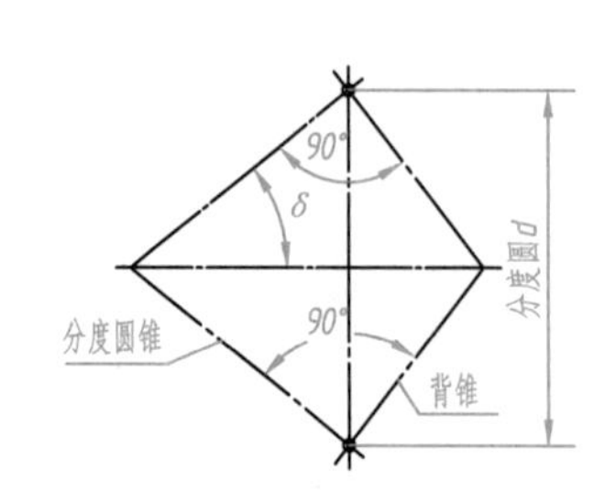

(a) 画中心线、确定分度圆直径、分度圆锥及背锥

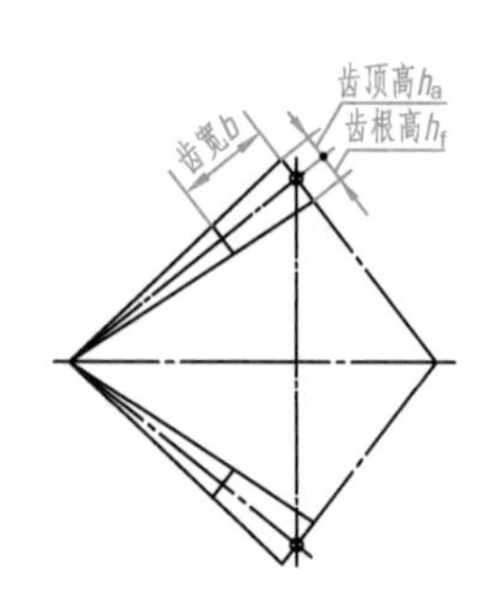

(b) 画轮齿

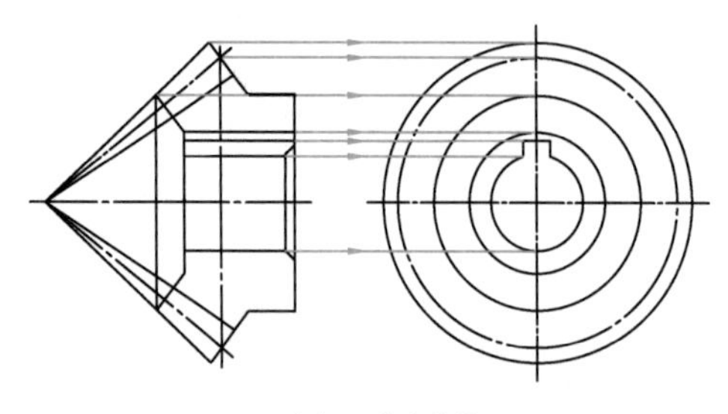

(c) 画其余结构

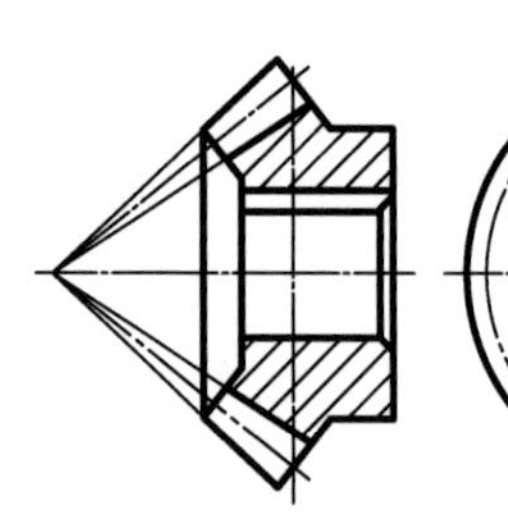

(d) 画剖面线、加深

图 8-29 单个锥齿轮的画图步骤

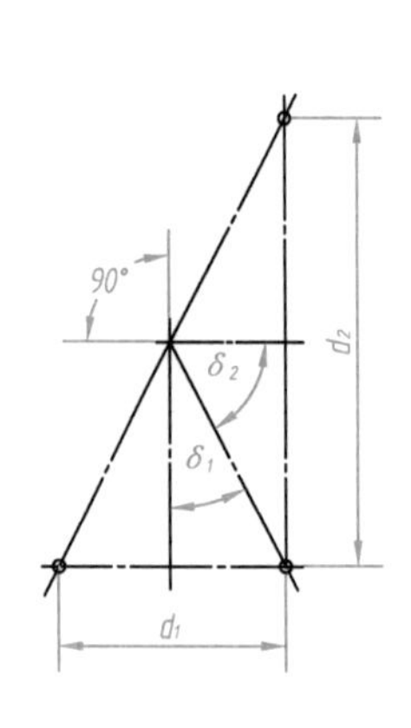

(a) 画中心线、确定两个节圆直径及两个节圆锥

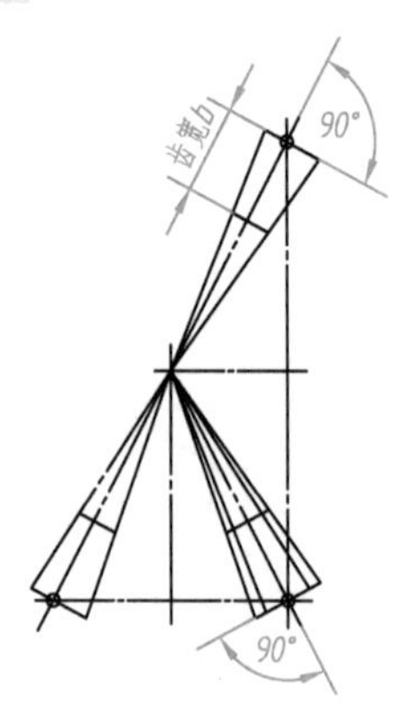

(b) 画轮齿

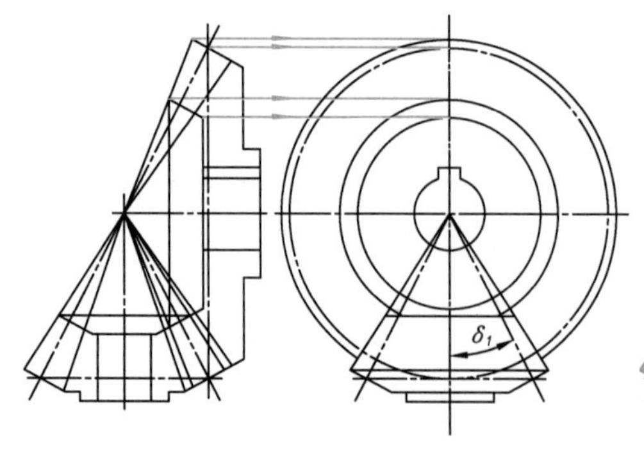

(c) 画其余部分

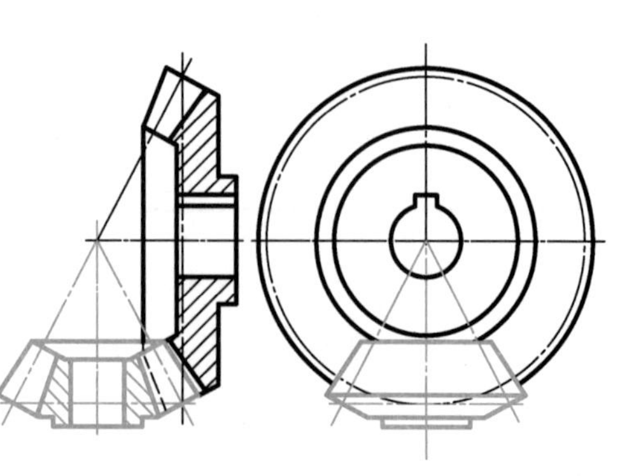

(d) 画剖面线、加深

图 8-30 锥齿轮啮合画图步骤

8.3.6 蜗杆与蜗轮

蜗轮和蜗杆用于交叉两轴的传动。蜗杆通常是主动件，带动蜗轮转动。

蜗杆结构与梯形螺纹类似，见图 8-31，蜗杆有单线、多线和右旋、左旋之分，绘制时与圆柱齿轮的绘制方法相同。为了增大工作时的接触面，蜗轮外圆柱面为内凹弧形环面，如图 8-32 所示。

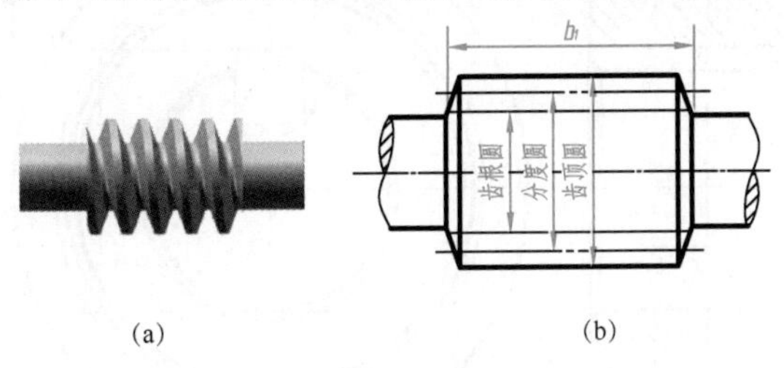

图 8-31 蜗杆

图 8-33 和图 8-34 是配对蜗杆与蜗轮的零件图。除了必要的视图和尺寸标注、表面粗糙度等技术要求，还需要用表格列出模数、头数、中心距等参数，以及配对蜗轮、蜗杆的图号。

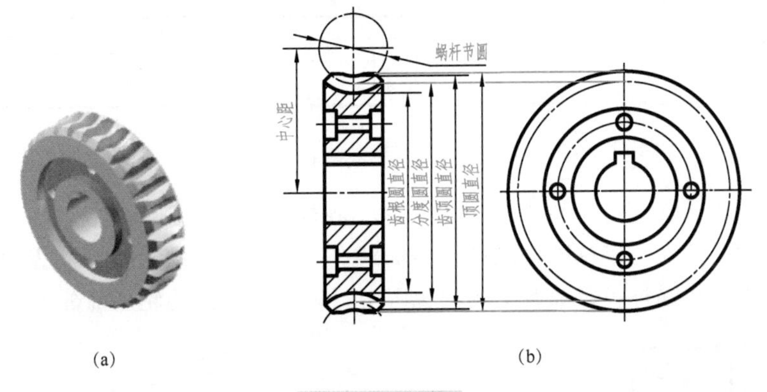

图 8-32 蜗轮

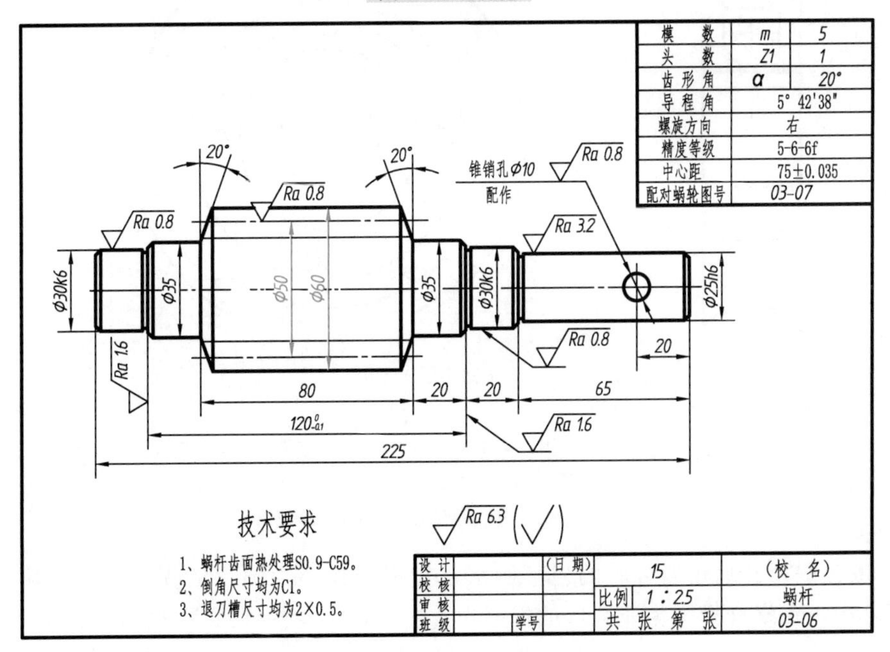

图 8-33 蜗杆零件图

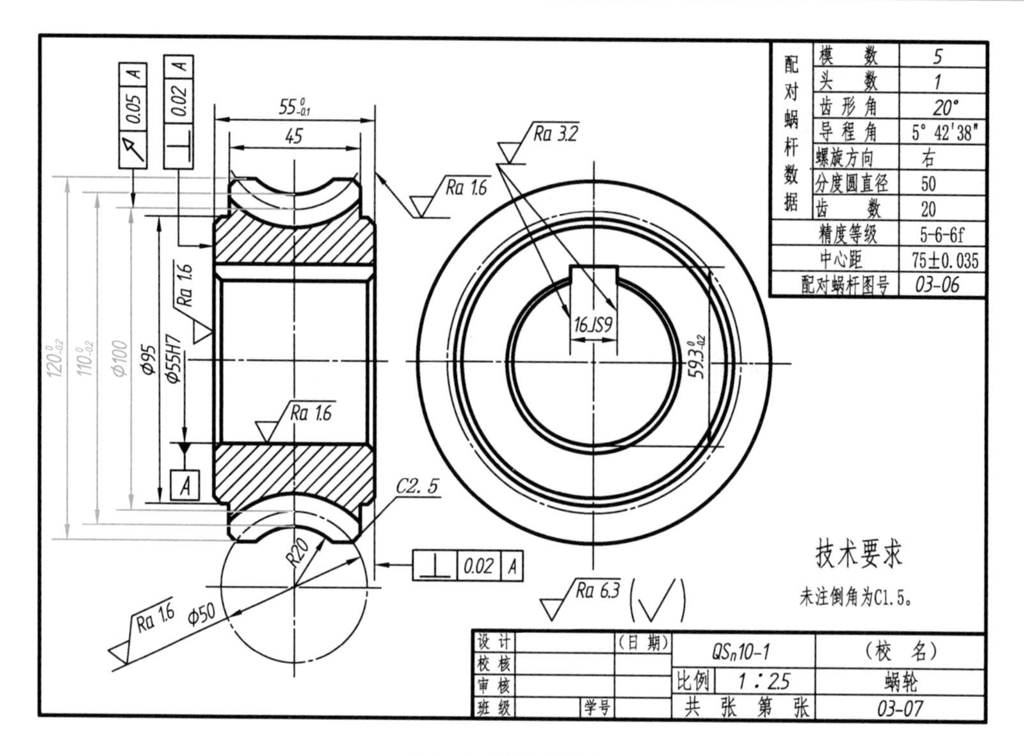

图 8-34 蜗轮零件图

图 8-35 是蜗杆和蜗轮啮合时的剖视图画法，在蜗轮投影为圆形的视图中，蜗轮的节圆应与蜗杆节线相切；蜗杆与蜗轮啮合区域作局部剖；啮合区内，蜗轮顶圆、齿顶圆和蜗杆的齿顶线可省略不画。在蜗杆投影为圆形的剖视图中，蜗轮被遮挡的轮齿部分可省略不画。

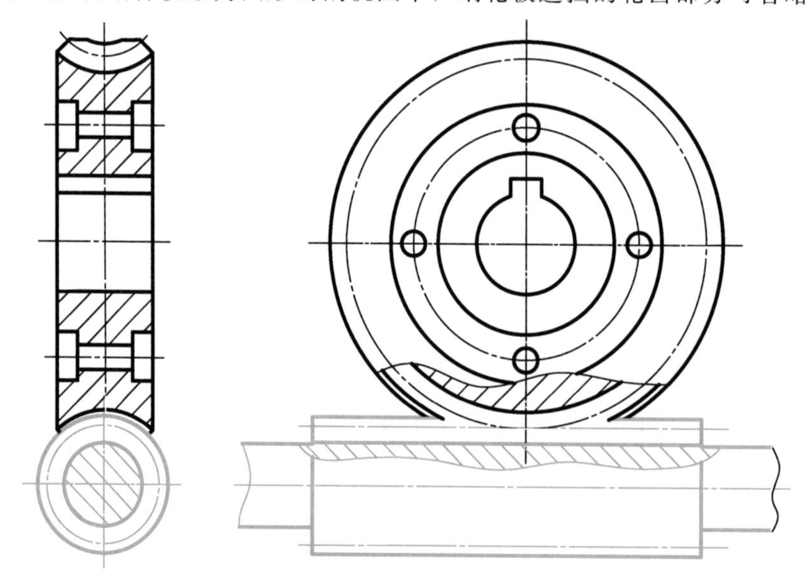

图 8-35 蜗杆蜗轮啮合剖视画法

图 8-36 是蜗杆和蜗轮啮合时的外形画法。在蜗杆投影为圆形的视图中，蜗轮被蜗杆遮住的部分不画。在蜗杆投影为非圆形的视图中，按蜗杆蜗轮的外形图画出即可。

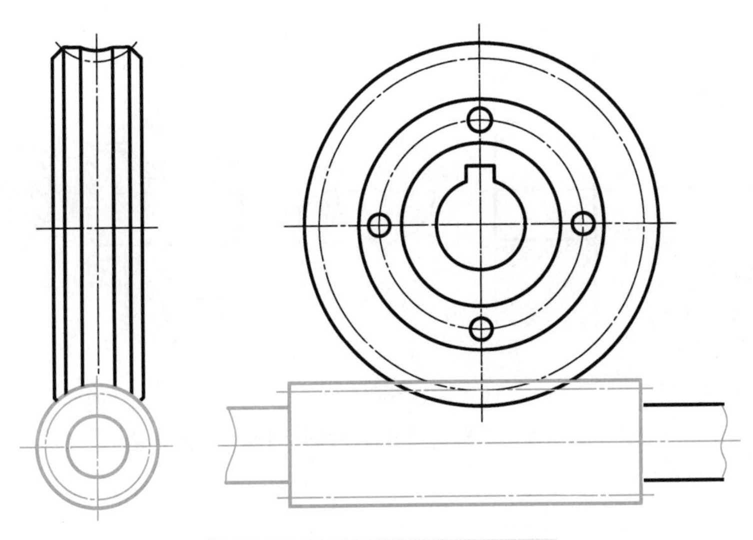

图 8-36　蜗杆蜗轮啮合外形画法

8.4　键、销连接

8.4.1　键连接

键通常用来连接轴和装在轴上的转动零件，如齿轮、带轮等，起传递扭矩的作用。它的一部分安装在轴的键槽内，另一凸出部分则嵌入轮毂槽内，使两个零件一起转动，如图 8-1 右端所示。

键是标准件，它的种类很多，常用的键有普通平键、半圆键和钩头楔键等，如图 8-37 所示。其中，普通平键应用最广，按形式的不同可分为 A 型、B 型和 C 型三种，其形状如附录所示。在标记时，A 型平键省略 A，而 B 型、C 型应写出 B、C。

图 8-37　常用的键

例如，圆头普通平键，宽度 b=18mm，高度 h=11mm，长度 L=100mm，其标记为

GB/T 1096—2003　键　18×11×100

常用普通平键的尺寸和键槽的剖面尺寸，可查阅附录附表 15、附表 16，轴和轮毂的键槽尺寸注法如图 8-38（a）、(b) 所示。

图 8-38（c）表示普通平键连接的装配画法。普通平键的两侧面是工作面，在装配图中，键的两侧面与轮毂、轴的键槽两侧面接触，键的底面与轴的键槽底面接触，画一条线；而键的顶面与轮毂上键槽的底面之间应有间隙，为非接触面，要画两条线。按国家标准的规定，剖切平面通过轴或键的轴线或对称面，轴和键均按不剖形式画出，为了表示轴上的键槽，采用局部剖视。

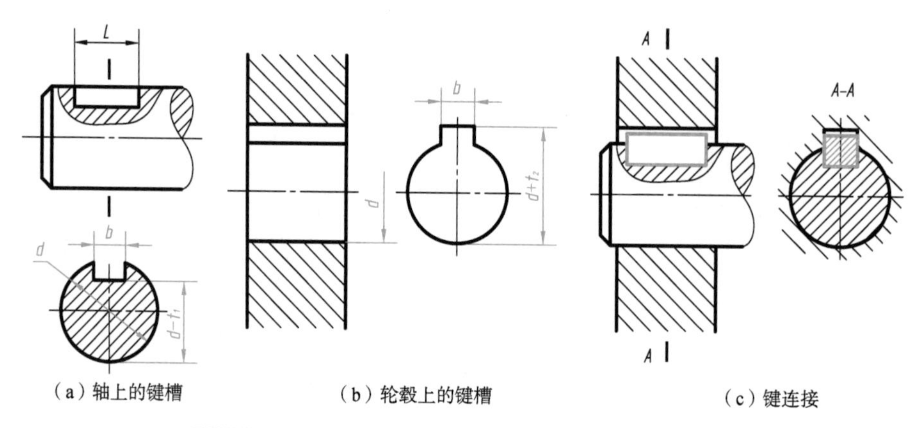

（a）轴上的键槽　（b）轮毂上的键槽　（c）键连接

图 8-38　普通平键键槽的尺寸注法和键连接的画法

8.4.2 销连接

销通常用于零件间的连接或定位。常用的销有圆柱销、圆锥销和开口销等，如图 8-39 所示。其中，开口销是在用带孔螺栓和槽形螺母时，将它穿过槽形螺母的槽口和带孔螺栓的孔，并在销的尾部叉开，防止螺母与螺栓松脱。

（a）圆柱销　（b）圆锥销　（c）开口销

图 8-39　常用的销

销也是标准件，其中圆柱销和圆锥销应用较广，它们的形式、尺寸可查阅附录。其规格尺寸为公称直径 d 和公称长度 l，圆锥销的公称直径是它的小端直径。

例如，公称直径 $d=6$mm，公差为 m6，公称长度 $l=30$mm，材料为钢，普通淬火（A 型），表面氧化处理的圆柱销，其规定标记为

销　GB/T 119.2—2000　6×30

例如，公称直径 $d=6$mm，公称长度 $l=30$mm，材料为 35 钢，热处理硬度 28～38HRC，表面氧化处理的圆锥销，其规定标记为

销　GB/T 117—2000　6×30

圆柱销和圆锥销的连接画法如图 8-40 所示。用销连接或定位的两个零件，它们的销孔应在装配时一起加工，如图 8-41 所示为零件图上圆锥销孔的尺寸注法，锥销孔的尺寸应引出标注，$\phi4$ 为所配圆锥销的公称直径。

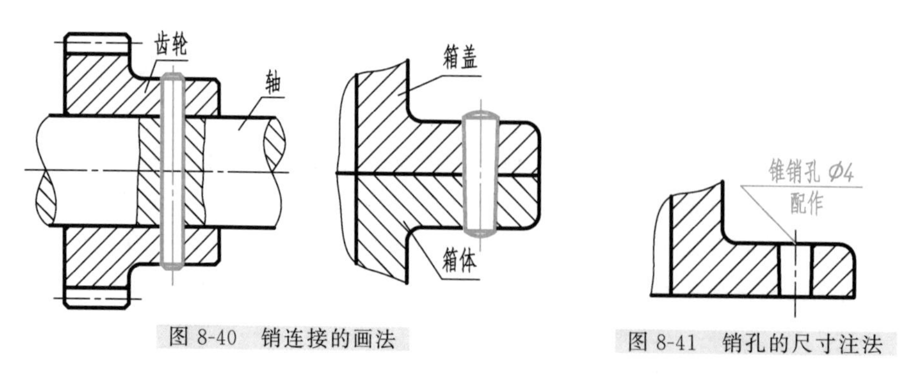

图 8-40　销连接的画法　　图 8-41　销孔的尺寸注法

8.5 弹　　簧

弹簧也是一种常用零件，它的作用是减振、夹紧、储能、测力等。其特点是当去掉外力后，弹簧能立即恢复原状。

弹簧的种类很多，常见的有螺旋弹簧和蜗卷弹簧等。根据受力情况不同，螺旋弹簧又分为压缩弹簧、拉伸弹簧和扭转弹簧三种，如图 8-42 所示。本节只介绍普通圆柱螺旋压缩弹簧的画法和尺寸计算。

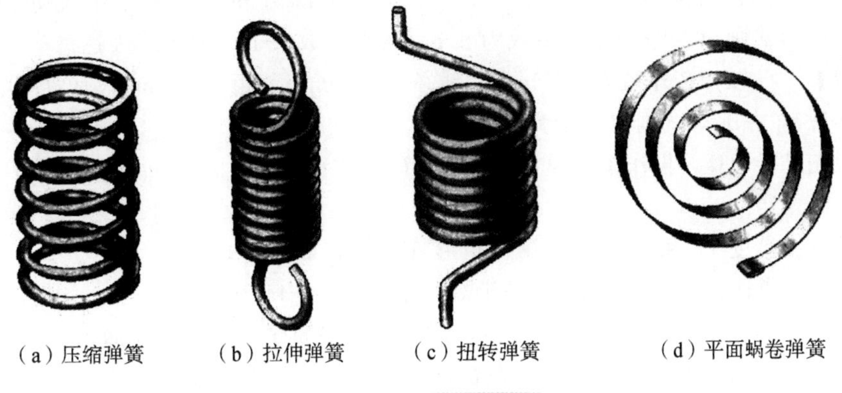

图 8-42　常用的弹簧

8.5.1 圆柱螺旋压缩弹簧术语、代号及尺寸关系（GB/T 1805—2021）

圆柱螺旋压缩弹簧的术语、代号如图 8-43 所示。

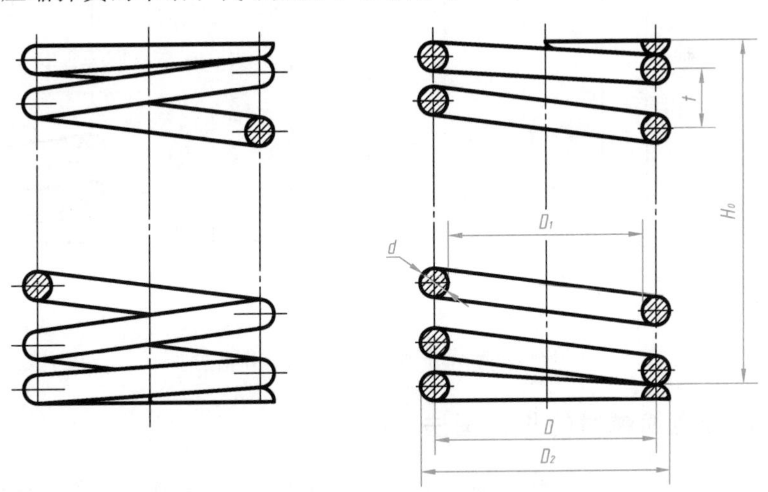

图 8-43　圆柱螺旋压缩弹簧的术语、代号

（1）线径 d。缠绕弹簧的钢丝直径，一般取标准值。

（2）弹簧外径 D_2，弹簧圈的外侧直径；弹簧内径 D_1：弹簧圈的内侧直径，$D_1=D_2-2d$；弹簧中径 D，弹簧内径和外径的平均值，$D=(D_2+D_1)/2=D_1+d=D_2-d$。

（3）节距 t。除支承圈外，相邻两圈截面中心线的轴向距离。

（4）有效圈数 n、支承圈数 n_z 和总圈数 n_1。为了使螺旋压缩弹簧工作时受力均匀，应增加弹簧的平稳性，弹簧的两端并紧、磨平。并紧、磨平的各圈仅起支承作用称为支承圈。如图 8-43 所示的弹簧，两端各有 $1\frac{1}{4}$ 圈为支承圈，即 $n_z=2.5$。保持相等节距的圈数称为有效圈数。有效圈数与支承圈数之和称为总圈数，即 $n_1=n+n_z$。

（5）自由高度 H_0。弹簧在不受外力作用时的高度或长度，$H_0=nt+(n_z-0.5)d$。

（6）展开长度 L。制造弹簧时坯料的长度。由螺旋线的展开可知 $L\approx n_1\sqrt{(\pi D_2)^2+t^2}$。

8.5.2 圆柱螺旋压缩弹簧的画图步骤

对于两端并紧、磨平的压缩弹簧，无论支承圈的圈数和端部并紧情况如何，都可按图 8-43所示的形式画出，即按支承圈数为 2.5、磨平圈数为 1.5 的形式表达。

【例 8-1】 已知弹簧外径 $D_2=45$mm，线径 $d=5$mm，节距 $t=10$mm，有效圈数 $n=8$，支承圈数 $n_z=2.5$，右旋，试画出这个弹簧。

分析：先进行计算，再作图。弹簧中径 $D=D_2-d=40$mm，$H_0=nt+(n_z-0.5)d=90$mm。

作图：

（1）以自由高度 H_0 和弹簧中径 D 作矩形 $ABCD$，如图 8-44（a）所示。

（2）画出支承圈部分与线径相等的圆或半圆，如图 8-44（b）所示。

（3）如图 8-44（c）所示，根据节距 t，按图中数字顺序画出簧丝断面。

（4）按右旋方向作相应圆的公切线及剖面符号，完成作图，如图 8-44（d）所示。

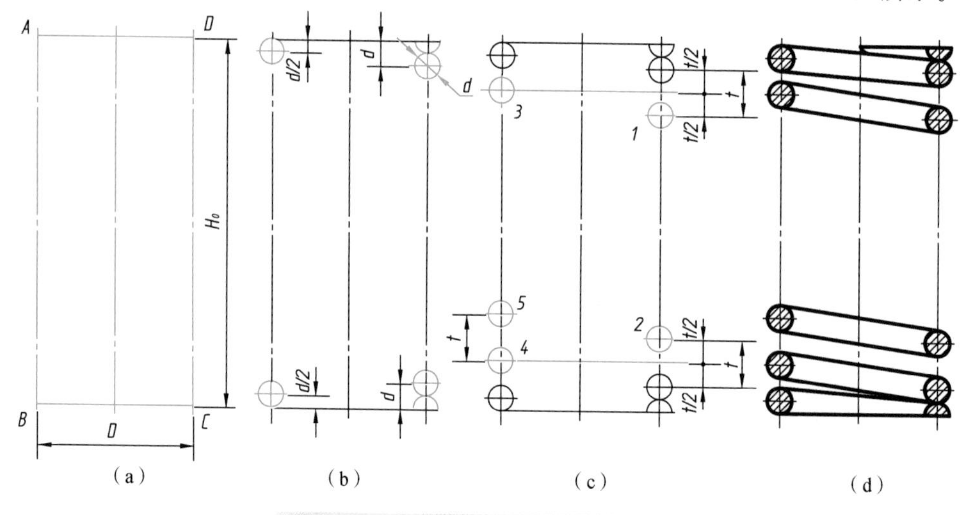

图 8-44 圆柱螺旋压缩弹簧的画图步骤

8.5.3 圆柱螺旋压缩弹簧的规定画法

GB/T 4459.4—2003 规定了弹簧的画法，现只说明圆柱螺旋压缩弹簧的画法。

（1）在平行于螺旋弹簧轴线的投影面上的视图中，弹簧各圈的转向轮廓线应画成直线，如图 8-43 所示。

（2）有效圈数在四圈以上的弹簧，中间部分可以省略不画，当中间部分省略后，可适当缩短图形的长度，如图 8-43 所示。

（3）在装配图中，被弹簧挡住的结构一般不画出，可见部分应从弹簧的外轮廓线或从簧丝断面的中心线画起，如图 8-45（a）所示。

（4）在装配图中，弹簧被剖切时，如簧丝断面的直径在图形上等于或小于 2mm 时，断面可以涂黑表示，如图 8-45（b）所示；此时，也可用示意画法，如图 8-45（c）所示。

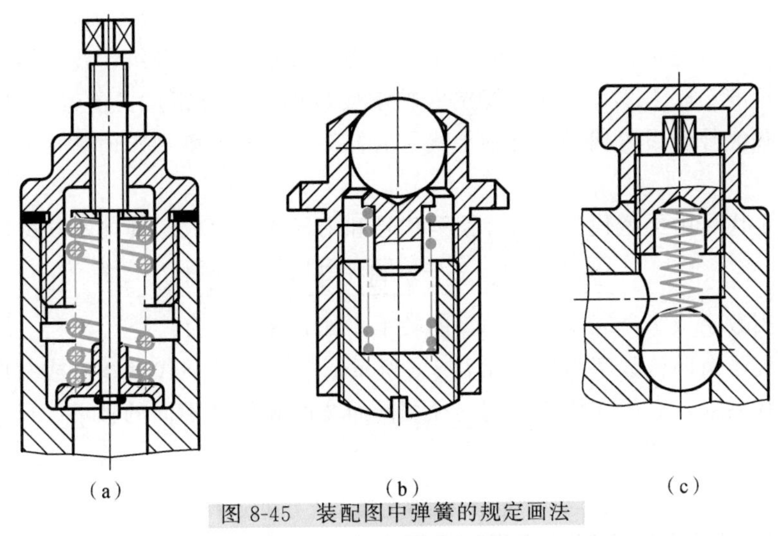

图 8-45 装配图中弹簧的规定画法

（5）在图样上，螺旋弹簧均可画成右旋，但左旋螺旋弹簧无论画成左旋或右旋，一律要加注“左”字。

8.6 滚动轴承

滚动轴承是支承旋转轴的标准组件，具有结构紧凑、摩擦力小等优点，在生产中使用比较广泛。滚动轴承的规格、形式很多，都已标准化和系列化，由专门的工厂生产，需要时可根据要求查阅有关标准选购。

8.6.1 滚动轴承的结构和种类

滚动轴承的种类虽多，但它们的结构大致相似，一般由内圈、外圈、滚动体、保持架四部分组成，如图 8-46 所示。通常外圈装在基座的孔内，固定不动，而内圈套在轴上，随轴转动。

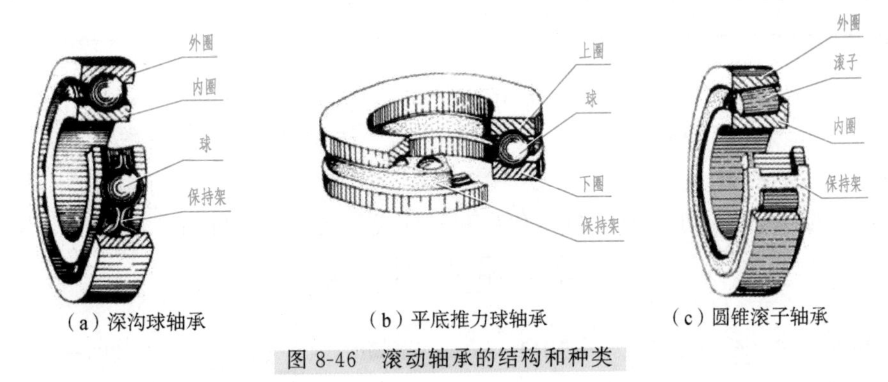

图 8-46 滚动轴承的结构和种类

滚动轴承按其所能承受的载荷方向不同，可分为以下几种。

（1）向心轴承——主要承受径向载荷，如深沟球轴承。

（2）推力轴承——主要承受轴向载荷，如平底推力球轴承。

（3）向心推力轴承——同时承受径向载荷和轴向载荷，如圆锥滚子轴承。

8.6.2 滚动轴承的代号和标记

1. 滚动轴承的代号

滚动轴承的代号是用来表示轴承的类型、结构、尺寸、公差等级、技术性能等特征的产品符号。国家标准 GB/T 272—2017 规定的轴承代号由三部分组成：前置代号、基本代号、后置代号。前置代号和后置代号都是轴承代号的补充，只有特殊要求时才使用，一般情况可省略。

轴承的基本代号由类型代号、尺寸系列代号和内径代号组成，其排列方式如下：

类型代号 尺寸系列代号 内径代号

类型代号用数字或字母表示不同类型的轴承，如表 8-6 所示。

尺寸系列代号由两位数字组成，如表 8-6 所示。前一位数字代表宽度或高度系列，后一位数字代表直径系列，它的作用是区别内径相同而宽度和外径不同的轴承。尺寸系列代号中括号内的数字注写时可省略。

表 8-6 常用滚动轴承的类型代号和尺寸代号

轴承名称	标准编号	类型代号	尺寸系列代号
双列角接触球轴承	GB/T 296—2015	0	32、33
调心球轴承	GB/T 281—2013	1	(0)2、(0)3、22、23
调心滚子轴承	GB/T 288—2013	2	13、22、23、30、31、40、41
推力调心滚子轴承	GB/T 5859—2008	2	92、93、94
圆锥滚子轴承	GB/T 297—2015	3	02、03、13、20、22、23、29、30、31、32
平底推力球轴承	GB/T 301—2015	5	11、12、13、14
双向推力球轴承			22、23、24
深沟球轴承	GB/T 276—2013	6	(0)0、(1)0、(0)2、(0)3、(0)4、17、37、18、19
角接触球轴承	GB/T 292—2007	7	(0) 2、(0) 3、(0) 4、(1) 0、19
推力圆柱滚子轴承	GB/T 4663—2017	8	11、12
圆柱滚子轴承（外圈无挡边）	GB/T 283—2007	N	10、(0)2、(0)3、(0)4、22、23
外球面球轴承	GB/T 3882—2017	U	2、3
三点和四点接触球轴承	GB/T 294—2015	QJ	(0)2、(0)3

内径代号由两位数字组成，表示轴承公称内径的大小，其中 00、01、02、03 分别表示轴承内径 d=10mm、12mm、15mm、17mm，04 以上表示轴承内径 d=数字×5。

2. 滚动轴承的标记

滚动轴承的标记由轴承名称、轴承代号和国标代号组成，其排列方式为

滚动轴承 轴承代号 国标代号

标记示例：

8.6.3　滚动轴承的画法

在装配图中，需较详细地表达滚动轴承的主要结构时，可采用规定画法；若只需较简单地表达滚动轴承的主要结构，可采用特征画法，但同一图样中应采用同一画法。常用滚动轴承的特征画法和规定画法如表 8-7 所示，表中的数据可根据轴承代号查阅附录附表 20、附表 21、附表 22。

表 8-7　常用滚动轴承的特征画法和规定画法

轴承名称代号及结构形式	查表主要数据	规定画法	特征画法
深沟球轴承 (GB/T 276—2013) 6000 型 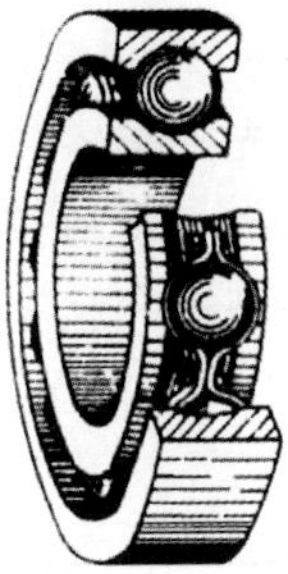	*D* *d* *B*	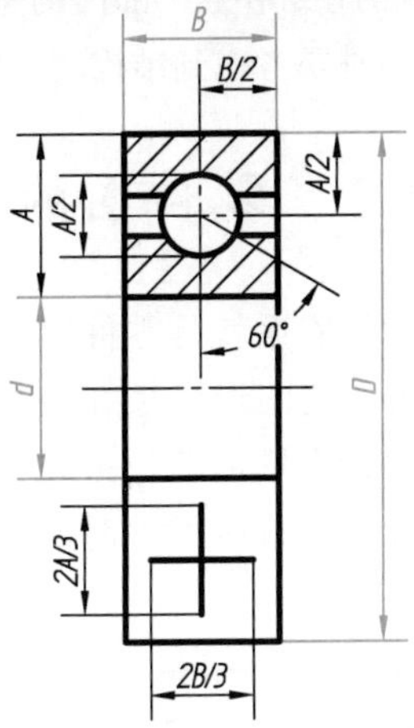	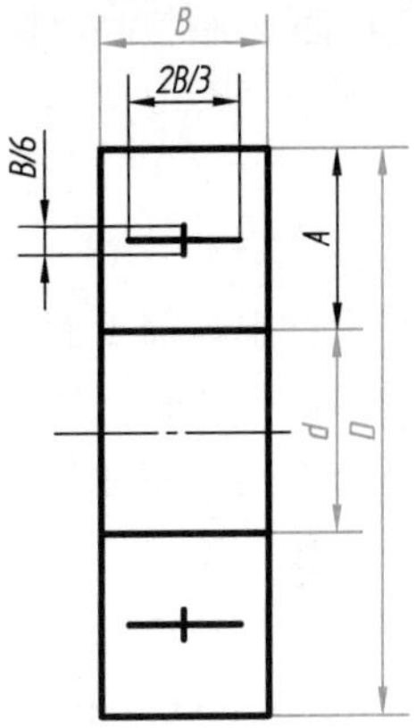
圆锥滚子轴承 (GB/T 297—2015) 30000 型 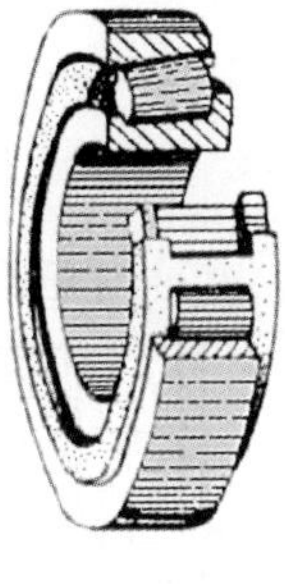	*D* *d* *B* *T* *C*	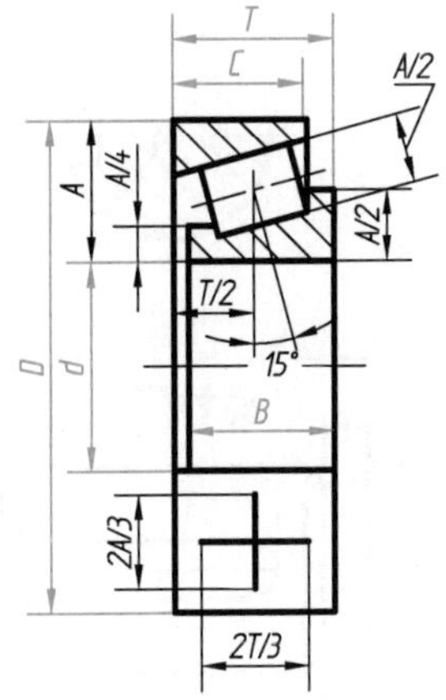	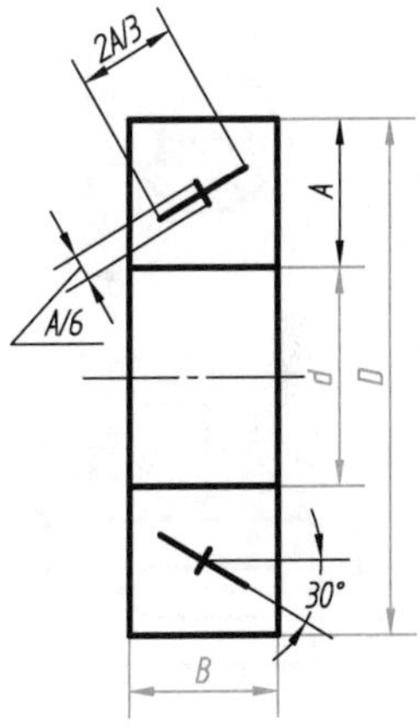
推力球轴承 (GB/T 301—2015) 51000 型 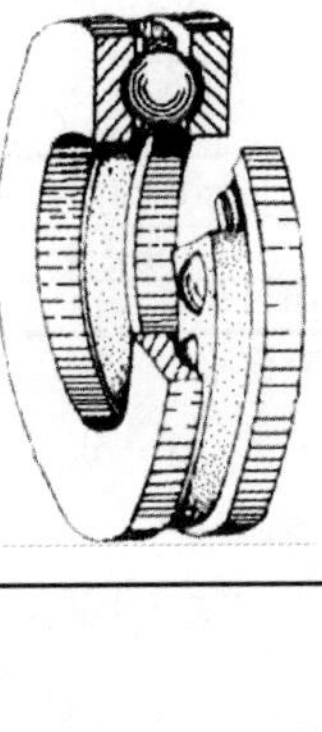	*D* *d* *T*	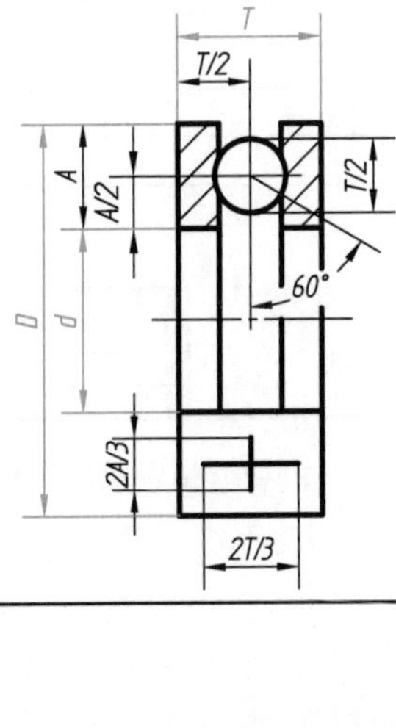	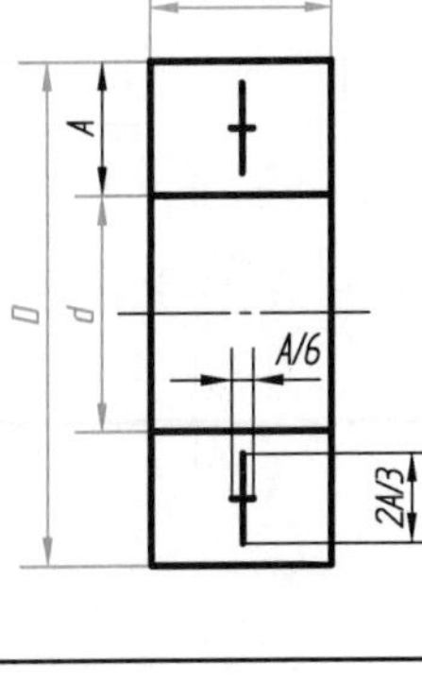

第9章 零件图

任何机器或部件都是由零件装配而成的。表达零件结构、大小以及技术要求的图样称为零件工作图，简称零件图。它是设计部门提交给生产部门的重要技术文件，要反映出设计者的意图，表达出机器或部件对零件的要求，同时要考虑到结构制造的可能性，是制造和检验零件的依据。

9.1 零件图的内容

在生产中，加工制造零件的主要依据就是零件图。其生产过程是：首先根据零件图中所注的材料进行备料，然后按零件图中的图形、尺寸和其他要求进行加工制造，最后按技术要求检验加工出的零件是否达到规定的质量标准。由此可见，零件图是指导制造和检验零件的图样，因此，图样中必须包括制造和检验该零件时所需的全部资料。图 9-1 是实际生产中用的零件图，其具体内容如下。

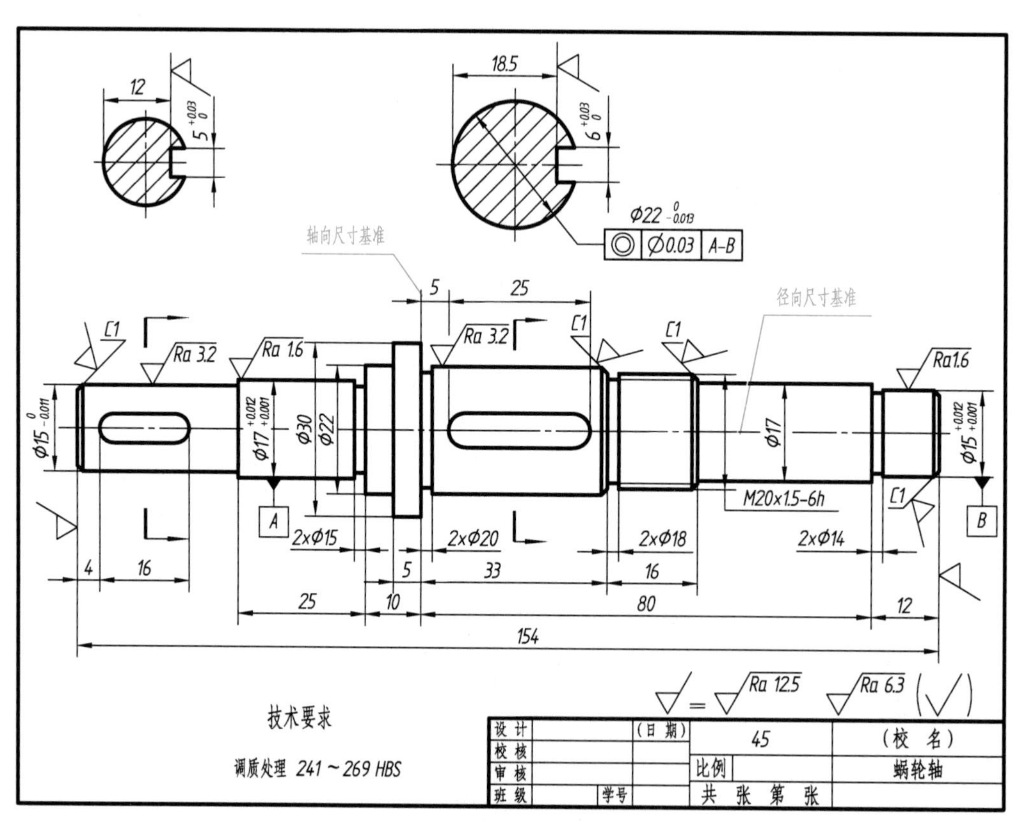

图 9-1 蜗轮轴零件图

9-1

1. 一组视图

应充分运用第7章所介绍的视图、剖视图、断面图以及其他规定画法和简化画法，正确、完整、清晰和简便地表达出零件的结构形状。

2. 完整尺寸

正确、完整、清晰、合理地注出制造和检验零件的所有尺寸。

3. 技术要求

用规定的代号、数字、字母或另加文字注释，注写出零件在加工、制造时应达到的各项技术指标，包括表面结构的要求、尺寸公差、几何公差、表面处理和材料热处理的要求。

4. 标题栏

在零件图右下角，用标题栏写出该零件的名称、材料、比例、数量、图号以及设计、制图、校核人员的签名和日期。

9.2 零件图的视图选择及尺寸标注

9.2.1 零件图的视图选择

用一组视图表达零件时，首先要进行零件图的视图选择，也就是要求选用适当的表达方法，完整、清晰与简便地表达出零件的内、外结构形状。零件图视图选择的原则是：在对零件结构形状进行分析的基础上，首先选择最能反映零件特征的视图作为主视图，然后选其他视图。

1. 主视图的选择

主视图是一组视图中最主要的视图，选择主视图要考虑下列两个问题。

（1）安放位置——应尽量符合零件的工作位置或加工位置。

（2）投射方向——应能清楚地反映零件各组成部分的形状和位置特征。

2. 其他视图的选择

选取其他视图时，应在完整、清晰地表达零件内、外结构形状的前提下，尽量减少视图数量，以方便画图与看图。

9.2.2 零件图的尺寸标注

在零件图上标注尺寸时，除了要符合第5章所述的正确、完整、清晰的要求，在可能范围内，还要标注得合理。尺寸标注的合理性，指标注的尺寸能满足设计和加工工艺的要求，也就是不仅使零件能在部件或机器中很好地工作，还能使零件便于制造、测量和检验。

在具体标注时，应恰当地选择好尺寸基准。零件的长、宽、高三个方向的尺寸至少各要有一个尺寸基准，从基准出发标注定位、定形尺寸。常用的基准有：基准面——底板的安装面、重要端面、装配结合面、零件对称面等；基准线——回转体轴线。

标注尺寸时还应注意：对于零件间有配合关系或装配关系的尺寸，要注意零件间尺寸的协调。

要做到尺寸标注得合理，需要较多的机械设计和加工方面的知识，仅学习本课程是不够的。因此，本章对尺寸标注的合理性只能进行一些粗浅的介绍和分析。

9.2.3 典型零件分析

根据结构特征，零件大致可分为四类。

(1) 轴套类零件——轴、衬套等零件。

(2) 盘盖类零件——端盖、阀盖、齿轮等零件。

(3) 叉架类零件——拨叉、连杆、支座等零件。

(4) 箱体类零件——阀体、泵体、减速器箱体等零件。

一般来说，后一类零件比前一类零件复杂，因此零件图中的视图数目和尺寸数量也较多。

1. 轴套类零件

1) 结构特点

轴套类零件是机器中常见的一类零件，轴类零件一般用于支撑齿轮、皮带轮等传动件，套通常安装在轴上或箱体上，在机器中起定位、调整、连接和保护等作用。

图 9-2 是减速器中的蜗轮轴结构图，它的基本形状是同轴回转体，主要在车床上加工。轴左端开有键槽，轴肩Ⅰ、Ⅱ、Ⅲ分别为左端滚动轴承、蜗轮和右端滚动轴承作轴向定位，为了与圆螺母连接，轴上制有螺纹。

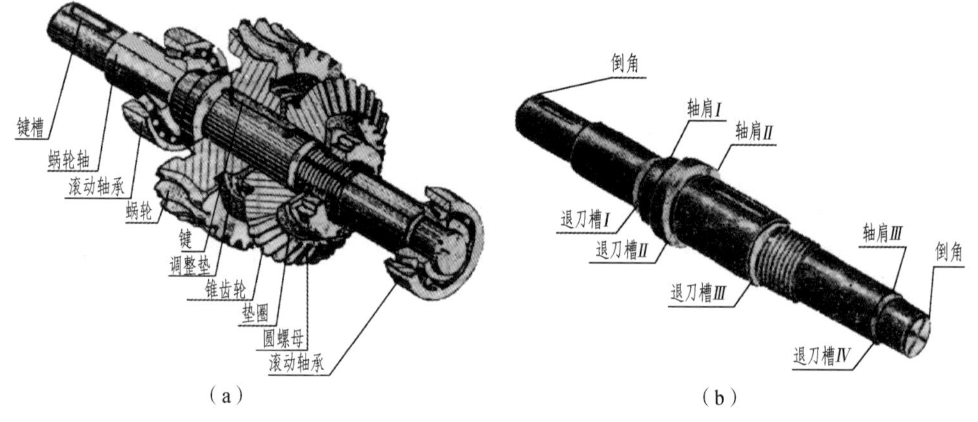

图 9-2 蜗轮轴结构图

2) 视图选择

为了便于加工时看图，轴套类零件按加工位置安放，即轴线水平放置；以垂直于轴线的方向作为主视图的投射方向。由于轴套类零件基本上是同轴回转体，因此，采用一个基本视图加上一系列直径尺寸就能表达它的主要形状。对于轴上的销孔、键槽等，可采用移出断面。这样，既表达了它们的形状，也便于标注尺寸。对于轴上的局部结构，如砂轮越程槽、螺纹退刀槽等，可采用局部放大图表达。如图 9-1 所示，蜗轮轴轴线水平放置，以垂直于轴线的方向作为主视图的投射方向，平键槽朝前，可在主视图上反映键槽的形状和位置；轴上的两个键槽在主视图上仅反映了它的长度和宽度，为了表示其深度，分别采用了移出断面。这样，蜗轮轴的全部结构形状就表达清楚了。

3) 尺寸标注

轴套类零件的尺寸主要分为径向尺寸和轴向尺寸。常以水平位置的轴线作为径向尺寸基准，注出图 9-1 所示的 $\phi15_{-0.011}^{\ 0}$、$\phi17_{+0.001}^{+0.012}$、$\phi22_{-0.013}^{\ 0}$、$\phi15_{+0.001}^{+0.012}$ 等，因轴加工时两端用顶针

支承，这样就把设计上的要求和工艺基准统一起来。轴向尺寸基准常选用重要的端面、接触面，如轴肩或加工面等。如图 9-1 所示，选用蜗轮定位轴肩为轴向尺寸基准，由此注出 10、33、80、5 等尺寸，再以右端面为轴向尺寸的辅助基准，注出轴总长 154。

2. 盘盖类零件

1）结构特点

盘盖类零件包括手轮、皮带轮、齿轮、法兰盘、各种端盖等，基本形状多为扁平盘状，常有各种形状的凸缘、均布的圆孔和肋等局部结构。这类零件一般用于传递动力和扭矩或起支承、轴向定位、密封等作用。如图 9-3 所示的阀盖，左端有外螺纹 M36×2 连接管道；右端有 75×75 的方形凸缘，凸缘上有四个 ϕ14 的圆柱孔，是阀盖与阀体连接时安装四个双头螺柱的。

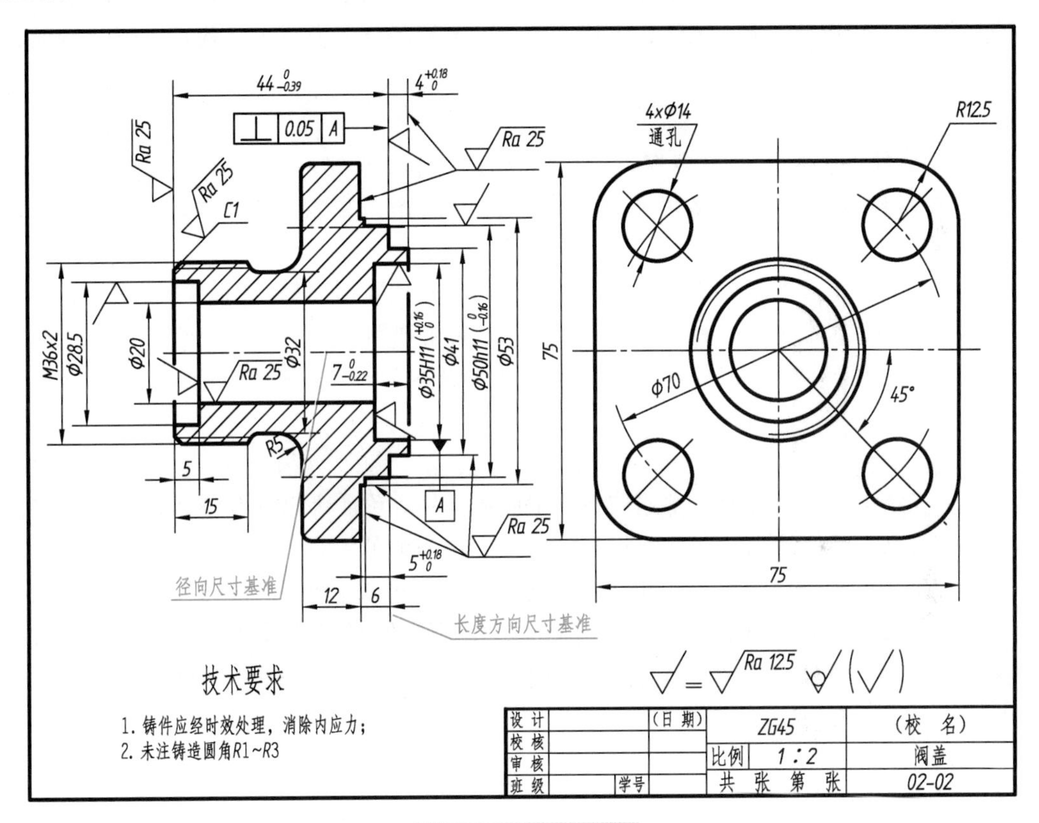

图 9-3 阀盖零件图

9-3

2）视图选择

盘盖类零件按加工位置安放，即轴线水平放置；它的主视图可选用图 9-3 所示的剖视图，也可选图中左视图的外形图为主视图，但经过比较，选前者为主视图较好，因为它层次分明，显示了外螺纹、各台阶与内孔的形状及相对位置，并且符合它主要的加工位置。

为了表达盘盖类零件上各种形状的凸缘、均布的圆孔和肋等局部结构，需要增加基本视图，如左视图或右视图。在图 9-3 中就增加了左视图，以表达带圆角的方形凸缘和四个均布的通孔。

3）尺寸标注

盘盖类零件的尺寸，通常选用通过轴孔的轴线作为径向尺寸基准，如图 9-3 所示的阀盖就是这样选择的，径向尺寸基准也是标注方形凸缘高、宽方向的尺寸基准。

长度方向的尺寸基准，常选用重要的端面。例如，这个阀盖就选用表面粗糙度 Ra 为 12.5μm 的右端凸缘（与调整垫的接触面）作为长度方向的尺寸基准，由此注出 $5^{+0.18}_{0}$、$44^{0}_{-0.39}$等尺寸。

3. 叉架类零件

1）结构特点

叉架类零件包括各种用途的拨叉和支架。拨叉主要用在各种机器的操纵机构上，起操纵、调速作用；支架主要起支承和连接作用。这类零件结构复杂，多为铸件，经多道工序加工而成，结构一般分为支承、工作、连接三部分。连接部分多为肋板结构，且形状弯曲、扭斜的较多。

2）视图选择

叉架类零件由于加工位置多变，所以常按工作位置安放；在选择主视图时，应将能较多地反映零件各部分结构形状和相对位置的方向作为主视方向，如图 9-4 所示的主视图。

这类零件常常需要两个或两个以上的基本视图，并且要用局部视图、断面图等表达零件的细部结构。例如，在图 9-4 中，除主视图外，采用俯视图表达支承板、肋和工作圆筒的宽度，以及它们的相对位置；此外，采用局部视图 A 表达支承板左端面的形状，采用移出断面图表达肋的断面形状。

3）尺寸标注

在标注叉架类零件尺寸时，常选较大加工面或零件对称面为尺寸基准，这类零件定位尺寸多，圆弧连接较多，所以还要注意标注已知弧、中间弧的定位尺寸。如图 9-4 所示，选用支承板左端面为长度方向的尺寸基准，选用支承板上、下对称面为高度方向的尺寸基准；从这两个基准出发，分别注出 74、95，定出上部工作圆筒的轴线位置，作为 $\phi 20$、$\phi 38$ 的径向尺寸基准；选用零件前、后对称面为宽度方向的尺寸基准，在俯视图中注出 30、40、60，局部视图 A 中注出 60、90。

4. 箱体类零件

1）结构特点

泵体、阀体、减速器箱体等都属于箱体类零件，主要用来支承、包容、保护运动零件或其他零件，也起定位和密封作用。这类零件多为铸件，内、外结构比前面三类零件复杂。图 9-5为蜗轮、蜗杆减速器的箱体零件图，蜗轮被包容在上部内腔中，蜗杆被包容在下部内腔中；下部两个 $\phi 35^{+0.025}_{0}$ 的孔支承蜗杆轴，上部 $\phi 40^{+0.025}_{0}$ 的孔支承蜗轮轴，圆柱形凸台和螺纹孔用于安装油杯；该箱体的重要部分是传动轴的轴承孔系，用来安放、支承蜗杆轴、蜗轮轴及滚动轴承；箱体内盛放一定量润滑油。箱壁有排油污的螺塞孔；箱体左端的螺孔用于连接箱盖，箱体底部有底板，底板上有六个安装孔。

2）视图选择

箱体类零件为了便于了解其工作情况，常按工作位置安放。表达箱体类零件，一般需要三个以上的基本视图和向视图，并常常取剖视。例如，在图 9-5 中，箱体按工作位置放置，

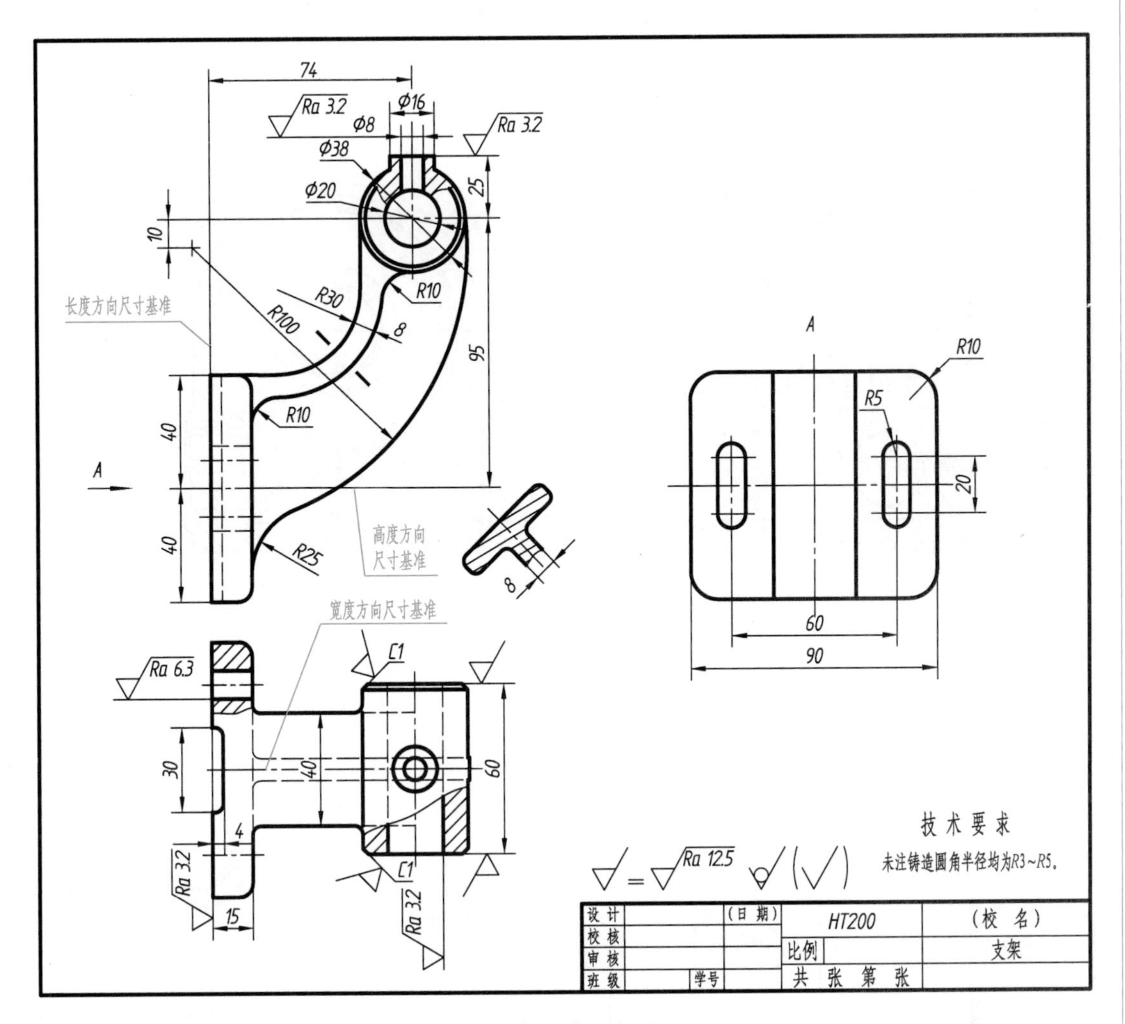

图 9-4 支架零件图

沿蜗杆轴线方向作为主视图的投射方向，主视图和左视图分别采用全剖视图和半剖视图来表达其内部结构和外部形状，俯视图主要表达外形和底板的形状；此外，采用两个局部视图补充表达箱体零件的各个局部的结构形状：局部视图 B 表达孔 $\phi35^{+0.025}_{0}$ 的凸缘和与轴承盖连接的螺纹孔分布情况，局部视图 C 表达壳体、底板与圆筒之间肋板的形状。

3）尺寸标注

（1）基准分析。箱体的结构比较复杂，尺寸数量较多，通常选用设计上要求的轴线、重要的安装面、接触面或加工面、箱体某些主要结构的对称面等作为尺寸基准。如图 9-5 所示的箱体，长方向选用蜗杆孔轴线为基准，宽方向选用前、后对称面为基准，底面为高方向的尺寸基准。

（2）轴孔的定位尺寸。由于尺寸较多，这里主要分析轴孔的定位尺寸和主要尺寸。轴孔尺寸的正确与否，影响传动件的正确啮合，因此轴孔的尺寸极为重要。蜗轮轴孔的位置，从图 9-5 可知由尺寸 104 所决定。蜗杆轴孔的位置由按蜗轮蜗杆传动设计时计算的中心距 66±0.042 确定。

（3）其他重要尺寸。箱体上与其他零件有配合关系或装配关系的尺寸应注意零件间尺寸的协调。例如，箱体底板上安装孔的中心距 102、30 和 112，应与机床台面钻孔的中心距一

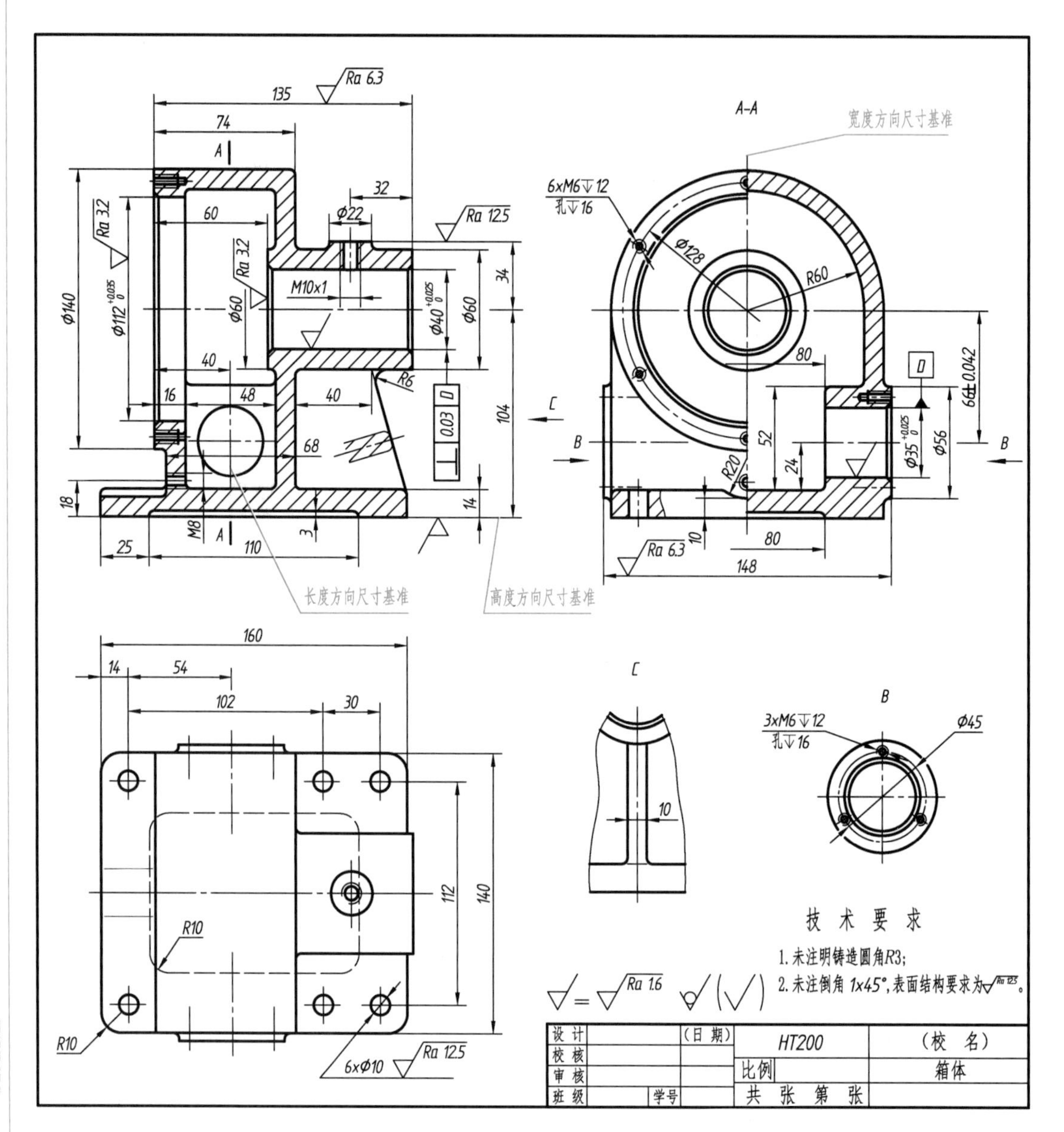

图 9-5 箱体零件图

9-5

致；又如，各轴承孔的直径应与相应的滚动轴承外径一致。箱壁上凸台的直径和螺孔的定位尺寸应与轴承盖的相应尺寸相同。箱体左端凸台的直径和螺孔的定位尺寸应与箱盖的相应尺寸相同。

5. 其他零件

除了上述四类常见零件之外，还有一些电信、仪表工业中常见的薄板冲压零件、镶嵌零件和注塑零件等。下面简要介绍薄板冲压零件的图示特点。而镶嵌零件的画法基本上与第 10 章的装配画法相类似；注塑零件除了剖面符号采用非金属的剖面符号外，其他表达方法与一般零件相同，所以后两种零件不再另行介绍。

有些电信、仪表设备中的底板、支架，大多是用板材剪裁、冲孔，再冲压成形。这类零件的弯折处，一般有小圆角。零件的板面上有许多孔和槽口，以便安装电气元件或部件，并将该零件安装到机器上。这种孔一般都是通孔，在不致引起看图困难时，只将反映其真形的那个视图画出，而在其他视图中的细虚线则可省略。图 9-6 所示的电容器架即为薄板冲压零件。

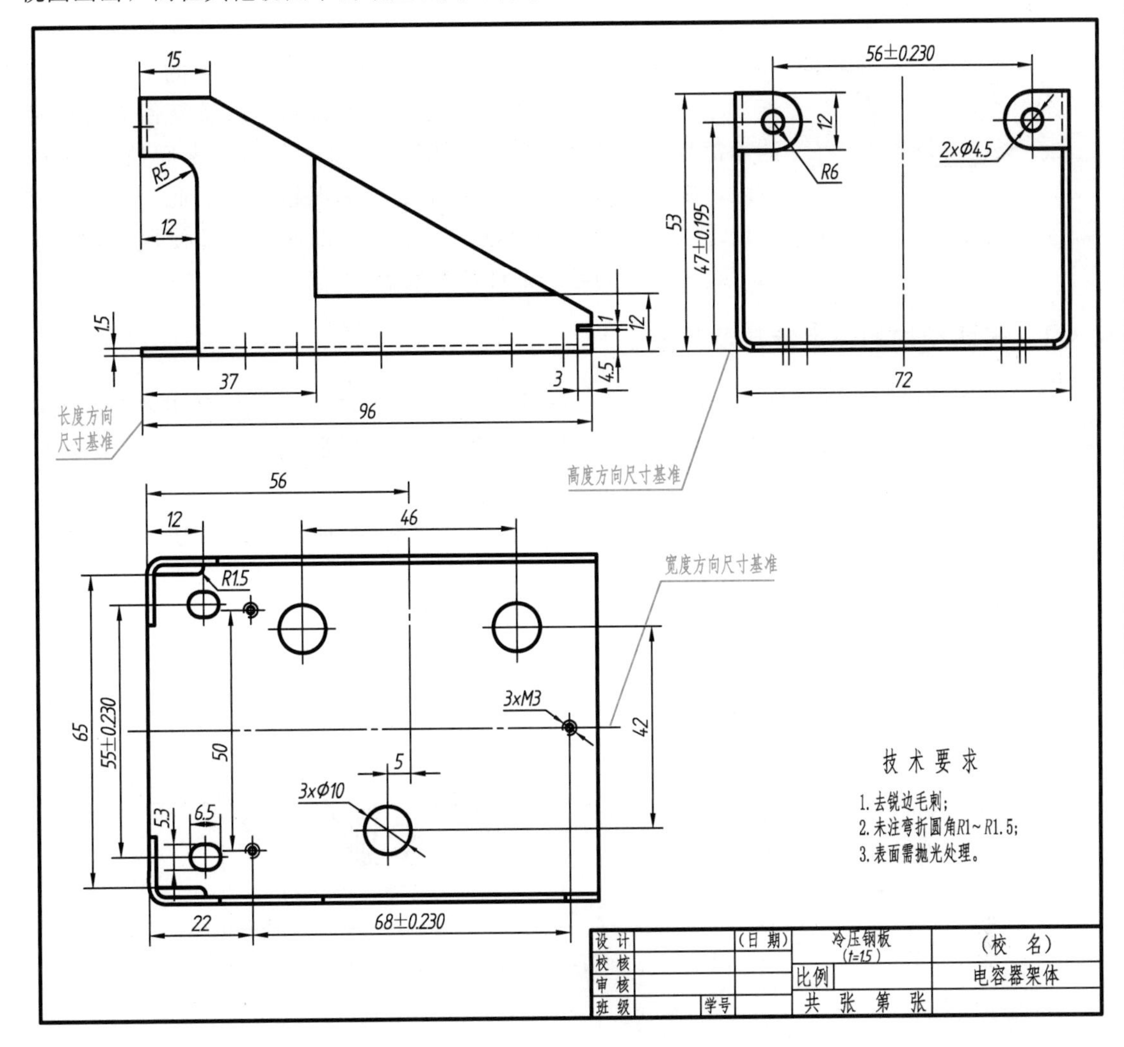

图 9-6 薄板冲压零件——电容器架零件图

对于这类零件，通常选择安装面、对称面及重要孔的中心线作为尺寸基准，并应注意孔的定位尺寸的标注，如图 9-6 所示。

9.3 表面结构的表示法

零件图是指导机器生产的重要技术文件，因此零件图上除了有图形和尺寸外，还必须有制造该零件时应该达到的一些技术要求。

表面结构是指零件表面的几何形貌，是表面粗糙度、表面波纹度、表面纹理、表面缺陷和表面几何形状的总称。国家标准 GB/T 131—2006 对表面结构的表示法作了全面的规定。本节只介绍其中应用最广的表面粗糙度在图样上的表示法及其符号、代号的标注与识读方法。

表面粗糙度是指加工表面上具有较小的间距和峰谷所组成的微观几何形状特征。

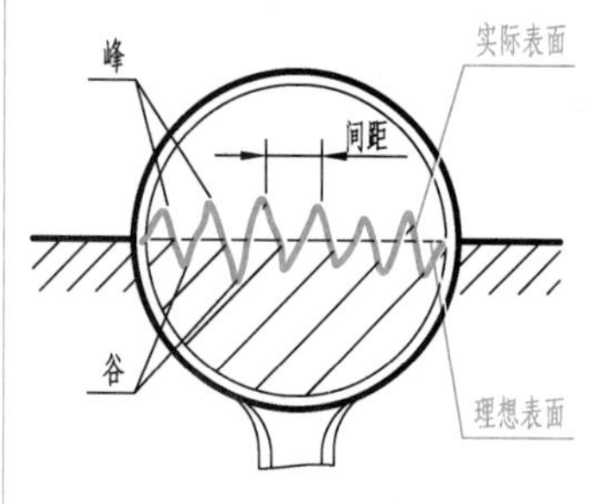

图 9-7 表面粗糙度示意图

经过加工的零件表面，看起来很光滑，但将其断面置于放大镜下，则可见其表面具有微小的峰谷，如图 9-7 所示。这种情况是由于在加工过程中，刀具从零件表面上分离材料时的塑性变形、机械振动及刀具与被加工表面的摩擦产生的。表面粗糙度对零件的摩擦、磨损、抗疲劳、抗腐蚀，以及零件间配合性能等都有很大的影响。粗糙度值越高，零件的表面性能越差；反之，则表面性能越好，但加工成本也越高。因此，国家标准规定了零件表面粗糙度的评定参数，以便在保证使用功能的前提下，选用较为经济的评定参数值。

9.3.1 表面结构的评定参数及数值

评定表面结构有三类参数——轮廓参数、图形参数、支承率曲线参数，其中常用的是轮廓参数。本节将重点介绍粗糙度轮廓参数中的两个高度参数 Ra 和 Rz。

1. 算术平均偏差 Ra

在一个取样长度内，轮廓偏距 z 绝对值的算术平均值如图 9-8 所示，其值为

$$Ra = \frac{1}{n}\sum_{i=1}^{n} |Z_i|$$

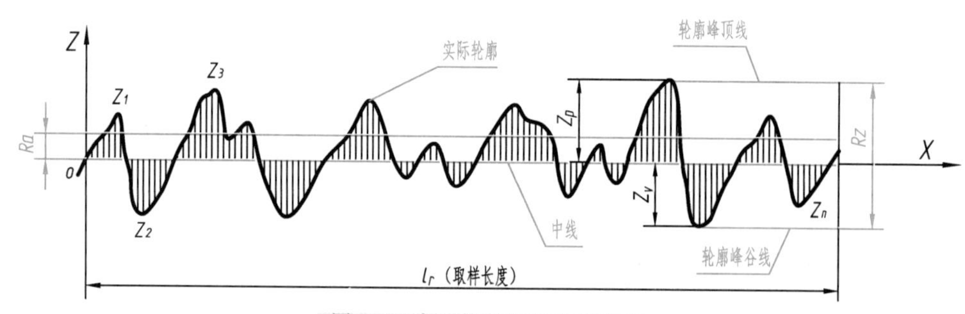

图 9-8 表面粗糙度的评定参数

2. 最大高度 Rz

在一个取样长度内，最大轮廓峰高 Z_p 和最大轮廓谷深 Z_v 之间的距离，如图 9-8 所示。

Ra、Rz 的常用参数值为 0.4μm、0.8μm、1.6μm、3.2μm、6.3μm、12.5μm、25μm。其数值的选用应根据零件的功能要求而定。

9.3.2 表面结构符号、代号

1. 表面结构的图形符号

在图样中，对表面结构的要求可用几种不同的图形符号表示。各种符号及其含义如表 9-1所示。

2. 表面结构的代号

给出表面结构的要求时，应标注其参数代号和相应的数值，并包括要求解释的以下各项重要信息。

表 9-1 表面结构的符号及其含义（GB/T 131—2006）

符号名称	符号	含义及说明
基本符号		基本符号 表示对表面结构有要求的符号。基本符号仅用于简化代号的标注，当通过一个注释时可单独使用，没有补充说明时不能单独使用
扩展符号		要求去除材料的符号 在基本符号上加一短横，表示指定表面是用去除材料的方法获得的，如通过车、铣、钻、磨、剪切、抛光、腐蚀、电火花加工、气割等机械加工的表面
		不允许去除材料的符号 在基本符号上加一个圆圈，表示指定表面是用不去除材料的方法获得的，如铸、锻等
完整符号		完整符号 在上述所示符号的长边上加一横线，用于对表面结构有补充要求的标注。左、中、右符号分别用于“允许任何加工”“去除材料”“不去除材料”方法获得的表面标注
工件轮廓各表面的符号	1 2 3 4 5 6	工件轮廓各表面的符号 当在图样某个视图上构成封闭轮廓的各表面有相同的表面结构要求时，应在完整符号上加一圈，标注在图样中工件的封闭轮廓线上。如果标注会引起歧义，各表面应分别标注。左图的表面结构符号是指对图形中封闭轮廓的六个面的共同要求，不包括前、后面

1）取样长度和评定长度

（1）取样长度 l_r：用于判断被评定轮廓不规则特征的一段基准线长度。

在通常情况下，所选取的取样长度一定要包含五个以上的峰谷。

（2）评定长度 l_n：用于判断被评定轮廓所必需的一段长度。

在标准中规定，粗糙度参数的默认评定长度由 5 个取样长度构成，即 $l_n=5l_r$。

当不存在默认的评定长度时，参数代号后应标注取样长度的个数，如 *Ra*3、*Rz*1，即要求评定长度分别为 3 个取样长度和 1 个取样长度。

2）极限值及其判断规则

极限值是指图样上给定的粗糙度参数值，可以是单向上限值、下限值、最大值或双向上限值和下限值。极限值的判断规则是指在完工零件表面上测出实测值后，如何与给定值比较，以判断其是否合格的规则。极限值的判断规则有以下两种。

（1）16%规则。当所注参数为上限值，且用同一评定长度测得的全部实测值中，大于图样上规定值的个数不超过测得值总个数的 16%时，该表面是合格的。

对于给定表面参数下限值的场合，当用同一评定长度测得的全部实测值中，小于图样上规定值的个数不超过测得值总个数的 16%时，该表面也是合格的。

（2）最大规则。最大规则是指在被检的整个表面上测得的参数中，一个也不应超过图样上的规定值。此时应标注参数的最大值，即在参数代号后面增加一个“max”的标记，如 *Rz* max。

16%规则是表面结构要求标注的默认规则。参数代号后无“max”字样者均为16%规则。在生产实际中，多数零件表面的功能给出上限值或下限值即可达到要求。只是当零件表面的功能要求高时，才标注参数的最大值。

当标注单向极限要求时，一般是指参数的上限值，此时不必加注说明；如果是指参数的下限值，则应在参数代号前加“*L*”，如 *L Ra* 6.3、*L Ra* max 1.6。

表示双向极限时应标注极限代号，上限值用 *U* 表示，下限值用 *L* 表示，如图 9-9 (a) 所示。上、下极限值可以用不同的参数代号表达。如果同一参数具有双向极限要求，如图 9-9 (b)所示标注；在不会引起歧义的情况下，可以不加 *U*、*L*，如图 9-9 (c)所示。

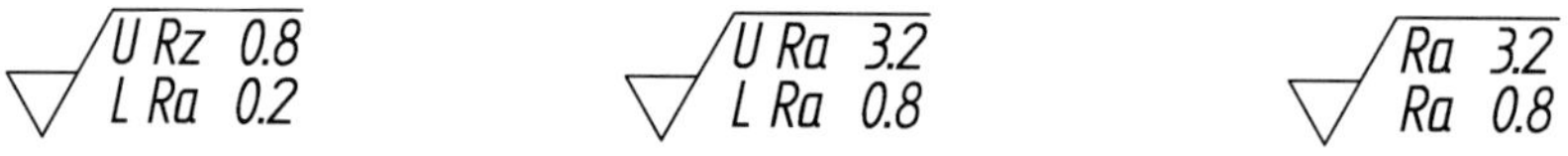

U Rz 0.8
L Ra 0.2

(a) 不同参数的注法

U Ra 3.2
L Ra 0.8

(b) 同一参数的注法

Ra 3.2
Ra 0.8

(c) 同一参数的简化注法

图 9-9 双向极限的注法

3) 传输带

传输带是指两个长波、短波滤波器之间的波长范围，即评定时的波长范围。滤波器是测量表面结构参数的仪器。

当参数代号中没有标注传输带时，表面结构要求采用默认的传输带，否则应标注传输带，将其注写在参数代号的前面，并用斜线“/”隔开，短波滤波器在前，长波滤波器在后，并用连字号“ - ”隔开，如 0.0025-0.8/*Rz* 3.2。如果只标注一个滤波器，应保留连字号“ - ”，以区分是短波滤波器还是长波滤波器，如“0.008 -”表示短波滤波器，“ - 0.25”表示长波滤波器。此时，另一截止波长解读为默认值。

9.3.3 表面结构代号的含义

表面结构代号的含义如表 9-2 所示。

表 9-2 表面结构代号的含义

序号	代号	含义及解释
1	Rz 0.4	表示不允许去除材料，单向上限值，默认传输带，*Rz* 为 0.4μm，评定长度为 5 个取样长度，“16%规则”
2	Rz max 0.2	表示去除材料，单向上限值，默认传输带，*Rz* 的最大值为 0.2μm，评定长度为 5 个取样长度，“最大规则”
3	0.008-0.8/Ra 3.2	表示去除材料，单向上限值，传输带 0.008～0.8mm，*Ra* 为 3.2μm，评定长度为 5 个取样长度，“16%规则”
4	U Ra max 3.2 L Ra 0.8	表示不允许去除材料，双向极限值，两极限值均使用默认传输带，上限值，*Ra* 的最大值为 3.2μm，评定长度为 5 个取样长度，“最大规则”；下限值，*Ra* 为 0.8μm，评定长度为 5 个取样长度，“16%规则”
5	Ra max 0.8 Rz3 max 3.2	表示去除材料，两个单向上限值，两极限值均使用默认传输带，*Ra* 的最大值为 0.8μm，评定长度为 5 个取样长度，“最大规则”；*Rz* 的最大值为 3.2μm，评定长度为 3 个取样长度，“最大规则”
6	Ra max 6.3 Rz 12.5	表示任意加工方法，两个单向上限值，两极限值均使用默认传输带，*Ra* 的最大值为 6.3μm，评定长度为 5 个取样长度，“最大规则”；*Rz* 为 12.5μm，评定长度为 5 个取样长度，“16%规则”

9.3.4 表面结构代号及符号的尺寸和画法

表面结构代号及符号的画法如图 9-10 所示。符号的两边应与底线呈 60°角，圆与正三角形内切。尺寸如表 9-3 所示。

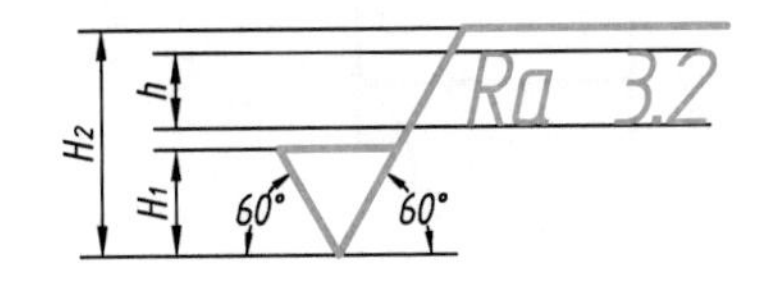

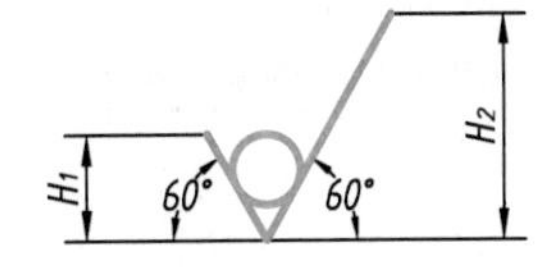

图 9-10 表面结构代号及符号的尺寸和画法

表 9-3 表面结构符号的尺寸

数字和字母高度 h（GB/T 14690—1993）	2.5	3.5	5	7	10	14	20
符号线宽 d'	0.25	0.35	0.5	0.7	1	1.4	2
字母线宽 d							
高度 H_1	3.5	5	7	10	14	20	28
高度 H_2（最小值）	7.5	10.5	15	21	30	42	60

注：H_2取决于标注内容。

9.3.5 表面结构代号的标注

表面结构代号的标注方法如表 9-4 所示。

表 9-4 表面结构代号的标注方法

序号	规定及说明	标注示例
1	表面结构要求对每一表面一般只标注一次，并尽可能注在相应的尺寸及其公差的同一视图上，除非另有说明，所标注的表面结构要求是对完工零件表面结构的要求； 表面结构要求的注写和读取方向与尺寸的注写和读取方向一致； 表面结构可标注在轮廓线上，其符号应从材料外指向并接触表面；必要时，表面结构符号也可用带箭头或黑点的指引线引出标注	Ra 0.8　Rz 12.5　Rz 3.2　铣　Ra 3.2　Ra 1.6 （a） Rz 12.5　Ra 1.6　Rz 6.3　Ra 1.6　Rz 12.5　Rz 6.3 （b）
2	当工件的大多数表面具有相同的表面结构要求时，如“*Ra* 25”，可将其统一标注在标题栏附近。此时，在圆括号内给出无任何其他标注的基本符号	Ra 3.2　C1　Ra 1.6　Ra 0.4　ϕ　ϕ　M　ϕ　Ra 3.2　Ra 12.5 Ra 25 (√)

续表

序号	规定及说明	标注示例
3	如果工件的全部表面结构要求都相同，可将其结构要求统一标注在标题栏附近	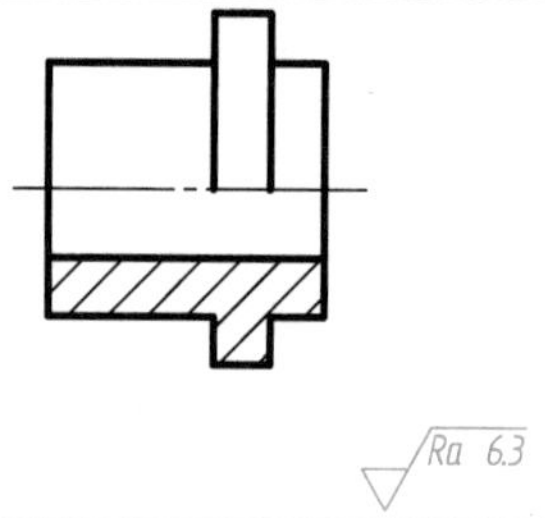 Ra 6.3
4	不连续的同一表面，可用细实线相连，其表面结构代号只要标注一次，如图（a）所示； 同一表面的结构要求不同时，需用细实线分界，并注出相应的表面结构代号和尺寸，如图（b）所示	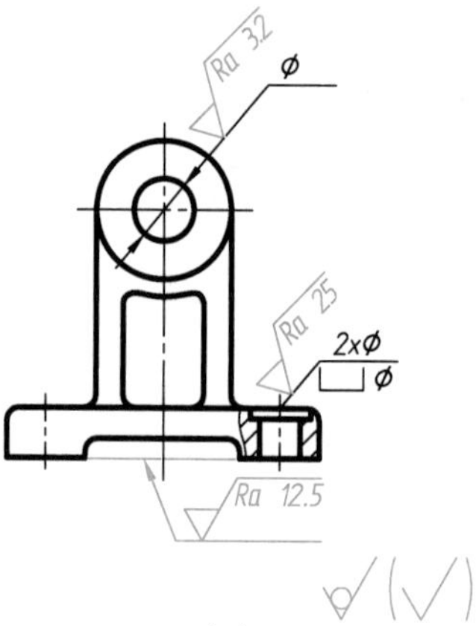 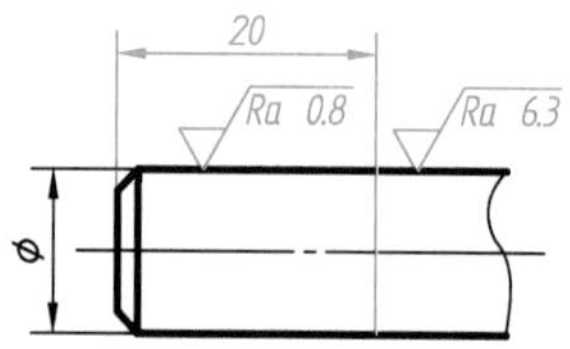 Ra 3.2　Ø　Ra 25　2×Ø　Ø　Ra 12.5 （a） 20　Ra 0.8　Ra 6.3　Ø （b）
5	当多个表面具有相同的表面结构要求或图纸空间有限时，可以采用简化注法： 如图（a）所示，用带字母的完整符号，以等式的形式，在图形或标题栏附近，对有相同表面结构要求的表面进行简化标注； 如图（b）所示，只用基本符号、扩展符号，以等式的形式给出对多个表面共同的表面结构要求。视图中相应表面上应注有左边符号	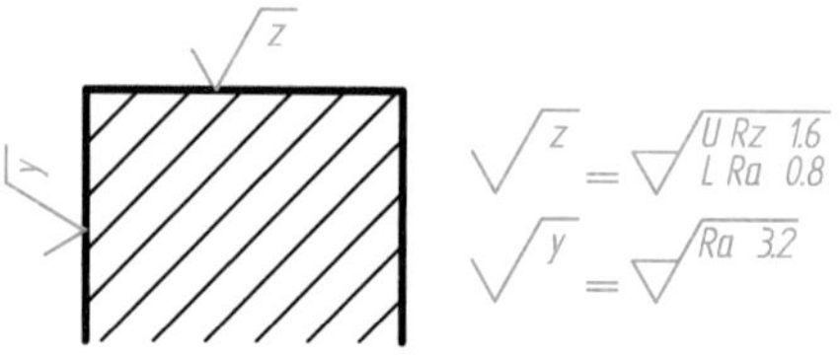 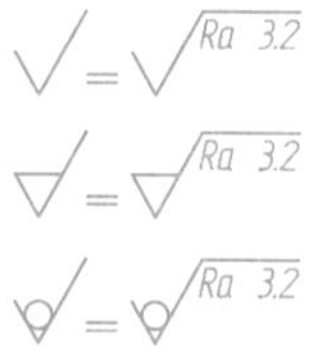 z　y　z = U Rz 1.6 L Ra 0.8　y = Ra 3.2 （a） = Ra 3.2　= Ra 3.2　= Ra 3.2 （b）
6	键槽、倒角、圆角的表面结构要求的标注方法	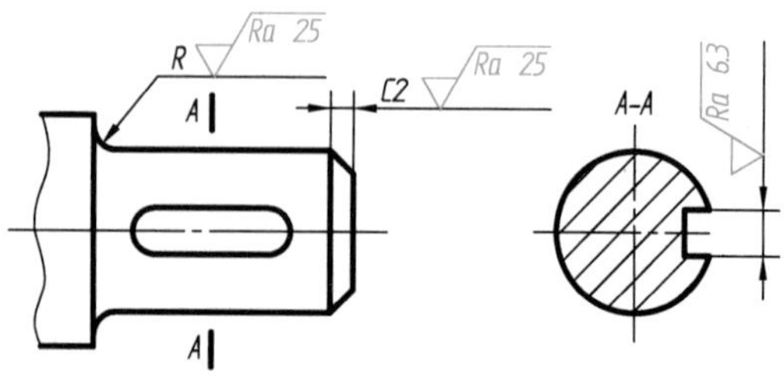 R　Ra 25　A　C2　Ra 25　A-A　Ra 6.3　A

续表

序号	规定及说明	标注示例
7	零件上连续的表面及重复要素的表面，如孔、槽、齿等的表面，以及用细实线连接的不连续的同一表面，其表面结构要求只标注一次	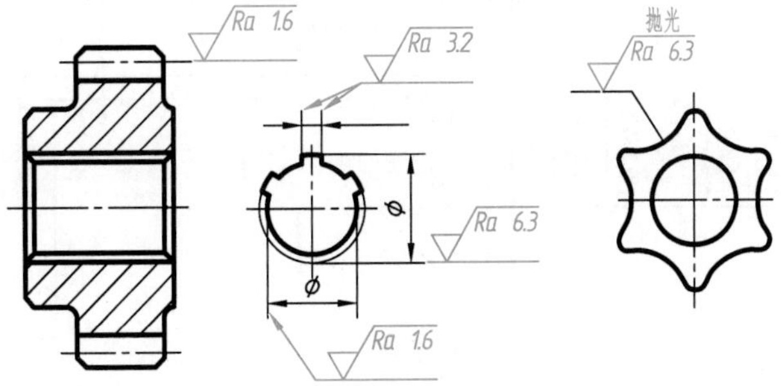 Ra 1.6 Ra 3.2 抛光 Ra 6.3 φ Ra 6.3 φ Ra 1.6
8	螺纹没画出牙型时，表面结构代号注在尺寸线或引出线上	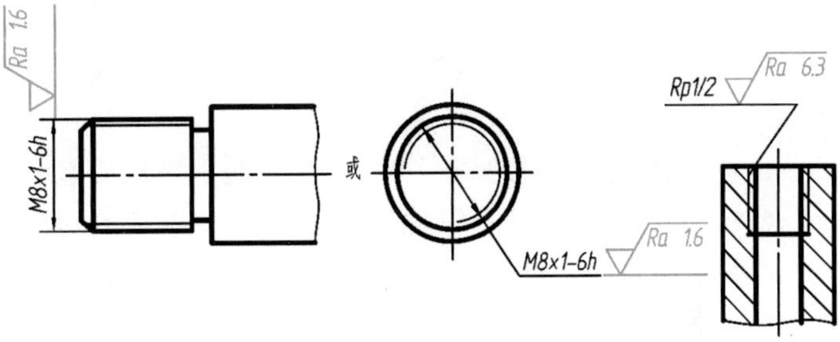 Ra 1.6 M8x1-6h 或 Rp1/2 Ra 6.3 M8x1-6h Ra 1.6
9	需要将零件局部热处理或局部涂（镀）覆时，应用粗点画线画出其范围并标注相应的尺寸，也可将其要求写在表面结构符号长边的横线上	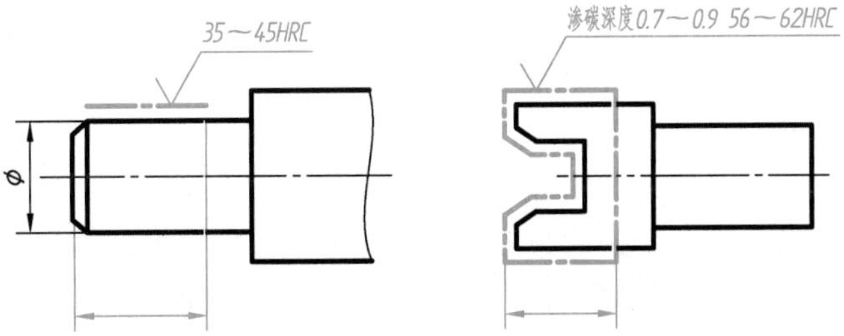 35～45HRC φ 渗碳深度0.7～0.9 56～62HRC

9.4 极限与配合和几何公差简介

极限与配合、几何公差是零件图和装配图中的一项重要的技术要求，也是检验产品质量的技术指标。

9.4.1 极限与配合的基本概念

在大批量的生产中，为了提高效率，相同的零件必须具有互换性。互换性是指相同规格的零件，不经修配就能顺利进行装配，并能保证使用性能和要求的性质。零件具有互换性，必须要求零件尺寸的精确度，但并不是要求将零件的尺寸都做得绝对准确，而只是将其限定在一个合理的范围内变动，以满足不同的使用要求。这个在满足互换性的条件下，零件尺寸的允许变动量称为尺寸公差，简称公差。

1. 基本术语和定义

下面结合图9-11用图解的方式，介绍相关的术语和定义。

(1) 尺寸要素：由一定大小的线性尺寸和角度尺寸确定的几何形状。

(2) 实际组成要素：由接近实际（组成）要素所限定的工件实际表面的组成要素部分。

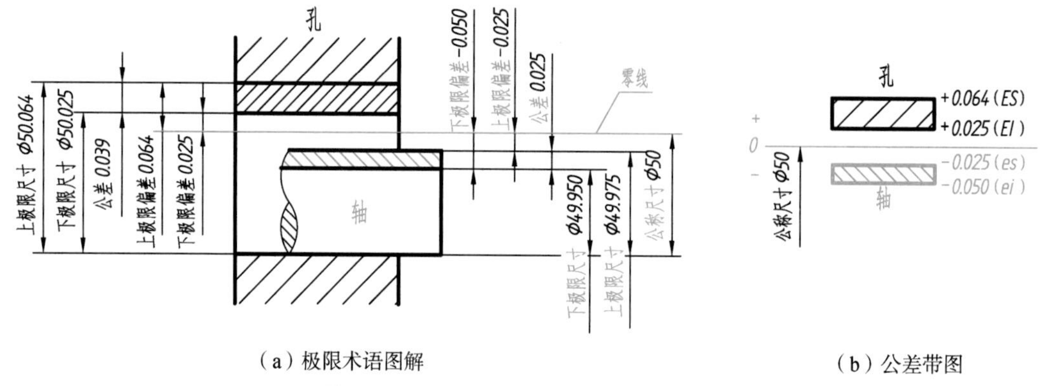

(a) 极限术语图解　　　　(b) 公差带图

图 9-11　极限术语图解和公差带示意图

(3) 提取组成要素：按规定方法，由实际（组成）要素提取有限数目的点所形成的实际（组成）要素的近似替代。

(4) 提取组成要素的局部尺寸：一切提取组成要素上对应点之间距离的统称。

(5) 公称尺寸：由图样规范确定的理想形状要素的尺寸，如图 9-11 (a) 中的 ϕ50 所示。

(6) 极限尺寸：尺寸要素允许的尺寸的两个极端。提取组成要素的局部尺寸应位于其中，也可达到极限尺寸。

尺寸要素允许的最大尺寸，称为上极限尺寸，如孔为 ϕ50.064，轴为 ϕ49.975。

尺寸要素允许的最小尺寸，称为下极限尺寸，如孔为 ϕ50.025，轴为 ϕ49.950。

极限尺寸可以大于、小于或等于公称尺寸。

(7) 极限偏差：有上极限偏差和下极限偏差。上极限尺寸和下极限尺寸减其公称尺寸所得的代数差，分别称为上极限偏差和下极限偏差。国家标准规定偏差代号：孔的上极限偏差用 ES 表示，下极限偏差用 EI 表示；轴的上极限偏差用 es 表示，下极限偏差用 ei 表示。偏差可以是正值、负值或零。图 9-11 (a) 中孔、轴的极限偏差分别计算如下：

$$\text{孔}\begin{cases}\text{上极限偏差 ES}=50.064-50=+0.064\\ \text{下极限偏差 EI}=50.025-50=+0.025\end{cases}，\text{轴}\begin{cases}\text{上极限偏差 es}=49.975-50=-0.025\\ \text{下极限偏差 ei}=49.950-50=-0.050\end{cases}$$

(8) 公差：上极限尺寸减下极限尺寸，或上极限偏差减下极限偏差的差值。它是允许尺寸的变动量，恒为正值。图 9-11 (a) 中孔、轴的公差计算如下：

$$\text{孔}\begin{cases}\text{公差}=\text{上极限尺寸}-\text{下极限尺寸}=50.064-50.025=0.039\\ \text{公差}=\text{上极限偏差}-\text{下极限偏差}=0.064-0.025=0.039\end{cases}$$

$$\text{轴}\begin{cases}\text{公差}=\text{上极限尺寸}-\text{下极限尺寸}=49.975-49.950=0.025\\ \text{公差}=\text{上极限偏差}-\text{下极限偏差}=-0.025-(-0.050)=0.025\end{cases}$$

(9) 公差带：由代表上极限偏差和下极限偏差，或上极限尺寸和下极限尺寸的两条线所限定的一个区域。常用它来形象地表示公称尺寸、极限偏差和公差的关系，图 9-11 (b) 为图 9-11 (a) 的公差带图，其中，零线是表示公称尺寸的一条直线，即零偏差线。

2. 配合

公称尺寸相同且相互结合的孔和轴的公差带之间的关系称为配合。根据使用要求不同，配合的松紧程度也不同。国家标准将配合分为三种类型。

(1) 间隙配合：孔的公差带完全位于轴的公差带之上，孔的下极限尺寸大于或等于轴的上极限尺寸，孔与轴装配是具有间隙的配合，如图 9-12 所示。

（2）过盈配合：孔的公差带完全位于轴的公差带之下，孔的上极限尺寸小于或等于轴的下极限尺寸，孔与轴装配是具有过盈的配合，如图 9-13 所示。

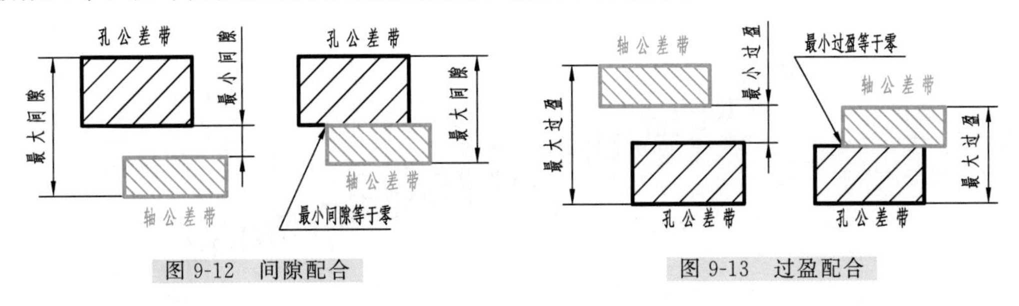

图 9-12 间隙配合　　图 9-13 过盈配合

（3）过渡配合：孔与轴的公差带相互交叠，轴、孔之间可能具有间隙或过盈的配合，如图 9-14 所示。

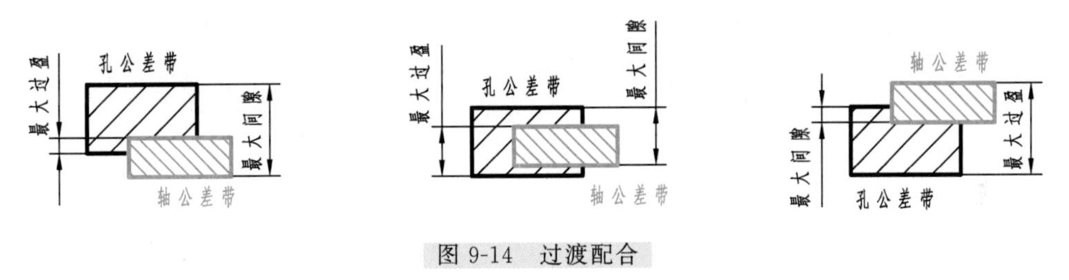

图 9-14 过渡配合

9.4.2 标准公差和基本偏差

标准公差和基本偏差是确定公差带的两个基本要素，标准公差确定公差带的大小，基本偏差确定公差带的位置，如图 9-15 所示。

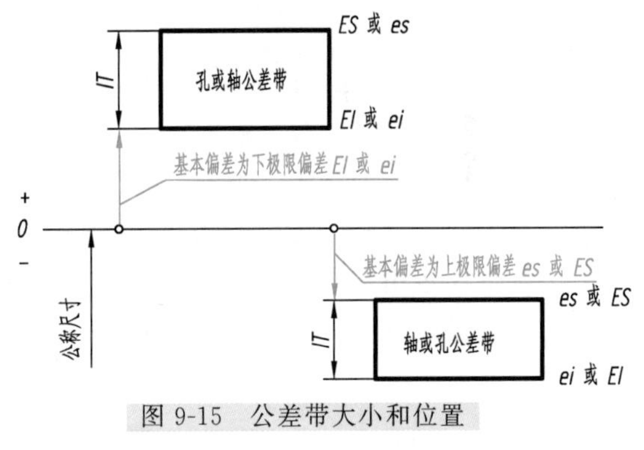

图 9-15 公差带大小和位置

1. 标准公差和标准公差等级

在国家标准极限与配合制中，所规定的任一公差，称为标准公差。标准公差确定公差带大小。标准公差等级代号用符号 IT 和数字组成。标准公差等级分为 IT01，IT0，IT1，IT2，…，IT18，共 20 级。IT01 级最高，IT18 级最低，公差等级越高，公差数值越小。公称尺寸和公差等级相同的孔和轴，它们的标准公差数值相等；同一公差等级对所有公称尺寸的一组公差被认为具有同等精度。各级标准公差的数值可查阅附录附表 23。

2. 基本偏差

基本偏差确定公差带位置，基本偏差是指靠近零线的那个极限偏差，它可以是上极限偏差，也可以是下极限偏差。国家标准对孔和轴分别规定了 28 种基本偏差，如图 9-16 所示，它的代号用拉丁字母表示，大写为孔，小写为轴，各公差带仅有基本偏差一端封闭，另一端的位置取决于标准公差数值的大小。

在孔的基本偏差系列中，A～H 基本偏差为下极限偏差 EI，J～ZC 基本偏差为上极限偏差 ES。JS 没有基本偏差，上、下极限偏差各为标准公差的一半，写成±ITn/2；在轴的基本

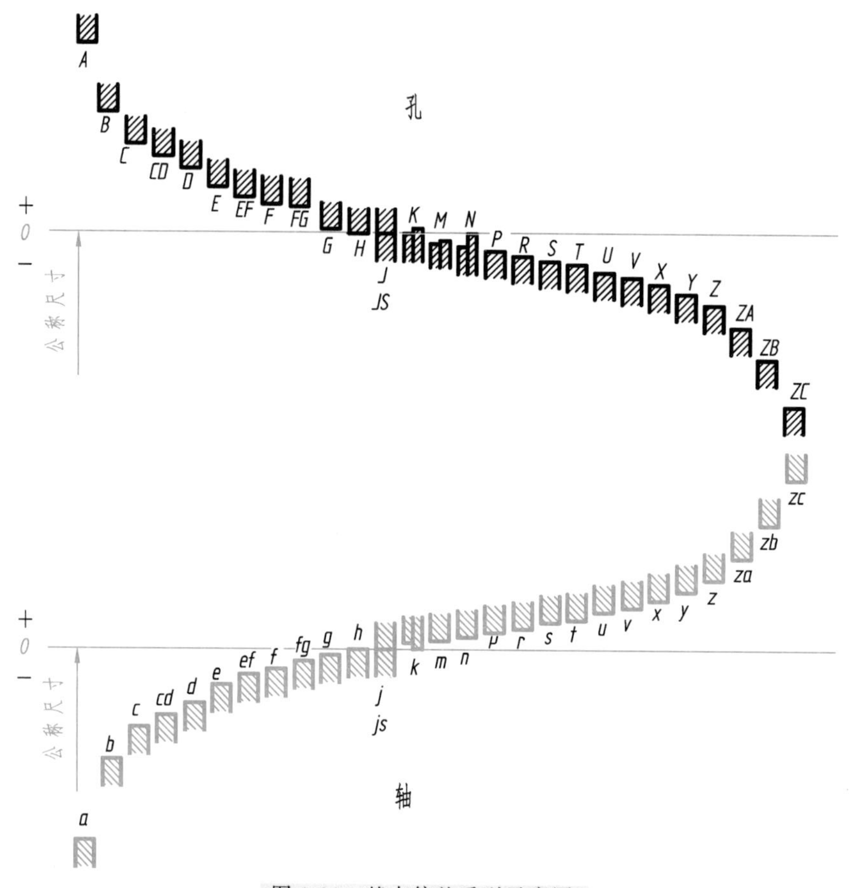

图 9-16 基本偏差系列示意图

偏差系列中，a～h 基本偏差为上极限偏差 es，j～zc 基本偏差为下极限偏差 ei。js 没有基本偏差，上、下极限偏差各为标准公差的一半，写成±ITn/2。

基本偏差和标准公差，根据尺寸公差的定义有以下计算公式：

$$ES=EI+IT \text{ 或 } EI=ES-IT, \quad ei=es-IT \text{ 或 } es=ei+IT$$

公差带代号用基本偏差的字母和公差等级数字表示。标注公差的尺寸用公称尺寸后跟所要求的公差带或（和）对应的偏差值表示。例如：

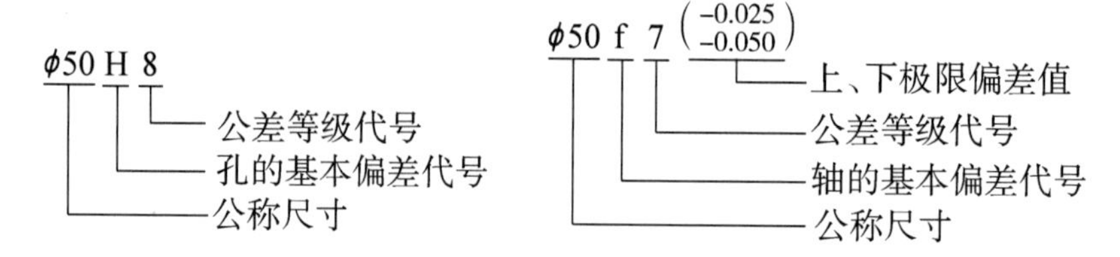

附录附表 24 和附表 25 分别摘录了 GB/T 1800.1—2009 规定的轴和孔的基本偏差数值。

9.4.3 配合制度

国家标准规定有基孔制和基轴制两种配合制度。

1. 基孔制

基本偏差为一定的孔的公差带，与不同基本偏差的轴的公差带形成各种配合的一种制度称为基孔制。在国家标准极限与配合制中，基孔制是孔的下极限尺寸与公称尺寸相等，孔的下极限偏差为零的一种配合制度。

在基孔制配合中，轴的基本偏差 a～h 用于间隙配合；j～zc 用于过渡配合和过盈配合，当轴的基本偏差的绝对值大于或等于孔的标准公差时，为过盈配合，反之，则为过渡配合。如图 9-17 中 ϕ50H7 的孔与 ϕ50f7 的轴，形成间隙配合，与 ϕ50k6、ϕ50n6 的轴形成过渡配合，与 ϕ50s6 的轴形成过盈配合。

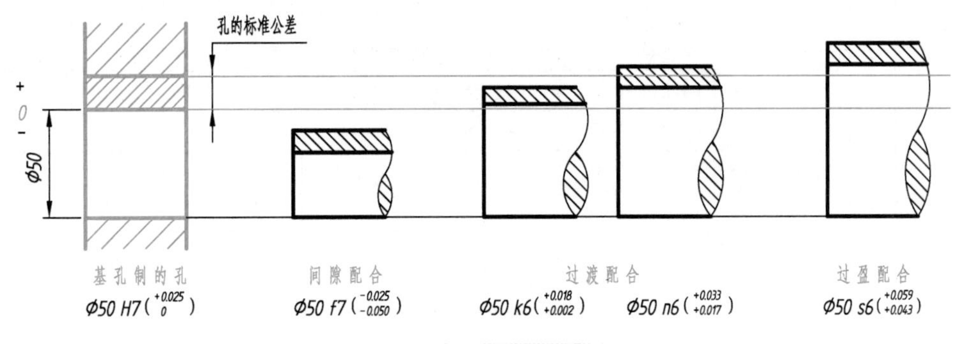

图 9-17 基孔制配合

2. 基轴制

基本偏差为一定的轴的公差带，与不同基本偏差的孔的公差带形成各种配合的一种制度称为基轴制。在国家标准极限与配合制中，基轴制是轴的上极限尺寸与公称尺寸相等，轴的上极限偏差为零的一种配合制度。

在基轴制配合中，孔的基本偏差 A～H 用于间隙配合；J～ZC 用于过渡配合和过盈配合，当孔的基本偏差的绝对值大于或等于轴的标准公差时，为过盈配合，反之，则为过渡配合。如图 9-18 中 ϕ50h6 的轴与 ϕ50F7 的孔形成间隙配合，与 ϕ50K7、ϕ50N7 的孔形成过渡配合，与 ϕ50S7 的孔形成过盈配合。

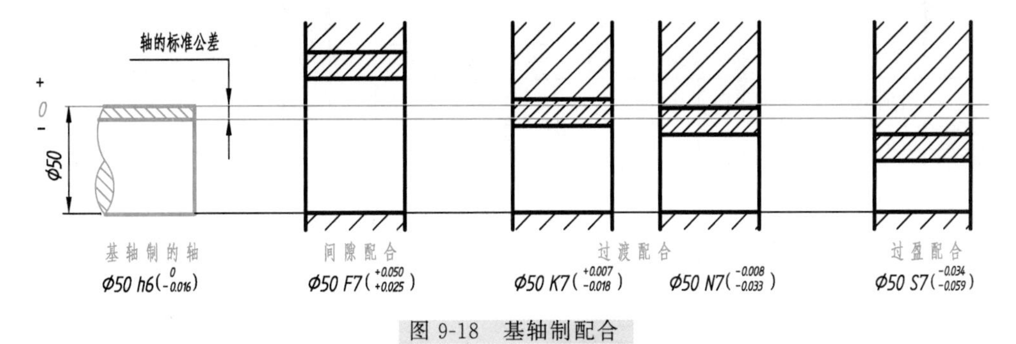

图 9-18 基轴制配合

3. 优先、常用配合

国家标准根据机械工业产品生产使用的需要，考虑到各类产品的不同特点，制定了优先及常用配合，应尽量使用优先和常用配合。表 9-5 为基孔制优先、常用配合系列，表 9-6 为基轴制优先、常用配合系列。配合用相同的公称尺寸后跟孔、轴公差带表示。孔、轴公差带写成分数形式，分子为孔公差带，分母为轴公差带。GB/T 1800.2—2020 规定了轴、孔的极限偏差，本书附录附表 26 和附表 27 摘录了优先配合中轴、孔的极限偏差。

表 9-5 基孔制优先、常用配合

基准孔	轴																				
	a	b	c	d	e	f	g	h	jess	k	m	n	p	r	s	t	u	v	x	y	z
	间隙配合								过渡配合			过盈配合									
H6							H6/g5	H6/h5	H6/js5	H6/k5	H6/m5	H6/n5	H6/p5								
H7						H7/f6	H7/g6	H7/h6	H7/js6	H7/k6	H7/m6	H7/n6	H7/p6	H7/r6	H7/s6	H7/t6	H7/u6	H7/x6			
H8					H8/e7	H8/f7		H8/h7	H8/js7	H8/k7	H8/m7				H8/s7		H8/u7				
				H8/d8	H8/e8	H8/f8		H8/h8													
H9				H9/d8	H9/e8	H9/f8		H9/h8													
H10		H10/b9	H10/c9	H10/d9	H10/e9			H10/h9													
H11		H11/b11	H11/c11	H11/d10				H11/h10													

注：标注◤的配合为优先配合。

表 9-6 基轴制优先、常用配合

基准轴	孔																				
	A	B	C	D	E	F	G	H	JS	K	M	N	P	R	S	T	U	V	X	Y	Z
	间隙配合								过渡配合			过盈配合									
h5							G6/h5	H6/h5	JS6/h5	K6/h5	M6/h5	N6/h5	P6/h5								
h6						F7/h6	G7/h6	H7/h6	JS7/h6	K7/h6	M7/h6	N7/h6	P7/h6	R7/h6	S7/h6	T7/h6	U7/h6	X7/h6			
h7					E8/h7	F8/f7		H8/h7													
H8				D9/h8	E9/h8	F9/h8		H9/h8													
h9					E8/h9	F8/f9		H8/h9													
				D9/h9	E9/h9	F9/h9		H9/h9													
		B11/h9	C10/h9	D10/h9				H10/h9													

注：标注◤的配合为优先配合。

9.4.4 极限与配合的标注和查表

1. 极限与配合在图样上的标注

1）在装配图上的标注

在装配图上标注配合尺寸如图 9-19（a）所示。

2）在零件图上的标注

在零件图上标注公差尺寸的方法有三种形式：只注公差带代号，如图 9-19（b）所示；只注极限偏差值，如图 9-19（c）所示；同时注出公差带代号和偏差值，如图 9-19（d）所示。

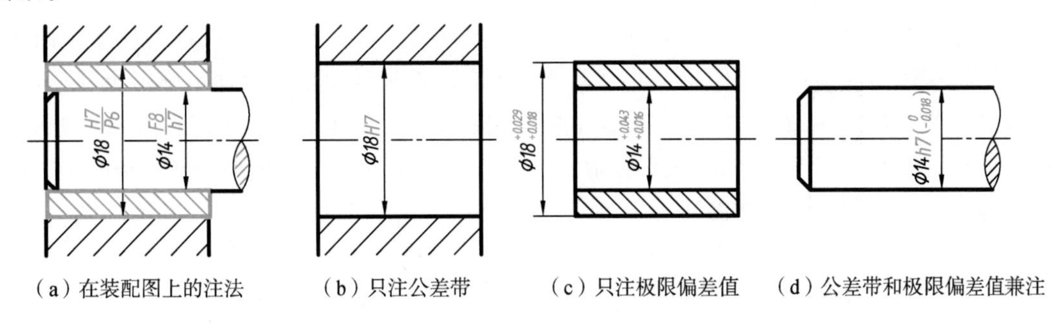

（a）在装配图上的注法　（b）只注公差带　（c）只注极限偏差值　（d）公差带和极限偏差值兼注

图 9-19　极限与配合在图样上的标注形式

在零件图上标注极限偏差，其字高要比公称尺寸的字高小一号，上极限偏差注在上方，下极限偏差应与公称尺寸注在同一底线上，如图 9-19（c）所示。上、下极限偏差中小数点后末位的“0”一般不予注出，如 $\phi60^{-0.06}_{-0.09}$；如果为了使上、下极限偏差的小数点后的位数相同，可以用“0”补充，如 $\phi50^{+0.015}_{-0.010}$。如果上极限偏差或下极限偏差为“零”，应标注“0”，并与下极限偏差或上极限偏差的小数点前的个位数对齐，如图 9-19（d）所示。当上、下极限偏差数值相同时，其数值只需标注一次，在数值前注出符号“±”，且字高与公称尺寸相同，如 $\phi80\pm0.015$。

2. 查表方法

根据公称尺寸和公差带，可通过查表获得孔、轴的极限偏差值。查表的步骤一般是：先查出孔、轴的标准公差，再查出其基本偏差，最后由配合件的标准公差和基本偏差的关系算出另一个偏差。对于优先及常用的配合的极限偏差，可直接由查表获得。

【例 9-1】　查表写出 $\phi30\ \dfrac{H8}{f7}$ 的偏差数值。

分析：对照表 9-5 可知，$\dfrac{H8}{f7}$ 是基孔制的间隙配合，其中 H8 是孔的公差带，f7 是配合轴的公差带。

查表步骤如下：

（1）$\phi30H8$ 孔的极限偏差可由附录附表 27 查得。在表中由公称尺寸大于 24～30 的行和公差带为 H8 的列相交处查得 $^{+33}_{0}$，故 $\phi30H8$ 可写成 $\phi30\ ^{+0.033}_{0}$。

（2）$\phi30f7$ 配合轴的极限偏差可由附录附表 26 查得。在表中由公称尺寸大于 24～30 的行和公差带为 f7 的列相交处查得 $^{-20}_{-41}$，故 $\phi30f7$ 可写成 $\phi30\ ^{-0.020}_{-0.041}$。

9.4.5　几何公差简介

在生产实践中，经过加工的零件不但会产生尺寸误差，而且会产生几何误差。

例如，图 9-20（a）所示为一理想形状的销轴，而加工后的实际形状则是轴线变弯了，如图 9-20（b）所示，因而产生了直线度误差。又如，图 9-21（a）所示为一要求严格的四棱柱，加工后的实际位置却是上表面倾斜了，如图 9-21（b）所示，因而产生了平行度误差。

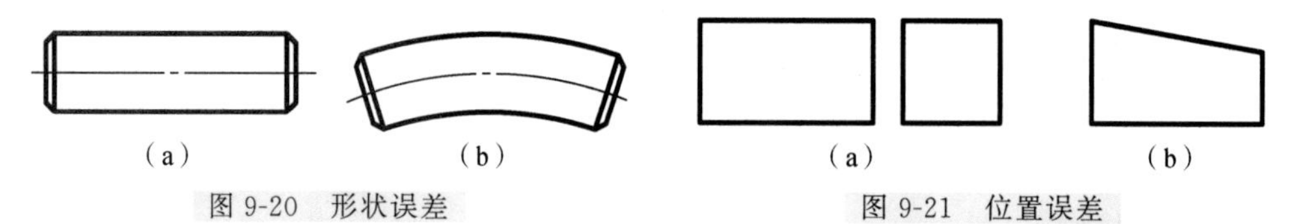

图 9-20 形状误差　　图 9-21 位置误差

如果零件存在严重的形状和位置误差，将使其装配造成困难，影响机器的质量，因此，对于精度要求较高的零件，除给出尺寸公差外，还应根据设计要求，合理地确定出几何误差的最大允许值，如图 9-22 中的 ϕ0.08，表示销轴圆柱面的提取中心线应限定在直径等于 0.08 的圆柱面内；图 9-23 中的 0.01，表示提取（实际）上表面应限定在间距等于 0.01、平行于基准面即下表面的两平行平面之间。

图 9-22 直线度公差　　图 9-23 平行度公差

只有这样，才能将其误差控制在一个合理的范围内。为此，国家标准规定了一项保证零件加工质量的技术指标——GB/T 1182—2018 几何公差。

1. 几何公差的几何特征和符号

几何公差的几何特征和符号如表 9-7 所示。

表 9-7 几何公差的几何特征和符号

公差类型	几何特征	符号	有无基准
形状公差	直线度	—	无
	平行度	▱	无
	圆度	○	无
	圆柱度	⌭	无
	线轮廓度	⌒	无
	面轮廓度	⌓	无
方向公差	平行度	//	有
	垂直度	⊥	有
	倾斜度	∠	有

公差类型	几何特征	符号	有无基准
方向公差	线轮廓度	⌒	有
	面轮廓度	⌓	有
位置公差	位置度	⌖	有或无
	同心度（用于中心点）	◎	有
	同轴度（用于轴线）	◎	有
	对称度	⌯	有
	线轮廓度	⌒	有
	面轮廓度	⌓	有
跳动公差	圆跳动	↗	有
	全跳动	⌰	有

2. 公差框格及基准符号

用公差框格标注几何公差时，公差要求注写在划分成两格或多格的矩形框格内。其标注内容、顺序及框格的绘制规定等，如图 9-24（a）所示。

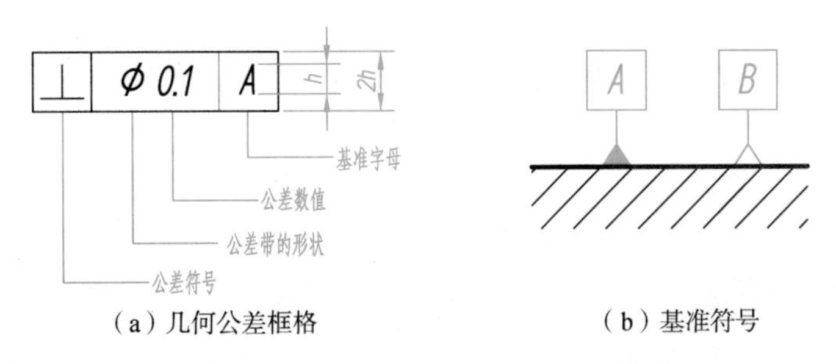

（a）几何公差框格　　（b）基准符号

图 9-24　几何公差框格及基准符号

基准符号如图 9-24（b）所示。涂黑的和空白的基准三角形含义相同。与被测要素相关的基准用一个大写字母表示，字母标注在基准方格内。

3. 几何公差标注示例

图 9-25 所示是一根气门阀杆，图中标注的各几何公差的含义及其解释如下：

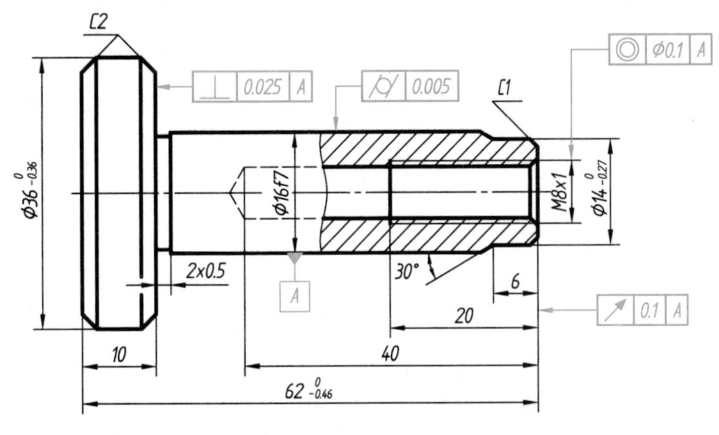

图 9-25　形位公差标注示例

⌭ 0.005 表示 ϕ16 圆柱面的圆柱度公差为 0.005mm，即提取（实际）ϕ16 圆柱面应限制在半径为公差值 0.005mm 的两同轴圆柱面之间。

◎ ϕ0.1 A 表示 M8×1 的中心线对基准 *A* 的同轴度公差为 0.1mm，即 M8×1 螺纹孔的提取（实际）中心线应限定在直径等于 0.1mm，且与 ϕ16 圆柱的轴线同轴的圆柱面内。

↗ 0.1 A 表示右端面对基准 *A* 的轴向圆跳动公差为 0.1mm，即在与 ϕ16 圆柱的轴线同轴的任意圆柱形截面上，提取（实际）右端面圆应限定在轴向距离等于 0.1mm 的两个等圆之间。

⊥ 0.025 A 表示 ϕ36 圆柱的右端面对基准轴线 *A* 的垂直度公差为 0.025mm，即提取的 ϕ36圆柱的右端面应限定在间距等于 0.08mm、垂直于 ϕ16 圆柱的轴线的两平行平面之间。

从图中可以看到，在标注几何公差时，用指引线连接被测要素和公差框格。当公差涉及轮廓线或轮廓面时，箭头指向该要素的轮廓线或其延长线，应与尺寸线明显错开；当公差涉及要素的中心线时，箭头应位于相应尺寸线的延长线上，如 M8×1 中心线的同轴度注法；当基准要素是尺寸要素确定的轴线时，基准三角形应放置在该要素尺寸线的延长线上，如基准 *A*。

9.5 零件结构的工艺性简介

零件的结构形状，主要是根据它在机器或部件中的作用来决定的。但是，制造工艺对零件的结构也有某些要求。因此，在设计和绘制一个零件时，应该使零件的结构既能满足使用上的要求，又要方便制造。

9.5.1 铸造零件的工艺结构

1. 铸造圆角

制造铸件时，为了便于脱模和避免砂型尖角在浇铸时发生落砂，以及防止铸件两表面相交的根部尖角处出现裂纹、缩孔，往往在铸件转角处做成圆角，如图 9-26 所示。

在零件图上铸造圆角必须画出。圆角半径大小需与铸件壁厚相适应。其半径值一般取 3～5mm，可在技术要求中做统一说明。

2. 起模斜度

造型时，为了能将木模顺利地从砂型中取出，常沿木模的起模方向做出斜度，这个斜度称为起模斜度，如图 9-27（a）所示。

起模斜度的大小：木模常为 1°～3°，金属模为 0.5°～2°。因斜度很小，通常在图样上不画出，也不标注，如图 9-27（b）所示。

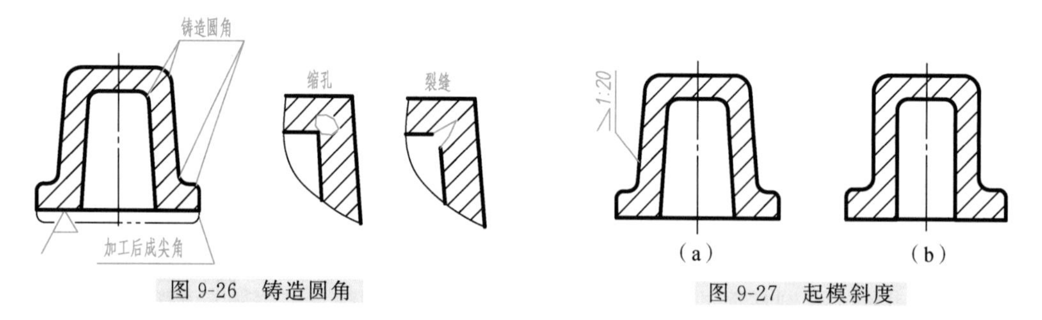

图 9-26 铸造圆角　　图 9-27 起模斜度

3. 铸件壁厚

铸件在浇铸时，壁厚处冷却慢，易产生缩孔或在壁厚突变处产生裂纹，如图 9-28（c）所示。因此，要求铸件壁厚保持均匀一致或采取逐渐过渡的结构，如图 9-28（a）、（b）所示。

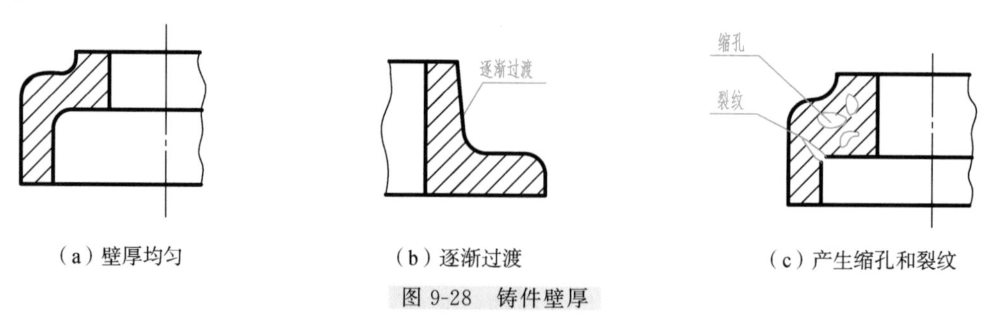

图 9-28 铸件壁厚

4. 过渡线

由于铸件上有圆角的存在，零件表面的交线变得不十分明显，但为了便于看图及区分不同的表面，图样中仍需按没有圆角时交线的位置画出这条不太明显的线，这条线称为过渡线。

过渡线的画法与没有圆角时的相贯线画法完全相同，只是在表示时稍有差异。下面按几种情况加以说明。

(1) GB/T 17450—1998 和 GB/T 4457.4—2002 中规定，过渡线用细实线绘制。

(2) 当两曲面相交时，过渡线不与圆角轮廓线接触，如图 9-29 所示。

(3) 当两曲面相切时，过渡线在切点附近应该断开，如图 9-30、图 9-31 (c) 所示。

(4) 当平面与平面、平面与曲面相交时，过渡线应在转角处断开，并加画过渡圆弧，其弯向与铸造圆角的弯向一致，如图 9-31 (b) 所示。

(5) 在画肋板与圆柱组合的过渡线时，其过渡线的形状与肋板的断面形状以及肋板与圆柱的组合形式有关，如图 9-31 所示。

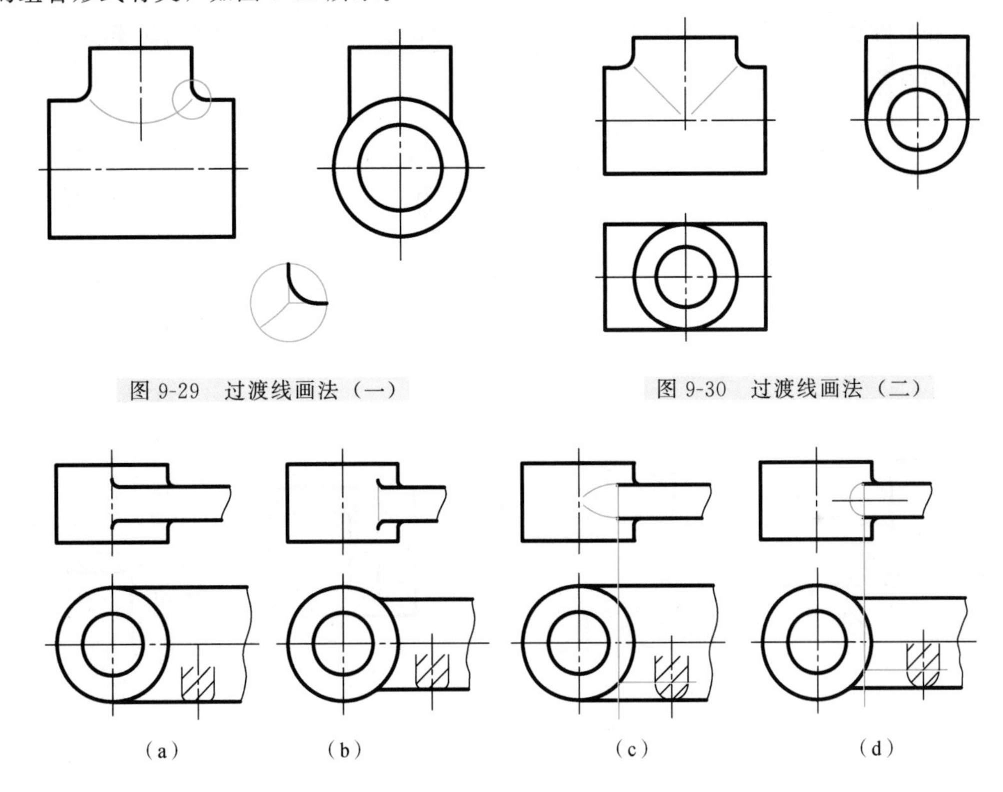

图 9-29 过渡线画法（一）

图 9-30 过渡线画法（二）

图 9-31 肋板与圆柱组合时过渡线的画法

9.5.2 零件加工面的工艺结构

1. 倒角和倒圆

为了去除毛刺、锐边和便于装配，在轴或孔的端部一般都加工成倒角；为了避免因应力集中而产生的裂纹，在轴肩处往往加工成圆角的过渡形式，称为倒圆。倒角和倒圆的尺寸注法如图 9-32 所示。

倒角和倒圆的尺寸系列，可查阅附录附表 29。

2. 退刀槽和砂轮越程槽

切削时，为了便于退出刀具或使砂轮可以稍稍越过加工面，不使刀具或砂轮损坏，以及

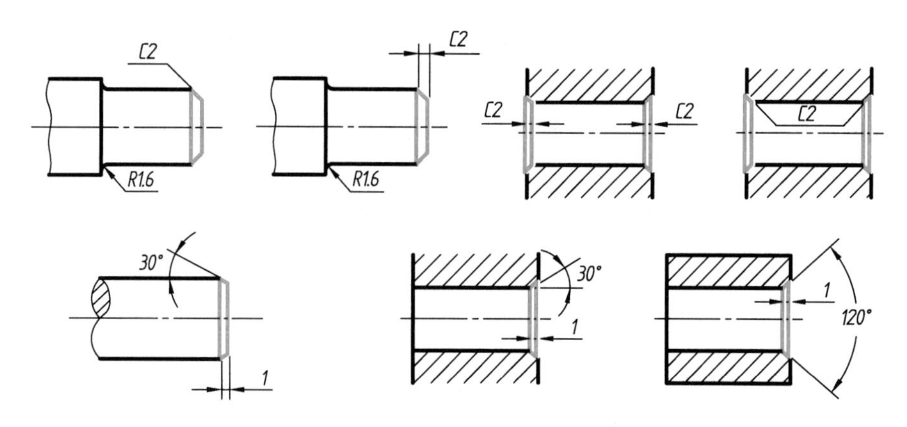

图 9-32　倒角和圆角

在装配时相邻零件保证靠紧，常在待加工零件的轴肩处预先加工出退刀槽和砂轮越程槽，如图 9-33 所示。

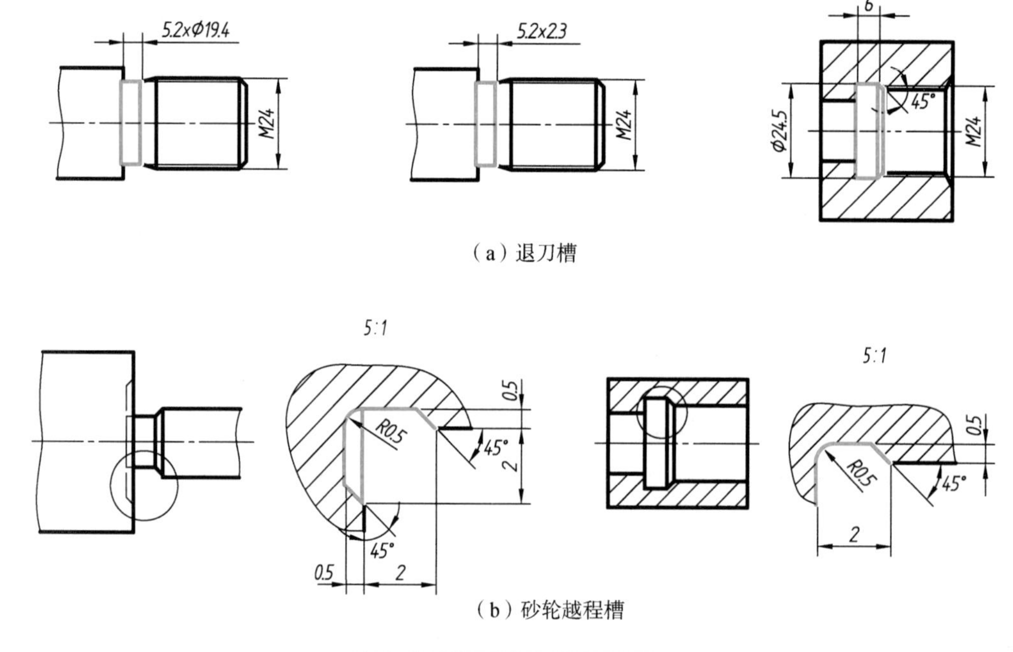

（a）退刀槽

（b）砂轮越程槽

图 9-33　退刀槽和砂轮越程槽

其具体结构和尺寸，可按“槽宽×槽深”或“槽宽×直径”的形式注出。当槽的结构比较复杂时，可画出局部放大图标注尺寸。

砂轮越程槽和螺纹退刀槽的结构尺寸系列，可查阅附录附表 28 和附表 30。

3. 钻孔结构

零件上有各种不同形式和不同用途的孔，多数是由钻头加工而成的，其中有通孔和不通孔。用钻头加工的不通孔称为盲孔，在底部有一个 120°的锥坑，钻孔的深度应是圆柱部分的深度，不包括锥坑。在用两个直径不同的钻头钻出的阶梯孔的过渡处，也存在锥角为 120°的圆台，其画法及尺寸标注如图 9-34 所示。

钻孔时，要求钻头的轴线应与被加工表面尽量垂直，以保证钻孔准确和避免钻头折断。图 9-35 表示了三种钻孔端面的正确结构。

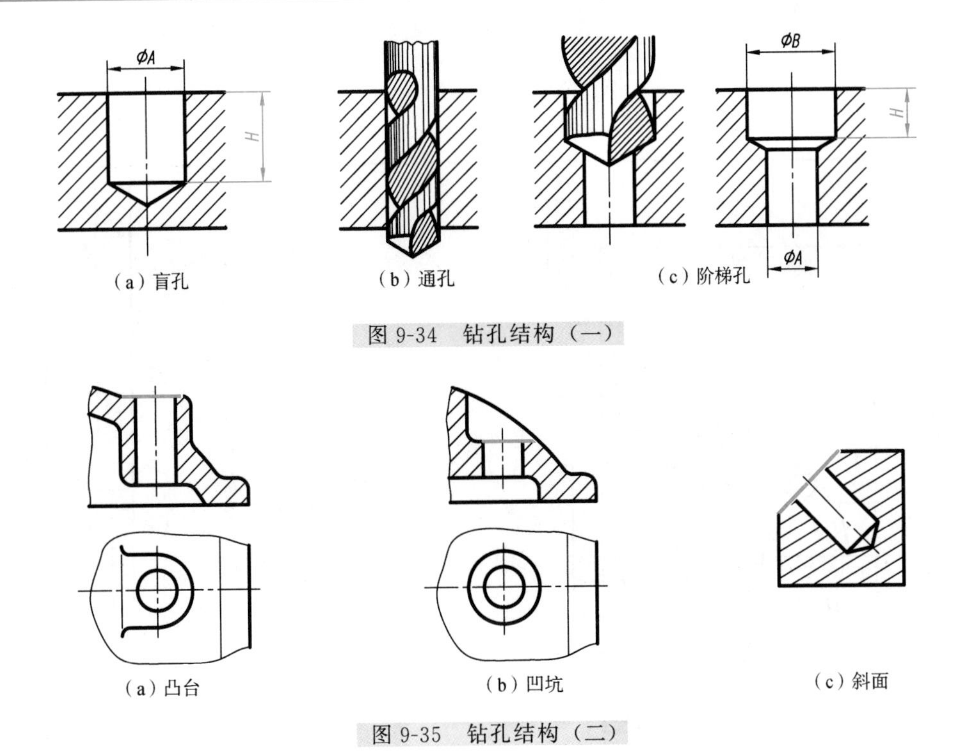

（a）盲孔 （b）通孔 （c）阶梯孔

图 9-34 钻孔结构（一）

（a）凸台 （b）凹坑 （c）斜面

图 9-35 钻孔结构（二）

4. 凸台和凹坑

为了保证零件间接触良好，零件上凡与其他零件接触的表面一般都要加工。但为了降低零件的制造费用，在设计零件时应尽量减少加工面，因此，在零件上常有凸台和凹坑结构。凸台应在同一平面上以保证加工方便。其常见形式如图 9-36 所示。

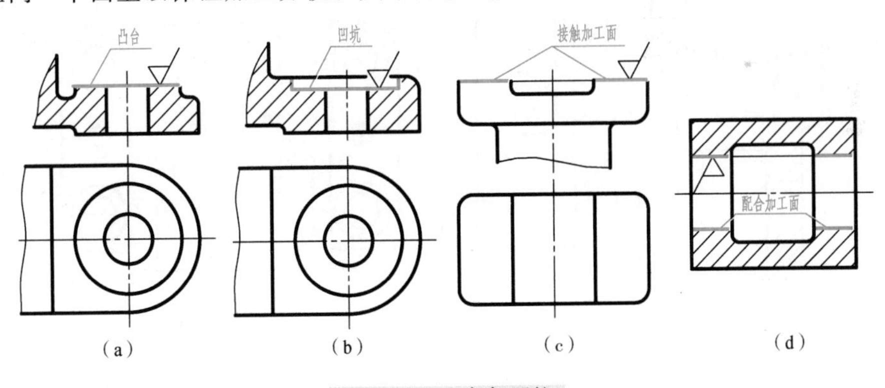

（a） （b） （c） （d）

图 9-36 凸台与凹坑

9.6 读 零 件 图

在生产实践中经常要看零件图。培养读图能力，是学习本门课程主要的任务之一。

读零件图的要求是：了解零件的名称、所用材料和它在机器中的作用，通过分析视图、尺寸和技术要求，想象出零件中各组成部分的结构形状和相对位置，从而在头脑中建立起一个完整的、具体的零件形象，并对其复杂程度、要求高低和制造方法做到心中有数，以便设计加工过程。

下面以图 9-37 为例，说明读零件图的一般方法和步骤。

9-37

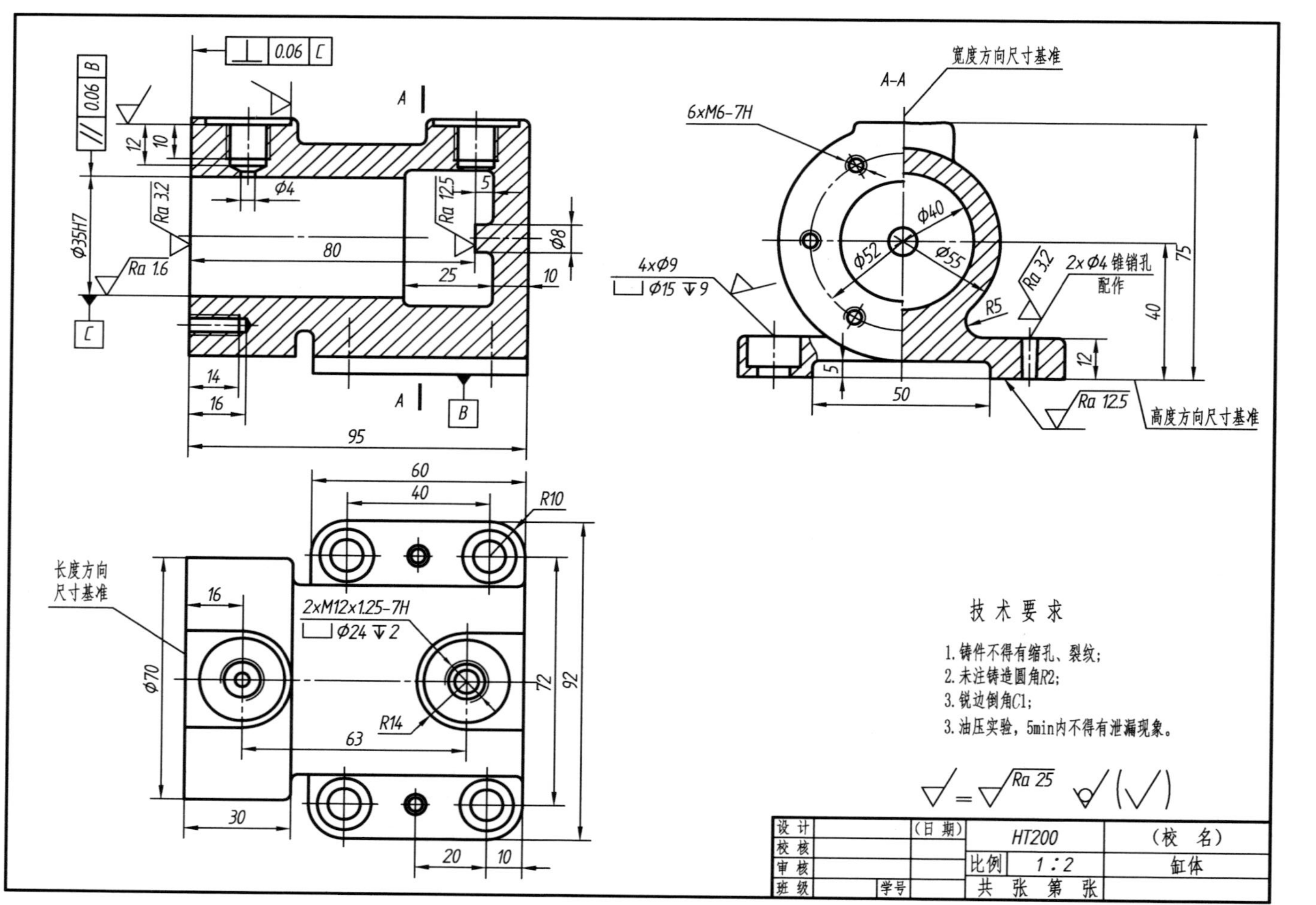

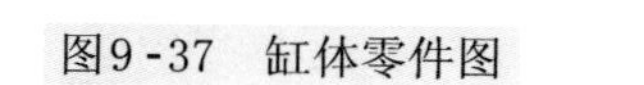
图9-37 缸体零件图

1. 概括了解

读零件图时，首先从标题栏中了解零件的名称、材料、质量、画图比例等，并联系典型零件的分类，对零件有一个初步的了解。

通过看标题栏可知，该零件的名称为缸体，材料为铸铁，绘图比例为1：2，可见此缸体为小型零件，属箱体类零件。

2. 分析表达方案，明确视图间关系

要读懂零件图，想出零件形状，必须先分析表达方案，明确各个视图之间的关系。具体应抓住以下几点：表达方案选用了几个视图，哪个是主视图，哪些是基本视图，哪些是辅助视图，它们之间的投影关系如何？对于向视图、局部视图、斜视图、断面图以及局部放大图等，要根据其标注，找出它们的表达部位和投射方向。对于剖视图，还要弄清楚其剖切位置、剖切面形式和剖开后的投射方向。

缸体采用了主、俯、左三个基本视图。主视图是全剖视图，用单一剖切平面通过零件的前、后对称面剖切，其中左端的M6螺孔并未剖到，是采用规定画法绘制的；左视图是半剖视图，用单一剖切平面通过底板上销孔的轴线剖切，其中在半剖视图上又取了一个局部剖，以表达沉孔的结构；俯视图为外形图。

3. 分析形体、想象零件形状

在读懂视图间关系的基础上，运用形体分析法和线面分析法，分析零件的结构形状。

运用形体分析法看图，就是从形状、位置特征明显的视图入手，分别想象出各组成部分的形状并将其加以综合，进而想象出整个零件形状的过程。

通过分析，可大致将缸体分为四个组成部分。

（1）直径为ϕ70的圆柱形凸缘。

（2）直径为ϕ55的圆柱。

（3）在两个圆柱上部各有一个U形凸台，经锪平又加工出了螺孔。

（4）带有凹坑的底板。底板上加工有四个供穿入内六角圆柱头螺钉固定缸体用的沉孔和两个安装定位用的圆锥销孔。

此外，主视图又清楚地表示出了缸体的内部结构是直径不同的两个圆柱形空腔，右端的“缸底”上有一个圆柱形凸台。各组成部分的相对位置图中已表达得很清楚，就不一一赘述了。缸体零件的全貌如图9-38所示。

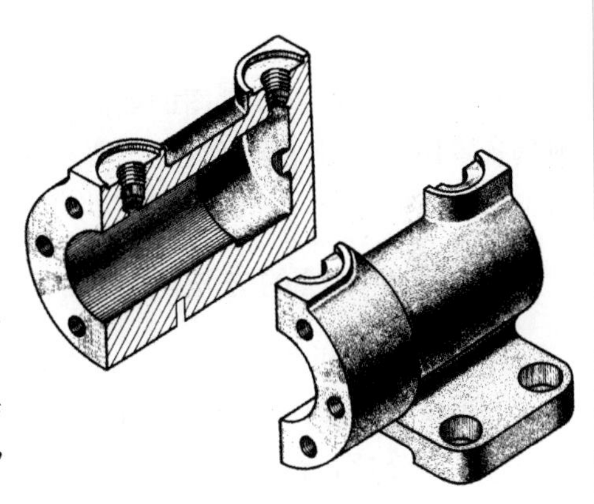

图9-38 缸体立体图

4. 分析尺寸

分析尺寸时，先分析零件长、宽、高三个方向上尺寸的主要基准；然后从基准出发，找出组成部分的定位尺寸和定形尺寸，弄清哪些是主要尺寸。

从图9-37中可以看出，其长度方向以左端面为基准，宽度方向以缸体的前、后对称面为基准，高度方向以底板底面为基准。缸体的中心高40、两个锥销孔轴线间的距离72，以及主视图中的尺寸80都是影响缸体工作性能的定位尺寸，为了保证其尺寸的准确度，它们都是从尺寸基准出发直接标注的。孔径ϕ35H7是配合尺寸。以上这些都是缸体的重要尺寸。

5. 分析技术要求

对零件图上标注的各项技术要求，如表面结构要求、极限偏差、几何公差、热处理等要求逐项识读，尤其要分析清楚其含义，把握住对技术指标要求较高的部位和要素，以便保证零件的加工质量。例如，ϕ35H7 表明该孔与其他零件有配合关系。|//|0.06|B|表明 ϕ35 孔的中心线对基准面 B 的平行度公差为 0.06mm，即 ϕ35 孔提取（实际）中心线必须位于距离等于 0.06mm 且平行于底板底面的两平行平面之间。|⊥|0.06|C|表明左端面与基准轴线 C 的垂直度公差为 0.06mm，即提取（实际）左端面应限定在间距等于 0.06mm 且垂直于 ϕ35 孔轴线的两平行平面之间。从所注的表面结构的要求看，ϕ35H7 孔表面的 Ra 上限值为 1.6μm，在加工表面中要求是最高的。其他表面结构要求请读者自行分析。

6. 归纳总结

在以上分析的基础上，将零件各部分的结构形状、大小及其相对位置和加工要求进行综合归纳，即可得到对该零件的全面了解和认识，从而真正读懂这张零件图。有条件时还应参考有关资料和图样，如产品说明书、装配图和相关零件图，以对零件的作用、工作情况及加工工艺做进一步了解。

9.7 零件测绘

对现有的零件实物进行绘图、测量和确定技术要求的过程，称为零件测绘。在仿造、修配机器或部件以及进行技术改造时，常常要进行零件测绘。

测绘零件的工作常在机器的现场进行，由于受条件限制，一般先绘制零件草图，然后由零件草图整理成零件图。

零件草图是绘制零件图的重要依据，必要时还可直接用来制造零件。因此，零件草图必须具备零件图应有的全部内容，要求做到：图形正确，表达清晰，尺寸完整，线型分明，图面整洁，字体工整，并注写出技术要求等有关内容。

9.7.1 零件测绘的方法与步骤

1. 了解和分析测绘对象

首先应了解零件的名称、用途、材料以及它在机器或部件中的位置和作用，然后对该零件进行结构分析和制造方法的分析。

2. 确定视图表达方案

先根据显示零件形状和位置特征的原则，按零件的加工位置或工作位置确定主视图，再按零件的内、外结构特点选用必要的其他视图和剖视、断面等表达方法。视图表达方案要完整、清晰、简练。

3. 绘制零件草图

参阅图 9-3，以绘制球阀上阀盖的零件草图为例，说明绘制零件草图的步骤。零件草图如图 9-39 所示。

（1）布置视图，画出各视图的轴线、对称线以及主要基准面的轮廓线，如图 9-39（a）所示。布置视图时，要考虑到各视图间应留有标注尺寸的位置。

（2）以目测比例画各视图的主要部分投影，如图 9-39（b）所示。

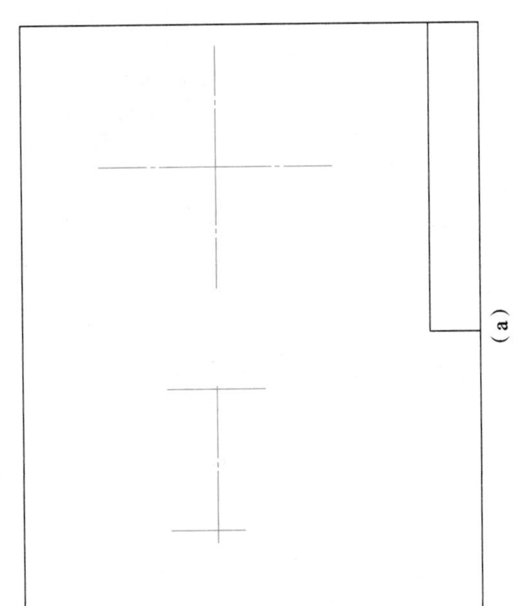

(a)

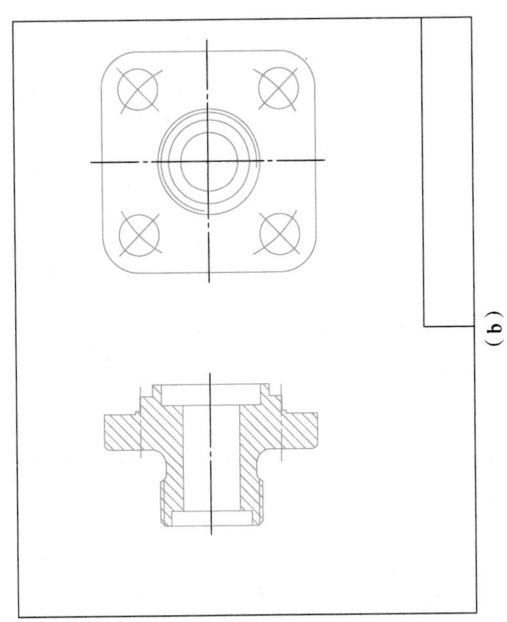

(b)

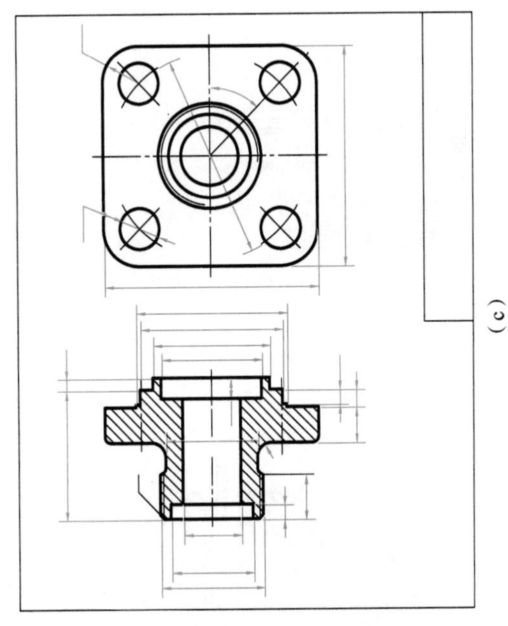

(c)

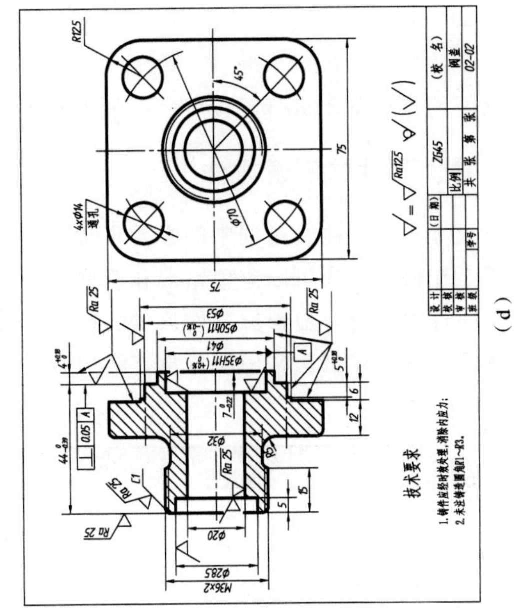

(d)

图9-39 画零件草图的步骤

（3）取剖视、断面，画剖面线，画出全部细节。选定尺寸基准，按正确、完整、清晰以及尽可能合理地标注尺寸的要求，画出全部尺寸界线、尺寸线及箭头，经仔细校核后，按规定线型将图线加深，如图 9-39（c）所示。

（4）逐个量注尺寸，标注各表面的表面结构要求代号，并注写技术要求和标题栏，如图 9-39（d）所示。

4. 复核

对画好的零件草图进行复核后，再画零件图。

9.7.2 零件尺寸的测量方法

测量尺寸是零件测绘过程中的必要步骤。零件上全部尺寸的测量应集中进行，这样不但可以提高工作效率，还可以避免错误和遗漏。

测量零件尺寸时，应根据零件尺寸的精确程度选用相应的量具。常用的量具有直尺、卡钳、游标卡尺和螺纹规。常用的测量方法如表 9-8 所示。

表 9-8 零件尺寸的测量方法

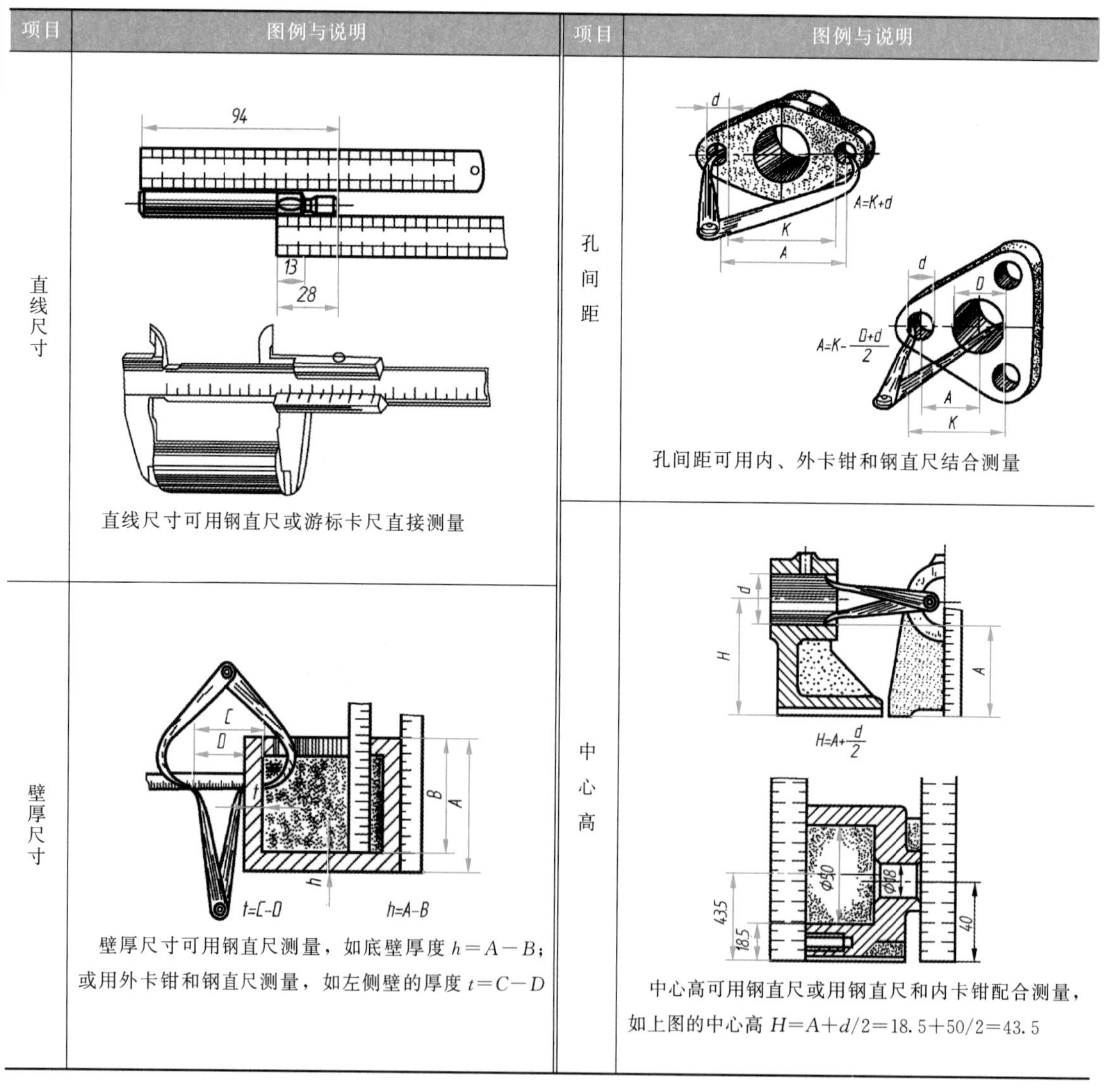

项目	图例与说明	项目	图例与说明
直线尺寸	直线尺寸可用钢直尺或游标卡尺直接测量	孔间距	孔间距可用内、外卡钳和钢直尺结合测量
壁厚尺寸	壁厚尺寸可用钢直尺测量，如底壁厚度 $h=A-B$；或用外卡钳和钢直尺测量，如左侧壁的厚度 $t=C-D$	中心高	中心高可用钢直尺或用钢直尺和内卡钳配合测量，如上图的中心高 $H=A+d/2=18.5+50/2=43.5$

续表

<table>
<tr><th>项目</th><th>图例与说明</th><th>项目</th><th>图例与说明</th></tr>
<tr><td>直径尺寸</td><td> 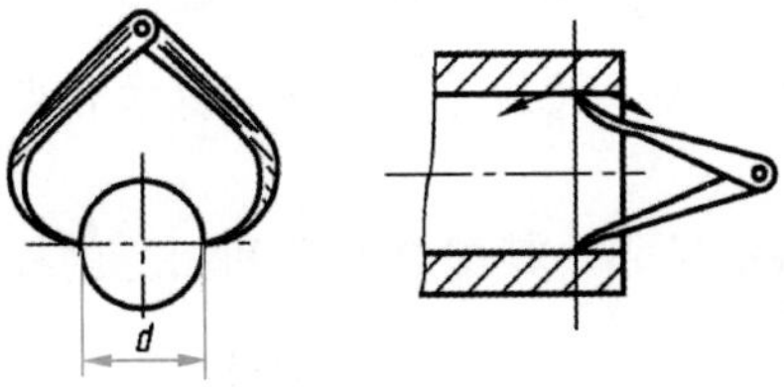 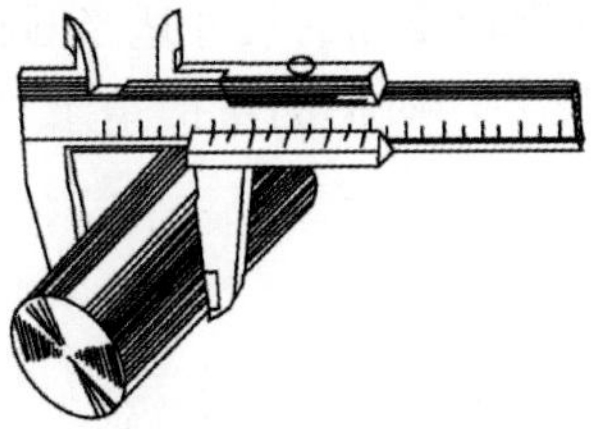直径尺寸可用内、外卡钳间接测量，或用游标卡尺直接测量</td><td>螺距</td><td> 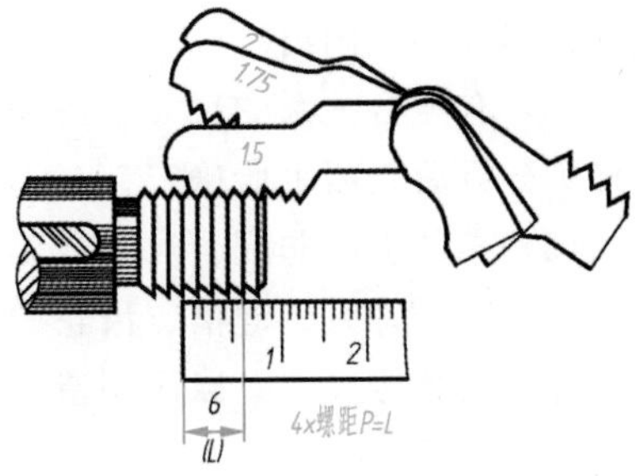螺纹的螺距应该用螺纹规直接测得，见图的上方，也可用钢直尺测量，见图的下方。$P=1.5$</td></tr>
<tr><td>齿顶圆直径</td><td> 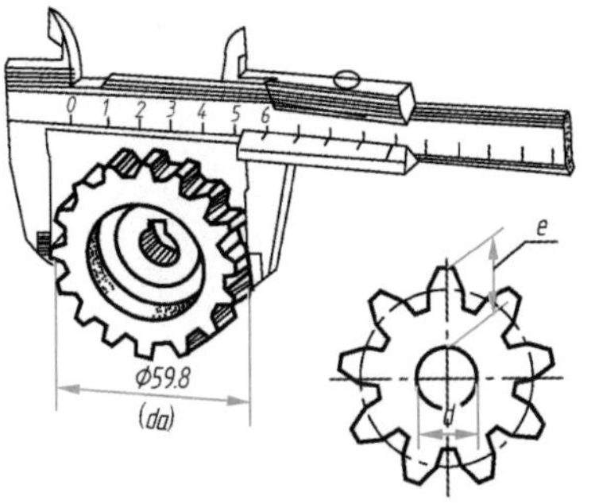偶数齿，齿轮的齿顶圆直径可用游标卡尺直接测得，见上图左；奇数齿可间接测量，见上图右</td><td rowspan="2">曲面曲线轮廓</td><td> 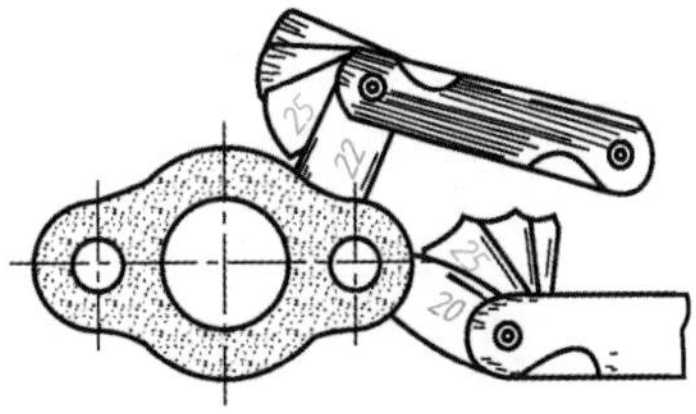用圆角规测量圆弧半径</td></tr>
<tr><td>曲面曲线轮廓</td><td> 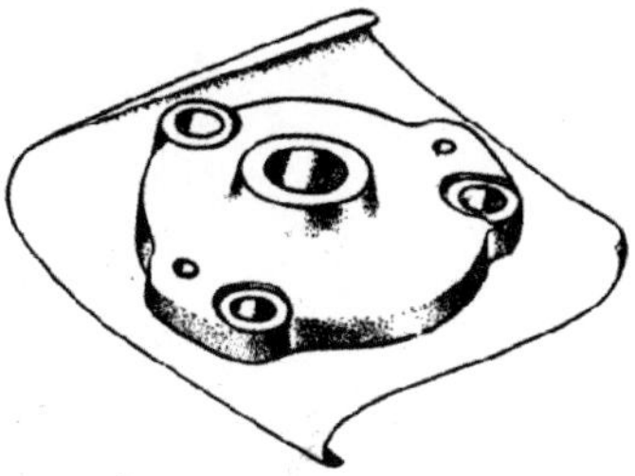 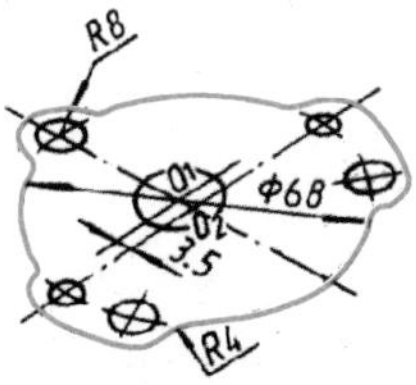对精确度要求不高的曲面轮廓，可以用拓印法在纸上拓印出它的轮廓形状，然后用几何作图的方法求出各连接圆弧的尺寸和圆心位置，如上图中 $\phi68$、$R8$、$R4$ 和 3.5</td><td> 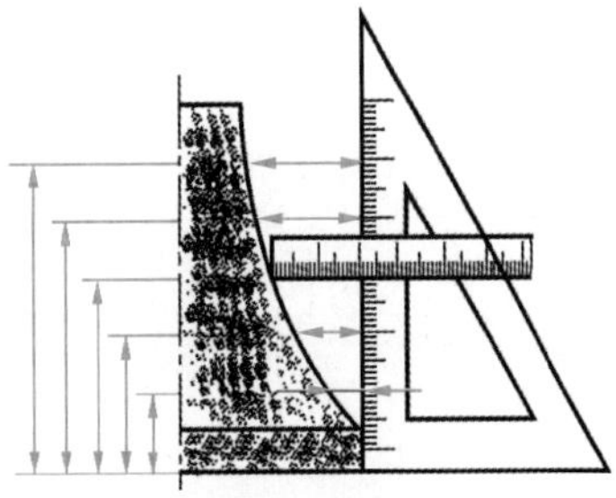用坐标法测量非圆曲线</td></tr>
</table>

9.7.3 零件测绘的注意事项

（1）零件上因制造、装配的需要而形成的工艺结构，如铸造圆角、倒圆、退刀槽、凸台、凹坑等，都必须画出；但零件的制造缺陷，如砂眼、气孔、刀痕等，以及长期使用所造成的磨损都不应画出。

（2）有配合关系的尺寸，一般只要测出它的基本尺寸，其配合性质和相应的极限偏差应在仔细分析后查阅手册确定。

（3）零件上的非配合尺寸或不重要的尺寸，允许将测量得到的尺寸适当圆整。

（4）对于螺纹、键槽、齿轮的轮齿等标准结构的尺寸，应把测量的结果与标准值核对，采用标准的结构尺寸，以便制造。

第 10 章 装配图

一台机器或一个部件，都是由若干个零件按一定的装配关系和技术要求装配起来的。表达机器或部件的图样，都称为装配图。其中，表达部件的图样称为部件装配图，表达一台完整机器的图样称为总装配图或总图。

装配图是生产中重要的技术文件。它表达机器或部件的结构形状、装配关系、工作原理和技术要求。设计时，一般先画出装配图，再根据装配图绘制零件图；装配时，根据装配图把零件装配成部件或机器；同时，装配图又是安装、调试、操作和检修机器或部件的重要参考资料。

图 10-1 是一个齿轮油泵的装配轴测图，图 10-2 表示该齿轮油泵的工作原理，图 10-3 是这个齿轮油泵的装配图。初次接触装配图的读者可以几个图互相对照，以便看懂装配图。

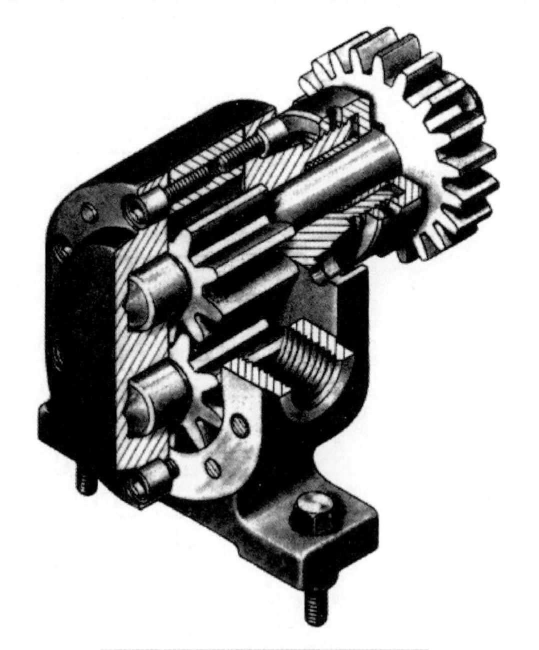

图 10-1　齿轮油泵装配轴测图

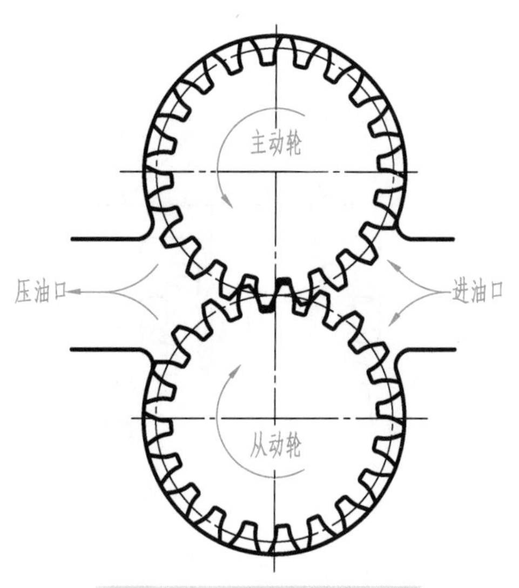

图 10-2　齿轮油泵工作原理

在阅读或绘制装配图时，必须了解部件的装配关系和工作原理，部件主要零件的形状、结构与作用，以及各个零件间的相互关系等。下面对图 10-1 所示的齿轮油泵做一些简要的介绍。

齿轮油泵是机器中用来输送润滑油的一个部件，它由泵体、左右端盖、运动零件、密封零件以及标准件等组成。其装配关系是，泵体 6 的内腔容纳一对吸油和压油的齿轮。将齿轮轴 2、传动齿轮轴 3 装入泵体后，两侧有左端盖 1、右端盖 7 支撑这一对齿轮做旋转运动。

原理

拆装
10-3

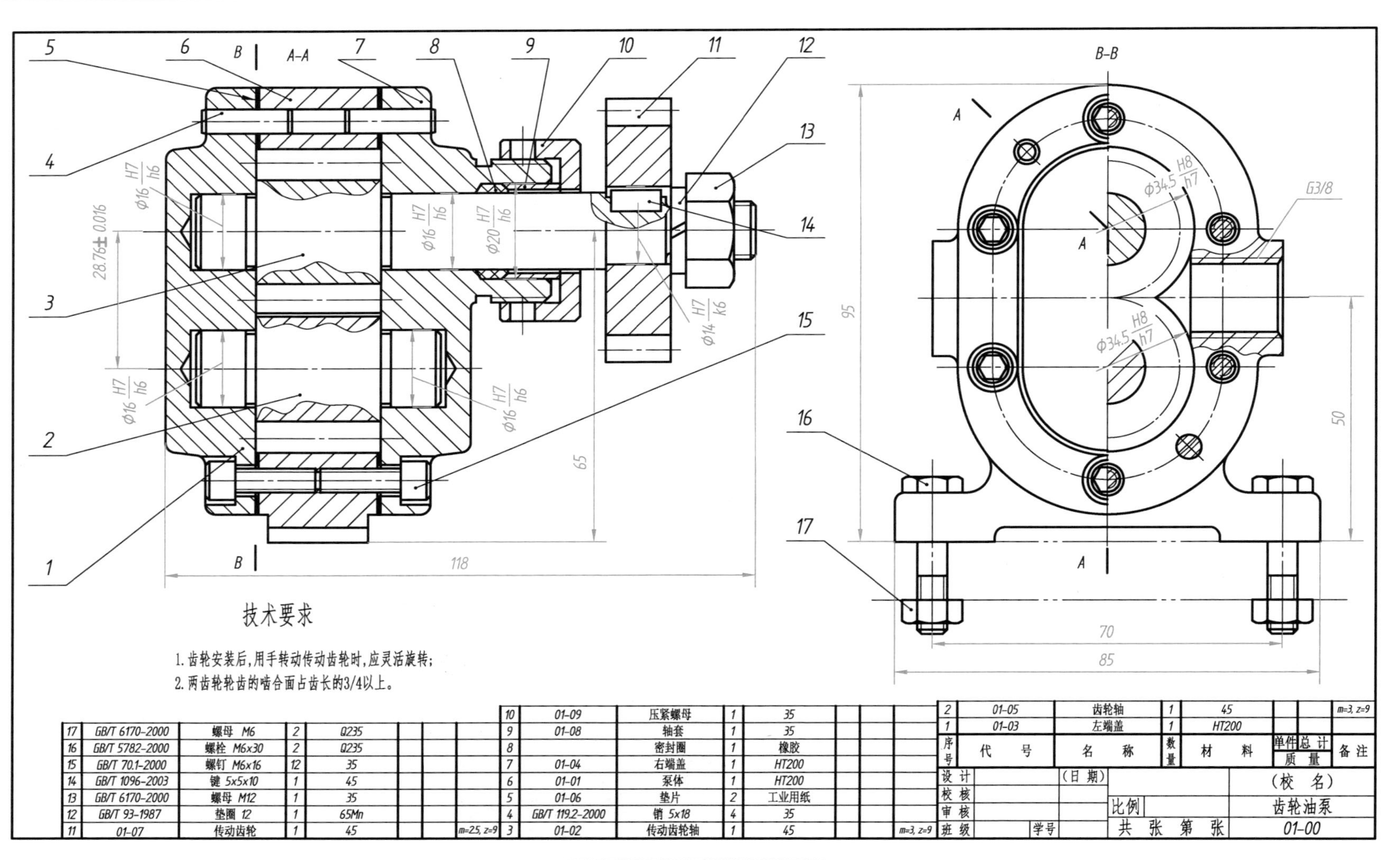

序号	代号	名称	数量	材料	单件质量	总计质量	备注
17	GB/T 6170-2000	螺母 M6	2	Q235			
16	GB/T 5782-2000	螺栓 M6x30	2	Q235			
15	GB/T 70.1-2000	螺钉 M6x16	12	35			
14	GB/T 1096-2003	键 5x5x10	1	45			
13	GB/T 6170-2000	螺母 M12	1	35			
12	GB/T 93-1987	垫圈 12	1	65Mn			
11	01-07	传动齿轮	1	45			m=2.5, z=9
10	01-09	压紧螺母	1	35			
9	01-08	轴套	1	35			
8		密封圈	1	橡胶			
7	01-04	右端盖	1	HT200			
6	01-01	泵体	1	HT200			
5	01-06	垫片	2	工业用纸			
4	GB/T 119.2-2000	销 5x18	4	35			
3	01-02	传动齿轮轴	1	45			m=3, z=9
2	01-05	齿轮轴	1	45			m=3, z=9
1	01-03	左端盖	1	HT200			

设计		(日期)		(校名)
校核				
审核			比例	齿轮油泵
班级		学号	共 张 第 张	01-00

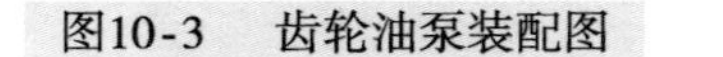
图10-3 齿轮油泵装配图

由销 4 将左、右端盖与泵体定位后，再用螺钉 15 将左、右端盖与泵体连接成整体。为了防止泵体与端盖结合面处以及传动齿轮轴 3 伸出端漏油，分别用垫片 5 及密封圈 8、轴套 9、压紧螺母 10 密封。传动齿轮 11 用键 14 与传动齿轮轴 3 连接，并用垫圈 12、螺母 13 将其轴向定位。齿轮油泵的工作原理是：从左视图观察，当传动齿轮 11 按逆时针方向转动时，通过键 14，将扭矩传递给传动齿轮轴 3，经过齿轮啮合带动齿轮轴 2，从而使后者顺时针方向转动。如图 10-2 所示，当一对齿轮在泵体内做啮合传动时，啮合区内右边空间的压力降低而产生局部真空，油池内的油在大气压力的作用下进入油泵低压区内的吸油口，随着齿轮的转动，齿槽中的油不断沿箭头方向被带至左边的压油口从而把油压出，送至机器中需要润滑的部分。齿轮油泵中各个零件的主要形状也可以从图 10-1 和图 10-3 中看出。

10.1 装配图的内容

根据装配图的作用，它必须包括以下内容。下面仍以图 10-3 所示的齿轮油泵的装配图为例，说明这些内容。

1. 一组视图

装配图由一组视图组成，用以表达各组成零件的相对位置和装配关系，以及机器或部件的工作原理和结构特点。前面学过的各种基本的表达方法，如视图、剖视、断面、局部放大图等都可用来表达装配体。图 10-3 是采用两相交的剖切面剖切的主视图、单一剖切平面的半剖和局部剖的左视图来表达的。

2. 必要的尺寸

必要的尺寸包括部件或机器的规格或性能尺寸、零件之间的配合尺寸、外形尺寸、部件或机器的安装尺寸和其他重要尺寸等。

3. 技术要求

说明部件或机器的装配、安装、检验和运转的技术要求，一般用文字写出。

4. 零部件序号、明细栏和标题栏

在装配图中，应对每个不同的零件编写序号，并在明细栏中依次填写序号、名称、数量、材料和备注等内容。标题栏一般应包括部件或机器的名称、规格、比例、图号及设计、制图、审核人员的签名等。

10.2 装配图的表达方法

前面讨论过的表达零件的各种表达方法，如视图、剖视和断面图，以及局部放大图等，在表达机器或部件的装配图中也同样适用。但由于部件是由若干零件所组成的，而装配图主要用来表达部件的工作原理和装配、连接关系，以及主要零件的结构形状，因此，与零件图比较，装配图还有一些特殊的表达方法。

10.2.1 规定画法

（1）两零件接触表面画一条线，不接触表面画两条线。如图 10-3 所示，左端盖 1 与齿轮轴 2 的接触面画一条线；传动齿轮 11 的键槽槽底与键 14 的顶面不接触，画两条线。

(2) 在剖视图中，相邻的两零件的剖面线方向应相反。三个或三个以上零件相邻时，除其中两个零件的剖面线方向不同外，其他零件应采用不同的剖面线间隔或与同方向的剖面线错开。在各视图中，同一零件的剖面线方向与间隔必须一致。如图 10-3 所示，左端盖 1、齿轮轴 2 和传动齿轮轴 3 相邻，左端盖与齿轮轴的剖面线方向相反，左端盖与传动齿轮轴的剖面线方向虽相同但错开；在两视图中，齿轮轴与传动齿轮轴的剖面线的方向与间隔都一致。

(3) 对于轴、连杆、球、钩子等实心零件以及螺母、螺钉、键、销等标准件，若剖切平面通过其轴线或对称面，则这些零件均按不剖绘制。必要时，可采用局部剖。如图 10-3 所示，螺母 17、螺母 13、螺钉 15、螺栓 16、键 14、销 4 以及齿轮轴 2 和传动齿轮轴 3 均按外形绘制；为表达齿轮轴和传动齿轮轴中的两齿轮啮合，这两个零件都采用了局部剖。

10.2.2 特殊的表达方法

1. 拆卸画法

在装配图中，如果想要表达部件的内部结构或装配关系被一个或几个零件遮住，而这些零件在其他视图中已经表达清楚，则可以假想将这些零件拆去，这种方法称为拆卸画法。拆卸画法一般要标注“拆去××”等。图 10-16 中的左视图，就是拆去扳手 13 后绘制的。

2. 沿结合面剖切画法

为了表达内部结构，可假想沿某些零件的结合面剖切。此时，在零件结合面上不画剖面线。如图 10-3 所示齿轮油泵的装配图中的左视图就是沿左端盖 1 和垫片 5 的结合面剖切后画出的半剖视图。

这个左视图也可假想将左端盖、垫片等拆去后画出。若用这样的拆卸画法，则由于圆柱销 4、内六角圆柱头螺钉 15、左端盖 1 和垫片 5 已拆去，在左视图中就不应画出，并加标注“拆去左端盖和垫片等”。

3. 假想画法

为了表示运动零件的极限位置或部件和相邻零件或部件的相互关系，可以用细双点画线画出其轮廓，如图 10-16 俯视图中所示，用细双点画线画出了扳手的一个极限位置；又如图 10-3 齿轮油泵的左视图下方所示，用细双点画线画出了安装这个齿轮油泵机体的安装板。

4. 夸大画法

对薄片零件、细丝弹簧、微小间隙等，当按它们的实际尺寸在装配图中很难画出或难以明显表示时，可不按比例而采用夸大画法，如图 10-3 所示键的顶面与传动齿轮键槽底面间的间隙，就是夸大画出的。

5. 简化画法

在装配图中，零件的工艺结构，如圆角、倒角、退刀槽等可不画出。对于若干相同的零件组，如螺栓连接等，可详细地画出一组或几组，其余只需用细点画线表示其装配位置即可。

10.3 装配图的尺寸标注

装配图不是制造零件的直接依据。因此，装配图中不需要注出零件的全部尺寸，而只需标出一些必要的尺寸。一般情况下，装配图中要标注的尺寸有以下几类。

1. 性能或规格尺寸

性能或规格尺寸表示机器或部件性能或规格的尺寸，它在设计时就已经确定，也是设计、了解和选用该机器或部件的依据，如图10-3所示吸压油口的尺寸G3/8。

2. 装配尺寸

装配尺寸包括保证有关零件间配合性质的尺寸、保证零件间相对位置的尺寸、装配时进行加工的有关尺寸等，如图10-3所示齿轮与泵体的配合尺寸ϕ34.5H8/h7和两齿轮的中心距28.76±0.016等。

3. 安装尺寸

安装尺寸指机器或部件安装时所需的尺寸，如图10-3所示与安装有关的尺寸有70、85。

4. 外形尺寸

外形尺寸表示机器或部件外形轮廓的大小，即总长、总宽和总高，它为包装、运输和安装过程所占的空间提供了数据，如图10-3所示齿轮油泵的总长、总宽和总高为118、85和95。

5. 其他重要尺寸

其他重要尺寸是在设计中确定，又不属于上述几类尺寸的一些重要尺寸，如运动零件的极限尺寸、重要零件的重要尺寸等，如图10-3所示的尺寸50。

上述五类尺寸之间并不是孤立无关的，实际上有的尺寸往往同时具有多种作用，如齿轮油泵中的尺寸85，它既是外形尺寸，又与安装有关。此外，一张装配图中有时也并不全部具备上述五类尺寸。因此，对装配图中的尺寸需要具体分析，然后进行标注。

10.4 装配图中的零部件序号和明细栏

为了便于读图、图样管理，以及做好生产准备工作，装配图中所有零部件都必须编写序号，同一装配图中相同的零部件只编写一个序号，并在标题栏的上方填写与图中序号一致的明细栏。

1. 编写序号的方法

(1) 编写序号的常见形式如下：在所指的零部件的可见轮廓内画一圆点，然后从圆点开始画细实线的指引线，在指引线的另一端画一细实线的水平线或圆，在水平线上或圆内或在指引线的另一端附近注写序号，序号的字号比该装配图中所注尺寸数字的字号大一号或两号，如图10-4 (a) 所示；若所指部件是很薄的零件或涂黑的断面，不便画圆点，可在指引线的末端画出箭头，并指向该部分的轮廓，如图10-4 (b) 所示。

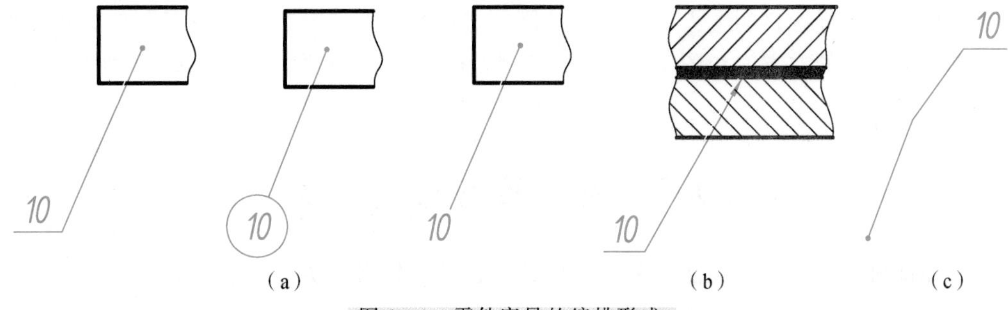

图10-4 零件序号的编排形式

（2）指引线相互不能相交；当它通过有剖面线的区域时，避免与剖面线平行；必要时，指引线可以画成折线，但只允许曲折一次，如图 10-4（c）所示。

（3）一组紧固件以及装配关系清楚的零件组，可采用公共指引线，如图 10-5 所示。

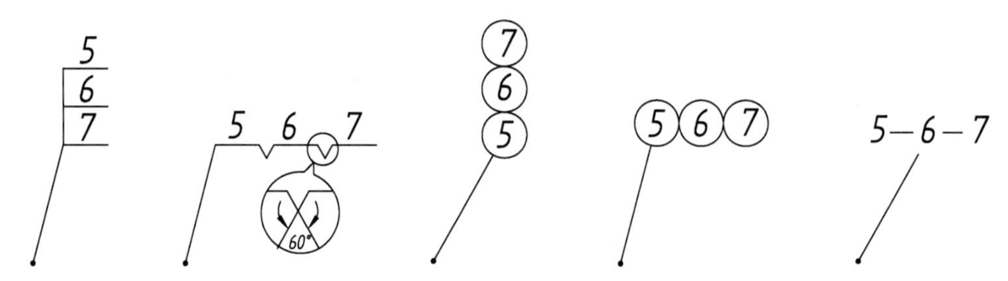

图 10-5 零件组的编排形式

（4）装配图中的标准化组件，如油杯、滚动轴承、电动机等，可看作一个整体，只编写一个序号。

（5）装配图中序号应沿水平或垂直方向按顺时针或逆时针方向顺序排列整齐，并尽可能均匀分布，如图 10-3 所示。

（6）部件中的标准件，可以如图 10-3 所示，与非标准零件同样地编写序号，也可以不编写序号，而将标准件的数量与规格直接用指引线标明在图中，如图 10-22 所示。

2. 明细栏

明细栏是机器或部件中全部零、部件的详细目录。图 10-6 为 GB/T 10609.2—2009 中给出的明细栏的格式和尺寸。

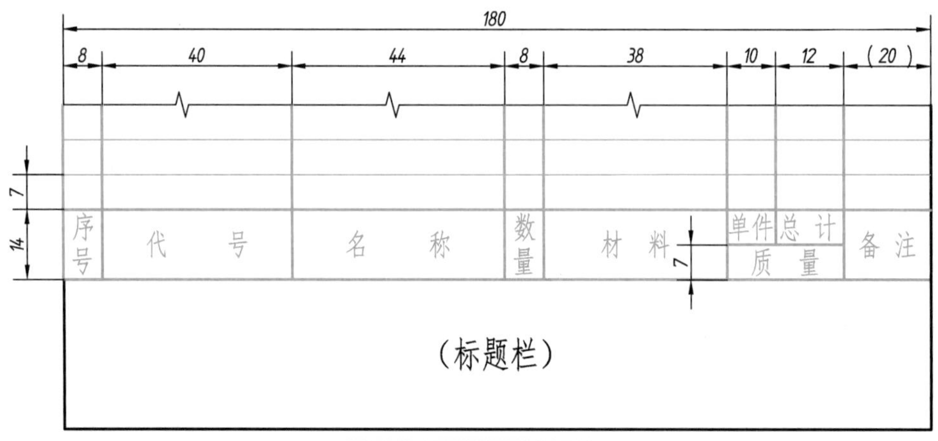

图 10-6 明细栏的格式

明细栏应画在标题栏的上方，零、部件序号应自下而上填写。假如位置不够，可将明细栏分段画在标题栏的左方，如图 10-3 所示。在特殊情况下，装配图中也可以不画明细栏，而单独编写在另一张纸上。

10.5 装配结构的合理性

为了保证机器或部件的性能，并给零件的加工和装拆带来方便，在设计和绘制装配图的过程中，必须考虑装配结构的合理性。

1. 配合面与接触面结构的合理性

(1) 轴与孔相配合，且轴肩与孔端面接触时，为保证有良好的接触精度，应将孔加工成倒角或在轴肩部切槽，如图 10-7 所示。

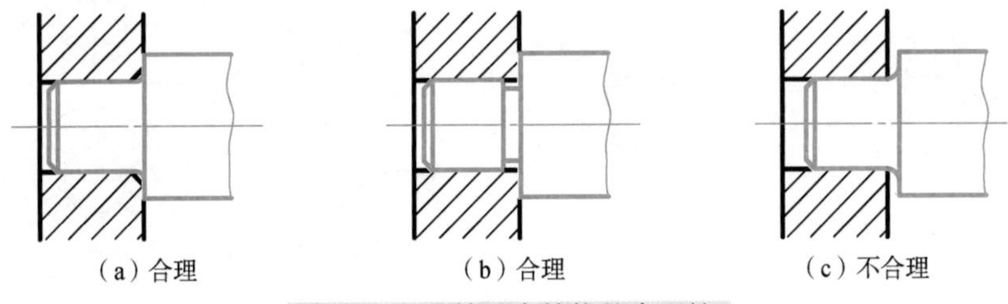

图 10-7　孔轴配合结构的合理性

(2) 两个零件接触时，在同一方向上的接触面最好只有一个，这样既可满足装配要求，制造也比较方便，如图 10-8 所示。

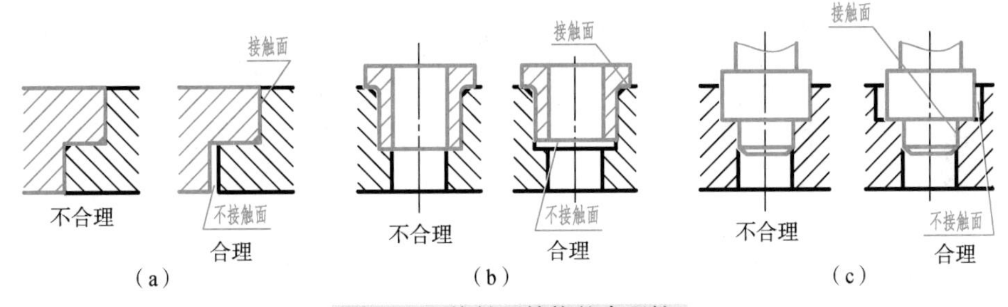

图 10-8　接触面结构的合理性

2. 防漏装置的合理性

为了防止机器或部件内部的液体外流，同时也避免外部的灰尘、杂质等侵入，必须采取防漏措施，图 10-9 为两种典型的防漏装置，通过压盖或螺母将填料压紧而起到防漏的作用。

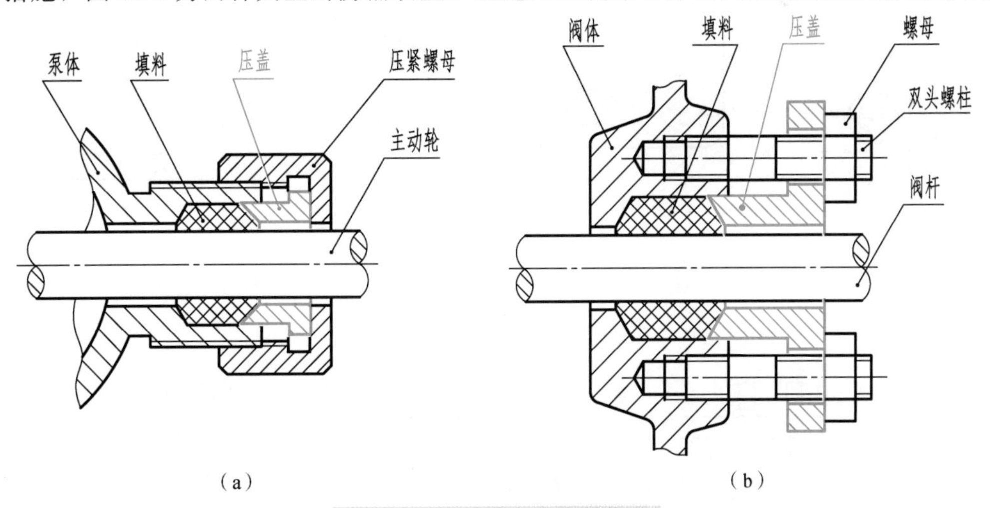

图 10-9　两种典型的防漏装置

3. 防松结构的合理性

机器或部件在工作时，由于受到冲击和振动，一些连接件如螺纹连接件，可能发生松动，以致影响机器正常工作，因此，在某些结构中需要采用防松结构，如图 10-10 所示为常见的一些防松结构。

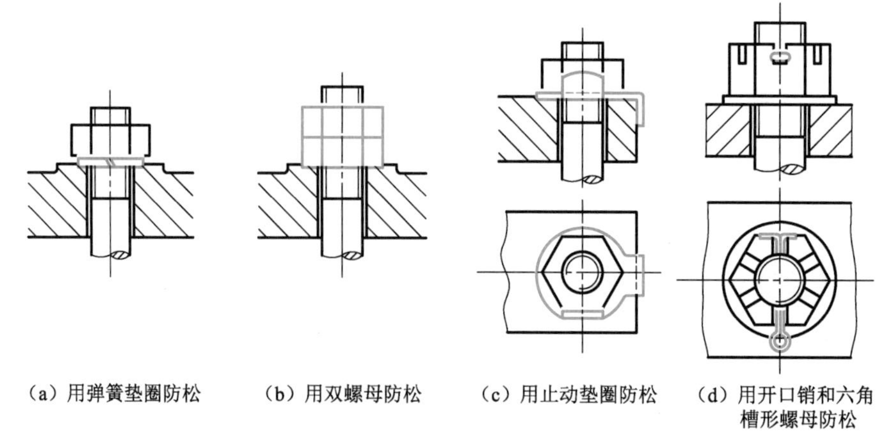

图 10-10 常见合理的防松结构

4. 有利于装拆的合理结构

(1) 对于采用销钉连接的结构，为了装拆方便，尽可能将销孔加工成通孔，如图 10-11 (a) 所示；对于不便加工成通孔的零件，盲孔的深度应大于销钉的插入深度，如图 10-11 (b) 所示。

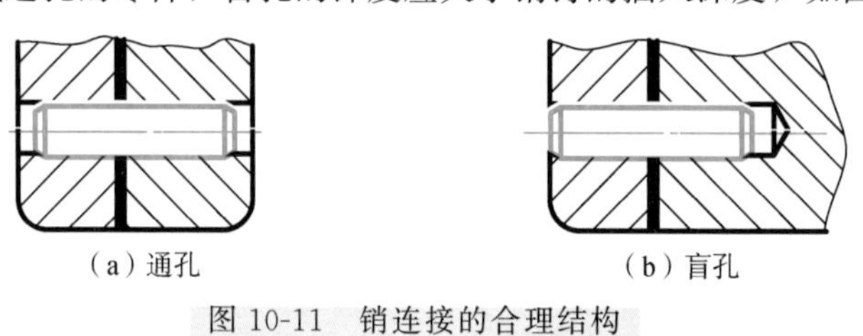

图 10-11 销连接的合理结构

(2) 对于螺纹连接装置，必须留出装拆时工具或手所需的足够的活动空间，如图 10-12 所示。

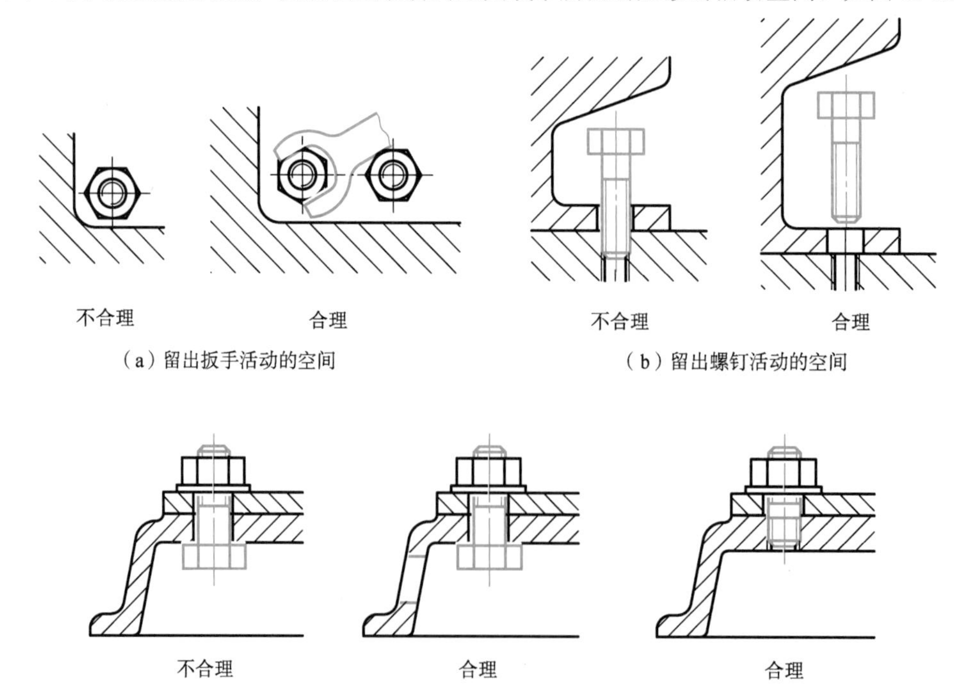

图 10-12 螺纹连接件装拆的合理结构

10.6 部件测绘与装配图的画法

10.6.1 部件测绘的方法和步骤

在生产实际中，当需要对现有的机器或部件进行维护、技术改造，或者设计新产品和仿造原有设备时，往往要测绘有关机器的部分或整体，这个过程称为部件测绘。下面以图10-1所示的齿轮油泵为例，说明部件测绘的方法和步骤。

1. 了解、分析测绘对象

通过对实物的观察，了解有关情况和参阅有关资料，了解部件的用途、性能、工作原理、装配关系和结构特点等。

齿轮油泵的用途、性能、工作原理、装配关系见图10-1、图10-2以及10.1节的介绍。

2. 拆卸零、部件和画装配示意图

在初步了解部件的基础上，要依次拆卸零件，通过对各零件的作用和结构的仔细分析，可以进一步了解这个部件中各零件的装配关系。要特别注意零件间的配合关系，弄清楚其配合性质。拆卸时为了避免零件的丢失和产生混乱，一方面要妥善保管好零件；另一方面可对零件进行编号，并分清标准件和非标准件，作出相应的记录。标准件要在测量尺寸后查阅标准，核对并写出规定标记，不必画零件草图和零件图。

为了保证齿轮油泵正常工作，泵体的内腔形状是根据齿轮的外形设计的并与齿轮有间隙配合；为了保证传动平稳，两齿轮轴与左端盖、右端盖有配合关系，都为间隙配合；传动齿轮与传动齿轮轴有配合关系，为过渡配合。

装配示意图是在部件拆卸过程中所画的记录图样。它的主要作用是避免零件拆卸后可能产生混乱致使重新装配时发生疑难；此外，在画装配图时可作为参考。装配示意图是用简单的线条示意性地画出部件或机器的图样，旨在表达部件或机器的结构、装配关系、工作原理和传动路线等。图10-13是齿轮油泵的装配示意图。画装配示意图时，应采用GB/T 4460—2013中所规定的符号。

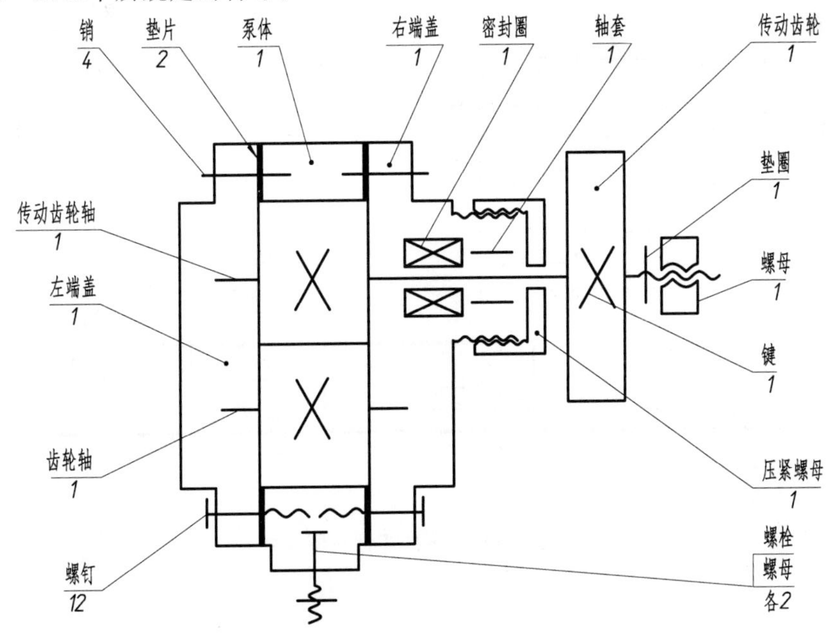

图10-13 齿轮油泵的装配示意图

3. 画零件草图

测绘往往受时间及工作场地的限制，因此要先徒手画出各零件的草图。零件草图是画装配图和零件图的依据。绘制零件草图的方法和步骤见 9.7 节。图 10-14 为齿轮油泵的零件草图。

4. 画装配图和零件图

根据零件草图和装配示意图画出装配图。在画装配图时，要及时改正零件草图上的错误。然后，根据画好的装配图和零件草图画出零件图。

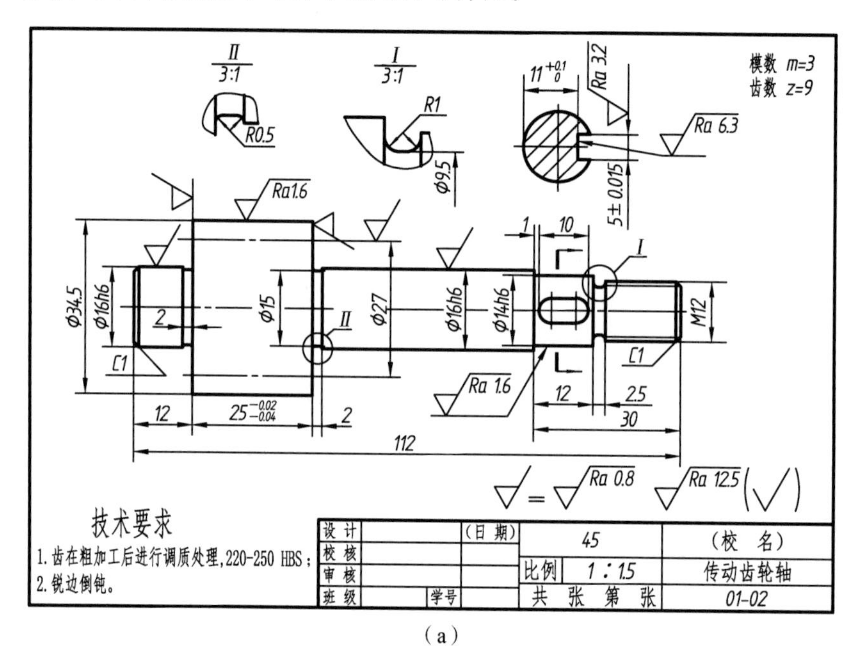

(a)

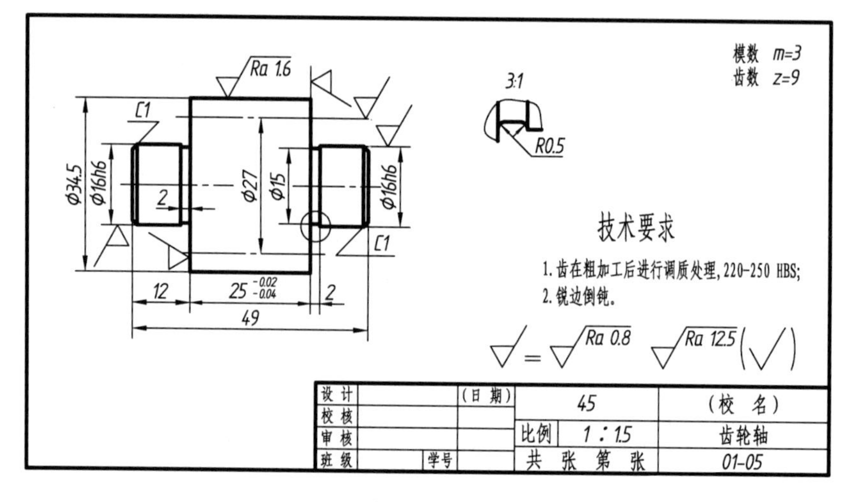

(b)

(a)

(b)

10-14

图 10-14　齿轮油泵的零件草图（之一）

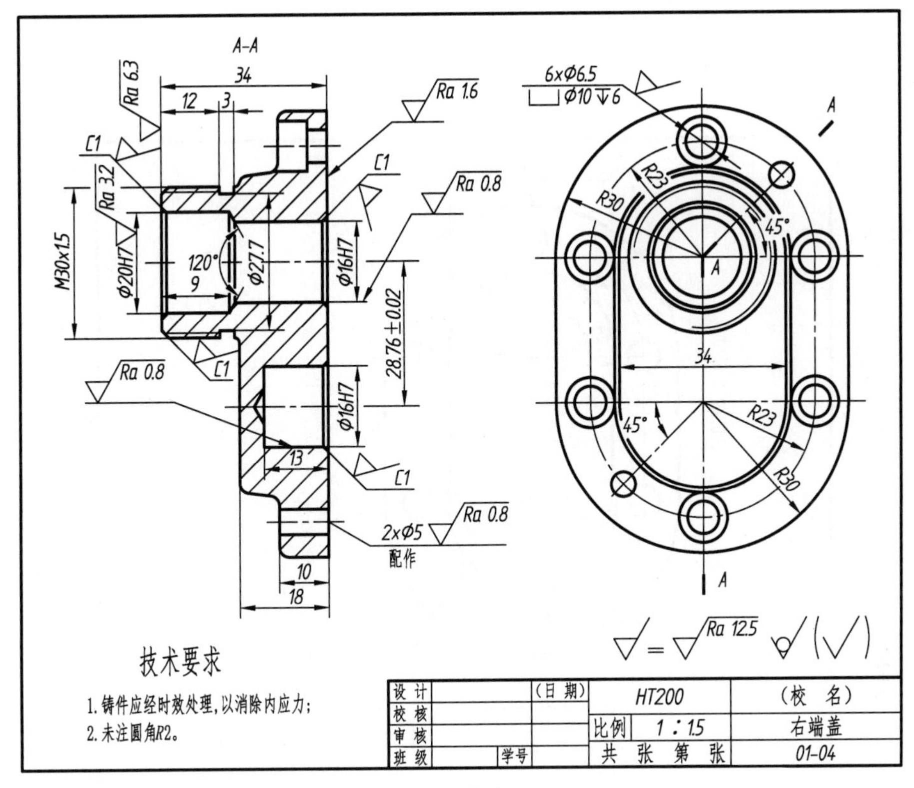

(c)

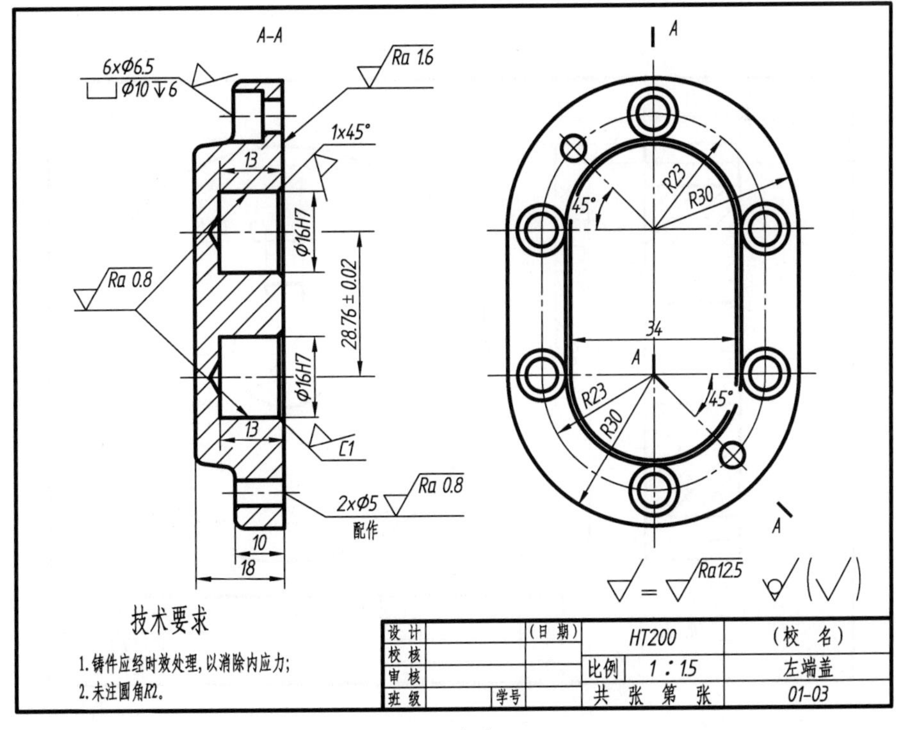

(d)

图 10-14 齿轮油泵的零件草图（之二）

(c)

(d)
10-14

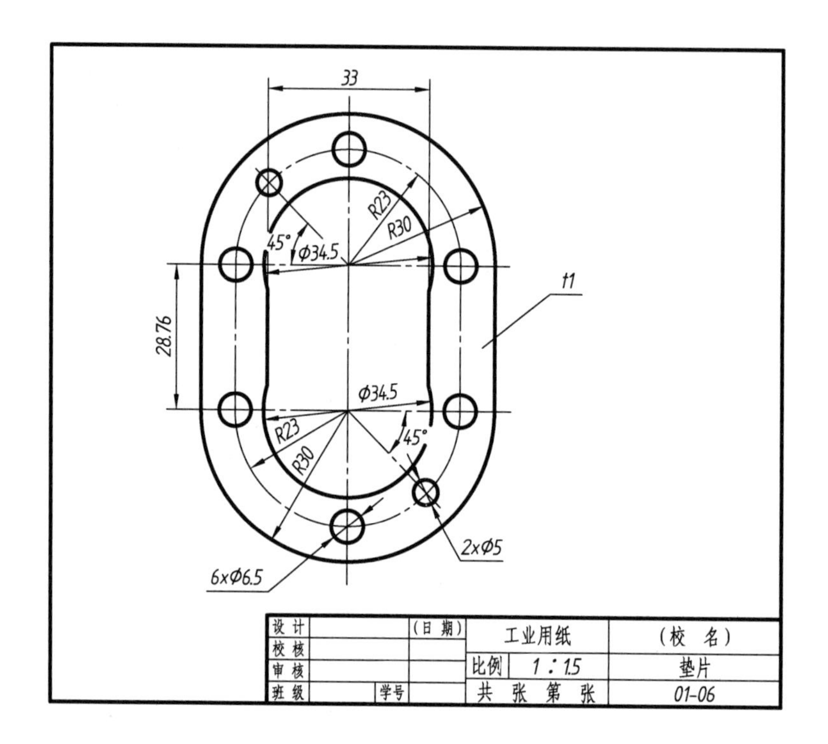

(e)

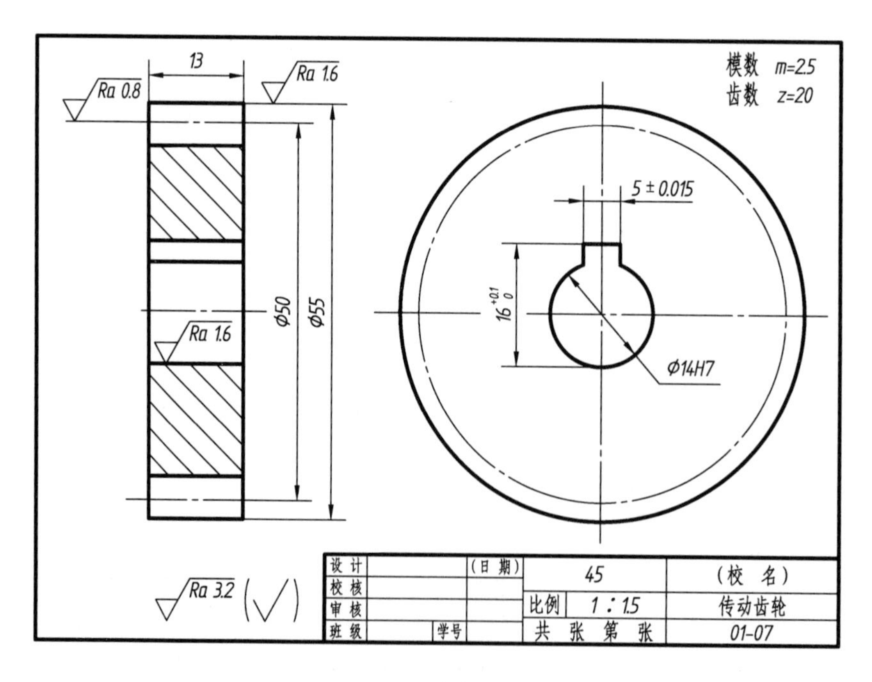

(f)

图 10-14 齿轮油泵的零件草图（之三）

(e)

(f)
10-14

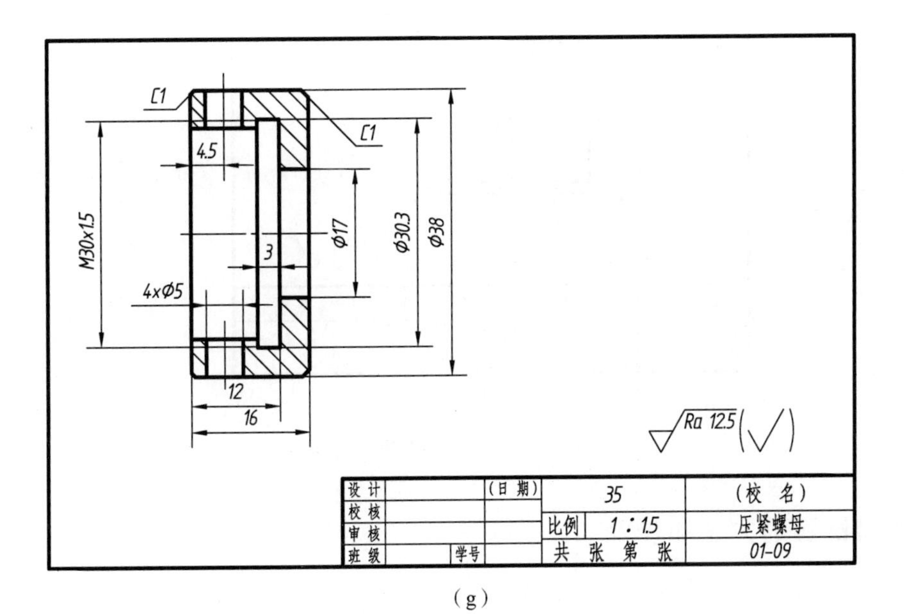

(g)

A–A

70 Ra 6.3 33 Ra 12.5 A Φ34.5H7 45° R23 R30 A 120° Φ24 G3/8 Φ34.5H7 0.5 R23 R30 45° 65 50 2xΦ7 ⌴Φ13 Ra 12.5 6xM6 R5 10 3 B A 45 70 Ra 6.3

$24^{-0.05}_{-0.10}$ 2xΦ5 配作 28.76±0.02

B

85 20

√ = Ra 0.8 √ (√)

技术要求

1. 铸件应经时效处理，以消除内应力；
2. 未注圆角R2。

设 计		(日 期)	HT200		(校 名)
校 核					
审 核			比例	1∶1.5	泵体
班 级	学号		共 张 第 张		01-01

(h)

图 10-14 齿轮油泵的零件草图（之四）

(g)

(h)
10-14

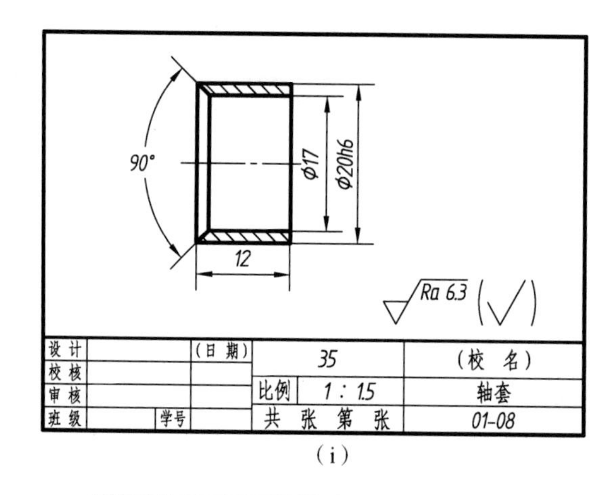

（i）

（i）
10-14

图 10-14 齿轮油泵的零件草图（之五）

10.6.2 画装配图的方法和步骤

现仍以图 10-1 所示的齿轮油泵为例，说明画装配图的方法和步骤。

1. 确定表达方案

与画零件图一样，画装配图时，首先要确定表达方案，装配图的表达重点是部件的装配关系、工作原理和主要零件的结构形状。表达方案包括主视图选择、视图数量的确定和表达方法；装配图可以采用机件的各种表达方法以及装配图的一些特殊的表达方法进行表达。

1）装配图的主视图选择

装配图的主视图选择包括确定部件的安放位置和主视图的投射方向。部件的安放位置应与部件的工作位置相符合，这样给设计和指导装配都会带来方便。当部件的安放位置确定后，接着就选择部件的主视图的投射方向。在机器或部件中，一般存在着装配关系密切的一些零件，称为装配干线。机器或部件是由一些主要和次要的装配干线组成的。例如，齿轮油泵中的传动齿轮轴和齿轮轴为主要的装配干线，螺栓、螺钉和销是次要的装配干线。为了清楚地表达这些装配关系，经常通过装配干线的轴线将部件剖开，画出剖视图作为装配图的主视图。

2）其他视图的选择

根据确定的主视图，再选取其他视图，以补充表达主视图尚未表达清楚的部分。

如图 10-3 所示，齿轮油泵是按工作位置来选择主视图的，主视图采用全剖视图，剖切平面通过主、次装配干线的轴线，主要表达部件中零件之间的装配关系；左视图采用了半剖视图，未剖开部分表达泵体、泵盖的外形轮廓，剖开的部分表达齿轮油泵的工作原理和一对齿轮啮合的情况。

2. 画装配图的步骤

1）比例和图幅

确定了部件的视图表达方案后，根据视图表达方案以及部件的大小与复杂程度，选取适当比例，安排各视图的位置，从而选定图幅，便可着手画图。在安排各视图的位置时，要注意留有供编写零、部件序号和明细栏以及注写尺寸和技术要求的位置。

2）画各视图的主要基准线

视图的主要基准线包括装配干线的轴线、对称中心线和作图基准线。图 10-15（a）画出了传动齿轮轴、齿轮轴装配干线的轴线，以及齿轮油泵的对称中心线、泵体的底面和左端面的定位线。

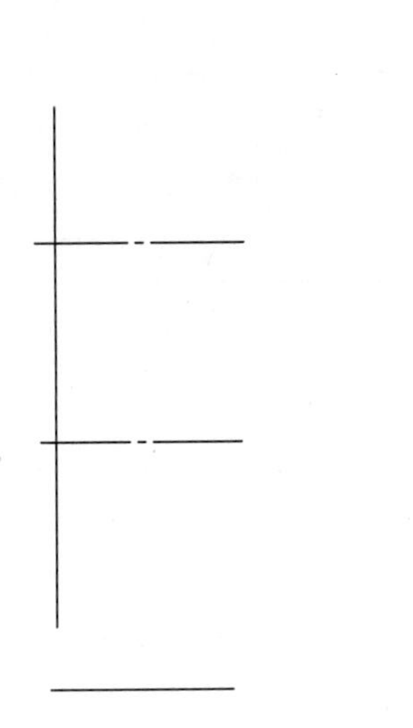
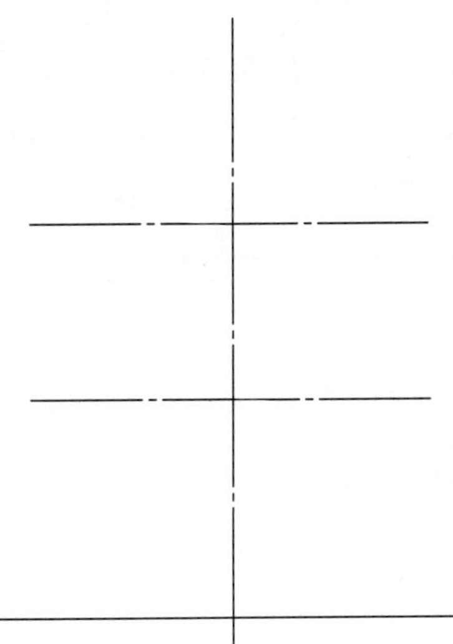

（a）

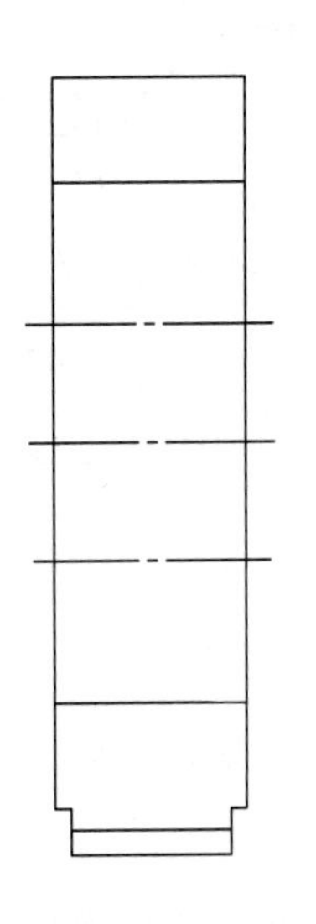
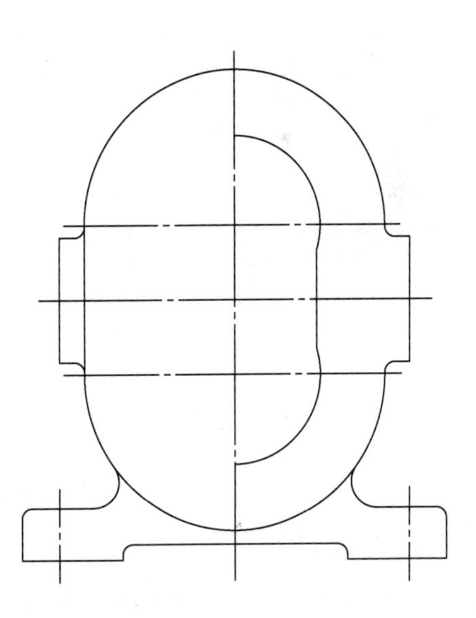

（b）

图 10-15 齿轮油泵装配图的画法和步骤（之一）

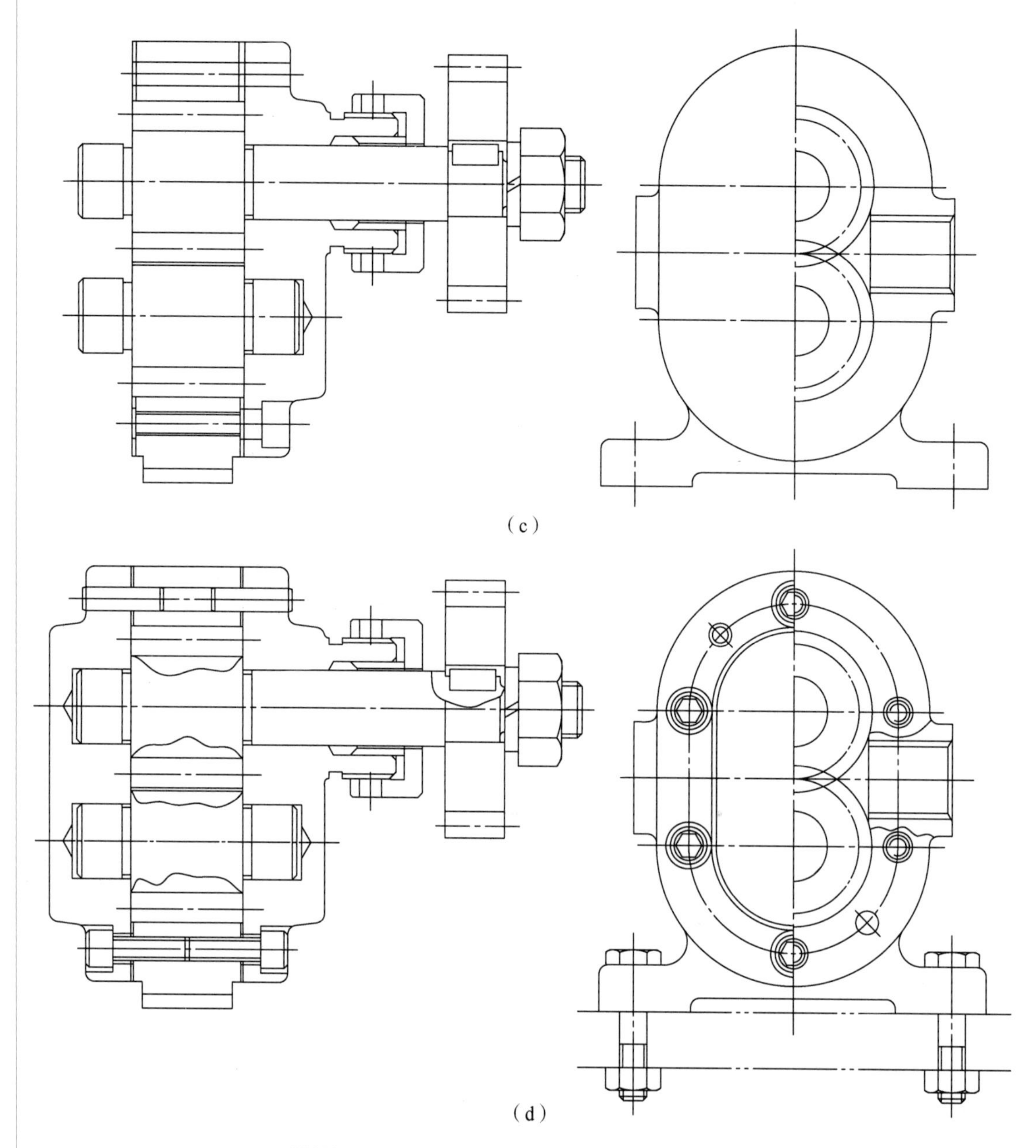

图 10-15 齿轮油泵装配图的画法和步骤（之二）

3）沿主要装配干线依次画齐零件

以装配干线为准，由内向外逐个画出各个零件，也可由外向内画或结合应用视作图的方便而定。画图时，一般从主视图画起，几个视图配合进行。但也可以先从其他视图画起，再画主视图。图 10-15（b）按由外向内先画出泵体的外形轮廓。由于齿轮油泵的外形轮廓在左视图中反映较多，因此先从左视图画起。图 10-15（c）再按由内向外逐个画出两主要装配干线上的其他零件。

4）画次要装配干线，分别画齐各部分结构

图 10-15（d）画螺栓、螺钉和销三条次要装配干线，并完成各视图。

5）完成装配图

底稿线画完后，需经校核，再加深，画剖面线，注尺寸。最后，编写零、部件序号，填写明细栏、标题栏和技术要求等，完成后的齿轮油泵装配图如图 10-3 所示。

10.7 看装配图和由装配图拆画零件图

在设计和生产实践中，在使用、维护机器以及技术交流中，都要遇到看装配图的问题。例如，在设计过程中，要按照装配图的要求来设计和绘制零件图；在安装机器时，要按照装配图来装配零件或部件；在技术交流中，要参阅装配图来了解零、部件的结构和位置；在使用过程中，要参阅装配图来了解机器的工作原理，掌握正确的操作方法。因此，看装配图是工程技术人员必备的基本技能之一。

10.7.1 看装配图的基本要求

（1）了解机器或部件的名称、用途、性能和工作原理。

（2）弄清机器或部件的结构、各零件的相对位置、装配连接关系以及它们的拆卸顺序和方法。

（3）看懂各个零件的结构形状。

要达到上述要求，除了制图知识，还应具备一定的专业知识和生产实践经验。

10.7.2 看装配图的方法和步骤

下面以图 10-16 所示的球阀装配图为例说明看装配图的方法和步骤。

1. 概括了解并分析视图

（1）阅读有关资料。首先要通过阅读有关说明书、装配图中的技术要求及标题栏等了解部件的名称、用途以及标准零、部件和非标准零、部件的名称与数量。

通过看标题栏、明细栏，结合生产实践知识和产品说明书及其他有关资料可知，球阀是阀的一种，它是在管道系统中用于启闭和调节流体流量的部件。它是由阀体 1、阀盖 2、密封圈 3、阀芯 4、调整垫 5、双头螺柱 6、螺母 7、填料垫 8、中填料 9、上填料 10、填料压紧套 11、阀杆 12、扳手 13 等零件装配而成的，阀杆和阀芯为主要的装配干线，双头螺柱为次要装配干线，其中标准件 2 种，非标准件 11 种。

（2）分析视图。根据装配图上的视图、剖视图、断面图等的配置和标注，找出投射方向、剖切位置，弄清各图形之间的投影关系以及它们的表达重点。

球阀装配图中共有三个视图。主视图采用全剖视图，表达主要装配干线的装配关系，同时也表达了部件的外形；左视图为 $A-A$ 半剖视图，表达阀盖与阀体连接时四组双头螺栓的分布情况，并补充表达了阀杆与阀芯的装配关系，图中采用了拆卸画法，表达阀杆顶部的结构；俯视图主要表达球阀的外形，并采用局部剖视图来表达扳手与阀杆的连接关系、扳手与阀体定位凸块的关系以及扳手零件运动的两个极限位置。

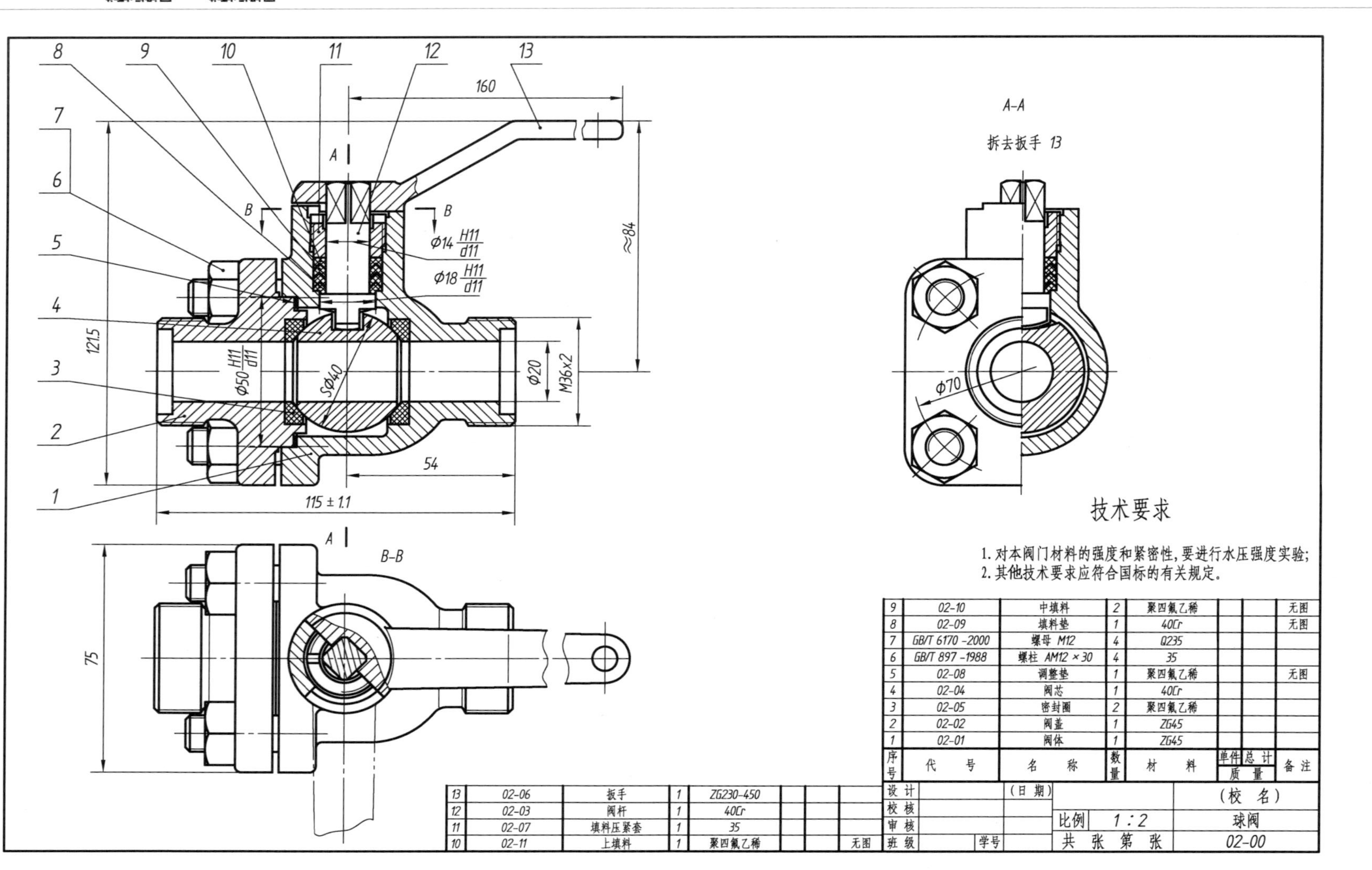

图10-16 球阀装配图

原理

拆装
10-16

2. 深入了解部件的工作原理和装配关系

对照视图仔细研究部件的装配关系和工作原理，这是看装配图的一个重要环节。在概括了解的基础上，分析各条装配干线，弄清各零件间相互配合的要求，以及零件间的定位、连接方式、密封等问题，再进一步弄清运动零件与非运动零件的相互运动关系。经过这样的分析，就可以对部件的工作原理和装配关系有进一步的了解。

从三个视图球阀的工作原理可知：扳手13的方孔套进阀杆12上部的四棱柱，当扳手处在如图10-16所示的位置时，阀门完全开启，管道畅通；当扳手按顺时针方向旋转90°，如图10-16俯视图中细双点画线所示的位置时，阀门全部关闭，管道断流；从左视图的拆卸画法中可以看出，阀杆顶端有一凹槽，这条凹槽与阀芯上ϕ20通孔的方向一致，因此可根据它看出扳手在任意位置时阀芯通孔的方向。从俯视图的$B-B$局部剖视图中，可以看到阀体1顶部定位凸块的形状为90°的扇形，该凸块用以限制扳手13旋转的极限位置。

球阀的装配关系是：阀体1和阀盖2均带有方形的凸缘，它们用四个双头螺柱6和螺母7连接，并用合适的调整垫5调节阀芯4与密封圈3之间的松紧程度。在阀体的上部有阀杆12，阀杆下部有凸块，榫接阀芯4上的凹槽。为了密封，在阀体与阀杆之间加进填料垫8、填料9和10，并且旋入填料压紧套11。

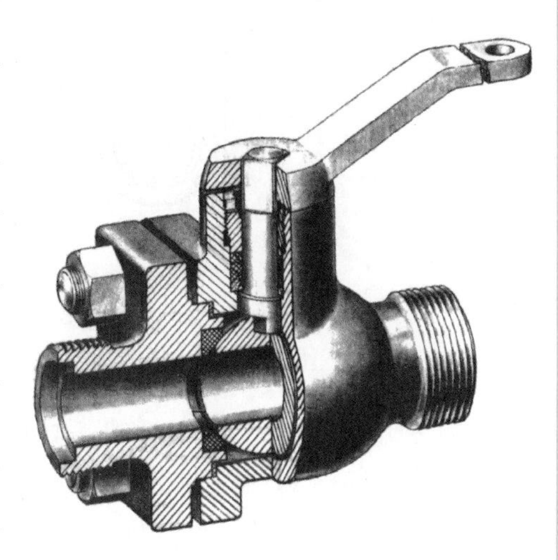

图10-17 球阀的轴测装配图

球阀的轴测装配图如图10-17所示。

3. 分析零件

根据部件的工作原理，了解每个零件的作用，从而分析出它们的结构形状也是看装配图的一个重要环节。一台机器或部件由标准件和一般零件组成。标准件的结构简单、作用单一，一般容易看懂，但一般零件有简有繁，它们的作用和地位各不相同。看图时先看标准件和结构简单的零件，如回转件、传动件等，后看结构复杂的零件。这样先易后难地进行看图，既可加快分析速度，还为看懂复杂的零件提供方便。

零件的结构形状主要是由零件的作用、与其他零件的关系以及铸造、机械加工的工艺要求等因素决定的。分析一些形状比较复杂的非标准零件，其中关键问题是要能够从装配图上将零件的投影轮廓从各视图中分离出来。为了做到这一点，可将下列几个方面联系起来进行分析。

(1) 看零件的序号和明细栏，根据零件的序号，从装配图中找到该零件的所在部位，如阀体，由明细栏中找到序号1，再从装配图中找到序号1所指的零件位置。

(2) 利用各视图间的投影关系，根据“同一零件的剖面线方向和间隔在各视图中都相同”的规定画法，确定零件在各视图中的轮廓范围，并可大致了解到构成该零件的几个简单形体。阀体在三视图中的轮廓范围如图10-18所示，阀体由两个圆柱、部分圆球和一个方形凸缘连接组成。

(3) 根据视图中配合零件的形状、尺寸符号，确定零件的相关结构形状。例如，阀体与阀盖的配合尺寸ϕ50H11/h11可确定阀体该部分为圆柱孔；填料压盖与阀杆的配合尺寸ϕ14H11/d11可确定填料压盖中间有一圆柱孔、阀杆中间部分为圆柱体。

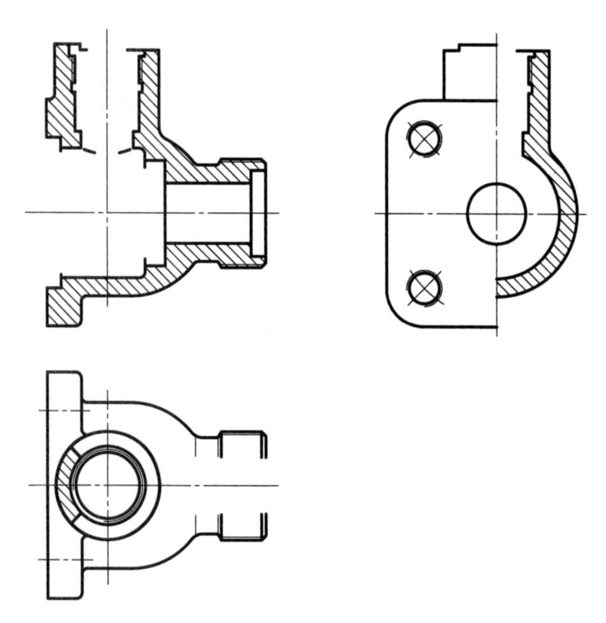

图 10-18 阀体在装配图中的轮廓范围

（4）根据视图中截交线和相贯线的投影形状，确定零件某些结构的形状。

（5）利用配对连接结构相同或类似的特点，确定配对连接零件的相关部分的形状。例如，球阀装配图中，左视图表达出阀盖右端凸缘的形状，而阀体左端的形状被阀盖挡住；但阀体与阀盖配对连接，因此，可以确定阀体左端的形状与阀盖右端凸缘相同，即为四角带圆角的四方板，其上有四个螺纹孔，螺纹孔定形尺寸为 M12，定位尺寸为 $\phi 70$。

（6）利用投影分析，根据线、面和体的投影特点，确定装配图中某一零件被其他零件遮挡住部分的结构形状，将所缺的投影补画出来。例如，阀体补全图线的三视图如图 10-19 所示。

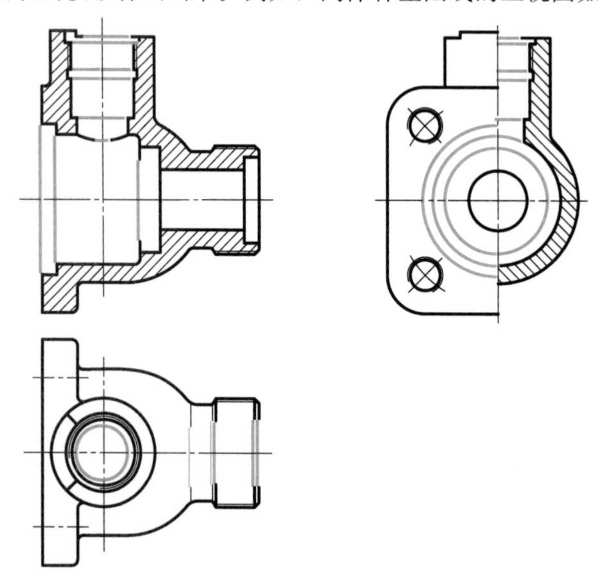

图 10-19 阀体补全图线后的三个视图

4. 归纳总结

在以上分析的基础上，进一步分析部件的传动方式、装拆顺序和安装方法。例如，球阀的装配顺序是：先在水平装配轴线上装入右边的密封圈、阀芯、左边的密封圈、调整垫，装上阀盖，再装上双头螺柱和螺母；在垂直装配轴线上装入阀杆、填料垫、中填料和上填料，用填料压紧套压紧，装入扳手。同时，还要对技术要求、全部尺寸进行研究，进一步了解机器或部件的设计意图和装配工艺性，分析各部分结构是否能完成预定的功用，工作是否可靠，装拆、操作和使用是否方便等。

对机器中一些好的装置或者有缺陷的地方进行深入研究，以便加深对机器的认识，积累知识。另外，就学习制图而言，还要注意学习该装配图在视图表达和尺寸标注上的特点。

10.7.3 由装配图拆画零件图

在设计过程中，一般是先画出装配图，而为了生产制造，还必须根据装配图拆画零件图，这一环节称为拆图。拆图应在上述看懂装配图、弄清零件结构形状的基础上，按照零件图的内容和要求画出其零件图。

关于零件图的内容和要求，见第 9 章所述，下面只着重介绍拆图时应注意的一些问题。

1. 关于零件的分类

零件可以分为如下几类。

(1) 标准件。标准件属于外购件，一般不需要画出零件图，只需要按照标准件的规定标记代号、列出标准件的汇总表即可。

(2) 借用零件。借用零件是借用其他定型产品的零件。对于这些零件，可利用已有的图样，而不必另行画图。

(3) 一般零件。这类零件是绘图的重点。对这类零件要根据装配图中确定的形状、大小和相关的技术要求来画图。

2. 完善零件结构

装配图主要表达装配关系，有些零件的结构形状往往表达得不够完整，因此，在拆图时，应根据零件的功用加以设计、补充、完善；另外，在装配图上，零件的细小工艺结构，如倒角、圆角、退刀槽等往往予以省略，在拆画时，这些结构均应补全，并且其参数必须符合国家标准的有关规定。

3. 对零件表达方案的处理

装配图主要表达零件的相对位置、装配关系等，不一定完全符合表达零件的要求。因此，拆图时，零件的表达方案必须根据零件的类别、形状特征、工作位置或加工位置等来统一考虑，不能简单地照搬装配图中的方案。在多数情况下，壳体类零件的主视图所选的位置可以和装配图一致。这样，装配机器时便于对照。对于轴套类零件，一般按加工位置选取主视图。

4. 对零件图上尺寸的处理

零件图上的尺寸应按“正确、完整、清晰、合理”的要求来标注，拆图时，零件图上的尺寸可由下面五方面确定。

(1) 装配图上标注的尺寸。这些尺寸是设计和加工中必须保证的重要尺寸，可从装配图上直接移注到零件图上。

(2) 查标准手册确定的尺寸。对于零件上的标准结构，如螺栓通孔直径、螺孔深度、倒角、退刀槽、键槽等尺寸，都应查阅有关的机械设计手册来确定。

(3) 需经计算确定的尺寸。例如，齿轮的分度圆、齿顶圆直径等，要根据装配图所给的齿数、模数，经过计算，然后标注在零件图上。

(4) 相邻零件的相关尺寸。相邻零件接触面的相关尺寸及连接件的定位尺寸要一致。

(5) 装配图上未标注的尺寸。当零件的尺寸在装配图上没有注出时，应根据部件的性能和使用要求确定。一般都可以从装配图上按比例直接量取，并将量得的数值取整。

5. 零件表面结构要求的确定

零件上各表面结构的要求是根据其作用确定的。一般接触面与配合面的粗糙度数值应小，自由表面的粗糙度数值一般较大。但是，有密封、耐蚀、美观等要求的粗糙度数值应较小，表面结构要求可参阅有关资料选取。

6. 关于零件图的技术要求

技术要求在零件图中占有重要的地位，它直接影响零件的加工质量。但是正确制定技术要求涉及许多专业知识，本书不做进一步介绍。

最后，必须检查该拆画的零件图是否已经画全，同时还要对所拆画的图样进行仔细校对。校对内容主要为：每张零件图的视图、尺寸、表面粗糙度和其他技术要求是否完整、合理；有装配的尺寸是否与装配图上相同，零件的名称、材料、数量、图号等是否与明细栏一致等。

10.7.4 拆画零件图的方法和步骤

下面以拆画图 10-16 所示球阀零件为例，介绍拆图的方法和步骤。

1. 确定零件的结构形状

运用上述“分析零件”的方法将阀体零件从装配图中分离出来，如图 10-18、图 10-19 所示，由此可见，阀体零件的结构形状已在装配图中完全表达清楚。

2. 确定零件的表达方案

阀体零件属于箱体类零件，其主视图的选取与球阀装配图的主视图一致。按表达完整、清晰的要求，除主视图外，又选择了俯视图、左视图。主视图采用全剖，左视图采用半剖视。

3. 尺寸标注

阀体零件图中，尺寸 ϕ50H11、ϕ18H11、M36×2、ϕ20、ϕ70、75 等都是从装配图中移注下来的；阀体左端凸缘的外形尺寸 75、螺纹孔的定位尺寸 ϕ70 为与阀盖的相关尺寸，应与阀盖保持一致；倒角、退刀槽的尺寸查阅有关的机械设计手册确定；其余尺寸直接从装配图上按比例量取，并将量得的数值取整。

4. 表面结构要求

对于阀体各加工面的表面结构要求，根据各个表面的作用、配合关系从有关资料中选取。

5. 技术要求

根据球阀的工作要求，应注出阀体相应的技术要求。

球阀阀体的零件工作图如图 10-20 所示。

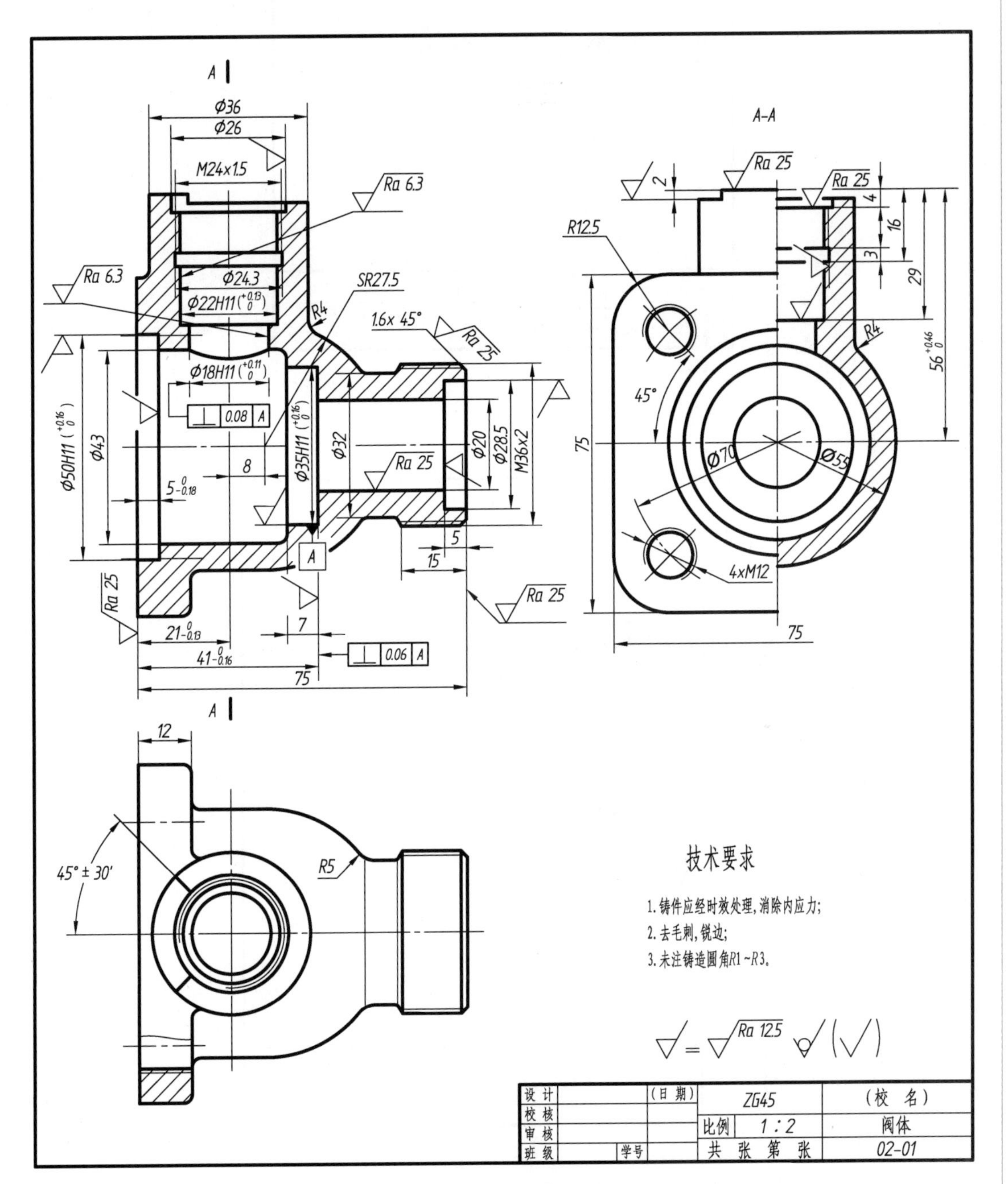

10-20

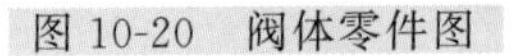
图 10-20 阀体零件图

球阀其他一般零件的零件工作图如图 10-21 所示。

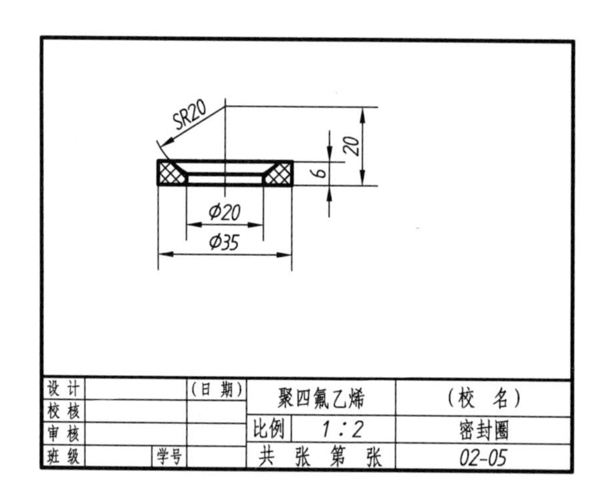

(a)

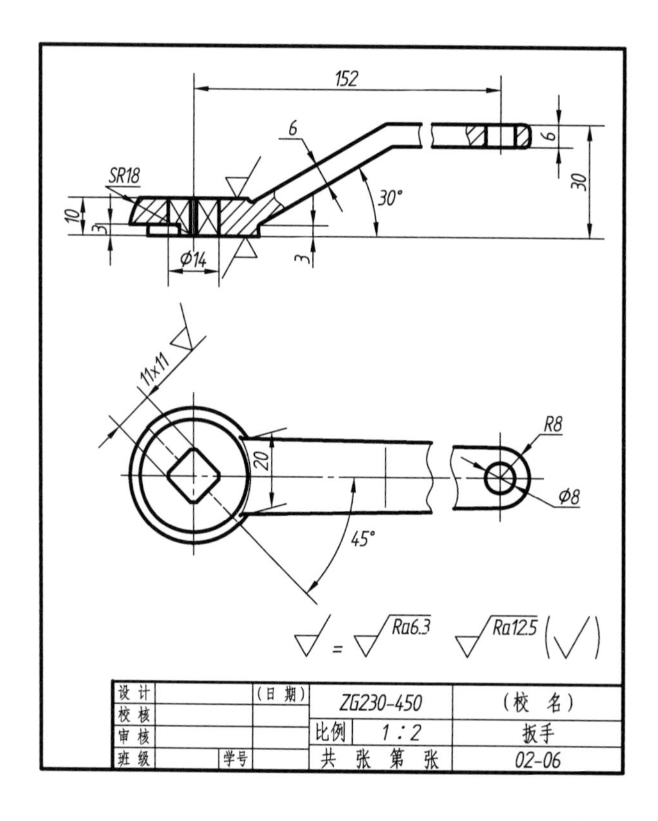

(b)

(b)
10-21

图 10-21 球阀的部分零件图（之一）

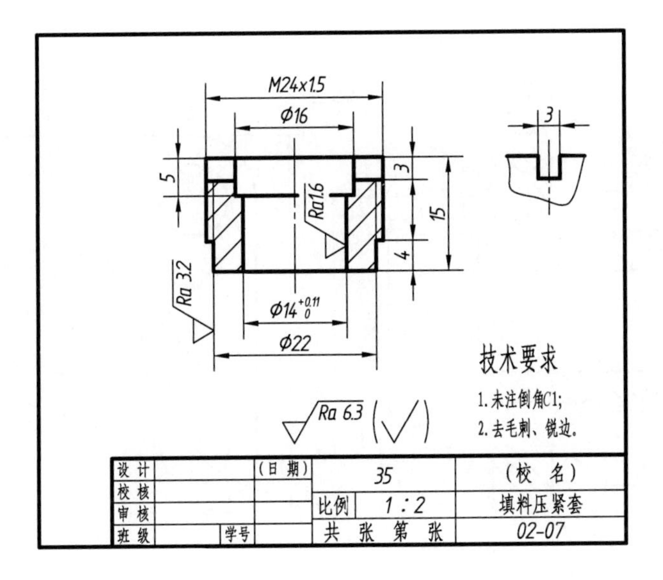

(c)

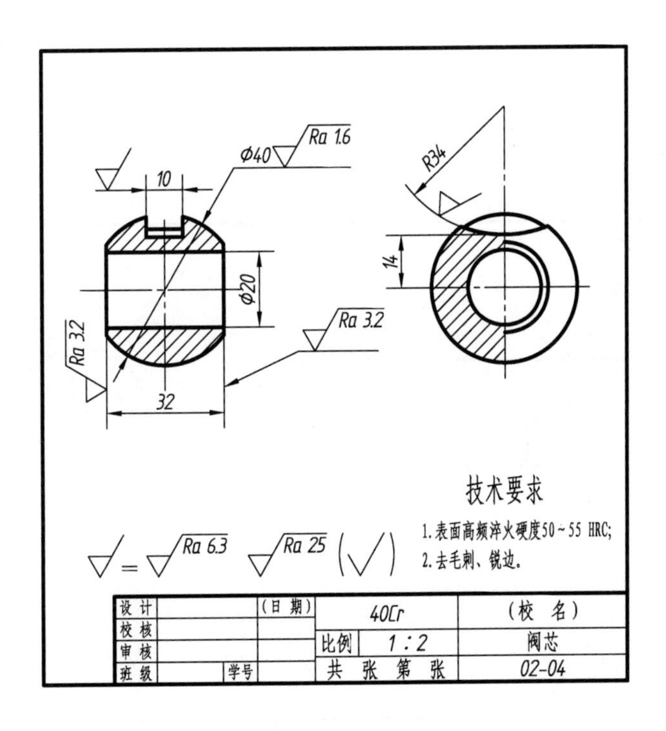

(d)

图 10-21　球阀的部分零件图（之二）

(c)

(d)
10-21

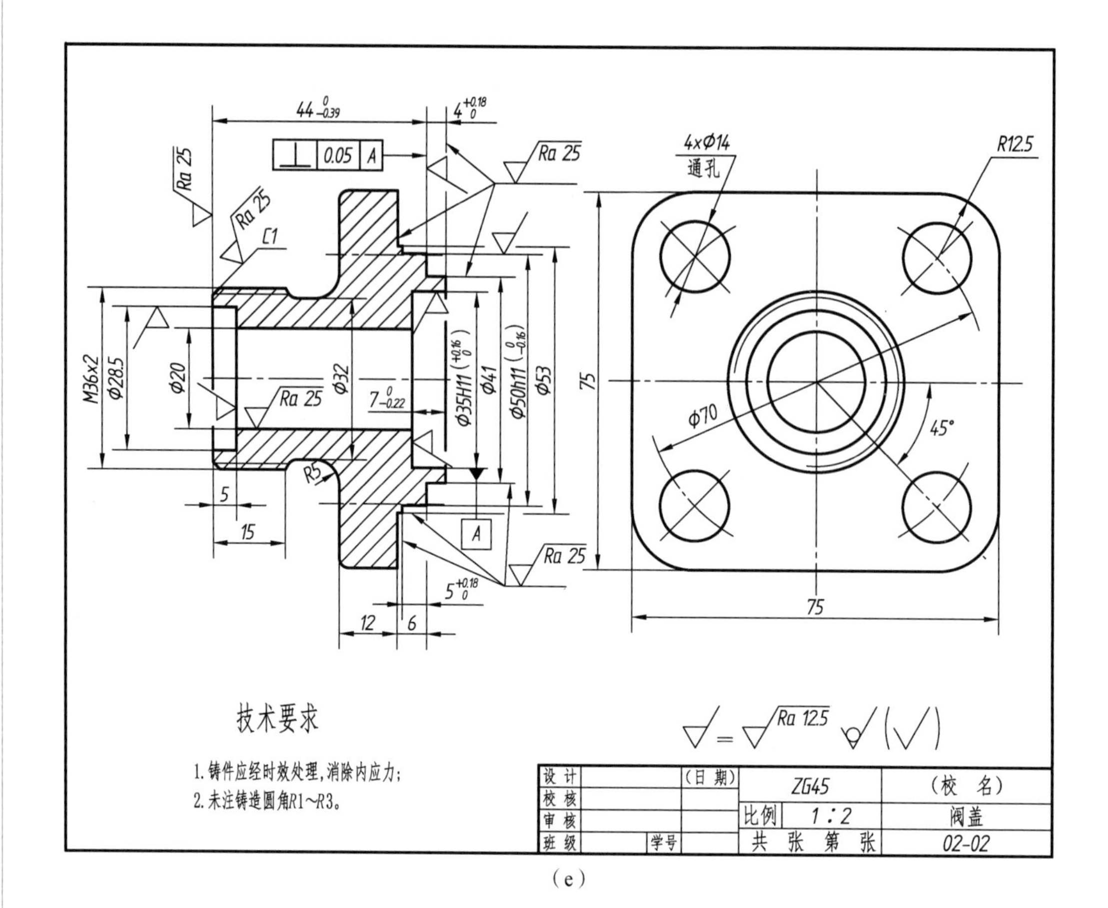

(e)

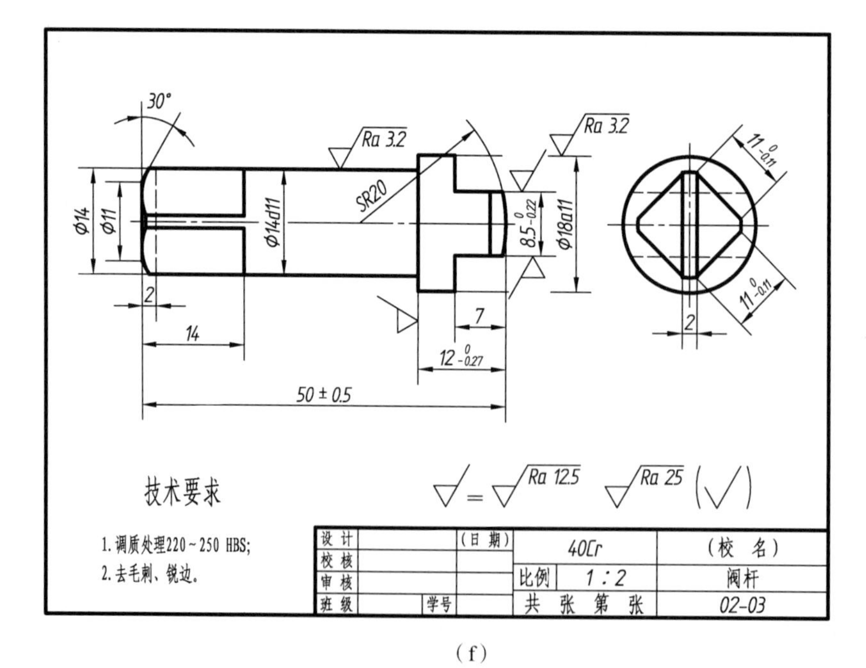

(f)

图 10-21 球阀的部分零件图（之三）

(e)

(f)

10-21

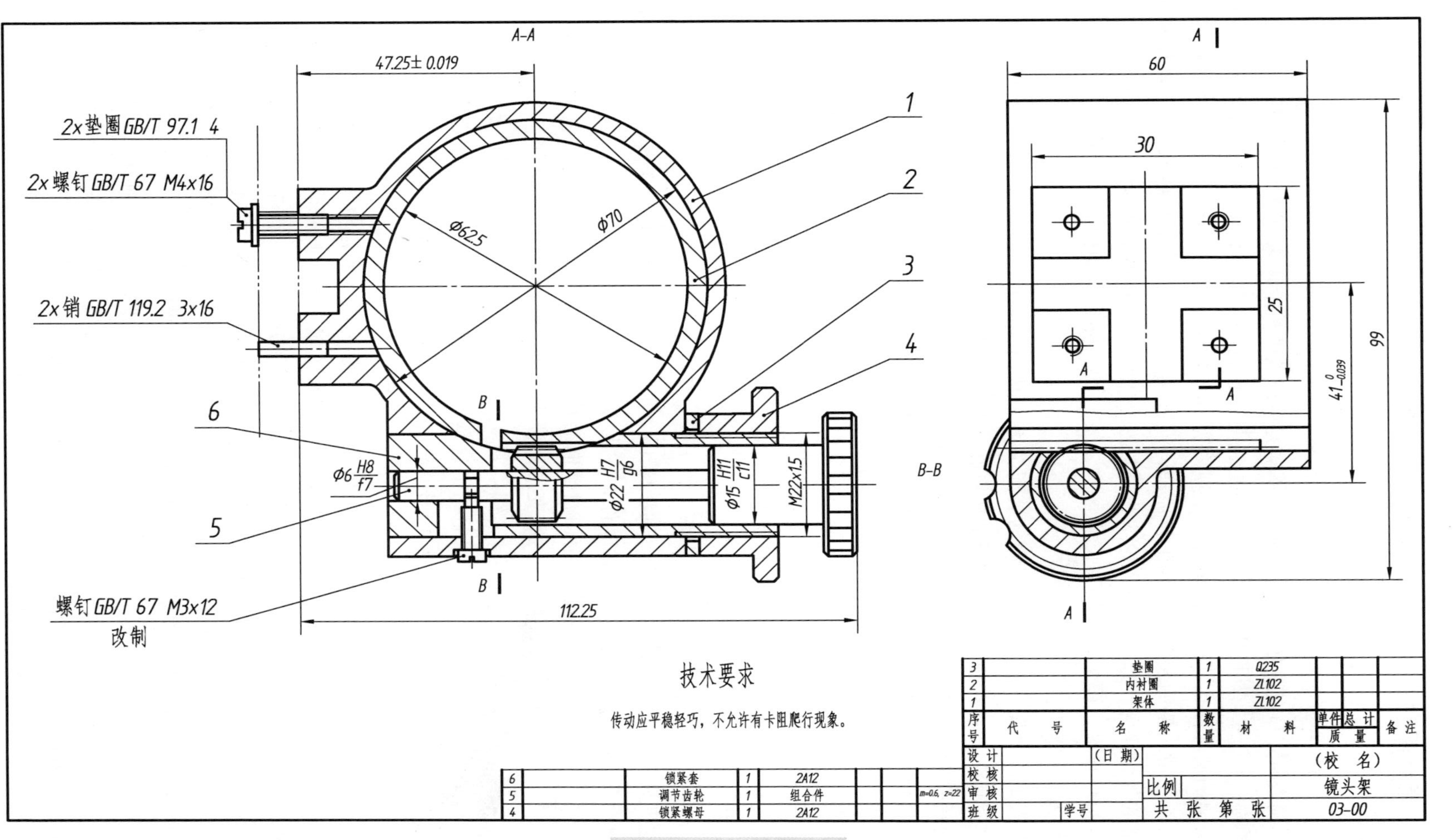

图10-22 镜头架装配图

10.7.5 看装配和由装配图拆画零件图举例

看懂图 10-22 所示镜头架装配图并拆画架体零件图。

1. 概括了解并分析视图

通过调查研究和查阅有关资料可知，镜头架是电影放映机上用来放置放映镜头和调整焦距使图像清晰的一个部件。从图中可以看出，它由 10 种零件组成，其中非标准件 6 种，标准件 4 种。

镜头架的装配图由两个视图表达。主视图为 $A-A$ 剖视图，采用两个平行的剖切平面剖切，它反映了镜头架的装配关系和工作原理；左视图为 $B-B$ 局部剖视图，从左视图可以看到镜头架的外形轮廓，以及调节齿轮 5 与内衬圈 2 上的齿条相啮合的情况。

经过初步观察，镜头架的外形尺寸是 112.25、60、99，可知体积并不大。

2. 深入了解部件的工作原理和装配关系

镜头架的主视图完整地表达了它的装配关系。从图 10-22 中可以看到，所有零件都装在主要零件架体 1 上，并由两个销和两个螺钉在放映机上定位、安装，架体 1 的 $\phi70$ 的大孔中套有能前后移动的内衬圈 2。架体的水平圆柱孔的轴线是一条主要的装配干线，在装配干线上装有锁紧套 6，它们是 H7/g6 的间隙配合，锁紧套内装有调节齿轮 5，它们的配合分别为 H11/c11、H8/f7，也都是间隙配合。当调节齿轮与内衬圈 2 就位后，用螺钉 M3×12 使调节齿轮轴向定位。锁紧套右端的外螺纹处装有锁紧螺母 4，当螺母旋紧时，将锁紧套拉向右移，锁紧套上的圆柱面槽就迫使内衬圈收缩而锁紧镜头。

当旋转调节齿轮时，通过与内衬圈上的齿条啮合传动，就能带动内衬圈做前后方向的直线移动，从而达到调节焦距的目的。

3. 分析零件，看懂零件的结构形状

在这里只分析内衬圈 2、锁紧套 6 和架体 1 的结构形状，其余零件读者通过阅读自行分析。

内衬圈 2：是一个圆柱形的管状零件，在表面上铣有齿条。齿条一端未铣到头，这是调节内衬圈向后移动的极限位置。为了在收紧锁紧套时使内衬圈变形而锁紧镜头，在内衬圈上开了槽。

图 10-23 锁紧套

锁紧套 6：根据剖面线方向和注写的 ϕ22H7/g6，可以想象出这是一个圆柱形的零件，它的内部是大、小两个圆柱形的阶梯孔，右端的孔较大，左端的孔较小；锁紧套上部开有圆柱面槽与内衬圈的圆柱相配；在锁紧套下部开有长圆形孔，以便穿过调节齿轮轴向定位的螺钉。分析上述内容后，可想象锁紧套的结构形状如图 10-23 所示。

架体 1：是形状比较复杂的非标准零件，要看懂其结构形状，首先必须从装配图上将该零件的投影轮廓从各视图中分离出来。图 10-24 是从装配图的主、左视图中划分出来的架体的视图轮廓，它是一幅不完整的图形；图 10-25 是通过分析，补齐所缺的轮廓线后架体的两视图。通过识读这两个视图和镜头架装配图，我们知道，架体由一大一小相互垂直偏交的两个圆筒组成，它们的圆柱孔内壁相交贯通，大圆筒内装入带齿条的内衬圈 2，小圆筒内装入锁紧套 6。为了使架体在放映机上定位、安装，在大圆筒外壁的左侧伸出一个四棱柱。在小圆柱的下部半圆柱壁上，有一个带锪平沉孔的螺纹通孔，它与用来调节齿轮轴向定位的螺钉旋合。架体的结构形状如图 10-26 所示。

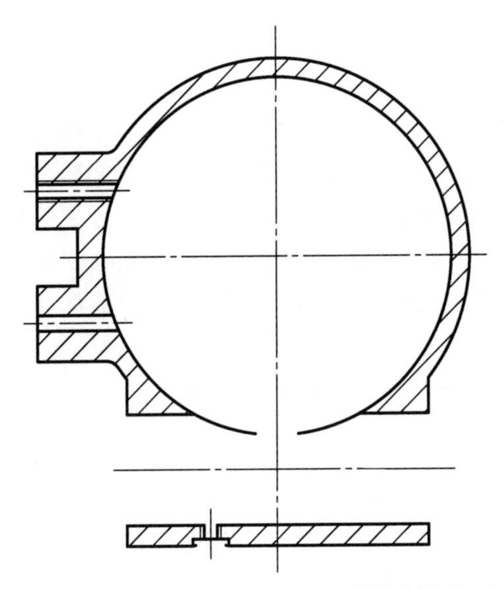
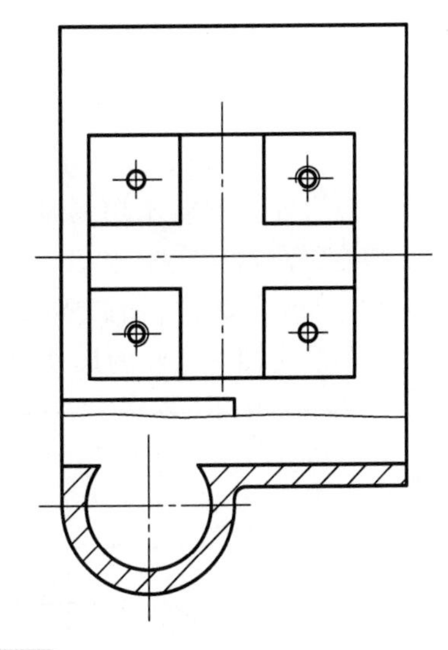

图 10-24 架体在装配图中的轮廓范围

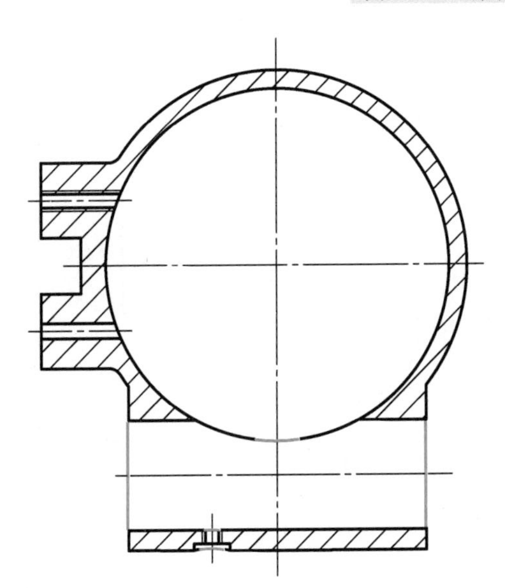
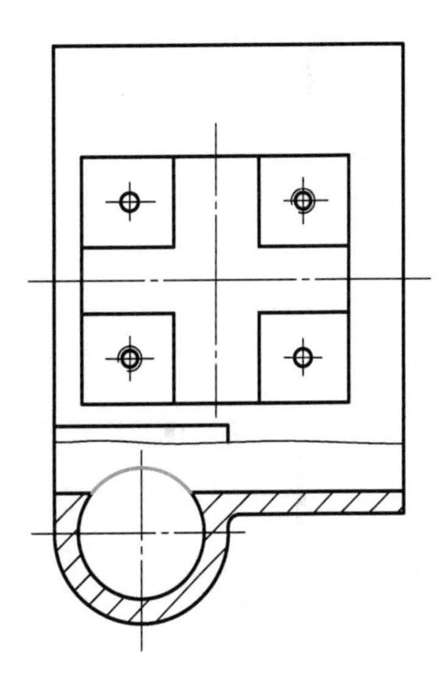

图 10-25 架体补全图线后的两个视图

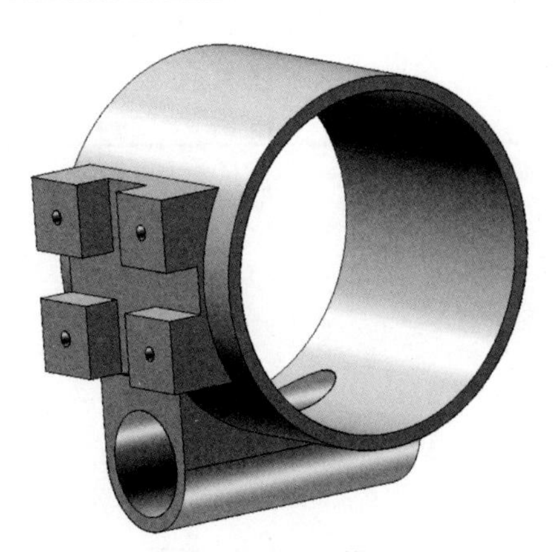

图 10-26 架体

4. 由装配图拆画零件图

架体属于壳体类零件，其主视图所选的位置应该和装配图一致，观察从分离补全的架体的两视图可以看出，主视图不仅表达出一个方向的外部轮廓形状，还由于采用两个平行的剖切平面剖切而清晰地表达了内部的结构形状，所以架体零件图的主视图与镜头架装配图的主视图一致；左视图若不用局部剖，只画外形，而用虚线画出大圆筒内壁的上、下两条轮廓线，则能更清晰、完整地表达内、外形状。通过这样的考虑，架体零件图的表达方案如图 10-27所示。按零件图的要求，完整、清晰地标注出全部尺寸和技术要求，图中的尺寸公差必须与装配图中已注的尺寸公差相同，于是就完成了拆画架体零件图的任务。

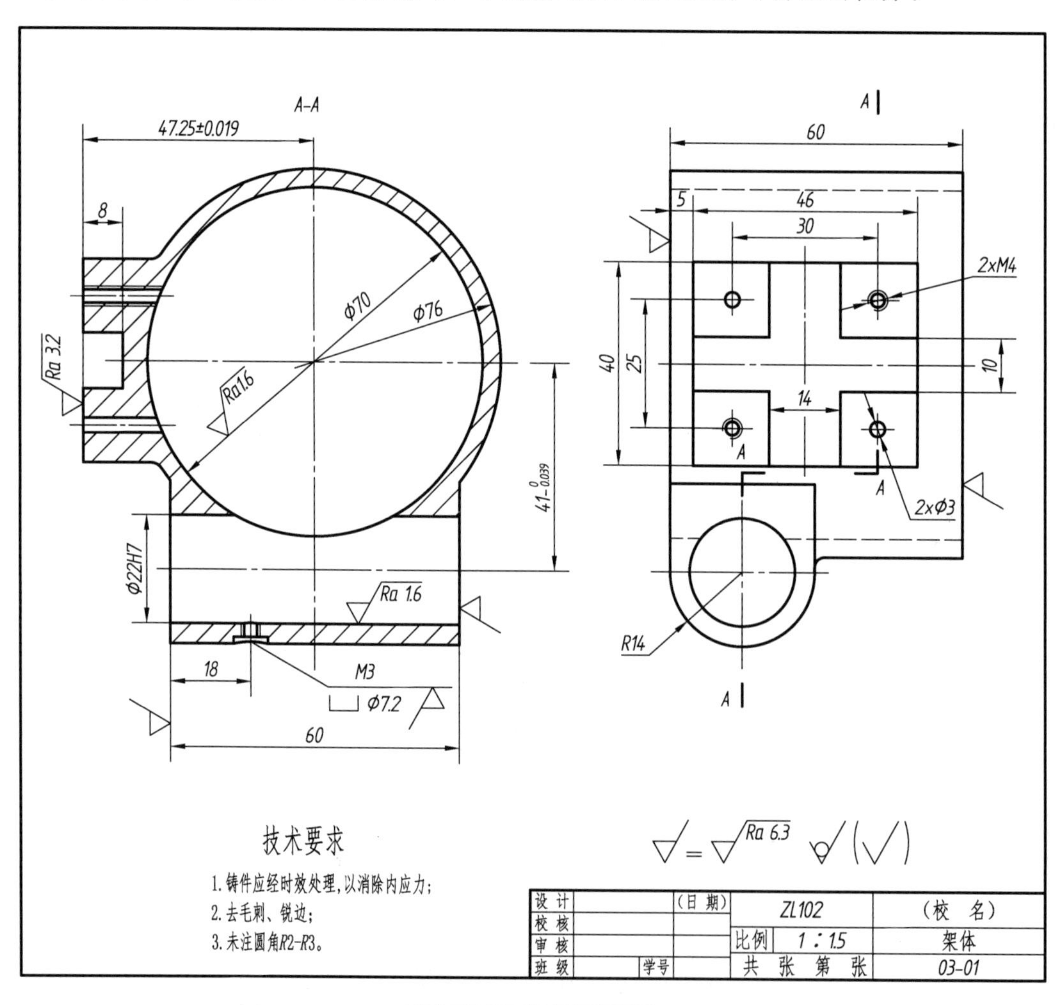

图 10-27 架体零件图

附　录

国家标准摘录及常用材料和热处理

一、螺纹

（一）普通螺纹（GB/T 193—2003，GB/T 196—2003）

附表 1　普通螺纹直径与螺距系列、基本尺寸

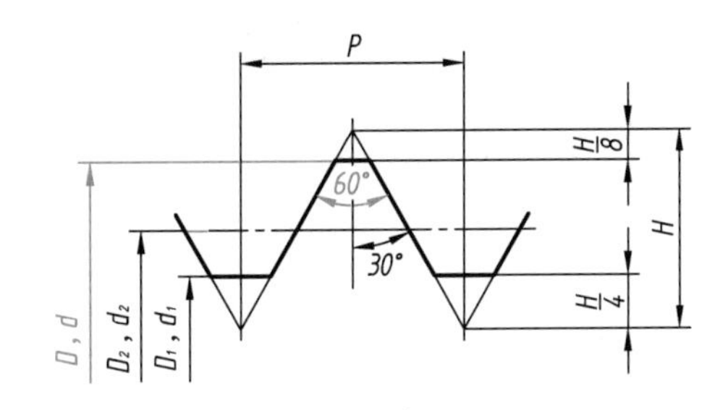

标记示例

公称直径 24mm，螺距为 1.5mm，右旋的细牙普通螺纹：

M24×1.5

（mm）

公称直径 D、d		螺距 P		粗牙小径
第一系列	第二系列	粗牙	细牙	D_1，d_1
3		0.5	0.35	2.459
	3.5	0.6		2.850
4		0.7	0.5	3.242
	4.5	0.75		3.688
5		0.8		4.134
6		1	0.75	4.917
	7	1	0.75	
8		1.25	1，0.75	6.647
10		1.5	1.25，1，0.75	8.376
12		1.75	1.25，1	10.106
	14	2	1.5，1.25，1	11.835
16		2	1.5，1	13.835
	18	2.5	2，1.5，1	15.294
20		2.5		17.294

公称直径 D、d		螺距 P		粗牙小径
第一系列	第二系列	粗牙	细牙	D_1，d_1
	22	2.5	2，1.5，1	19.294
24		3		20.752
	27	3		23.752
30		3.5	（3），2，1.5，1	26.211
	33	3.5	（3），2，1.5，（1）	29.211
36		4	3，2，1.5	31.670
	39	4		34.670
42		4.5	4，3，2，1.5	37.129
	45	4.5		40.129
48		5		42.587
	52	5		46.587
56		5.5		50.046

注：（1）优先选用第一系列，其次是第二系列，括号中的尺寸尽可能不用。

（2）公称直径 D、d 第三系列未列入。

（3）M14×1.25 仅用于发动机的火花塞。

（4）中径 D_2、d_2未列入。

附表 2　细牙普通螺纹螺距与小径的关系

(mm)

螺距 P	小径 D_1、d_1	螺距 P	小径 D_1、d_1	螺距 P	小径 D_1、d_1
0.35	$D-1+0.621$	1	$D-2+0.917$	2	$D-3+0.835$
0.5	$D-1+0.459$	1.25	$D-2+0.647$	3	$D-4+0.752$
0.75	$D-1+0.188$	1.5	$D-2+0.376$	4	$D-5+0.670$

注：表中的小径按 $D_1=d_1=d-2\times\frac{5}{8}H$，$H=\frac{\sqrt{3}}{2}P$ 计算得出。

（二）55°非密封的管螺纹（GB/T 7307—2001）

附表 3　55°非密封的管螺纹的基本尺寸

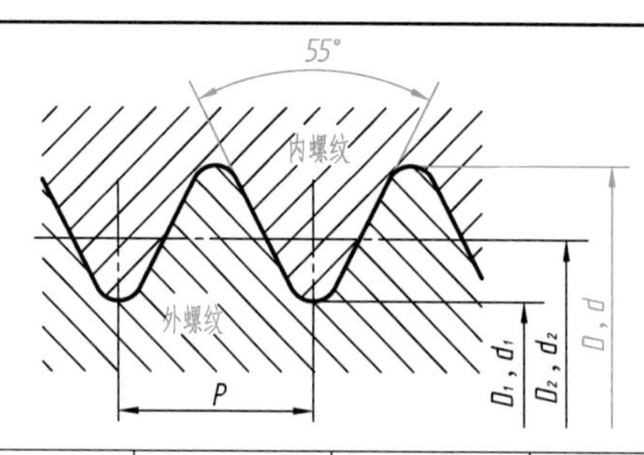

标记示例

尺寸代号 1 ½ 左旋内螺纹：G1 ½ LH

尺寸代号 1 ½ 的 A 级外螺纹：G1 ½ A

尺寸代号 1 ½ 的 B 级外螺纹：G1 ½ B

(mm)

尺寸代号	每 25.4mm 内的牙数 n	螺距 P	牙高 h	圆弧半径 $r\approx$	基本直径		
					大径 $d=D$	中径 $d_2=D_2$	小径 $d_1=D_1$
1/16	28	0.907	0.581	0.125	7.723	7.142	6.561
1/8	28	0.907	0.581	0.125	9.728	9.147	8.566
1/4	19	1.337	0.856	0.184	13.157	12.301	11.445
3/8	19	1.337	0.856	0.184	16.662	15.806	14.950
1/2	14	1.814	1.162	0.249	20.955	19.793	18.631
5/8	14	1.814	1.162	0.249	22.911	21.749	20.587
3/4	14	1.814	1.162	0.249	26.441	25.279	24.117
7/8	14	1.814	1.162	0.249	30.201	29.039	27.877
1	11	2.309	1.479	0.317	33.249	31.770	30.291
$1\frac{1}{3}$	11	2.309	1.479	0.317	37.897	36.418	34.939
$1\frac{1}{2}$	11	2.309	1.479	0.317	41.910	40.431	38.952
$1\frac{2}{3}$	11	2.309	1.479	0.317	47.803	46.324	44.845
$1\frac{3}{4}$	11	2.309	1.479	0.317	53.746	52.267	50.788
2	11	2.309	1.479	0.317	59.614	58.135	56.656
$2\frac{1}{4}$	11	2.309	1.479	0.317	65.710	64.231	62.752
$2\frac{1}{2}$	11	2.309	1.479	0.317	75.184	73.705	72.226
$2\frac{3}{4}$	11	2.309	1.479	0.317	81.534	80.055	78.576
3	11	2.309	1.479	0.317	87.884	86.405	84.926
$3\frac{1}{2}$	11	2.309	1.479	0.317	100.330	98.851	97.372
4	11	2.309	1.479	0.317	113.030	111.551	110.072
$4\frac{1}{2}$	11	2.309	1.479	0.317	125.730	124.251	122.772
5	11	2.309	1.479	0.317	138.430	136.951	135.472
$5\frac{1}{2}$	11	2.309	1.479	0.317	151.130	149.651	148.172
6	11	2.309	1.479	0.317	163.830	162.351	160.872

注：本标准适用于管接头、旋塞、阀门及其附件。

（三）梯形螺纹（GB/T 5796.2—2005，GB/T 5796.3—2005）

附表 4　梯形螺纹直径与螺距系列、基本尺寸

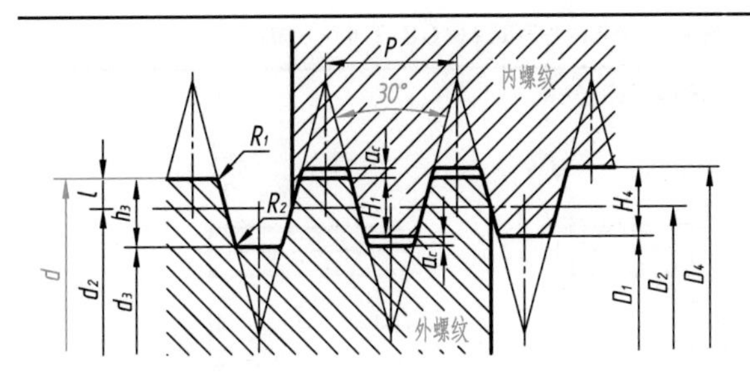

标记示例

公称直径 40mm，导程 14mm，螺距为 7mm 的双线左旋梯形螺纹：

Tr40×14（P7）LH

（mm）

公称直径 d 第一系列	公称直径 d 第二系列	螺距 P	中径 $d_2=D_2$	大径 D_4	小径 d_3	小径 D_1
8		1.5	7.25	8.30	6.20	6.50
	9	1.5	8.25	9.30	7.20	7.50
		2	8.00	9.50	6.50	7.00
10		1.5	9.25	10.30	8.20	8.50
		2	9.00	10.50	7.50	8.00
	11	2	10.00	11.50	8.50	9.00
		3	9.50	11.50	7.50	8.00
12		2	11.00	12.50	9.50	10.00
		3	10.50	12.50	8.50	9.00
	14	2	13.00	14.50	11.50	12.00
		3	12.50	14.50	10.50	11.00
16		2	15.00	16.50	13.50	14.00
		4	14.00	16.50	11.50	12.00
	18	2	17.00	18.50	15.50	16.00
		4	16.00	18.50	13.50	14.00
20		2	19.00	20.50	17.50	18.00
		4	18.00	20.50	15.50	16.00
	22	3	20.50	22.50	18.50	19.00
		5	19.50	22.50	16.50	17.00
		8	18.00	23.00	13.00	14.00
24		3	22.50	24.50	20.50	21.00
		5	21.50	24.50	18.50	19.00
		8	20.00	25.00	15.00	16.00

公称直径 d 第一系列	公称直径 d 第二系列	螺距 P	中径 $d_2=D_2$	大径 D_4	小径 d_3	小径 D_1
	26	3	24.50	26.50	22.50	23.00
		5	23.50	26.50	20.50	21.00
		8	22.00	27.00	17.00	18.00
28		3	26.50	28.50	24.50	25.00
		5	25.50	28.50	22.50	23.00
		8	24.00	29.00	19.00	20.00
	30	3	28.50	30.50	26.50	27.00
		6	27.00	31.00	23.00	24.00
		10	25.00	31.00	19.00	20.00
32		3	30.50	32.50	28.50	29.00
		6	29.00	33.00	25.00	26.00
		10	27.00	33.00	21.00	22.00
	34	3	32.50	34.50	30.50	31.00
		6	31.00	35.00	27.00	28.00
		10	29.00	35.00	23.00	24.00
36		3	34.50	36.50	32.50	33.00
		6	33.00	37.00	29.00	30.00
		10	31.00	37.00	25.00	26.00
	38	3	36.50	38.50	34.50	35.00
		7	34.50	39.00	30.00	31.00
		10	33.00	39.00	27.00	28.00
40		3	38.50	40.50	36.50	37.00
		7	36.50	41.00	32.00	33.00
		10	35.00	41.00	29.00	30.00

二、常用的标准件

（一）螺钉

附表 5　开槽圆柱头螺钉（GB/T 65—2016），开槽盘头螺钉（GB/T 67—2016）

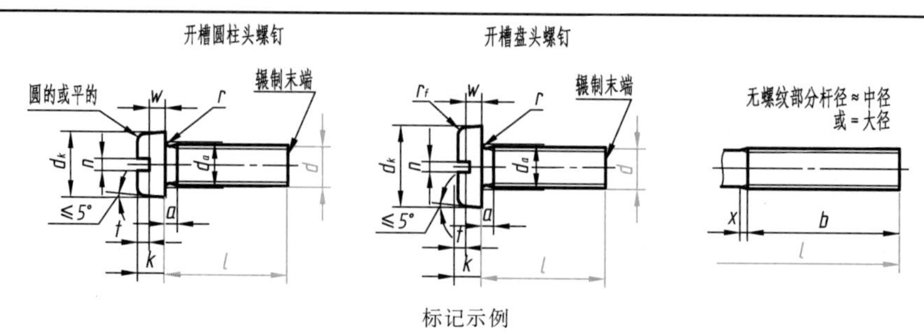

标记示例

螺纹规格 M5，公称长度 l=20mm，性能等级为 4.8 级，表面不经处理的 A 级开槽圆柱头螺钉：

螺钉　GB/T 65—2016　M5×20

（mm）

螺纹规格（d）			M3	M4	M5	M6	M8	M10
螺距 P			0.5	0.7	0.8	1	1.25	1.5
a　max			1.0	1.4	1.6	2.0	2.5	3.0
b　min			25	38	38	38	38	38
x max			1.25	1.75	2	2.5	3.2	3.8
n 公称			0.8	1.2	1.2	1.6	2	2.5
GB/T 65—2016	d_k	max	5.50	7.00	8.50	10.00	13.00	16.00
		min	5.32	6.78	8.28	9.78	12.73	15.73
	k	max	2.00	2.60	3.30	3.9	5.0	6.0
		min	1.86	2.46	3.12	3.6	4.7	5.7
	t	min	0.85	1.10	1.30	1.60	2.00	2.40
GB/T 67—2016	d_k	max	5.60	8.00	9.50	12.00	16.00	20.00
		min	5.3	7.64	9.14	11.57	15.57	19.48
	k	max	1.80	2.40	3.00	3.6	4.8	6.0
		min	1.66	2.26	2.86	3.3	4.5	5.7
	t	min	0.7	1	1.2	1.4	1.9	2.4
	r_f	参考	0.9	1.2	1.5	1.8	2.4	3
GB/T 65—2016 GB/T 67—2016	r min		0.10	0.20	0.20	0.25	0.40	0.40
	d_a max		3.6	4.7	5.7	6.8	9.2	11.2
	公称长度 l		4～30	5～40	6～50	8～60	10～80	12～80
	l 系列		4，5，6，8，10，12，(14)，16，20，25，30，35，40，45，50，(55)，60，(65)，70，(75)，80					

注：(1) 尽可能不采用括号内的规格。

(2) 公称长度 $l \leqslant 40$mm 的螺钉和 M3、$l \leqslant 30$mm 的螺钉，制出全螺纹 $b=l-a$。

(3) d_a表示过渡圆直径。

附表 6　开槽沉头螺钉（GB/T 68—2016），开槽半沉头螺钉（GB/T 69—2016）

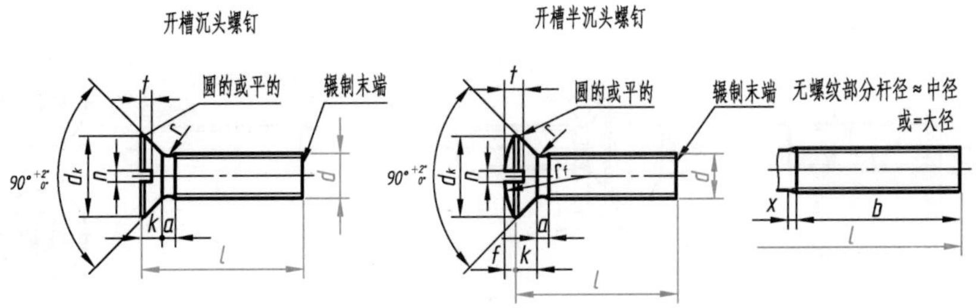

开槽沉头螺钉　　开槽半沉头螺钉

圆的或平的　辗制末端　无螺纹部分杆径≈中径或=大径

标记示例

螺纹规格 M5，公称长度 l=20mm，性能等级为 4.8 级，表面不经处理的 A 级开槽沉头螺钉：

螺钉　GB/T 68—2016　M5×20

（mm）

螺纹规格 d			M1.6	M2	M2.5	M3	M4	M5	M6	M8	M10
螺距 P			0.35	0.4	0.45	0.5	0.7	0.8	1	1.25	1.5
a max			0.7	0.8	0.9	1	1.4	1.6	2	2.5	3
b min			25				38				
d_k	理论值 max		3.6	4.4	5.5	6.3	9.4	10.4	12.6	17.3	20
	实际值	公称=max	3.0	3.8	4.7	5.5	8.4	9.3	11.3	15.8	18.3
		min	2.7	3.5	4.4	5.2	8.04	8.94	10.87	15.37	17.78
k 公称=max			1	1.2	1.5	1.65	2.7	2.7	3.3	4.65	5
n	公称		0.4	0.5	0.6	0.8	1.2	1.2	1.6	2	2.5
	min		0.46	0.56	0.66	0.86	1.26	1.26	1.66	2.06	2.56
	max		0.60	0.70	0.80	1.00	1.51	1.51	1.91	2.31	2.81
r max			0.4	0.5	0.6	0.8	1	1.3	1.5	2	2.5
x max			0.9	1	1.1	1.25	1.75	2	2.5	3.2	3.8
f≈			0.4	0.5	0.6	0.7	1	1.2	1.4	2	2.3
r_f≈			3	4	5	6	9.5	9.5	12	16.5	19.5
t	max	GB/T 68—2016	0.50	0.60	0.75	0.85	1.3	1.4	1.6	2.3	2.6
		GB/T 69—2016	0.8	1.0	1.2	1.45	1.9	2.4	2.8	3.7	4.4
	min	GB/T 68—2016	0.32	0.4	0.50	0.60	1.0	1.1	1.2	1.8	2.0
		GB/T 69—2016	0.64	0.8	1.0	1.2	1.6	2.0	2.4	3.2	3.8
公称长度 l			2.5～16	3～20	4～25	5～30	6～40	8～50	8～60	10～80	12～80
l（系列）			2.5，3，4，5，6，8，10，12，(14)，16，20，25，30，35，40，45，50，(55)，60，(65)，70，(75)，80								

注：(1) 尽可能不采用括号内的规格。

(2) 公称长度 l≤30mm，而螺纹规格 d 在 M1.6～M3 的螺钉应制出全螺纹；公称长度 l≤45mm；而螺纹规格 d 在 M4～M10 的螺钉也应制出全螺纹 $b=l-(k+a)$。

附表 7　十字槽盘头螺钉（GB/T 818—2016），十字槽沉头螺钉（GB/T 819.1—2016）

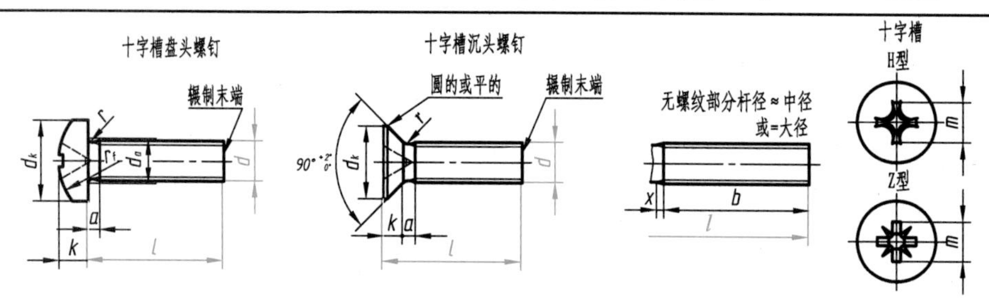

标记示例

螺纹规格 M5，公称长度 l=20mm，性能等级为 4.8 级，H 型十字槽表面不经处理的 A 级十字槽盘头螺钉：

螺钉　GB/T 818—2016　M5×20

（mm）

螺纹规格 d				M1.6	M2	M2.5	M3	M4	M5	M6	M8	M10
螺距 P				0.35	0.4	0.45	0.5	0.7	0.8	1	1.25	1.5
a max				0.7	0.8	0.9	1	1.4	1.6	2	2.5	3
b min				25	25	25	25	38	38	38	38	38
d_a max				2	2.6	3.1	3.6	4.7	5.7	6.8	9.2	11.2
d_k	公称=max		GB/T 818—2016	3.2	4.0	5.0	5.6	8.00	9.50	12.00	16.00	20.00
			GB/T 819.1—2016	3.0	3.8	4.7	5.5	8.40	9.30	11.30	15.80	18.30
	min		GB/T 818—2016	2.9	3.7	4.7	5.3	7.64	9.14	11.57	15.57	19.48
			GB/T 819.1—2016	2.7	3.5	4.4	5.2	8.04	8.94	10.87	15.37	17.78
k	公称=max		GB/T 818—2016	1.30	1.60	2.10	2.40	3.10	3.70	4.6	6.0	7.50
			GB/T 819.1—2016	1	1.2	1.5	1.65	2.7	2.7	3.3	4.65	5
	min		GB/T 818—2016	1.16	1.46	1.96	2.26	2.92	3.52	4.3	5.7	7.14
r	min		GB/T 818—2016	0.1	0.1	0.1	0.1	0.2	0.2	0.25	0.4	0.4
	max		GB/T 819.1—2016	0.4	0.5	0.6	0.8	1	1.3	1.5	2	2.5
x max				0.9	1	1.1	1.25	1.75	2	2.5	3.2	3.8
r_f≈				2.5	3.2	4	5	6.5	8	10	13	16
十字槽	槽号 No.			0		1		2		3	4	
	H 型	m 参考	GB/T 818—2016	1.7	1.9	2.7	3	4.4	4.9	6.9	9	10.1
			GB/T 819.1—2016	1.6	1.9	2.9	3.2	4.6	5.2	6.8	8.9	10
		插入深度 min	GB/T 818—2016	0.70	0.9	1.15	1.4	1.9	2.4	3.1	4.0	5.2
			GB/T 819.1—2016	0.6	0.9	1.4	1.7	2.1	2.7	3.0	4.0	5.1
		插入深度 max	GB/T 818—2016	0.95	1.2	1.55	1.8	2.4	2.9	3.6	4.6	5.8
			GB/T 819.1—2016	0.9	1.2	1.8	2.1	2.6	3.2	3.5	4.6	5.7
	Z 型	m 参考	GB/T 818—2016	1.6	2.1	2.6	2.8	4.3	4.7	6.7	8.8	9.9
			GB/T 819.1—2016	1.6	1.9	2.8	3	4.4	4.9	6.6	8.8	9.8
		插入深度 min	GB/T 818—2016	0.65	1.17	1.25	1.50	1.89	2.29	3.03	4.05	5.24
			GB/T 819.1—2016	0.70	0.95	1.48	1.76	2.06	2.60	3.00	4.15	5.19
		插入深度 max	GB/T 818—2016	0.90	1.42	1.50	1.75	2.34	2.74	3.46	4.50	5.69
			GB/T 819.1—2016	0.95	1.20	1.73	2.01	2.51	3.05	3.45	4.60	5.64
公称长度 l			GB/T 818—2016	3~16	3~20	3~25	4~30	5~40	6~45	8~60	10~60	12~60
			GB/T 819.1—2016	3~16	3~20	3~25	4~30	5~40	6~50	8~60	10~60	12~60
l（系列）				3，4，5，6，8，10，12，(14)，16，20，25，30，35，40，45，50，(55)，60								

注：(1) 尽可能不采用括号内的规格。

(2) 公称长度 l≤25mm（GB/T 818—2016）或公称长度 l≤30mm（GB/T 819.1—2016），而螺纹规格 d 在 M1.6~M3的螺钉，应制出全螺纹；公称长度 l≤40mm（GB/T 818—2016）或公称长度 l≤45mm（GB/T 819.1—2016），而螺纹规格 d 在 M4~M10 的螺钉也应制出全螺纹 $b=l-(k+a)$。

附表 8　内六角圆柱头螺钉（GB/T 70.1—2008）

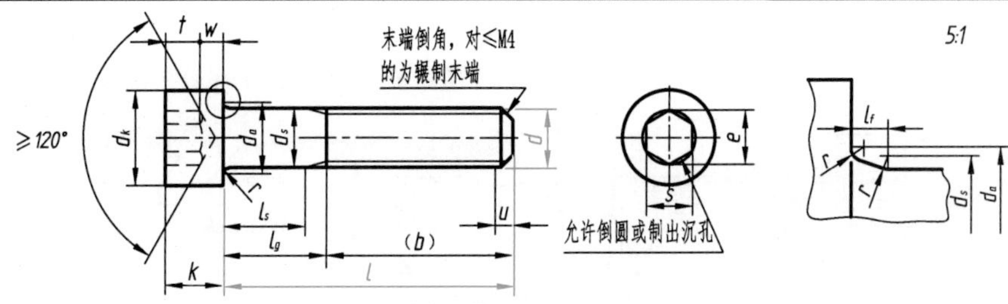

u（不完整螺纹的长度）$\leqslant 2P$

标记示例

螺纹规格 d=M5，公称长度 l=20mm，性能等级为 8.8 级，表面氧化的 A 级内六角圆柱头螺钉：

螺钉　GB/T 70.1—2008　M5×20　　　　(mm)

螺纹规格 d		M3	M4	M5	M6	M8	M10	M12	M16	M20	M24
P		0.5	0.7	0.8	1	1.25	1.5	1.75	2	2.5	3
b 参考		18	20	22	24	28	32	36	44	52	60
d_k	max*	5.50	7.00	8.50	10.00	13.00	16.00	18.00	24.00	30.00	36.00
	max**	5.68	7.22	8.72	10.22	13.27	16.27	18.27	24.33	30.33	36.39
	min	5.32	6.78	8.28	9.78	12.73	15.73	17.73	23.67	29.67	35.61
d_a max		3.6	4.7	5.7	6.8	9.2	11.2	13.7	17.7	22.4	26.4
d_s	max	3.00	4.00	5.00	6.00	8.00	10.00	12.00	16.00	20.00	24.00
	min	2.86	3.82	4.82	5.82	7.78	9.78	11.73	15.73	19.67	23.67
e min		2.873	3.443	4.583	5.723	6.863	9.149	11.429	15.996	19.437	21.734
l_f max		0.51	0.6	0.6	0.68	1.02	1.02	1.45	1.45	2.04	2.04
k	max	3.00	4.00	5.00	6.00	8.00	10.00	12.00	16.00	20.00	24.00
	min	2.86	3.82	4.82	5.70	7.64	9.64	11.57	15.57	19.48	23.48
r min		0.1	0.2	0.2	0.25	0.4	0.4	0.6	0.6	0.8	0.8
s	公称	2.5	3	4	5	6	8	10	14	17	19
	max	2.58	3.080	4.095	5.140	6.140	8.175	10.175	14.212	17.23	19.275
	min	2.52	3.020	4.020	5.020	6.020	8.025	10.025	14.032	17.05	19.065
t max		1.3	2	2.5	3	4	5	6	8	10	12
v max		0.3	0.4	0.5	0.6	0.8	1	1.2	1.6	2	2.4
d_w min		5.07	6.53	8.03	9.38	12.33	15.33	17.23	23.17	28.87	34.81
w min		1.15	1.4	1.9	2.3	3.3	4	4.8	6.8	8.6	10.4
l（商品规格范围公称长度）		5～30	6～40	8～50	10～60	12～80	16～100	20～120	25～160	30～200	40～200
$l\leqslant$表中数值***		20	25	25	30	35	40	50	60	70	80
l（系列）		5，6，8，10，12，16，20，25，30，35，40，45，50，55，60，65，70，80，90，100，110，120，130，140，150，160，180，200									

注：(1) P 表示螺距。　(2) * 对光滑头部。　(3) ** 对滚花头部。　(4) $e_{\min}=1.14s_{\min}$。

(5) *** $l\leqslant$表中数值，螺纹制到及头部 3P 以内；$l>$表中数值，$l_{g\max}$（夹紧长度）$=l_{公称}-b_{参考}$；$l_{s\min}$（无螺纹杆部长）$=l_{g\max}-5P$。l_g 表示最后一扣完整螺纹到支承面的距离，l_s 表示无螺纹杆部长度。

(6) 尽可能不采用括号内的规格。GB/T 70.1—2008 包括 d=M1.6～M64，本表只摘录其中一部分。

附表 9 开槽锥端紧定螺钉(GB/T 71—2018)、开槽平端紧定螺钉(GB/T 73—2017)和开槽长圆柱端紧定螺钉(GB/T 75—2018)

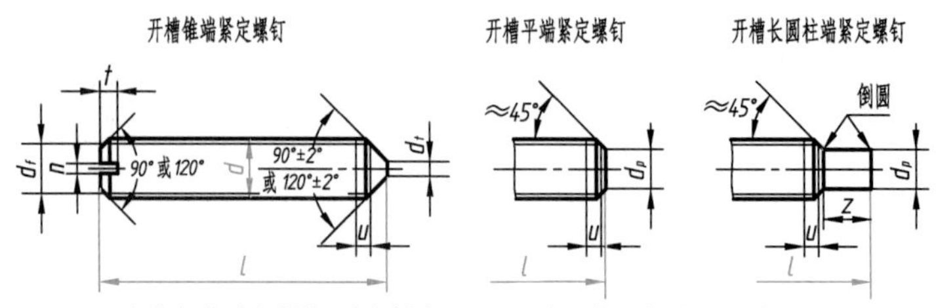

公称长度为短螺钉时应制成120°，u为不完整螺纹的长度≤2p

标记示例

螺纹规格 M5，公称长度 l=12mm，钢制，硬度等级为 14H 级，表面不经处理，产品等级 A 级的开槽锥端紧定螺钉：

螺钉 GB/T 71 M5×12

(mm)

螺纹规格 d		M1.2	M1.6	M2	M2.5	M3	M4	M5	M6	M8	M10	M12
螺距 P		0.25	0.35	0.4	0.45	0.5	0.7	0.8	1	1.25	1.5	1.75
d_f≈		螺纹小径										
d_t	min	—	—	—	—	—	—	—	—	—	—	—
	max	0.12	0.16	0.20	0.25	0.30	0.40	0.50	1.50	2.00	2.50	3.00
d_p	min	0.35	0.55	0.75	1.25	1.75	2.25	3.2	3.7	5.2	6.64	8.14
	max	0.6	0.8	1	1.5	2	2.5	3.5	4	5.5	7	8.5
n	公称	0.2	0.25	0.25	0.4	0.4	0.6	0.8	1	1.2	1.6	2
	min	0.26	0.31	0.31	0.46	0.46	0.66	0.86	1.06	1.26	1.66	2.06
	max	0.40	0.45	0.45	0.60	0.60	0.80	1.00	1.20	1.51	1.91	2.31
t	min	0.4	0.56	0.64	0.72	0.8	1.12	1.28	1.60	2.00	2.40	2.80
	max	0.52	0.74	0.84	0.95	1.05	1.42	1.63	2.00	2.50	3.00	3.60
z	min	—	0.8	1	1.2	1.5	2	2.5	3	4	5	6
	max	—	1.05	1.25	1.25	1.75	2.25	2.75	3.25	4.3	5.3	6.3
GB/T 71—2018	l（公称长度）	2~6	2~8	3~10	3~12	4~16	6~20	8~25	8~30	10~40	12~50	14~60
	l（短螺钉）	2	2~2.5	2~2.5	2~3	2~3	2~4	2~5	2~6	2~8	2~10	2~12
GB/T 73—2017	l（公称长度）	2~6	2~8	2~10	2.5~12	3~16	4~20	5~25	6~30	8~40	10~50	12~60
	l（短螺钉）	—	2	2~2.5	2~3	2~3	2~4	2~5	2~6	2~6	2~8	2~10
GB/T 75—2018	l（公称长度）	—	2.5~8	3~10	4~12	5~16	6~20	8~25	8~30	10~40	12~50	14~60
	l（短螺钉）	—	2~2.5	2~3	2~4	2~5	2~6	2~8	2~10	2~12	2~16	2~20
l（系列）		2，2.5，3，4，5，6，8，10，12，(14)，16，20，25，30，35，40，45，50，(55)，60										

注：(1) 尽可能不采用括号内的规格。

(2) d≤M5 的螺钉不要求锥端平面部分尺寸 d_t，可以倒圆。

（二）螺栓

附表 10　六角头螺栓——A 级和 B 级（GB/T 5782—2016）

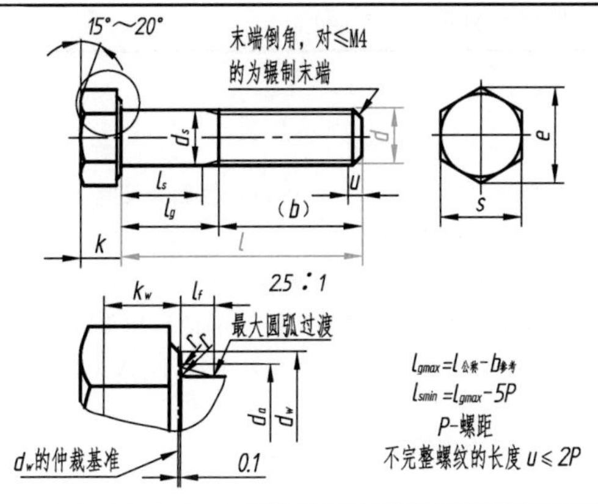

标记示例

螺纹规格为 M12，公称长度 $l=80$mm，性能等级为 8.8 级，表面不经处理、产品等级为 A 级的六角头螺栓：

螺栓　GB/T 5782—2016　M12×80

（mm）

螺纹规格 d				M3	M4	M5	M6	M8	M10	M12	M16	M20	M24	M30	M36	M42	M48	M56	M64
b 参考	l≤125			12	14	16	18	22	26	30	38	46	54	66	—	—	—	—	—
	125<l≤200			18	20	22	24	28	32	36	44	52	60	72	84	96	108	—	—
	l>200			31	33	35	37	41	45	49	57	65	73	85	97	109	121	137	153
c	min			0.15	0.15	0.15	0.15	0.15	0.15	0.15	0.2	0.2	0.2	0.2	0.2	0.3	0.3	0.3	0.3
	max			0.40	0.40	0.50	0.50	0.60	0.60	0.60	0.8	0.8	0.8	0.8	0.8	1	1	1	1
d_a max				3.6	4.7	5.7	6.8	9.2	11.2	13.7	17.7	22.4	26.4	33.4	39.4	45.6	52.6	63	71
d_s	公称=max			3.00	4.00	5.00	6.00	8.00	10.00	12.00	16.00	20	24	30	36	42	48	56	64
	min	产品等级	A	2.86	3.82	4.82	5.82	7.78	9.78	11.73	15.73	19.67	23.67	—	—	—	—	—	—
			B	2.75	3.70	4.70	5.70	7.64	9.64	11.57	15.57	19.48	23.48	29.48	35.38	41.38	47.38	55.26	63.26
d_w	min	产品等级	A	4.57	5.88	6.88	8.88	11.63	14.63	16.63	22.49	28.19	33.61	—	—	—	—	—	—
			B	4.45	5.74	6.74	8.74	11.47	14.47	16.47	22	27.7	33.25	42.75	51.11	59.95	69.45	78.66	88.16
e	min	产品等级	A	6.01	7.66	8.79	11.05	14.38	17.77	20.03	26.75	33.53	39.98	—	—	—	—	—	—
			B	5.88	7.50	8.63	10.89	14.20	17.59	19.85	26.17	32.95	39.55	50.85	60.79	71.3	82.6	93.56	104.86
l_f max				1	1.2	1.2	1.4	2	2	3	3	4	4	6	6	8	10	12	13
k	公称			2	2.8	3.5	4	5.3	6.4	7.5	10	12.5	15	18.7	22.5	26	30	35	40
	产品等级	A	min	1.875	2.675	3.35	3.85	5.15	6.22	7.32	9.82	12.285	14.785	—	—	—	—	—	—
			max	2.125	2.925	3.65	4.15	5.45	6.58	7.68	10.18	12.715	15.215	—	—	—	—	—	—
		B	min	1.8	2.6	2.35	3.76	5.06	6.11	7.21	9.71	12.15	14.65	18.28	22.08	25.58	29.58	34.5	39.5
			max	2.2	3	3.26	4.24	5.54	6.69	7.79	10.29	12.85	15.35	19.12	22.92	26.42	30.42	35.5	40.5
k_w	min	产品等级	A	1.31	1.87	2.35	2.70	3.61	4.35	5.12	6.87	8.6	10.35	—	—	—	—	—	—
			B	1.26	1.82	2.28	2.63	3.54	4.28	5.05	6.8	8.51	10.26	12.8	15.46	17.91	20.71	24.15	27.65
r min				0.1	0.2	0.2	0.25	0.4	0.4	0.6	0.6	0.8	0.8	1	1	1.2	1.6	2	2
s	公称=max			5.50	7.00	8.00	10.00	13.00	16.00	18.00	24.00	30.00	36.00	46	55.0	65.0	75.0	85.0	95.0
	min	产品等级	A	5.32	6.78	7.78	9.78	12.73	15.73	17.73	23.67	29.67	35.38	—	—	—	—	—	—
			B	5.20	6.64	7.64	9.64	12.57	15.57	17.57	23.16	29.16	35.00	45	53.8	63.1	73.1	82.8	92.8
l（商品规格范围公称长度）				20～30	25～40	25～50	30～60	40～80	45～100	50～120	65～160	80～200	90～240	110～300	140～360	160～440	180～480	220～500	260～500
l（系列）				20，25，30，35，40，45，50，55，60，65，70，80，90，100，110，120，130，140，150，160，180，200，220，240，260，280，300，320，340，360，380，400，420，440，460，480，500															

注：(1) A 和 B 为产品等级，A 级用于 d≤24 和 l≤10d 或≤150mm（按较小值）的螺栓，B 级用于 d>24 或 l>10d 或>150mm（按较小值）的螺栓。

(2) 尽可能不采用括号内的规格。

（三）双头螺柱

附表 11　GB/T 897—1988（$b_m=1d$），GB 898—1988（$b_m=1.25d$），GB 899—1988（$b_m=1.5d$），GB/T 900—1988（$b_m=2d$）

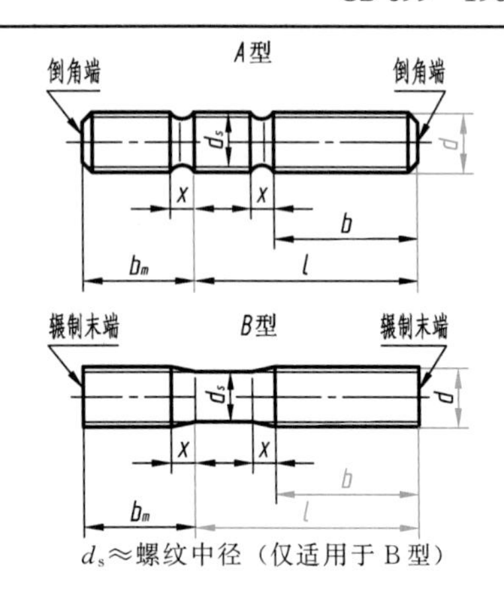

d_s≈螺纹中径（仅适用于 B 型）

标记示例

两端均为粗牙普通螺纹，$d=10$mm，$l=50$mm，性能等级为 4.8 级，不经表面处理，B 型，$b_m=1d$ 的双头螺柱：

螺柱　GB/T 897—1988　M10×50

旋入端为粗牙普通螺纹，紧固端为螺距 $P=1$mm 的细牙普通螺纹，$d=10$mm，$l=50$mm，性能等级为 4.8 级，不经表面处理，A 型，$b_m=1.25d$ 的双头螺柱：

螺柱　GB 898—1988　AM10—M10×1×50

（mm）

螺纹规格 d	b_m 公称 GB/T 897—1988	b_m 公称 GB 898—1988	d_s max	d_s min	x max	b	l 公称
M5	5	6	5	4.7	2.5P	10	16～（22）
						16	25～50
M6	6	8	6	5.7		10	20，（22）
						14	25，（28），30
						18	（32）～（75）
M8	8	10	8	7.64		12	20，（22）
						16	25，（28），30
						22	（32）～90
M10	10	12	10	9.64		14	25，（28）
						16	30，（38）
						26	40～120
						32	130
						16	25～30
M12	12	15	12	11.57		20	（32）～40
						30	45～120
						36	130～180
						20	30～（38）
						30	40～50
M16	16	20	16	15.57		38	60～120
						44	130～200
						25	35～40
						35	45～60
						46	（65）～120
M20	20	25	20	19.48		52	130～200

注：（1）本表未列入 GB 899—1988 和 GB/T 900—1988 两种规格。

（2）P 表示螺距。

（3）l 的长度系列：16，（18），20，（22），25，（28），30，（32），35，（38），40，45，50，（55），60，（65），70，（75），80，90，（95），100～200（十进位）。括号内的数值尽可能不采用。

（四）螺母

附表12　Ⅰ型六角螺母——A级和B级（GB/T 6170—2015）

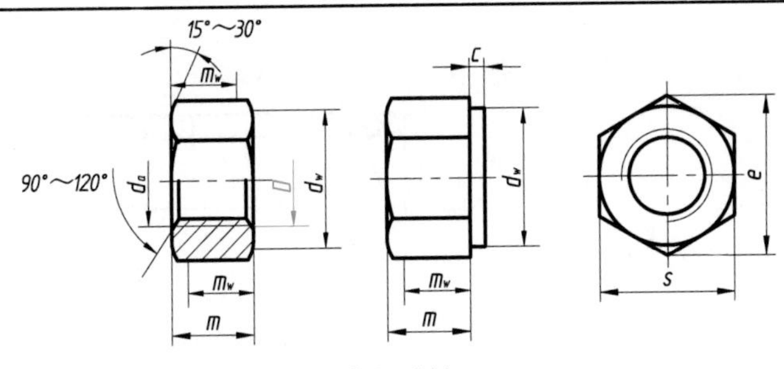

标记示例

螺纹规格为M12，性能等级为10级，表面不经处理，产品等级为A级的Ⅰ型六角螺母：

螺母　GB/T 6170—2015　M12

（mm）

螺纹规格 d		M1.6	M2	M2.5	M3	M4	M5	M6	M8	M10	M12
c	max	0.2	0.2	0.3	0.4	0.4	0.5	0.5	0.6	0.6	0.6
	min	0.1	0.1	0.1	0.15	0.15	0.15	0.15	0.15	0.15	0.15
d_a	max	1.84	2.3	2.9	3.45	4.6	5.75	6.75	8.75	10.8	13
	min	1.6	2	2.5	3	4	5	6	8	10	12
d_w min		2.4	3.1	4.1	4.6	5.9	6.9	8.9	11.6	14.6	16.6
e min		3.41	4.32	5.45	6.01	7.66	8.79	11.05	14.38	17.77	20.03
m	max	1.30	1.60	2.00	2.40	3.2	4.7	5.2	6.80	8.40	10.80
	min	1.05	1.35	1.75	2.15	2.9	4.4	4.9	6.44	8.04	10.37
m_w min		0.8	1.1	1.4	1.7	2.3	3.5	3.9	5.2	6.4	8.3
s	公称＝max	3.2	4.00	5.00	5.50	7.00	8.00	10.00	13.00	16.00	18.00
	min	3.02	3.82	4.82	5.32	6.78	7.78	9.78	12.73	15.73	17.73

螺纹规格 d		M16	M20	M24	M30	M36	M42	M48	M56	M64
c	max	0.8	0.8	0.8	0.8	0.8	1	1	1	1
	min	0.2	0.2	0.2	0.2	0.2	0.3	0.3	0.3	0.3
d_a	max	17.3	21.6	25.9	32.4	38.9	45.4	51.8	60.5	69.1
	min	16	20	24	30	36	42	48	56	64
d_w min		22.5	27.7	33.3	42.8	51.1	60	69.5	78.7	88.2
e min		26.75	32.95	39.55	50.85	60.79	71.3	82.6	93.56	104.86
m	max	14.8	18.0	21.5	25.6	31.0	34.0	38.0	45.0	51.0
	min	14.1	16.9	20.2	24.3	29.4	32.4	36.4	43.4	49.1
m_w min		11.3	13.5	16.2	19.4	23.5	25.9	29.1	34.7	39.3
s	公称＝max	24.00	30.00	36	46	55.0	65.0	75.0	85.0	95.0
	min	23.67	29.16	35	45	53.8	63.1	73.1	82.8	92.8

注：(1) A级用于$D \leqslant 16$的螺母，B级用于$D>16$的螺母。本表仅按商品规格和通用规格列出。

(2) 螺纹规格为M8～M64、细牙、A和B级的Ⅰ型六角螺母，请查阅GB/T 6171—2016。

（五）垫圈

附表 13　小垫圈 A 级（GB/T 848—2002），平垫圈 A 级（GB/T 97.1—2002）

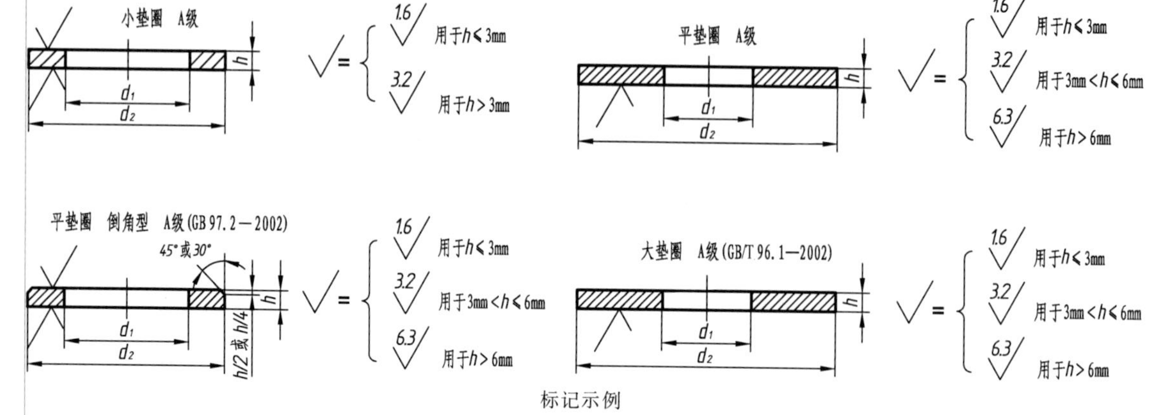

标记示例

标准系列、公称规格 8mm，由钢制造的硬度等级为 200HV 级，不经表面处理、产品等级为 A 级的平垫圈：

垫圈　GB/T 97.1—2002　8

（mm）

公称尺寸（螺纹规格 d）			1.6			3	4	5	6	8	10	12	16	20	24	30	36
d_1 内径	max	GB/T 848—2002	1.84	2.34	2.84	3.38	4.48	5.48	6.62	8.62	10.77	13.27	17.27	21.33	25.33	31.39	37.62
		GB/T 97.1—2002															
		GB/T 97.2—2002	—	—	—	—	—										
		GB/T 96.1—2002	—	—	—	3.38	4.48								25.52	33.62	39.62
	公称（min）	GB/T 848—2002	1.7	2.2	2.7	3.2	4.3	5.3	6.4	8.4	10.5	13	17	21	25	31	37
		GB/T 97.1—2002															
		GB/T 97.2—2002	—	—	—	—	—										
		GB/T 96.1—2002	—	—	—	3.2	4.3									33	39
d_2 外径	公称（max）	GB/T 848—2002	3.5	4.5	5	6	8	9	11	15	18	20	28	34	39	50	60
		GB/T 97.1—2002	4	5	6	7	9	10	12	16	20	24	30	37	44	56	66
		GB/T 97.2—2002	—	—	—	—	—										
		GB/T 96.1—2002	—	—	—	9	12	15	18	24	30	37	50	60	72	92	110
	min	GB/T 848—2002	3.2	4.2	4.7	5.7	7.64	8.64	10.57	14.57	17.57	19.48	27.48	33.38	38.38	49.38	58.8
		GB/T 97.1—2002	3.7	4.7	5.7	6.64	8.64	9.64	11.57	15.57	19.48	23.48	29.48	36.38	43.38	55.26	64.8
		GB/T 97.2—2002	—	—	—	—	—										
		GB/T 96.1—2002	—	—	—	8.64	11.57	14.57	17.57	23.48	29.48	36.38	49.38	59.26	70.8	90.6	108.6
h 厚度	公称	GB/T 848—2002	0.3	0.3	0.5	0.5	0.5	1	1.6	1.6	1.6	2	2.5	3	4	4	5
		GB/T 97.1—2002					0.8				2	2.5	3				
		GB/T 97.2—2002	—	—	—	—	—										
		GB/T 96.1—2002	—	—	—	0.8	1	1	1.6	2	2.5	3	3	4	5	6	8
	max	GB/T 848—2002	0.35	0.35	0.55	0.55	0.55	1.1	1.8	1.8	1.8	2.2	2.7	3.3	4.3	4.3	5.6
		GB/T 97.1—2002					0.9				2.2	2.7	3.3				
		GB/T 97.2—2002	—	—	—	—	—										
		GB/T 96.1—2002	—	—	—	0.9	1.1	1.1	1.8	2.2	2.7	3.3	3.3	4.3	5.6	6.6	9
	min	GB/T 848—2002	0.25	0.25	0.45	0.45	0.45	0.9	1.4	1.4	1.4	1.8	2.3	2.7	3.7	3.7	4.4
		GB/T 97.1—2002					0.7				1.8	2.3	2.7				
		GB/T 97.2—2002	—	—	—	—	—										
		GB/T 96.1—2002	—	—	—	0.7	0.9	0.9	1.4	1.8	2.3	2.7	2.7	3.7	4.4	5.4	7

附表 14　标准弹簧垫圈（GB 93—1987）

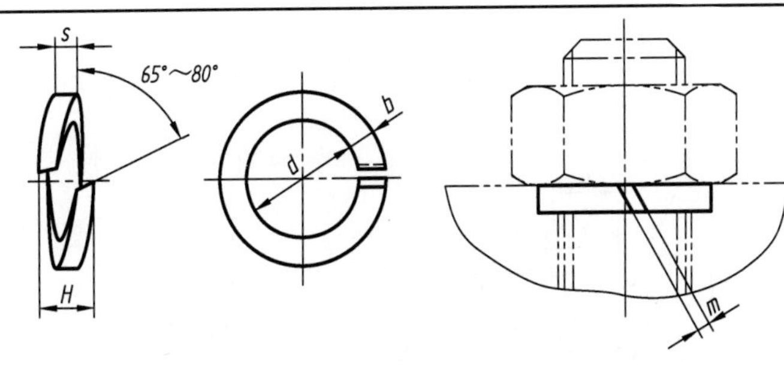

标记示例

规格 16mm，材料为 65Mn，表面氧化的标准型弹簧垫圈：

垫圈　GB 93—1987 16

（mm）

规格（螺纹大径）		4	5	6	8	10	12	16	20	24	30
d	min	4.1	5.1	6.1	8.1	10.2	12.2	16.2	20.2	24.5	30.5
	max	4.4	5.4	6.68	8.68	10.9	12.9	16.9	21.04	25.5	31.5
S（b）	公称	1.1	1.3	1.6	2.1	2.6	3.1	4.1	5	6	7.5
	min	1	1.2	1.5	2	2.45	2.95	3.9	4.8	5.8	7.2
	max	1.2	1.4	1.7	2.2	2.75	3.25	4.3	5.2	6.2	7.8
H	min	2.2	2.6	3.2	4.2	5.2	6.2	8.2	10	12	15
	max	2.75	3.25	4	5.25	6.5	7.75	10.25	12.5	15	18.75
$m \leqslant$		0.55	0.65	0.8	1.05	1.3	1.55	2.05	2.5	3	3.75

（六）键

附表 15　普通型平键（GB/T 1096—2003）

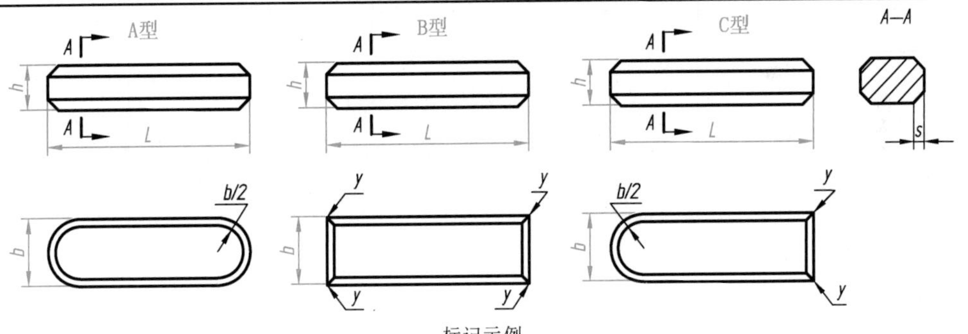

标记示例

宽度 b=16mm，高度 h=10mm，长度 L=100mm 的普通 A 型平键：GB/T 1096—2003　键　16×10×100

宽度 b=16mm，高度 h=10mm，长度 L=100mm 的普通 B 型平键：GB/T 1096—2003　键　B16×10×100

宽度 b=16mm，高度 h=10mm，长度 L=100mm 的普通 C 型平键：GB/T 1096—2003　键　C16×10×100

（mm）

b	2	3	4	5	6	8	10	12	14	16	18	20	22	25
h	2	3	4	5	6	7	8	8	9	10	11	12	14	14
s	0.16～0.25			0.25～0.40			0.40～0.60					0.60～0.80		
L	6～20	6～36	8～45	10～56	14～70	18～90	22～110	28～140	36～160	45～180	50～200	56～220	63～250	70～280
L(系列)	6，8，10，12，14，16，18，20，22，25，28，32，36，40，45，50，56，63，70，80，90，100，110，125，140，160，180，200，220，250，280													

注：s 表示倒角或倒圆，$y \leqslant s_{max}$。

附表 16 平键、键和键槽的断面尺寸（GB/T 1095—2003）

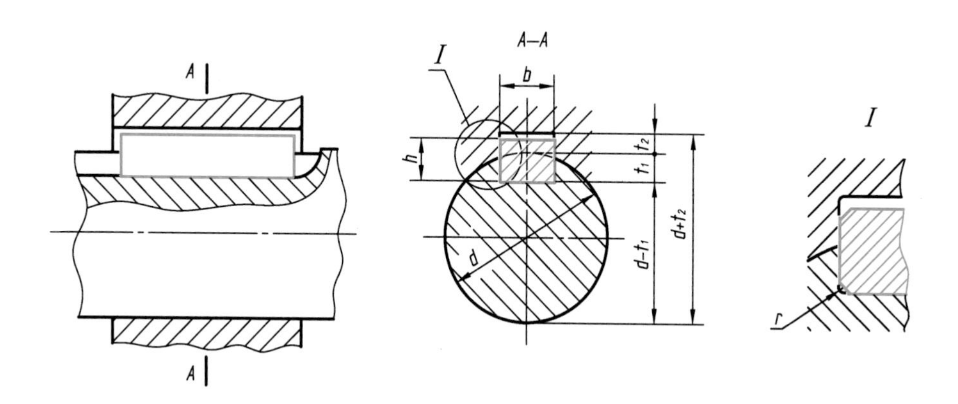

（mm）

键尺寸 $b\times h$	键槽											
	宽度 b						深度				半径 r	
	基本尺寸 b	极限偏差					轴 t_1		毂 t_2			
		松连接		正常连接		紧密连接	基本尺寸	极限偏差	基本尺寸	极限偏差		
		轴 H9	毂 D10	轴 N9	毂 JS9	轴和毂P9					min	max
2×2	2	+0.025 0	+0.060 +0.020	−0.004 −0.029	±0.0125	−0.006 −0.031	1.2	+0.1 0	1.0	+0.1 0	0.08	0.16
3×3	3						1.8		1.4			
4×4	4	+0.030 0	+0.078 +0.030	0 −0.030	±0.015	−0.012 −0.042	2.5		1.8			
5×5	5						3.0		2.3		0.16	0.25
6×6	6						3.5		2.8			
8×7	8	+0.036 0	+0.098 +0.040	0 −0.036	±0.018	−0.015 −0.051	4.0	+0.2 0	3.3	+0.2 0		
10×8	10						5.0		3.3		0.25	0.40
12×8	12	+0.043 0	+0.120 +0.050	0 −0.043	±0.0215	−0.018 −0.061	5.0		3.3			
14×9	14						5.5		3.8			
16×10	16						6.0		4.3			
18×11	18						7.0		4.4			
20×12	20	+0.052 0	+0.149 +0.065	0 −0.052	±0.026	−0.022 −0.074	7.5		4.9		0.40	0.60
22×14	22						9.0		5.4			
25×14	25						9.0		5.4			
28×16	28						10.0		6.4			

注：（1）平键轴槽的长度公差用 H14。

（2）轴槽和轮毂槽的键槽宽度 b 两侧面粗糙度参数 Ra 值推荐为 1.6～3.2μm，轴槽底面、轮毂槽底面的表面粗糙度参数 Ra 值为 6.3μm。

（七）销

圆柱销（GB/T 119.1—2000，GB/T 119.2—2000）：

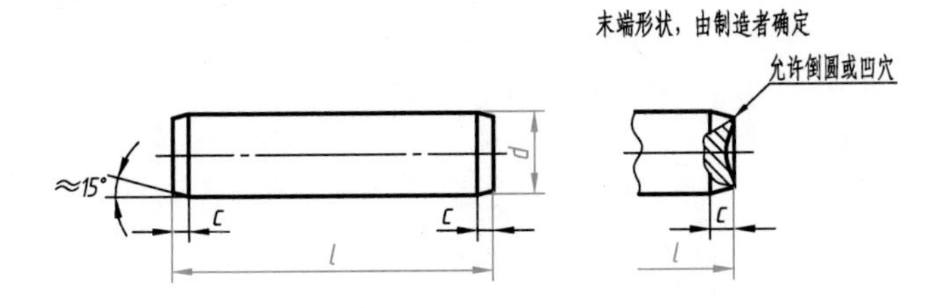

附表 17　不淬硬钢和奥氏体不锈钢圆柱销（GB/T 119.1—2000）

标记示例

（1）公称直径 d=6mm，公差为 m6，公称长度 l=30mm，材料为钢，不经淬火、不经表面热处理的圆柱销：

销　GB/T 119.1—2000　6 m6×30

（2）公称直径 d=6mm，公差为 m6，长度 l=30mm，材料为 A1 组奥氏体不锈钢，表面简单处理的圆柱销：

销　GB/T 119.1—2000　6 m6×30－A1

（mm）

d（公称）	0.6	0.8	1	1.2	1.5	2	2.5	3	4	5	6	8
c≈	0.12	0.16	0.2	0.25	0.3	0.35	0.4	0.5	0.63	0.8	1.2	1.6
l（商品规格范围公称长度）	2～6	2～8	4～10	4～12	4～16	6～20	6～24	8～30	8～40	10～50	12～60	14～80

d（公称）	10	12	16	20	25	30	40	50
c≈	2	2.5	3	3.5	4	5	6.3	8
l（商品规格范围公称长度）	18～95	22～140	26～180	35～200	50～200	60～200	80～200	95～200
l（系列）	2，3，4，5，6，8，10，12，14，16，18，20，22，24，26，28，30，32，35，40，45，50，55，60，65，70，75，80，85，90，95，100，120，140，160，180，200							

注：（1）公差为 m6 或 h8，其他公差由供需双方协商。

（2）公称长度大于 200mm，按 20mm 递增。

附表 18 淬硬钢和马氏体不锈钢圆柱销（GB/T 119.2—2000）

标记示例

（1）公称直径 d=6mm，公差为 m6，长度 l=30mm，材料为钢，普通淬火（A 型），表面氧化处理的圆柱销：

销 GB/T 119.2—2000 6×30

（2）公称直径 d=6mm，公差为 m6，长度 l=30mm，材料为 C1 组奥氏体不锈钢，表面简单处理的圆柱销：

销 GB/T 119.2—2000 6×30－C1

（mm）

d（公称）	1	1.5	2	2.5	3	4	5	6	8	10	12	16	20
c≈	0.2	0.3	0.35	0.4	0.5	0.63	0.8	1.2	1.6	2	2.5	3	3.5
l（商品规格范围公称长度）	3～10	4～16	5～20	6～24	8～30	10～40	12～50	14～60	18～80	22～100	26～100	40～100	50～100
l（系列）	3，4，5，6，8，10，12，14，16，18，20，22，24，26，28，30，32，35，40，45，50，55，60，65，70，75，80，85，90，95，100												

注：（1）公差为 m6，其他公差由供需双方协商。

（2）公称长度大于 100mm，按 20mm 递增。

附表 19 圆锥销（GB/T 117—2000）

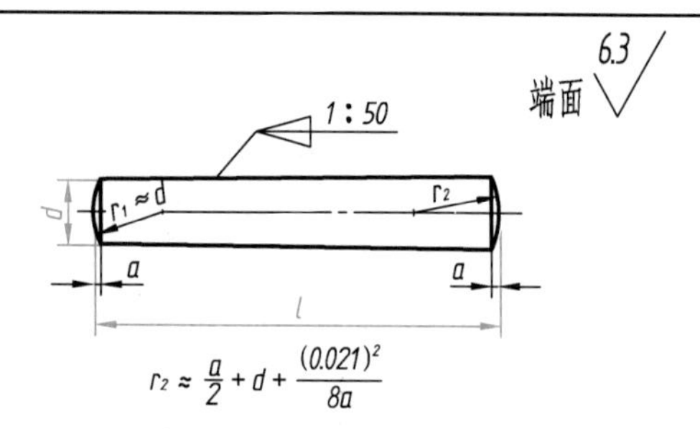

A 型（磨削）：锥面表面粗糙度 Ra=0.8μm；

B 型（切削或冷镦）：锥面表面粗糙度 Ra=3.2μm

标记示例

公称直径 d=6mm，公称长度 l=30mm，材料为 35 钢，热处理硬度 28～38HRC，表面氧化处理的 A 型圆锥销的标记：

销 GB/T 117—2000 6×30

（mm）

d（公称）	0.6	0.8	1	1.2	1.5	2	2.5	3	4	5
a≈	0.08	0.1	0.12	0.16	0.2	0.25	0.3	0.4	0.5	0.63
l（商品规格范围公称长度）	4～8	5～12	6～16	6～20	8～24	10～35	10～35	12～45	14～55	18～60
d（公称）	6	8	10	12	16	20	25	30	40	50
a≈	0.8	1	1.2	1.6	2	2.5	3	4	5	6.3
l（商品规格范围公称长度）	22～90	22～120	26～160	32～180	40～200	45～200	50～200	55～200	60～200	65～200
l（系列）	2，3，4，5，6，8，10，12，14，16，18，20，22，24，26，28，30，32，35，40，45，50，55，60，65，70，75，80，85，90，95，100，120，140，160，180，200									

注：（1）公差为 h6，其他公差，如 a11、c11 和 f8，由供需双方协商。

（2）公称长度大于 100mm，按 20mm 递增。

（八）滚动轴承

附表 20　深沟球轴承（GB/T 276—2013）

6000型

轴承型号	尺寸/mm		
	d	D	B
10 系列			
606	6	17	6
607	7	19	6
608	8	22	7
609	9	24	7
6000	10	26	8
6001	12	28	8
6002	15	32	9
6003	17	35	10
6004	20	42	12
6005	25	47	12
6006	30	55	13
6007	35	62	14
6008	40	68	15
6009	45	75	16
6010	50	80	16
6011	55	90	18
6012	60	95	18
02 系列			
623	3	10	4
624	4	13	5
625	5	16	5
626	6	19	6
627	7	22	7
628	8	24	8
629	9	26	8
6200	10	30	9
6201	12	32	10
6202	15	35	11
6203	17	40	12
6204	20	47	14
6205	25	52	15
6206	30	62	16
6207	35	72	17
6208	40	80	18
6209	45	85	19
6210	50	90	20
6211	55	100	21
6212	60	110	22
03 系列			
634	4	16	5
635	5	19	6
6300	10	35	11
6301	12	37	12
6302	15	42	13
6303	17	47	14
6304	20	52	15
6305	25	62	17
6306	30	72	19
6307	35	80	21
6308	40	90	23
6309	45	100	25
6310	50	110	27
6311	55	120	29
6312	60	130	31
6313	65	140	33
6314	70	150	35
6315	75	160	37
6316	80	170	39
6317	85	180	41
6318	90	190	43
04 系列			
6403	17	62	17
6404	20	72	19
6405	25	80	21
6406	30	90	23
6407	35	100	25
6408	40	110	27
6409	45	120	29
6410	50	130	31
6411	55	140	33
6412	60	150	35
6413	65	160	37
6414	70	180	42
6415	75	190	45
6416	80	200	48
6417	85	210	52
6418	90	225	54

附表 21　圆锥滚子轴承（GB/T 297—2015）　　(mm)

3000型

d	D	尺寸系列		
		29		
		T	B	C
20	37	12	12	9
22	40	12	12	9
25	42	12	12	9
28	45	12	12	9
30	47	12	12	9
32	52	14	14	10
35	55	14	14	11.5
40	62	15	15	12
45	68	15	15	12
50	72	15	15	12
55	80	17	17	14
60	85	17	17	14
65	90	17	17	14
70	100	20	20	16
75	105	20	20	16

d	D	尺寸系列					
		20			30		
		T	B	C	T	B	C
20	42	15	15	12	—	—	—
22	44	15	15	11.5	—	—	—
25	47	15	15	11.5	17	17	14
28	52	16	16	12	—	—	—
30	55	17	17	13	20	20	16
32	58	17	17	13	—	—	—
35	62	18	18	14	21	21	17
40	68	19	19	14.5	22	22	18
45	75	20	20	15.5	24	24	19
50	80	20	20	15.5	24	24	19
55	90	23	23	17.5	27	27	21
60	95	23	23	17.5	27	27	21
65	100	23	23	17.5	27	27	21
70	110	25	25	19	31	31	25.5
75	115	25	25	19	31	31	25.5

d	D	尺寸系列		
		31		
		T	B	C
40	75	26	26	20.5
45	80	26	26	20.5
50	85	26	26	20
55	95	30	30	23
60	100	30	30	23
65	110	34	34	26.5
70	120	37	37	29
75	125	37	37	29

d	D	尺寸系列								
		02			22			32		
		T	B	C	T	B	C	T	B	C
17	40	13.25	12	11	17.25	16	14	—	—	—
20	47	15.25	14	12	19.25	18	15	—	—	—
25	52	16.25	15	13	19.25	18	16	22	22	18
28	58	—	—	—	—	—	—	24	24	19
30	62	17.25	16	14	21.25	20	17	25	25	19.5
32	65	18.25	17	15	—	—	—	26	26	20.5
35	72	18.25	17	15	24.25	23	19	28	28	22
40	80	19.75	18	16	24.75	23	19	32	32	25
45	85	20.75	19	16	24.75	23	19	32	32	25
50	90	21.75	20	17	24.75	23	19	32	32	25.5
55	100	22.75	21	18	26.75	25	21	35	35	27
60	110	23.75	22	19	29.75	28	24	38	38	29
65	120	24.75	23	20	32.75	31	27	41	41	32
70	125	26.25	24	21	33.25	31	27	41	41	32
75	130	27.25	25	22	33.25	31	27	41	41	32

d	D	尺寸系列								
		03			13			23		
		T	B	C	T	B	C	T	B	C
15	42	14.25	13	11	—	—	—	—	—	—
17	47	15.25	14	12	—	—	—	20.25	19	16
20	52	16.25	15	13	—	—	—	22.25	21	18
25	62	18.25	17	15	18.25	17	13	25.25	24	20
30	72	20.75	19	16	20.75	19	14	28.75	27	23
35	80	22.75	21	18	22.75	21	15	32.75	31	25
40	90	25.25	23	20	25.25	23	17	35.25	33	27
45	100	27.25	25	22	27.25	25	18	38.25	36	30
50	110	29.25	27	23	29.25	27	19	42.25	40	33
55	120	31.5	29	25	31.5	29	21	45.5	43	35
60	130	33.5	31	26	33.5	31	22	48.5	46	37
65	140	36	33	28	36	33	23	51	48	39
70	150	38	35	30	38	35	25	54	51	42
75	160	40	37	31	40	37	26	58	55	45

附表 22　平底推力球轴承（GB/T 301—2015）

51000型

轴承型号	尺寸/mm				
	d	D	T	D_{1smin}	d_{1smax}
11 系列					
51100	10	24	9	11	24
51101	12	26	9	13	26
51102	15	28	9	16	28
51103	17	30	9	18	30
51104	20	35	10	21	35
51105	25	42	11	26	42
51106	30	47	11	32	47
51107	35	52	12	37	52
51108	40	60	13	42	60
51109	45	65	14	47	65
51110	50	70	14	52	70
51111	55	78	16	57	78
51112	60	85	17	62	85
51113	65	90	18	67	90
51114	70	95	18	72	95
51115	75	100	19	77	100
51116	80	105	19	82	105
51117	85	110	19	87	110
51118	90	120	22	92	120
51120	100	135	25	102	135
12 系列					
51200	10	26	11	12	26
51201	12	28	11	14	28
51202	15	32	12	17	32
51203	17	35	12	19	35
51204	20	40	14	22	40
51205	25	47	15	27	47
51206	30	52	16	32	52
51207	35	62	18	37	62
51208	40	68	19	42	68
51209	45	73	20	47	73
51210	50	78	22	52	78
51211	55	90	25	57	90
51212	60	95	26	62	95
51213	65	100	27	67	100
51214	70	105	27	72	105
51215	75	110	27	77	110
51216	80	115	28	82	115
51217	85	125	31	88	125
51218	90	135	35	93	135
51220	100	150	38	103	150
13 系列					
51304	20	47	18	22	47
51305	25	52	18	27	52
51306	30	60	21	32	60
51307	35	68	24	37	68
51308	40	78	26	42	78
51309	45	85	28	47	85
51310	50	95	31	52	95
51311	55	105	35	57	105
51312	60	110	35	62	110
51313	65	115	36	67	115
51314	70	125	40	72	125
51315	75	135	44	77	135
51316	80	140	44	82	140
51317	85	150	49	88	150
51318	90	155	50	93	155
51320	100	170	55	103	170
14 系列					
51405	25	60	24	27	60
51406	30	70	28	32	70
51407	35	80	32	37	80
51408	40	90	36	42	90
51409	45	100	39	47	100
51410	50	110	43	52	110
51411	55	120	48	57	120
51412	60	130	51	62	130
51413	65	140	56	68	140
51414	70	150	60	73	150
51415	75	160	65	78	160
51416	80	170	68	83	170
51417	85	180	72	88	177
51418	90	190	77	93	187
51420	100	210	85	103	205

三、极限与配合

附表 23　标准公差数值（摘自 GB/T 1800.1—2020）

公称尺寸/mm		标准公差等级																	
		IT1	IT2	IT3	IT4	IT5	IT6	IT7	IT8	IT9	IT10	IT11	IT12	IT13	IT14	IT15	IT16	IT17	IT18
大于	至	/μm																	
—	3	0.8	1.2	2	3	4	6	10	14	25	40	60	100	140	250	400	600	1000	1400
3	6	1	1.5	2.5	4	5	8	12	18	30	48	75	120	180	300	480	750	1200	1800
6	10	1	1.5	2.5	4	6	9	15	22	36	58	90	150	220	360	580	900	1500	2200
10	18	1.2	2	3	5	8	11	18	27	43	70	110	180	270	430	700	1100	1800	2700
18	30	1.5	2.5	4	6	9	13	21	33	52	84	130	210	330	520	840	1300	2100	3300
30	50	1.5	2.5	4	7	11	16	25	39	62	100	160	250	390	620	1000	1600	2500	3900
50	80	2	3	5	8	13	19	30	46	74	120	190	300	460	740	1200	1900	3000	4600
80	120	2.5	4	6	10	15	22	35	54	87	140	220	350	540	870	1400	2200	3500	5400
120	180	3.5	5	8	12	18	25	40	63	100	160	250	400	630	1000	1600	2500	4000	6300
180	250	4.5	7	10	14	20	29	46	72	115	185	290	460	720	1150	1850	2900	4600	7200
250	315	6	8	12	16	23	32	52	81	130	210	320	520	810	1300	2100	3200	5200	8100
315	400	7	9	13	18	25	36	57	89	140	230	360	570	890	1400	2300	3600	5700	8900
400	500	8	10	15	20	27	40	63	97	155	250	400	630	970	1550	2500	4000	6300	9700

注：（1）公称尺寸大于 500mm 的 IT1～IT5 的标准公差数值为试行的，此表未摘录。

（2）公称尺寸小于或等于 1mm 时，无 IT14～IT18。

附表 24　轴的基本偏差数值（GB/T 1800.1—2020）

公称尺寸/mm		基本偏差数值/μm														
		上极限偏差 es												下偏差 ei		
大于	至	所有标准公差等级												IT5 和 IT6	IT7	IT8
		a	b	c	cd	d	e	ef	f	fg	g	h	js	j		
—	3	−270	−140	−60	−34	−20	−14	−10	−6	−4	−2	0	偏差=±ITn/2，式中ITn是IT数值	−2	−4	−6 —
3	6	−270	−140	−70	−46	−30	−20	−14	−10	−6	−4	0		−2	−4	—
6	10	−280	−150	−80	−56	−40	−25	−18	−13	−8	−5	0		−2	−5	—
10	14	−290	−150	−95	—	−50	−32	—	−16	—	−6	0		−3	−6	—
14	18															
18	24	−300	−160	−110	—	−65	−40	—	−20	—	−7	0		−4	−8	—
24	30															
30	40	−310	−170	−120	—	−80	−50	—	−25	—	−9	0		−5	−10	—
40	50	−320	−180	−130												
50	65	−340	−190	−140	—	−100	−60	—	−30	—	−10	0		−7	−12	—
65	80	−360	−200	−150												
80	100	−380	−220	−170	—	−120	−72	—	−36	—	−12	0		−9	−15	—
100	120	−410	−240	−180												
120	140	−460	−260	−200	—	−145	−85	—	−43	—	−14	0		−11	−18	—
140	160	−520	−280	−210												
160	180	−580	−310	−230												
180	200	−660	−340	−240	—	−170	−100	—	−50	—	−15	0		−13	−21	—
200	225	−740	−380	−260												
225	250	−820	−420	−280												
250	280	−920	−480	−300	—	−190	−110	—	−56	—	−17	0		−16	−26	—
280	315	−1050	−540	−330												
315	355	−1200	−600	−360	—	−210	−125	—	−62	—	−18	0		−18	−28	—
355	400	−1350	−680	−400												
400	450	−1500	−760	−440	—	−230	−135	—	−68	—	−20	0		−20	−32	—
450	500	−1650	−840	−480												

续表

公称尺寸/mm		基本偏差数值/μm															
		下极限偏差 ei															
大于	至	IT4~IT7	≤IT3 >IT7	所有标准公差等级													
		k		m	n	p	r	s	t	u	v	x	y	z	za	zb	zc
—	3	0	0	+2	+4	+6	+10	+14	—	+18	—	+20	—	+26	+32	+40	+60
3	6	+1	0	+4	+8	+12	+15	+19	—	+23	—	+28	—	+35	+42	+50	+80
6	10	+1	0	+6	+10	+15	+19	+23	—	+28	—	+34	—	+42	+52	+67	+97
10	14	+1	0	+7	+12	+18	+23	+28	—	+33	—	+40	—	+50	+64	+90	+130
14	18										+39	+45	—	+60	+77	+108	+150
18	24	+2	0	+8	+15	+22	+28	+35	—	+41	+47	+54	+63	+73	+98	+136	+188
24	30								+41	+48	+55	+64	+75	+88	+118	+160	+218
30	40	+2	0	+9	+17	+26	+34	+43	+48	+60	+68	+80	+94	+112	+148	+200	+274
40	50								+54	+70	+81	+97	+114	+136	+180	+242	+325
50	65	+2	0	+11	+20	+32	+41	+53	+66	+87	+102	+122	+144	+172	+226	+300	+405
65	80						+43	+59	+75	+102	+120	+146	+174	+210	+274	+360	+480
80	100	+3	0	+13	+23	+37	+51	+71	+91	+124	+146	+178	+214	+258	+335	+445	+585
100	120						+54	+79	+104	+144	+172	+210	+254	+310	+400	+525	+690
120	140	+3	0	+15	+27	+43	+63	+92	+122	+170	+202	+248	+300	+365	+470	+620	+800
140	160						+65	+100	+134	+190	+228	+280	+340	+415	+535	+700	+900
160	180						+68	+108	+146	+210	+252	+310	+380	+465	+600	+780	+1000
180	200	+4	0	+17	+31	+50	+77	+122	+166	+236	+284	+350	+425	+520	+670	+880	+1150
200	225						+80	+130	+180	+258	+310	+385	+470	+575	+740	+960	+1250
225	250						+84	+140	+196	+284	+340	+425	+520	+640	+820	+1050	+1350
250	280	+4	0	+20	+34	+56	+94	+158	+218	+315	+385	+475	+580	+710	+920	+1200	+1550
280	315						+98	+170	+240	+350	+425	+525	+650	+790	+1000	+1300	+1700
315	355	+4	0	+21	+37	+62	+108	+190	+268	+390	+475	+590	+730	+900	+1150	+1500	+1900
355	400						+114	+208	+294	+435	+530	+660	+820	+1000	+1300	+1650	+2100
400	450	+5	0	+23	+40	+68	+126	+232	+330	+490	+595	+740	+920	+1100	+1450	+1850	+2400
450	500						+132	+252	+360	+540	+660	+820	+1000	+1250	+1600	+2100	+2600

附表 25　孔的基本偏差数值（GB/T 1800.1—2020）

公称尺寸/mm		基本偏差数值/μm																		
		下极限偏差 EI												上偏差 ES						
大于	至	所有标准公差等级												IT6	IT7	IT8	≤IT8	>IT8	≤IT8	>IT8
		A	B	C	CD	D	E	EF	F	FG	G	H	JS	J			K		M	
—	3	+270	+140	+60	+34	+20	+14	+10	+6	+4	+2	0	偏差=±ITn/2，式中ITn是IT数值	+2	+4	+6	0	0	−2	−2
3	6	+270	+140	+70	+46	+30	+20	+14	+10	+6	+4	0		+5	+6	+10	−1+Δ	—	−4+Δ	−4
6	10	+280	+150	+80	+56	+40	+25	+18	+13	+8	+5	0		+5	+8	+12	−1+Δ	—	−6+Δ	−6
10	14	+290	+150	+95	—	+50	+32	—	+16	—	+6	0		+6	+10	+15	−1+Δ	—	−7+Δ	−7
14	18																			
18	24	+300	+160	+110	—	+65	+40	—	+20	—	+7	0		+8	+12	+20	−2+Δ	—	−8+Δ	−8
24	30																			
30	40	+310	+170	+120	—	+80	+50	—	+25	—	+9	0		+10	+14	+24	−2+Δ	—	−9+Δ	−9
40	50	+320	+180	+130																
50	65	+340	+190	+140	—	+100	+60	—	+30	—	+10	0		+13	+18	+28	−2+Δ	—	−11+Δ	−11
65	80	+360	+200	+150																
80	100	+380	+220	+170	—	+120	+72	—	+36	—	+12	0		+16	+22	+34	−3+Δ	—	−13+Δ	−13
100	120	+410	+240	+180																
120	140	+460	+260	+200	—	+145	+85	—	+43	—	+14	0		+18	+26	+41	−3+Δ	—	−15+Δ	−15
140	160	+520	+280	+210																
160	180	+580	+310	+230																
180	200	+660	+340	+240	—	+170	+100	—	+50	—	+15	0		+22	+30	+47	−4+Δ	—	−17+Δ	−17
200	225	+740	+380	+260																
225	250	+820	+420	+280																
250	280	+920	+480	+300	—	+190	+110	—	+56	—	+17	0		+25	+36	+55	−4+Δ	—	−20+Δ	−20
280	315	+1050	+540	+330																
315	355	+1200	+600	+360	—	+210	+125	—	+62	—	+18	0		+29	+39	+60	−4+Δ	—	−21+Δ	−21
355	400	+1350	+680	+400																
400	450	+1500	+760	+440	—	+230	+135	—	+68	—	+20	0		+33	+43	+66	−5+Δ	—	−23+Δ	−23
450	500	+1650	+840	+480																

续表

公称尺寸/mm		基本偏差数值/μm 上极限偏差 ES															Δ值/μm					
大于	至	≤IT8	>IT8	≤IT7	标准公差等级>IT7												标准公差等级					
		N		P~ZC	P	R	S	T	U	V	X	Y	Z	ZA	ZB	ZC	IT3	IT4	IT5	IT6	IT7	IT8
—	3	−4	−4		−6	−10	−14	—	−18	—	−20	—	−26	−32	−40	−60	0					
3	6	−8+Δ	0	在大于IT7的相应数值上增加一个Δ值	−12	−15	−19	—	−23	—	−28	—	−35	−42	−50	−80	1	1.5	1	3	4	6
6	10	−10+Δ	0		−15	−19	−23	—	−28	—	−34	—	−42	−52	−67	−97	1	1.5	2	3	6	7
10	14	−12+Δ	0		−18	−23	−28	—	−33	—	−40	—	−50	−64	−90	−130	1	2	3	3	7	9
14	18									−39	−45	—	−60	−77	−108	−150						
18	24	−15+Δ	0		−22	−28	−35	—	−41	−47	−54	−63	−73	−98	−136	−188	1.5	2	3	4	8	12
24	30							−41	−48	−55	−64	−75	−88	−118	−160	−218						
30	40	−17+Δ	0		−26	−34	−43	−48	−60	−68	−80	−94	−112	−148	−200	−274	1.5	3	4	5	9	14
40	50							−54	−70	−81	−97	−114	−136	−180	−242	−325						
50	65	−20+Δ	0		−32	−41	−53	−66	−87	−102	−122	−144	−172	−226	−300	−405	2	3	5	6	11	16
65	80					−43	−59	−75	−102	−120	−146	−174	−210	−274	−360	−480						
80	100	−23+Δ	0		−37	−51	−71	−91	−124	−146	−178	−214	−258	−335	−445	−585	2	4	5	7	13	19
100	120					−54	−79	−104	−144	−172	−210	−254	−310	−400	−525	−690						
120	140	−27+Δ	0		−43	−63	−92	−122	−170	−202	−248	−300	−365	−470	−620	−800	3	4	6	7	15	23
140	160					−65	−100	−134	−190	−228	−280	−340	−415	−535	−700	−900						
160	180					−68	−108	−146	−210	−252	−310	−380	−465	−600	−780	−1000						
180	200	−31+Δ	0		−50	−77	−122	−166	−236	−284	−350	−425	−520	−670	−880	−1150	3	4	6	9	17	26
200	225					−80	−130	−180	−258	−310	−385	−470	−575	−740	−960	−1250						
225	250					−84	−140	−196	−284	−340	−425	−520	−640	−820	−1050	−1350						
250	280	−34+Δ	0		−56	−94	−158	−218	−315	−385	−475	−580	−710	−920	−1200	−1550	4	4	7	9	20	29
280	315					−98	−170	−240	−350	−425	−525	−650	−790	−1000	−1300	−1700						
315	355	−37+Δ	0		−62	−108	−190	−268	−390	−475	−590	−730	−900	−1150	−1500	−1900	4	5	7	11	21	32
355	400					−114	−208	−294	−435	−530	−660	−820	−1000	−1300	−1650	−2100						
400	450	−40+Δ	0		−68	−126	−232	−330	−490	−595	−740	−920	−1100	−1450	−1850	−2400	5	5	7	13	23	34
450	500					−132	−252	−360	−540	−660	−820	−1000	−1250	−1600	−2100	−2600						

附表 26　优先配合中轴的极限偏差（摘自 GB/T 1800.2—2020）

公称尺寸/mm		公差带													
		c	d	e	f	g	h			JS	k	n	p	r	s
大于	至	11	9	8	7	6	6	7	9	6	6	6	6	6	6
-	3	-60 -120	-20 -45	-14 -28	-6 -16	-2 -8	0 -6	0 -10	0 -25	±3	+6 0	+10 +4	+12 +6	+16 +10	+20 +14
3	6	-70 -145	-30 -60	-20 -38	-10 -22	-4 -12	0 -8	0 -12	0 -30	±4	+9 +1	+16 +8	+20 +12	+23 +15	+27 +19
6	10	-80 -170	-40 -76	-25 -47	-13 -28	-5 -14	0 -9	0 -15	0 -36	±4.5	+10 +1	+19 +10	+24 +15	+28 +19	+32 +23
10	14	-95 -205	-50 -93	-32 -59	-16 -34	-6 -17	0 -11	0 -18	0 -43	±5.5	+12 +1	+23 +12	+29 +18	+34 +23	+39 +28
14	18														
18	24	-110 -240	-65 -117	-40 -73	-20 -41	-7 -20	0 -13	0 -21	0 -52	±6.5	+15 +2	+28 +15	+35 +22	+41 +28	+48 +35
24	30														
30	40	-120 -280	-80 -142	-50 -89	-25 -50	-9 -25	0 -16	0 -25	0 -62	±8	+18 +2	+33 +17	+42 +26	+50 +34	+59 +43
40	50	-130 -290													
50	65	-140 -330	-100 -174	-60 -106	-30 -60	-10 -29	0 -19	0 -30	0 -74	±9.5	+21 +2	+39 +20	+51 +32	+60 +41	+72 +53
65	80	-150 -340												+62 +43	+78 +59
80	100	-170 -390	-120 -207	-72 -126	-36 -71	-12 -34	0 -22	0 -35	0 -87	±11	+25 +3	+45 +23	+59 +37	+73 +51	+93 +71
100	120	-180 -400												+76 +54	+101 +79
120	140	-200 -450	-145 -245	-85 -148	-43 -83	-14 -39	0 -25	0 -40	0 -100	±12.5	+28 +3	+52 +27	+68 +43	+88 +63	+117 +92
140	160	-210 -460												+90 +65	+125 +100
160	180	-230 -480												+93 +68	+133 +108
180	200	-240 -530	-170 -285	-100 -172	-50 -96	-15 -44	0 -29	0 -46	0 -115	±14.5	+33 +4	+60 +31	+79 +50	+106 +77	+151 +122
200	225	-260 -550												+109 +80	+159 +130
225	250	-280 -570												+113 +84	+169 +140
250	280	-300 -620	-190 -320	-110 -191	-56 -108	-17 -49	0 -32	0 -52	0 -130	±16	+36 +4	+66 +34	+88 +56	+126 +94	+190 +158
280	315	-330 -650												+130 +98	+202 +170
315	355	-360 -720	-210 -350	-125 -214	-62 -119	-18 -54	0 -36	0 -57	0 -140	±18	+40 +4	+73 +37	+98 +62	+144 +108	+226 +190
355	400	-400 -760												+150 +114	+244 +208
400	450	-440 -840	-230 -385	-135 -232	-68 -131	-20 -60	0 -40	0 -63	0 -155	±20	+45 +5	+80 +40	+108 +68	+166 +126	+272 +232
450	500	-480 -880												+172 +132	+292 +252

附表 27 优先配合中孔的极限偏差（摘自 GB/T 1800.1—2020）

公称尺寸/mm		公差带												
		B	D	E	F	G	H			JS	K	N	P	S
大于	至	11	10	9	8	7	7	8	9	7	7	7	7	7
-	3	+200 +140	+60 +20	+39 +14	+20 +6	+12 +2	+10 0	+14 0	+25 0	±5	0 -10	-4 -14	-6 -16	-14 -24
3	6	+215 +140	+78 +30	+50 +20	+28 +10	+16 +4	+12 0	+18 0	+30 0	±6	+3 -9	-4 -16	-8 -20	-15 -27
6	10	+240 +150	+98 +40	+61 +25	+35 +13	+20 +5	+15 0	+22 0	+36 0	±7.5	+5 -10	-4 -19	-9 -24	-17 -32
10	18	+260 +150	+120 +50	+75 +32	+43 +16	+24 +6	+18 0	+27 0	+43 0	±9	+6 -12	-5 -23	-11 -29	-21 -39
18	30	+290 +160	+149 +65	+92 +40	+53 +20	+28 +7	+21 0	+33 0	+52 0	±10.5	+6 -15	-7 -28	-14 -35	-27 -48
30	40	+330 +170	+180 +80	+112 +50	+64 +25	+34 +9	+25 0	+39 0	+62 0	±12.5	+7 -18	-8 -33	-17 -42	-34 -59
40	50	+340 +180												
50	65	+380 +190	+220 +100	+134 +60	+76 +30	+40 +10	+30 0	+46 0	+74 0	±15	+9 -21	-9 -39	-21 -51	-42 -72
65	80	+390 +200												-48 -78
80	100	+440 +220	+260 +120	+159 +72	+90 +36	+47 +12	+35 0	+54 0	+87 0	±17.5	+10 -25	-10 -45	-24 -59	-58 -93
100	120	+460 +240												-66 -101
120	140	+510 +260	+305 +145	+185 +85	+106 +43	+54 +14	+40 0	+63 0	+100 0	±20	+12 -28	-12 -52	-28 -68	-77 -117
140	160	+530 +280												-85 -125
160	180	+560 +310												-93 -133
180	200	+630 +340	+355 +170	+215 +100	+122 +50	+61 +15	+46 0	+72 0	+115 0	±23	+13 -33	-14 -60	-33 -79	-105 -151
200	225	+670 +380												-113 -159
225	250	+710 +420												-123 -169
250	280	+800 +480	+400 +190	+240 +110	+137 +56	+69 +17	+52 0	+81 0	+130 0	±26	+16 -36	-14 -66	-36 -88	-138 -190
280	315	+860 +540												-150 -202
315	355	+960 +600	+440 +210	+265 +125	+151 +62	+75 +18	+57 0	+89 0	+140 0	±28.5	+17 -40	-16 -73	-41 -98	-169 -226
355	400	+1040 +680												-187 -244
400	450	+1160 +760	+480 +230	+290 +135	+165 +68	+83 +20	+63 0	+97 0	+155 0	±31.5	+18 -45	-17 -80	-45 -108	-209 -272
450	500	+1240 +840												-229 -292

四、常用的零件结构要素

附表 28　砂轮越程槽（摘自 GB/T 6403.5—2008）　　(mm)

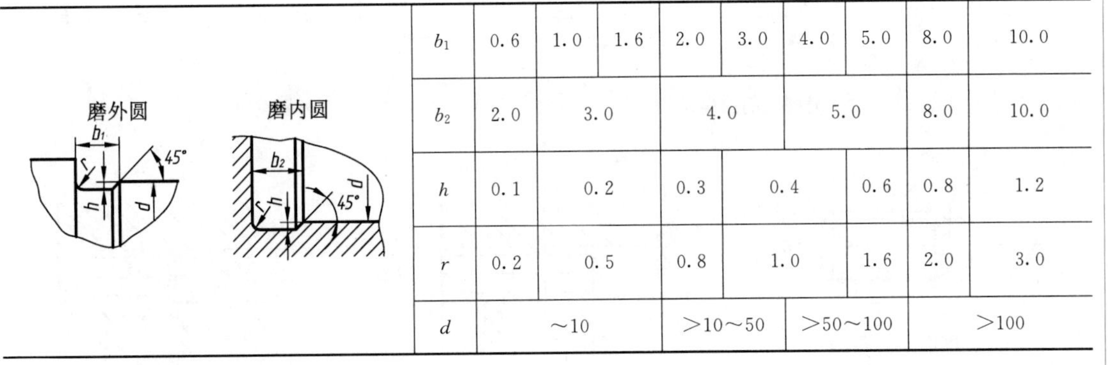

b_1	0.6	1.0	1.6	2.0	3.0	4.0	5.0	8.0	10.0
b_2	2.0	3.0		4.0		5.0		8.0	10.0
h	0.1	0.2		0.3	0.4		0.6	0.8	1.2
r	0.2	0.5		0.8	1.0		1.6	2.0	3.0
d	~10			>10~50		>50~100		>100	

注：(1) 越程槽内二直线相交处，不允许产生尖角。

(2) 越程槽深度 h 与圆弧半径 r，要满足 $r \leqslant 3h$。

(3) 磨削具有数个直径的工件时，可使用同一规格的越程槽。

(4) 直径 d 值大的零件，允许选择小规格的砂轮越程槽。

(5) 砂轮越程槽的尺寸公差和表面粗糙度根据该零件的结构、性能确定。

附表 29　零件倒圆与倒角（GB/T 6403.4—2008）　　(mm)

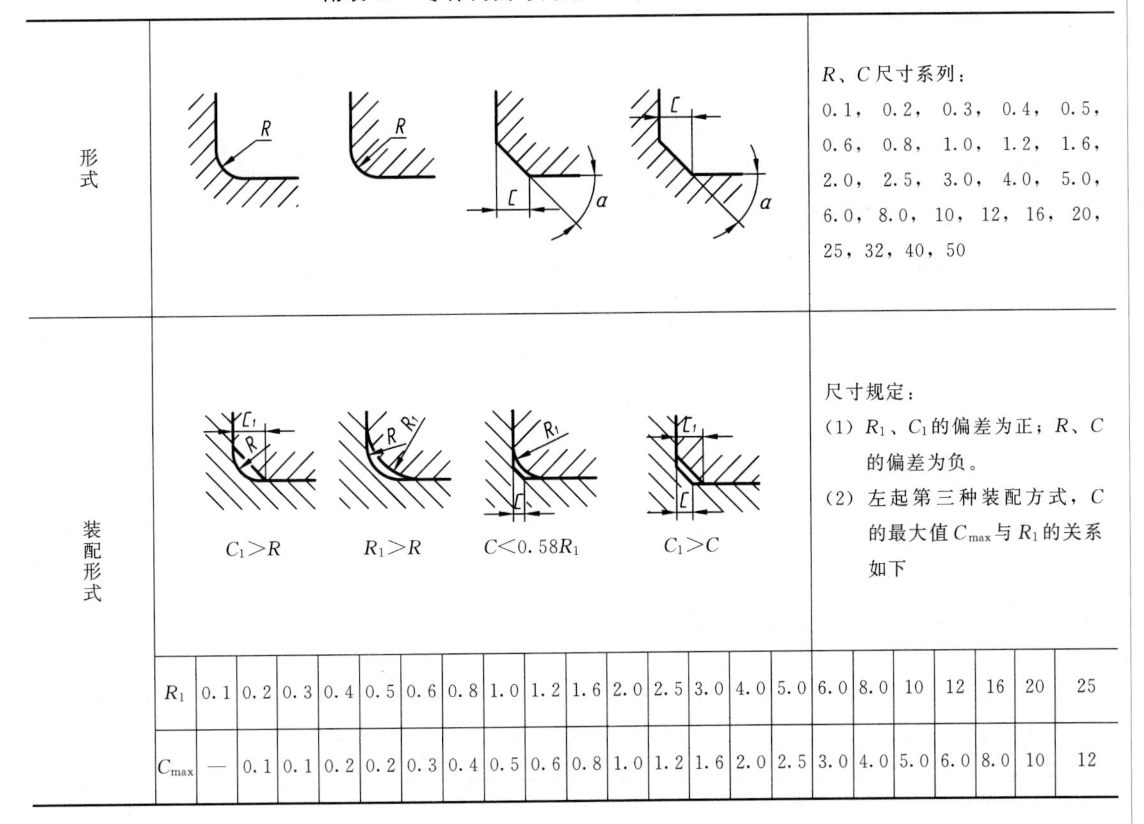

形式		R、C尺寸系列：0.1，0.2，0.3，0.4，0.5，0.6，0.8，1.0，1.2，1.6，2.0，2.5，3.0，4.0，5.0，6.0，8.0，10，12，16，20，25，32，40，50
装配形式	$C_1>R$　$R_1>R$　$C<0.58R_1$　$C_1>C$	尺寸规定：(1) R_1、C_1的偏差为正；R、C的偏差为负。(2) 左起第三种装配方式，C的最大值C_{max}与R_1的关系如下

R_1	0.1	0.2	0.3	0.4	0.5	0.6	0.8	1.0	1.2	1.6	2.0	2.5	3.0	4.0	5.0	6.0	8.0	10	12	16	20	25
C_{max}	—	0.1	0.1	0.2	0.2	0.3	0.4	0.5	0.6	0.8	1.0	1.2	1.6	2.0	2.5	3.0	4.0	5.0	6.0	8.0	10	12

附表 30 普通螺纹收尾、肩距、退刀槽和倒角（GB/T 3—1997）

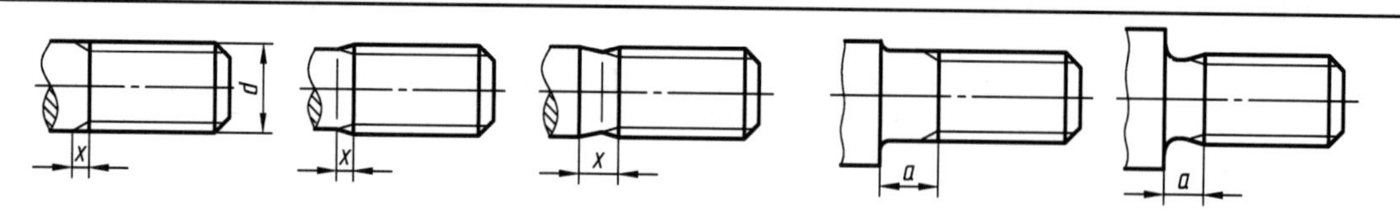

外螺纹的收尾

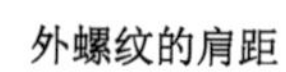

外螺纹的肩距

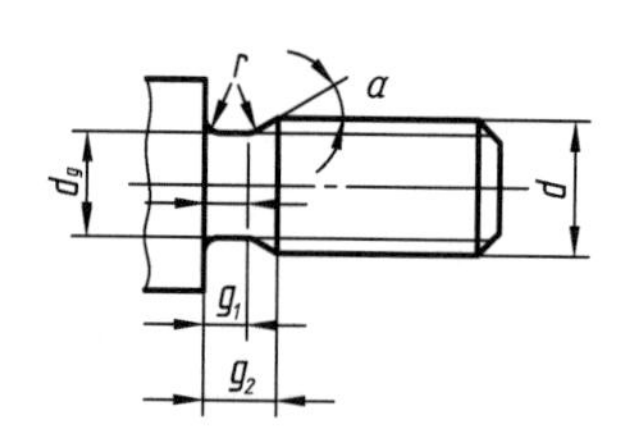

外螺纹的退刀槽

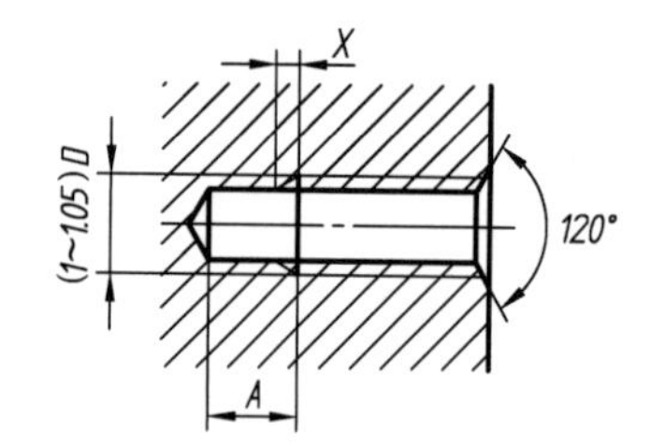

内螺纹的收尾和肩距

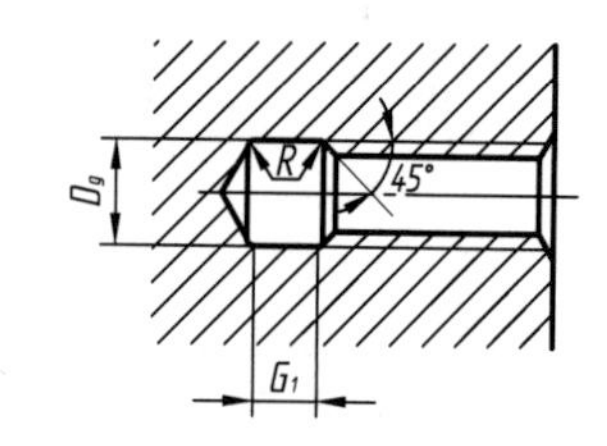

内螺纹的退刀槽

（mm）

螺距 P	内、外螺纹收尾 max				内、外螺纹肩距 max					退刀槽							
	一般		短的		一般		长的		短的	外螺纹				内螺纹			
	x	X	x	X	a	A	a	A	a	$g_{2\max}$	$g_{1\max}$	d_g	r≈	G_1 一般	G_1 短的	D_g	R≈
0.5	1.25	2	0.7	1	1.5	3	2	4	1	1.5	0.8	$d-0.8$	0.2	2	1		0.2
0.6	1.5	2.4	0.75	1.2	1.8	3.2	2.4	4.8	1.2	1.8	0.9	$d-1$	0.4	2.4	1.2		0.3
0.7	1.75	2.8	0.9	1.4	2.1	3.5	2.8	5.6	1.4	2.1	1.1	$d-1.1$	0.4	2.8	1.4	$D+0.3$	0.4
0.75	1.9	3	1	1.5	2.25	3.8	3	6	1.5	2.25	1.2	$d-1.2$	0.4	3	1.5		0.4
0.8	2	3.2	1	1.6	2.4	4	3.2	6.4	1.6	2.4	1.3	$d-1.3$	0.4	3.2	1.6		0.4
1	2.5	4	1.25	2	3	5	4	8	2	3	1.6	$d-1.6$	0.6	4	2		0.5
1.25	3.2	5	1.6	2.5	4	6	5	10	2.5	3.75	2	$d-2$	0.6	5	2.5		0.6
1.5	3.8	6	1.9	3	4.5	7	6	12	3	4.5	2.5	$d-2.3$	0.8	6	3		0.8
1.75	4.3	7	2.2	3.5	5.3	9	7	14	3.5	5.25	3	$d-2.6$	1	7	3.5		0.9
2	5	8	2.5	4	6	10	8	16	4	6	3.4	$d-3$	1	8	4		1
2.5	6.3	10	3.2	5	7.5	12	10	18	5	7.5	4.4	$d-3.6$	1.2	10	5		1.2
3	7.5	12	3.8	6	9	14	12	22	6	9	5.2	$d-4.4$	1.6	12	6	$D+0.5$	1.5
3.5	9	14	4.5	7	10.5	16	14	24	7	10.5	6.2	$d-5$	1.6	14	7		1.8
4	10	16	5	8	12	18	16	26	8	12	7	$d-5.7$	2	16	8		2
4.5	11	18	5.5	9	13.5	21	18	29	9	13.5	8	$d-6.4$	2.5	18	9		2.2
5	12.5	20	6.3	10	15	23	20	32	10	15	9	$d-7$	2.5	20	10		2.5
5.5	14	22	7	11	16.5	25	22	35	11	17.5	11	$d-7.7$	3.2	22	11		2.8
6	15	24	7.5	12	18	28	24	38	12	18	11	$d-8.3$	3.2	24	12		3

注：本表未摘录 $P<0.5$ 的有关尺寸。

附表 31　紧固件通孔及沉孔尺寸

(mm)

螺栓或螺钉直径 d			3	4	5	6	8	10	12	14	16	18	20	22	24	27	30	36
通孔直径 GB/T 5277—1985	精装配		3.2	4.3	5.3	6.4	8.4	10.5	13	15	17	19	21	23	25	28	31	37
	中等装配		3.4	4.5	5.5	6.6	9	11	13.5	15.5	17.5	20	22	24	26	30	33	39
	粗装配		3.6	4.8	5.8	7	10	12	14.5	16.5	18.5	21	24	26	28	32	35	42
六角头螺栓和六角头螺母用沉孔	GB/T 152.4—1988	d_2	9	10	11	13	18	22	26	30	33	36	40	43	48	53	61	71
		d_3	—	—	—	—	—	—	16	18	20	22	24	26	28	33	36	42
		d_1	3.4	4.5	5.5	6.6	9	11.0	13.5	15.5	17.5	20.0	22.0	24	26	30	33	39
沉头螺钉用沉孔	GB/T 152.2—2014	D_c	6.3	9.4	10.4	12.6	17.3	20.0	—	—	—	—	—	—	—	—	—	—
		$t\approx$	1.55	2.55	2.58	3.13	4.28	4.65	—	—	—	—	—	—	—	—	—	—
		d_h	3.40	4.50	5.50	6.60	9.00	11.00	—	—	—	—	—	—	—	—	—	—
		α	90°±1°															
圆柱头用沉孔	GB/T 152.3—1988	d_2	6.0	8.0	10.0	11.0	15.0	18.0	20.0	24.0	26.0	—	33.0	—	40.0	—	48.0	适用于内六角圆柱头螺钉
		t	3.4	4.6	5.7	6.8	9.0	11.0	13.0	15.0	17.5	—	21.5	—	25.5	—	32.0	
		d_3	—	—	—	—	—	—	16	18	20	—	24	—	28	—	36	
		d_1	3.4	4.5	5.5	6.6	9.0	11.0	13.5	15.5	17.5	—	22.0	—	26.0	—	33.0	
		d_2	—	8	10	11	15	18	20	24	26	—	33	—	—	—	—	适用于开槽圆柱头螺钉
		t	—	3.2	4.0	4.7	6.0	7.0	8.0	9.0	10.5	—	12.5	—	—	—	—	
		d_3	—	—	—	—	—	—	16	18	20	—	24	—	—	—	—	
		d_1	—	4.5	5.5	6.6	9.0	11.0	13.5	15.5	17.5	—	22.0	—	—	—	—	

注：对螺栓和螺母用沉孔的尺寸 t，只要能制出与通孔垂直的圆平面即可。

五、常用材料的牌号及性能

附表 32 金属材料

标准	名称	牌号	应用举例		说明
GB/T 700—2006	碳素结构钢	Q215	A 级	金属结构件、拉杆、套圈、铆钉、螺栓，短轴、心轴、凸轮（载荷不大的）、垫圈、渗碳零件及焊接件	“Q”为碳素结构钢屈服点“屈”字的汉语拼音首位字母，后面的数字表示屈服点的数值，如 Q235 表示碳素结构钢的屈服点为 235MPa
			B 级		
		Q235	A 级	金属结构件，心部强度要求不高的渗碳或氰化零件，吊钩、拉杆、套圈、汽缸、齿轮、螺栓，螺母、连杆、轮轴、锲、盖及焊接件	
			B 级		
			C 级		
			D 级		
		Q275	A 级	轴、轴销、制动杆、螺母、螺栓、垫圈、连杆、齿轮以及其他强度较高的零件	
			B 级		
			C 级		
			D 级		
GB/T 699—2015	优质碳素结构钢	10	用作拉杆、卡头、垫圈、铆钉及焊接零件		牌号的两位数字表示平均碳的质量分数，45 号钢即表示碳的质量分数为 0.45%； 碳的质量分数≤0.25%的碳钢属低碳钢（渗碳钢）； 碳的质量分数在 0.25%～0.6%的碳钢属中碳钢（调质钢）； 碳的质量分数在>0.6%的碳钢属高碳钢； 锰的质量分数较高的钢，需加注化学元素符号“Mn”
		15	用作受力不大和韧性较高的零件、渗碳零件及紧固件（如螺栓、螺钉）、法兰盘和化工储器		
		35	用于制造曲轴、转轴、轴销、杠杆、连杆、螺栓、螺母、垫圈等，一般不作焊接用		
		45	用作要求综合力学性能高的各种零件，通常经正火或调质处理后使用，用于制造轴、齿轮、齿条、链轮、螺栓、螺母、销钉、键、拉杆等		
		60	用于制造弹簧、弹簧垫圈、凸轮、轧辊等		
		15Mn	制作心部力学性能要求较高且需渗碳的零件		
		65Mn	用作要求耐磨性高的圆盘、衬板、齿轮、花键轴、弹簧等		
GB/T 3077—2019	合金结构钢	20Mn2	用作渗碳小齿轮、小轴、活塞销、柴油机套筒、气门推杆、缸套等		钢中加入一定量的合金元素，提高钢的力学性能和耐磨性，也提高了钢的淬透性，保证金属在较大截面上获取高的力学性能
		15Cr	用于要求心部韧性较高的渗碳零件，如船舶主机用螺栓、活塞销、凸轮、凸轮轴、汽轮机套环、机车小零件等		
		40Cr	用于受变载、中速、强度磨损而无很大冲击的重要零件，如重要的齿轮、轴、曲轴、连杆、螺栓、螺母等		
		35SiMn	耐磨、耐疲劳性均佳，适用于小型轴类、齿轮及 430℃以下的重要紧固件等		
		20CrMnTi	工艺性特优，强度、韧性均高，可用于承受高速、中等或重负荷以及冲击、磨损等的重要零件，如渗碳齿轮、凸轮等		

续表

标准	名称	牌号	应用举例	说明
GB/T 11352—2009	铸钢	ZG230—450	轧机机架、铁道车辆摇枕、侧梁、铁铮台、机座、箱体、锤轮、450℃以下的管路附件等	“ZG”为铸钢汉语拼音的首位字母，后面的数字表示屈服点和抗拉强度，如ZG230—450表示屈服点为230MPa、抗拉强度为450MPa
		ZG310—570	适用于各种形状的零件，如联轴器、齿轮、汽缸、轴、机架、齿圈等	
GB/T 9439—2010	灰铸铁	HT150	用于小负荷和对耐磨性无特殊要求的零件，如端盖、外罩、手轮、一般机床的底座、床身及其复杂零件，以及滑台、工作台和低压管件等	“HT”为“灰铁”的汉语拼音的首位字母，后面的数字表示抗拉强度，如HT200表示抗拉强度为200MPa的灰铸铁
		HT200	用于中等负荷和对耐磨性有一定要求的零件，如机床床身、立柱、飞轮、汽缸、泵体、轴承座、活塞、齿轮箱、阀体等	
		HT250	用于中等负荷和对耐磨性有一定要求的零件，如阀体、油缸、汽缸、联轴器、机体、齿轮、齿轮箱外壳、飞轮、液压泵和滑阀的壳体等	
GB/T 1176—2013	5—5—5 锡青铜	ZCuSn5 Pb5Zn5	耐磨性和耐蚀性均好，易加工，铸造性和气密性较好；用于较高负荷、中等滑动速度下工作的耐磨、耐腐蚀零件，如轴瓦、衬套、缸套、活塞、离合器、蜗轮等	“Z”为铸造汉语拼音的首位字母，各化学元素后面的数字表示该元素含量的百分数，如ZCuAl10Fe3表示含Al 8.1%～11%、Fe2%～4%，其余为Cu的铸造铝青铜
	10—3 铝青铜	ZCuAl10Fe3	力学性能好，耐磨性、耐蚀性、抗氧化性好，可以焊接，不易钎焊，大型铸件自700℃空冷可防止变脆。可用于制造强度高、耐磨、耐蚀的零件，如蜗轮、轴承、衬套、管嘴、耐热管配件等	
	25—6—3—3 铝黄铜	ZCuZn25 Al6Fe3Mn3	有较高的力学性能，铸造性良好、耐蚀性较好，有应力腐蚀开裂倾向，可以焊接；适用于高强耐磨零件，如桥梁支承板、螺母、螺杆、耐磨板、滑块、蜗轮等	
	38—2—2 锰黄铜	ZCuZn38 Mn2Pb2	有较高的力学性能和耐蚀性，耐磨性较好，切削性良好；可用于一般用途的构件，以及船舶仪表等使用的外形简单的铸件，如套筒、衬套、轴瓦、滑块等	
GB/T 1173—2013	铸造铝合金	ZAlSi12 代号ZL102	用于制造形状复杂、负荷小、耐腐蚀的薄壁零件和工作温度≤200℃的高气密性零件	含硅10%～13%的铝硅合金
GB/T 3190—2020	硬铝	2Al2 （原LY12）	适于制作中等强度的零件，焊接性能好	含铜、镁和锰的硬铝，2Al2表示含铜3.8%～4.9%、镁1.2%～1.8%、锰0.3%～0.9%

附表 33　非金属材料

标准	名称	牌 号	说明	应用举例
GB/T 539—2008	耐油石棉橡胶板	NY250 HNY300	NY 系列为一般工业用耐油石棉橡胶板，HNY 为航空工业用耐油石棉橡胶板	供航空发动机用的煤油、润滑油及冷气系统结合处的密封衬垫材料
GB/T 5574—2008	耐酸碱橡胶板	2707 2807 2709	较高硬度 中等硬度	具有耐酸碱性能，在温度 −30～+60℃ 的 20%浓度的酸碱液体中工作，用作冲制密封性能较好的垫圈
	耐油橡胶板	3707 3807 3709 3809	较高硬度	可在一定温度的机油、变压器油、汽油等介质中工作，适用于冲制各种形状的垫圈
	耐热橡胶板	4708 4808 4710	较高硬度 中等硬度	可在 −30～+100℃ 且压力不大的条件下，于热空气、蒸汽介质中工作，用于冲制各种垫圈及隔热垫板

六、常见的热处理名词

附表 34　常见热处理名词应用及说明

<table>
<tr><th colspan="2">名词</th><th>应用</th><th>说明</th></tr>
<tr><td colspan="2">退火</td><td>用来消除铸、锻、焊零件的内应力，降低硬度，便于切削加工，细化金属晶粒，改善组织，增加韧性</td><td>将钢件加热到适当温度（一般是 710～715℃，个别合金钢 800～900℃）以上 30～50℃，保温一段时间，然后缓慢冷却（一般在炉中冷却）</td></tr>
<tr><td colspan="2">正火</td><td>用来处理低碳和中碳结构钢及渗碳零件，使其组织细化，增加强度与韧性，减少内应力，改善切削性能</td><td>将钢件加热到临界温度以上，保温一段时间，然后在空气中冷却，冷却速度比退火快</td></tr>
<tr><td colspan="2">淬火</td><td>用来提高钢的硬度和强度极限；但淬火会引起内应力，使钢变脆，所以淬火后必须回火</td><td>将钢件加热到临界温度以上某一温度，保温一段时间，然后在水、盐水或油中（个别材料在空气中）急速冷却，使其得到高硬度</td></tr>
<tr><td colspan="2">回火</td><td>用来消除淬火后的脆性和内应力，提高钢的塑性和冲击韧性</td><td>回火是将淬硬的钢件加热到临界点以下的回火温度，保温一段时间，然后在空气或油中冷却下来</td></tr>
<tr><td colspan="2">调质</td><td>用来使钢获得高的韧性和足够的强度，重要的齿轮、轴及丝杆等零件需调质处理</td><td>淬火后在 450～650℃进行高温回火，称为调质</td></tr>
<tr><td rowspan="2">表面淬火</td><td>火焰淬火</td><td rowspan="2">使零件表面获得较高硬度，而心部保持一定的韧性，使零件既耐磨又能承受冲击；表面淬火常用来处理齿轮等</td><td rowspan="2">用火焰或高频电流将零件表面迅速加热至临界温度以上，急速冷却</td></tr>
<tr><td>高频淬火</td></tr>
<tr><td colspan="2">渗碳淬火</td><td>增加钢件的耐磨性、表面硬度、抗拉强度及疲劳极限，适用于低碳、中碳（$w_C<$0.4%）结构钢的中小型零件</td><td>在渗碳剂中将钢件加热到 900～950℃，停留一定时间，将碳渗入钢表面，深度为 0.5～2mm</td></tr>
</table>

续表

名词	应用	说明
氮化	增加钢件的耐磨性能、表面硬度、疲劳极限及抗蚀能力；适用于合金钢、碳钢、铸铁件，如机车主轴、丝杆以及在潮湿碱水和燃烧气体介质的环境中工作的零件	氮化是在500～600℃通入氨的炉子内加热，向钢的表面渗入氮原子的过程；氮化层为0.025～0.8mm，氮化时间需20～50h
氰化	增加表面硬度、耐磨性、疲劳强度和耐蚀性，用于要求硬度高、耐磨的中小型及薄壁零件和刀具等	氰化是在820～860℃炉内通入碳和氮，保温1～2h，使钢件的表面同时渗入碳、氮原子，可得到0.2～0.8mm的氰化层
时效	使工件消除内应力，用于量具、精密丝杆、床身导轨、床身等	低温回火后，精加工之前，加热到100～160℃，保持5～40h;对铸件也可用天然时效（放在露天一年以上）
发蓝 发黑	防腐蚀、美观，用于一般连接的标准件和其他电子类零件	将金属零件放在很浓的碱和氧化剂溶液中加热氧化，使金属表面形成一层氧化铁所组成的保护性薄膜
硬度	检测材料抵抗硬物压入其表面的能力；HB用于退火、正火、调质的零件及铸件，HRC用于经淬火、回火及表面渗碳处理的零件，HV用于薄层硬化的零件	硬度代号：HBS（布氏硬度） HRC（洛氏硬度，C级） HV（维氏硬度）

参考文献

大连理工大学工程画教研室，1993. 机械制图 . 4 版 . 北京：高等教育出版社 .

冯开平，左宗义，2001. 画法几何与机械制图 . 广州：华南理工大学出版社 .

冯秋官，仝基斌，2016. 工程制图 . 2 版. 北京：机械工业出版社 .

胡仁喜，刘昌丽，等，2015. 机械制图 . 北京：机械工业出版社 .

华中理工大学，等，1989. 画法几何及机械制图 . 4 版 . 北京：高等教育出版社 .

金大鹰，2020. 机械制图 . 4 版 . 北京：机械工业出版社 .

全国技术产品文件标准化技术委员会，中国标准出版社，2007. 技术产品文件标准汇编　机械制图卷 . 北京：中国标准出版社 .

同济大学，上海交通大学，等，1997. 机械制图 . 4 版 . 北京：高等教育出版社 .

王成刚，张佑林，赵奇平，2004. 工程图学简明教程 . 武汉：武汉理工大学出版社 .

王槐德，2004. 机械制图新旧标准代换教程（修订版）. 北京：中国标准出版社 .

西安交通大学工程画教研室，1989. 画法几何及工程制图 . 北京：高等教育出版社 .

胥北澜，邓宇，2015. 机械制图 . 武汉：华中科技大学出版社 .

杨裕根，2017. 现代工程图学 . 4 版. 北京：北京邮电大学出版社 .

中国纺织大学工程图学教研室，等，1997. 画法几何及工程制图 . 上海：上海科学技术出版社 .